高等学校教材

密态计算——同态加密方案的构造与应用

主　编：周潭平

副主编：刘文超　杨晓元

西北工业大学出版社

西　安

【内容简介】 密码技术是保证信息安全的一种可靠技术。随着云计算技术的兴起和人们对隐私问题的日益关注，许多新兴的应用场景，如外包计算、联邦学习、安全多方计算等，都对同态密码有迫切的需求。具有同态性质的加密方案允许对用户的密文进行有意义的计算，其中(全)同态加密方案支持对密文运行任意的函数。因此，同态加密方案能够更好地保护计算过程中数据的安全和用户的隐私，受到密码学界的广泛关注。本书主要围绕当前发展前沿的(全)同态加密技术展开，系统介绍了(全)同态加密的研究前景、方案构造思想、基础方案构造、应用特点等内容。

本书结构严谨，注重基础，面向应用，牢牢把握同态加密的发展动向，可以作为高等学校密码学、网络空间安全等相关专业的高年级本科生和低年级研究生相关课程的教材或者参考书，也可以作为从事隐私计算、同态加密等研究方向的教师、研究员或者相关领域技术人员的参考书。

图书在版编目(CIP)数据

密态计算 ：同态加密方案的构造与应用 / 周潭平主编. -- 西安 ：西北工业大学出版社，2024. 7. -- ISBN 978-7-5612-9338-6

Ⅰ. TP393.08

中国国家版本馆 CIP 数据核字第 2024W11R56 号

MITAI JISUAN——TONGTAI JIAMI FANGAN DE GOUZAO YU YINGYONG

密态计算——同态加密方案的构造与应用

周潭平 主编

责任编辑：朱晓娟 **策划编辑**：杨 军

责任校对：张 友 **装帧设计**：高永斌 李 飞

出版发行：西北工业大学出版社

通信地址：西安市友谊西路 127 号 邮编：710072

电 话：(029)88491757，88493844

网 址：www.nwpup.com

印 刷 者：陕西博文印务有限责任公司

开 本：787 mm×1 092 mm 1/16

印 张：14.5

字 数：362 千字

版 次：2024 年 7 月第 1 版 2024 年 7 月第 1 次印刷

书 号：ISBN 978-7-5612-9338-6

定 价：66.00 元

前　　言

同态加密作为一种新兴的加密技术，引起了广泛的关注和研究。与传统的加密方式不同，同态加密允许在不解密的情况下对加密数据进行计算，从而保持数据在计算过程的安全性和隐私性。这项技术为数据安全和隐私保护带来了全新的解决方案。

本书将深入探讨同态加密方案外包计算、联邦学习、安全多方计算的构造和应用。首先，将介绍同态加密的基本原理和核心概念，包括形式化定义和安全模型；其次，将详细讨论类同态加密方案、全同态加密方案、多密钥全同态加密方案（Multi-key Fully Homomorphic Encryption，MKFHE）的构造，并对方案的同态计算能力、参数选择进行分析；最后，将对同态加密方案在一些场景中的应用进行研究。本书极具特色的一个内容是：将重点介绍目前全同态加密领域的研究热点和难点——自举算法的设计与优化技术。

同态加密涉及许多复杂的数学原理和算法。一方面，大多数同态加密方案都是基于格上困难问题构造，因此方案涉及一些重要的格密码基础理论。另一方面，同态加密中数据编码、并行化、密钥转化等技术涉及大量的数论知识。本书将深入解析同态加密中的格的性质、格上困难问题、基于误差学习（LWE）/基于环上误差学习（RLWE）问题、中国剩余定理、残差数系统（RNS）表示等内容，并以清晰易懂的方式进行阐述，以便读者能够理解和掌握同态加密相关的数学基础理论，为读者理解同态加密方案的构造打下坚实的理论基础。

在全同态加密方案的构造历程中发展出了 4 种方案——NTRU（数论研究单元）型、GSW（GSW 为人名 Gentry，Sahai，Waters 的首字母）型、BGV（B，G，V 为人名 Brakerski，Gentry，Vaikuntanathan 的首字母）型、CKKS（C，K，K，S 为人名 Chenon，Kim，Kim，Song 的首字母）型，这些方案各有特点又密切关联。本书将重点介绍这些方案的构造，并尽量从密码方案设计者的角度阐述这些方案的设计思想、方案中使用的基础工具的设计背景等内容，让读者理解密码方案构造背后的逻辑。

自举算法是全同态加密方案的核心，是全同态加密方案中最复杂的一个部件，也是近几年的研究前沿。本书将详细分析目前主流自举算法涉及的基础工具、设计的思想、具体构造等内容，以帮助读者深入理解全同态加密思想，了解全同态加密的前沿理论。

全同态加密方案的应用前景广阔，在外包计算、联邦学习、安全多方计算等领域有着重要的应用价值。本书将重点探讨（全）同态加密在一些具体应用场景中的实际案例。通过对这些案例的分析，让读者能够更好地理解(全)同态加密在实际应用中的意义和作用。

最后，笔者要感谢所有对同态加密方案的研究和应用做出贡献的科学家、工程师和其他学者。正是他们的努力和创新，推动了同态加密技术的发展和应用。同时，笔者也希望本书能够为读者提供对同态加密方案的全面理解和应用指导，促进同态加密技术的进一步发展和推广。

本书由周潭平、刘文超、杨晓元共同编写。

在编写本书的过程中，曾参阅了相关文献资料，在此谨对其作者表示感谢。

在编写本书的过程中，笔者秉承着客观、全面的原则，力求将复杂的概念和方法以简洁明了的方式呈现给读者。然而，由于学术研究的持续发展，同态加密方案的构造和应用也在不断演化和更新。因此，欢迎读者提供宝贵的意见和建议，以帮助笔者改进和完善本书的内容。

编　者

2023 年 10 月

目　录

第1章 绪　论

如何保护数据安全和个人隐私已经成为一个重要的问题。近年来，国内外出现的严重信息窃听和泄露事件，加剧了国家和民众对数据安全和个人隐私的担忧。这些担忧会导致人们不愿意分享、传播信息，造成"数据孤岛"的困境。数据通常有存储、传输和使用(计算)这3种状态。密码技术是实现信息安全的最核心和最可靠的一种技术。早期密码技术研究的重点在于保证数据在存储状态和传输状态的保密性、完整性、可用性等。随着云计算等场景的发展，如何保证信息在处理过程中的安全和保证信息所有者的隐私，已成为当前信息安全领域的热门话题之一。同态加密(Homomorphic Encryption，HE)技术支持直接对密文进行有意义的运算，具备保密性和密态计算性的双重优点，是外包计算、联邦学习、安全多方计算等领域实现信息传输和信息处理安全性和隐私性的一个重要选择。

1.1 研究背景

同态密码技术，能够在不解密的情况下，实现对加密数据的计算，达到相应明文计算的效果——密文计算，即同态加密技术支持直接对密文数据进行有意义的计算。全同态加密(Fully Homomorphic Encryption，FHE)方案是一类密文计算功能更加强大的同态加密方案，支持对密文数据运行任意的函数，很多密码学家认为"公钥加密开辟了密码学的新方向，而实用的全同态加密方案将催生新型分布式计算模式"。可算不可见的性质，使同态加密方案在隐私保护的机器学习、智能电网、电子投票、基因数据的隐私处理等方面具有潜在应用前景。

(1)云计算中的用户数据安全和隐私问题迫切需要解决。云计算作为一种新型的信息技术模式，是当前信息领域的研究热点。其凭借便利、经济、高可扩展性等优势引起了政府、工业界和学术界的广泛关注。云计算将大量计算资源、存储资源与软件资源连接在一起，形成规模巨大的共享虚拟信息技术资源池。云计算能通过资源共享的方式，降低使用机构的前期基础设施投入以及后期信息管理和维护的成本。相对于传统的本地计算模式，云计算将计算、存储等操作外包给云端，因而其具有较大优势，但云计算在发展过程中面临着许多关键性问题。安全问题已成为制约其发展的重要因素。传统密码技术能够保证传输过程中的数据保密性、完整性、可用性和抗抵赖性，却无法保证数据在计算过程中的安全。用户将数据和信息加密后传送到云端，云端解密后用户便失去了对数据的控制权和其隐私信息。因此，如何在保护用户信息安全和隐私的情况下进行计算，是云计算等场景迫切需要解决的问题。典型的场景有外包计算、智能推荐系统等。

(2)打破人工智能“数据孤岛”的迫切需求。为了打破“数据孤岛”，需要多个参与方将数据拿出来进行安全计算，这在现实生活中具有迫切的需求：多个机构都有隐私数据，他们希望联合计算某个任务，但是又不希望向其他用户泄露自身的敏感数据。一个典型的案例是基因数据的密态计算：有多个医疗机构，分别采集了不同用户的基因信息，这些医疗机构希望对所有的基因进行统计分析，但每个医疗机构不希望泄露用户的信息。典型的场景有联邦学习、联合医疗诊断等。

同态加密技术能够较好地应对上述困境。首先，同态加密技术具备保密性和密态计算性的双重优点，可以同时支持信息实时处理和安全保密，即能够同时保证数据传输、存储和计算的安全。因此，高效的同态加密技术可以为云计算提供计算安全和用户隐私保护的技术支持。其次，一些新型同态加密方案——多密钥同态加密，支持对多方数据进行安全计算，可以较好地为多方安全计算提供技术支持。随着同态加密技术研究的深入和硬件技术的发展，在可预见的未来基于同态加密的应用会逐步走入我们的生活。

1.2 历史发展

早期构造的公钥加密方案通常都具有同态性质，例如 ElGamal 等方案具有同态乘法性质，即可以通过公开的计算，将明文 m_1 的密文和明文 m_2 的密文转化为 m_1m_2 的密文。1978 年，Rivest Adleman 及 Dertoouzous 等人以解决贷款公司在处理其数据信息中遇到的一些问题为背景，提出了同态加密的概念。当时的密码学家对密码方案的关注主要在其机密性、完整性、不可否认性上，同态性质一定程度上会影响方案的机密性，所以没有引起广泛关注。

随着分布式计算的发展，对密文进行有意义运算的需求越来越大。1994 年，Benaloh 提出了首个以同态性为设计目标的公钥密码系统，密码学家利用它构造了许多应用方案，比如电子选举、在线扑克等。这种加密方案只能进行一种同态运算(加法或乘法)，称为半同态加密(Semi Homomorphic Encryption，SHE)或部分同态加密(Partially Homomorphic Encryption，PHE)。2005 年，Boneh 等人提出了首个既支持加法同态又支持乘法同态，但是只能运行低次多项式电路的类同态加密方案(Somewhat Homomorphic Encryption，SWHE)。该方案支持一次乘法和任意多次加法运算，并且满足选择明文攻击下的不可区分性(Indistinguishability under Chosen Plaintext Attack，IND-CPA)，称为 BGN 方案。虽然大多数类同态加密方案都比较高效，但是它们能够同态运算的规模较小，无法满足很多场景中的应用需求。因此，密码学家致力于构造支持规模较大的同态运算的方案。

1.2.1 全同态加密方案的发展

全同态密码按照发展历程与功能可以分为以下四代。

1. 第一代全同态加密

2009年，Gentry构造了首个IND-CPA安全的全同态加密方案，支持任意多次加法和乘法运算。该方案被称为Gentry09方案。该方案的提出标志着第一代全同态加密方案的产生。

在Gentry09方案中Gentry开创性地提出了一种通过降低密文中噪声来构造全同态加密的方法：压缩(Squashing，压缩解密电路的深度)+自举(Bootstrapping，用同态方案运行其自身的解密电路)。该方法被称为Gentry蓝图。根据这种方法，可以通过给定任何满足条件的类同态加密方案(满足的条件为，方案可以运行深度大于其自己的解密电路深度的电路)获得全同态加密方案。具体方法是：在每次同态计算后对密文运行自举过程，将密文中的噪声降到设置的界限内，从而使得方案能够无限次进行同态运算。Gentry09的困难性基于理想格上有界编码问题(Bounded Distance Decoding Problem，BDDP)和不太成熟的稀疏子集问题(Sparse Subset Sum Problem，SSSP)，这是该方案的一个缺陷。随后，Gentry和Halevi等人在GH11a和GHS12a中对自举过程进行了改进，利用主理想格的代数结构取代Gentry09方案中的理想格，以减小私钥尺寸，提高解密算法的运算效率。2010年，Dijk等人利用Gentry蓝图构造了一个整数上的全同态加密方案——DGHV10方案。该方案基于近似最大公因子(Approximate Greatest Common Divisor，AGCD)问题。该方案因为没有利用理想格上的困难问题，所以是第一个被广泛认为安全的全同态方案。2011—2017年，Coron等人将层次全同态加密中的公钥压缩、模交换、并行等优化技术应用于整数上的FHE方案，提升了方案的运算效率。这些方案都是基于AGCD问题或者其变种。

经过近几年的发展，基于理想格和基于整数的全同态加密方案得到一些发展，但是整数上全同态加密一直面临着安全性无法严格证明或者运算效率低下的问题。

2. 第二代全同态加密

近年来，在应用需求的大力推动下，全同态加密技术得到了迅速发展。为了增强全同态加密方案的安全性，密码学家致力于将全同态加密方案的安全性规约到格上典型困难问题，这催生了第二代全同态加密方案。

2011年，Brakerski和Vaikuntanathan基于环上误差学习(Ring Learning With Errors，RLWE)问题在Gentry蓝图的框架下构造了全同态加密方案——BV11a方案。该方案的安全性可以量子规约到理想格上最坏情况下的困难问题。后续很多BGV型FHE方案的主要工作是围绕提升方案运算效率展开。2011年，Brakerski和Vaikuntanathan基于误差学习(Learning With Errors，LWE)问题假设构造了BV11b方案。该方案在一个类同态加密方案基础上，利用重新线性化(Re-Linearization)和降维降模(Dimension-modulus Reduction)两种技术来构造全同态加密方案。2012年，Brakerski，Gentry和Vaikuntanathan构造了BGV12方案。该方案在BV11b方案的基础上，把换模函数(Modulus Switching)从原先的降维降模技术中分解出来，在每次进行门运算之前先对输入的密文进行降模运算，使得噪声在原来同态乘法中的指数增长变为了线性增长。为了更大限度地提高BGV12方案的运算效率,该方案提出了一些优化方法并基于 RLWE 假设构造方案,可以将一次同态操作的运算量减少为 $\widetilde{O}(\lambda)$,其中 λ 是安全参数,从而构造了高效的全同态加密方案。2012 年,Brakerski 利用张量乘积技术构造了乘法噪声线性增长的全同态加密方案——Bra12 方案。该方案中密文模数与初始化噪声上限的比例能够保持不变,因此无须使用烦琐的换模函数。2012 年,Gentry 等人利用批处理技术,在 BGV12 方案的基础上构造了明文空间较大的 GHS12b 方案。但该方案和 BGV12 方案共同的缺陷是:在参数设置时,需预设电路的深度。这个缺陷在一定程度上影响了该方案的应用。随后,Halevi 和 Shoup 利用 C++语言和 NTL(数论库)数学函数库实现了 BGV12 方案和相应的密文打包技术以及 GHS12b 中的优化技术的软件库。该软件库被称为 HElib。2018 年,Halevi 和 Shoup 重新编写了 HElib 代码,并对自举过程和其他过程中使用的线性变换进行了优化。新算法比原来的 HElib 算法快了 30~75 倍,计算密钥的规模缩小了 33%~50%。

第二代全同态加密方案大多支持在较大明文空间进行同态运算,并且在发展过程中提出了很多优化技术,很大程度上提升了方案的运算效率,故它比较适合运行算术运算。然而,如果需要运行自举过程,那么运算效率将大幅度降低。因此,对于第二代层次型全同态加密方案,如果需要运行较大规模的同态运算,那么需要运行烦琐的自举过程(第二代方案中自举过程运算效率普遍较低),这在很大程度上影响了第二代全同态加密方案的应用。

3. 第三代全同态加密

2013 年,Gentry,Sahai 和 Waters 提出了近似特征向量方法,并据此构造了基于 LWE 问题的全同态加密方案——GSW 方案。GSW 方案标志着第三代全同态加密方案的开始。之后的第三代全同态加密方案大多都是基于该方案构造的。该方案具有两个显著的优点:同态运算很简捷,同态加法和同态乘法仅需要通过一次矩阵加法和乘法实现;同态运算只需要使用方案的公共参数,不需要提供额外的计算密钥。不需要提供计算密钥的优点,使得方案可以用来构造基于身份的全同态加密和基于属性的全同态加密。该方案也有两个缺陷:该方案是层次型全同态加密方案,如果需要运行自举过程,那么运算效率会急剧下降,并且需要提供计算密钥;其密文是由多个 LWE 实例为行组成的矩阵,所以该方案的膨胀因子较大。

2014 年,Brakerski 和 Vaikuntanathan 基于 GSW 方案构造了全同态加密方案——BV14 方案。BV14 方案利用 Barrington 定理和 GSW 方案中乘法同态噪声增长的不对称性,改进了全同态方案中的自举过程,并将自举过程噪声增长幅度降低到安全参数的多项式级别。2014 年,Alperin 和 Peikert 在 AP14 方案的基础上提出了一个新的方法来实现自举过程,即利用另外一个特殊设计的方案(外层方案)来运行原来方案(内层方案)的解密电路。AP14 方案把内层方案解密过程看成是一个算术过程(之前通常把解密过程看成电路形式),然后利用构造的外层方案同态地运行这个算术过程,从而得到了一个更加高效和噪声增长更小的自举过程。此外,AP14 方案还给出了一种更简洁的 GSW 方案形式,这种形式的方案表达更加简单,噪声分析过程更加简单和紧凑。随后,第三代全同态加密方案的研究多采用该形式。2015 年,Ducas 和 Micciancio 在 AP14 方案的基础上构造了一个更高效的全同态加密方案——FHEW 方案。该方案设计了抽取最高比特函数(msbExtract),可以从密文中同态提取明文的最高比特位。利用该函数，FHEW 方案将自举过程的运行时间缩短到 1 s 以内。msbExtract 函数只能抽取最高比特位，使得 FHEW 方案的明文空间仅为 1 bit。Ducas 和Micciancio在论文中提出了一个开放问题：如何将 FHEW 方案扩展到较大的明文空间？2015 年，Ruiz 在 FHEW 方案的基础上构造了明文空间较大的全同态加密方案——BR15 方案，但是该方案在特殊的割圆多项式环上进行运算，这导致方案运算效率低下。2016 年，Chillotti 等人利用 T 在(0,1]区间上的乘法运算中积不会比乘数大的特点，基于 GSW 方案在环上的变种方案——TGSW 方案，构造了自举过程短于 0.1 s 的高效双层全同态方案——TFHE 方案。该方案也被称为 CGGI16 方案。该方案利用 TGSW(环上GSW)密文(矩阵)和 TLWE(环上误差学习)密文(向量)的外部乘积(External Product)替换原先 TGSW 密文(矩阵)和 TGSW 密文(矩阵)的乘积，构造了更加高效的多项式指数上的加法运算，从而将自举过程的时间缩减为 52 ms。另外，该方案还设计了明文空间为{0,1}的 TGSW 密文和常数之间的高效同态常数乘法，将自举过程中的自举密钥的大小由 1 GB 缩减到 24 MB。2017 年，Chillotti 等人对 TFHE 方案中的累加过程进行了优化，使得自举过程的时间缩短到 13 ms，该方案被称为 CGGI17 方案。然而，该方案中的自举过程需要运行几百次串行同态累加运算，这限制了自举过程的速度。2018 年，Zhou 等人在 ZYL+18 方案中通过函数的真值表构造了对应逻辑表达式，进而设计实现了增强同态常数乘法函数，利用该函数将全同态加密中最耗时的同态累加运算次数减少了 2/3，进一步提升了自举过程的运算效率。2018 年，Bourse 等人通过合并同类项的方法优化了 ZYL+18 方案中的增强同态常数乘法函数和全同态加密算法，并将算法应用于神经网络的隐私计算中。

除原始的 GSW 方案，第三代全同态加密方案普遍具有自举过程较快的优点。此外，第三代全同态加密方案大多都是针对单比特明文进行加密和运算(本书将单比特明文的全同态加密方案简称单比特全同态加密方案)。这两个特点使得第三代全同态加密方案(除GSW 方案)通常能更高效地运行逻辑运算。

4. 第四代全同态加密

2017 年，Cheon 等人将明文空间和噪声空间进行整体考虑，并基于将噪声看成明文的一部分的思想，提出了一个可用于近似同态计算的 CKKS 全同态加密方案。不同于其他整型数据或比特型数据的同态运算，该方案可对浮点型数据进行高效的近似同态加法和乘法运算。密码学家基于 CKKS 方案的近似性质，设计了高效的密文打包技术、重缩放算法、密钥转化算法、自举算法等优化方案，这些优化方案使该方案变得非常高效。CKKS 方案及其优化方案凭借高效性和近似同态计算的能力，被作为工业应用的重要潜在方案，受到了广泛关注。CKKS 方案是“同态标准化组织”重点考虑和研究的方案之一。该方案几乎在所有的同态安全计算软件库中实现或集成，如微软公司开发的 SEAL 软件库、IBM(国际商业机器公司)公司开发的 HElib 软件库、NJIT 公司开发的 PALISADE 软件库等。该方案作为底层的核心，被大部分密态神经网络库和安全数据计算库调用，如 Intel 的 nGraph-HE 软件库以及微软的 CryptoNets 软件库、DELPHI 软件库等。CKKS 方案是全同态加密方案中被最广泛应用的一种方案。

2020 年，LM21 方案发现主动攻击者可以对 CKKS 方案进行恢复密钥攻击，并从理论和实践上验证了攻击的可行性和高效性(攻击方案对 HEAAN 软件库、PALISADE 软件库、SEAL 软件库、HElib 软件库进行了测试,能够在只访问公共接口的基础上,在 1 min 内高效地恢复上述所有软件库的私钥)。LM21 方案的攻击思路是,其发现 CKKS 方案和其他同态加密方案的不同,输出的解密结果包含噪声的大量信息(CKKS 方案将噪声和明文看成一个整体进行输出)。攻击者如果提前知道输出的明文,那么可以直接恢复噪声,进而通过求逆元、解线性方程组或简单的格攻击的方式,恢复用户私钥。LM21 方案通过对解密结果加上扰乱的方法,提出了一些应对上述"噪声泄露"攻击的补救措施,以确保加密算法的安全。

四代全同态加密方案对比见表 1-1。表格中友好函数指该同态加密方案能够高效运行的函数。

表 1-1　四代全同态加密方案对比

	第一代 FHE 方案	第二代 FHE 方案	第三代 FHE 方案	第四代 FHE 方案
代表性方案	Gentry09 方案、DGHV10 方案	BGV12 方案、BFV12 方案	GSW 方案、FHEW 方案、TFHE 方案	CKKS17 方案
友好函数	均不友好	整数的算术运算,例如:$f(x)=x^2+2x$	布尔运算,例如:$f(x,y,z)=x \wedge y \vee z$	浮点型数据的算术运算,例如:$f(x)=x^2+0.3x$
优点	首个 FHE 方案	运算效率高	运算速度和函数规模线性相关	运算效率高
缺点	效率比较低	乘法次数深时,运算速度急剧下降	密文膨胀大	乘法次数深时,运算效率急剧下降
软件库	无	HElib	TFHE	SEAL,HEAAN

1.2.2　多密钥全同态加密的发展

典型的全同态加密只能支持对单个用户的密文进行同态计算,即参与计算的所有密文对应于相同的密钥。然而,在许多的现实场景中,需要对不同用户上传到云端的数据一起进行计算。多密钥全同态加密(Multi-key Fully Homomorphic Encryption,MKFHE)方案支持对不同用户(不同密钥)的密文进行任意的同态运算,运算之后的结果由参与计算的用户联合解密,因此可以较好地解决多用户密文进行同态计算的问题。云环境下,MKFHE 方案在多用户数据安全计算中应用的流程如图 1-1 所示(如无特殊说明,本书中的全同态加密方案指单密钥全同态加密方案)。大多数 MKFHE 方案都是基于格上困难问题进行构造的,它们相对于传统的密码体制能够更好地应对量子计算机的威胁。因此,MKFHE 方案可以为安全多方计算、外包计算等涉及多用户数据的场景提供信息传输、存储和计算的安全,保护数据安全与用户隐私。

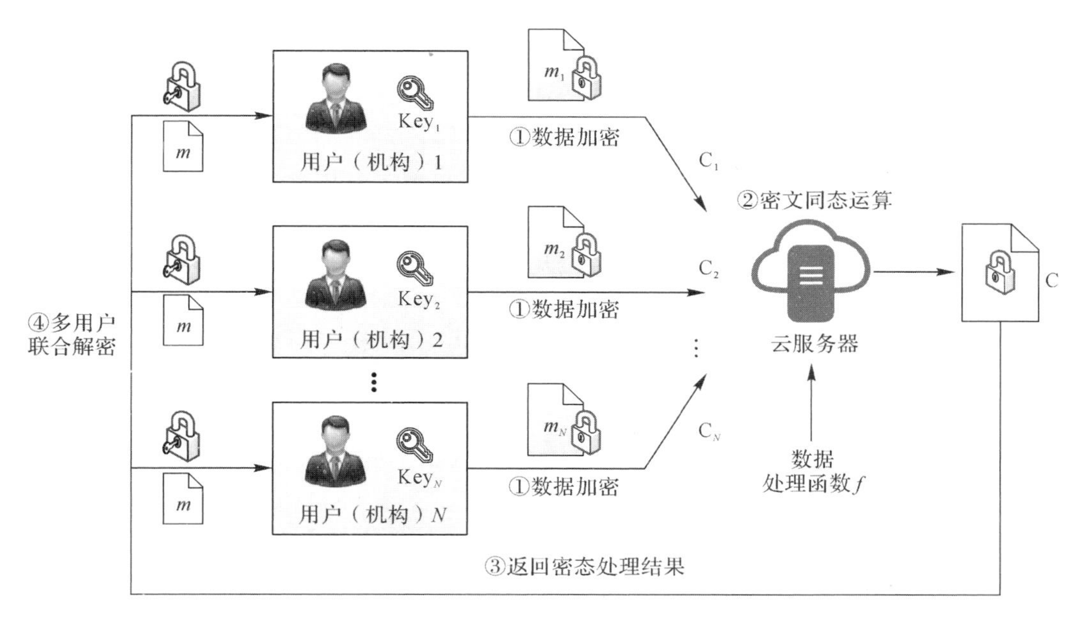

图1-1　云环境下MKFHE方案在多用户数据安全计算中应用的流程

MKFHE方案具有重要的理论价值和应用前景，但现阶段MKFHE方案无法兼顾高效解密和密文规模小的性质，因此存在同态计算或同态解密运算效率低的缺陷。目前，MKFHE方案中一个主要的方向是提升方案运算效率，促进其在安全多方计算、外包计算等领域的应用。

从基础方案方面可以将MKFHE方案分为4类：NTRU型MKFHE方案、GSW型MKFHE方案、BGV与CKKS型MKFHE方案、TFHE型MKFHE方案。MKFHE方案的重要研究进展如图1-2所示。

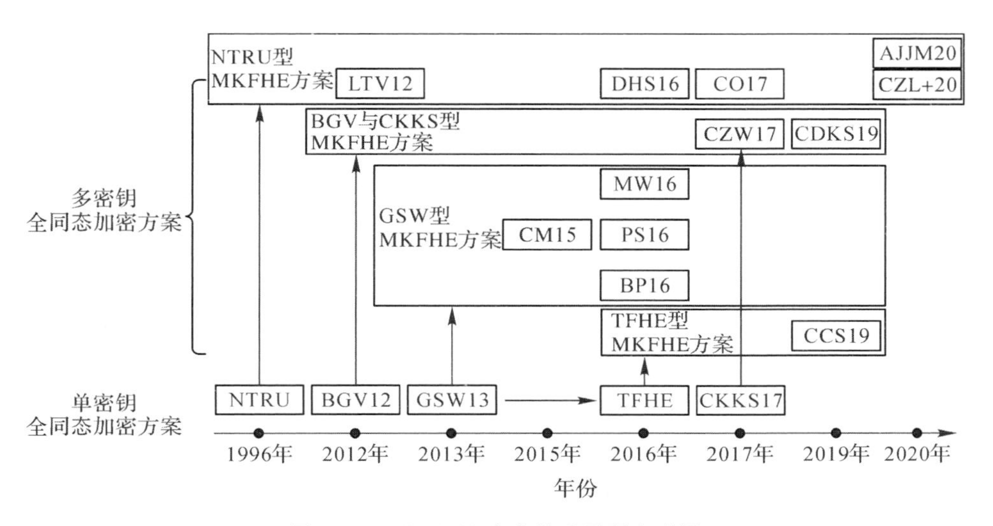

图1-2　MKFHE方案的重要研究进展

1. NTRU 型 FHE 和 MKFHE 方案

1996 年，Hoffstein 等人提出了 NTRU 方案。该方案及其优化方案具有密文规模小、加解密速度快的优点，是抗量子攻击密码算法的重要备选方案（NTRUEncrypt 方案、NTRU-HRSS方案、NTRUPrime 方案）。早期的 NTRU 方案安全性需要基于判定小多项式比（Decisional Small Polynomial Ratio，DSPR）假设，密码学家围绕 NTRU 方案的安全性、功能扩展等方面进行了大量的研究。2011 年，Stehle 和 Steinfeld 对 NTRU 方案改进后，提出了 SS11 方案（也称为 pNE 方案），在标准模型下将该方案的语义安全量子规约到了理想格上的困难问题假设。但是，该方案需要设定严格的参数，实际应用时，为了提升方案运算效率会适当放松参数限制。2016 年，Albrecht 等人在 ABD16 方案中针对 NTRU 方案提出了一类子域攻击，虽然子域攻击无法对 SS11 方案进行高效攻击，但是对于需要设置大密文模数的 NTRU 型全同态加密和多线性映射方案，攻击效果明显。2017 年，王小云团队提出了一种基于素数次分圆多项式环的 NTRU 变体方案——YXW17 方案，指出目前子域攻击无法攻破基于素数次分圆多项式环上的 NTRU 方案，并 YXW17 将方案的安全性规约到格上困难问题假设。

2012 年，López-Alt 等人首次给出了 MKFHE 方案的密码学定义，并基于 SS11 方案构造了首个 NTRU 类型的 FHE 方案和 MKFHE 方案——LTV12 方案。但是该方案为了支持同态计算，缩小了噪声的选取范围，因此其安全性需要基于 RLWE 问题和 DSPR 问题。另外，该方案无法支持一轮解密协议，因此运算效率较低。2013 年，Bos 等人基于 LTV12 方案提出了全同态加密方案——YASHE 方案（也被称为 BLLN13 方案），采用 BGV12 方案中提出的张量积技术对 LTV12 方案进行了改进，去除了 DSPR 假设，但 YASHE 方案同态运算效率效率较低。2016 年，Doröz 等人对 LTV12 方案的参数进行了优化，并引入 FHE 中的批处理等优化技术，提出一个较高效的 FHE 方案——DHS16 方案。该方案中的部分优化技术也可以应用到 MKFHE 方案中。2017 年，Chongchitmate 等人给出了 MKFHE 方案到电路隐私的 MKFHE 方案的通用转化框架——CO17，并构造了具有电路隐私性的 3 轮动态安全多方计算协议。2020 年，Che，Zhou 等人基于素数次分圆多项式环，利用密文维度扩展技术，构造了无须进行密钥转化的高效 NTRU 型 MKFHE 方案——CZL+20 方案，有效缩小了密钥规模。但该方案的密文规模过大，导致运算效率显著下降。2020 年，Ananth 等人基于 LTV12 方案，利用不经意传输协议和其他类型的 MKFHE 方案优化了其解密过程，构造了首个支持一轮解密协议的 NTRU 型 MKFHE 方案——AJJM20 方案。但该方案解密过程构造复杂、运算效率较低。

NTRU 型 MKFHE 方案大多基于 2 的幂次分圆多项式环上的 LTV12 方案构造，具有密文规模与用户数量无关、加密速度快、同态运算时无须生成用户集的计算密钥的优点，这些方案普遍容易受到子域攻击，且运算效率较低；CZL+20 方案基于素数次分圆多项式环，但密文规模太大，导致运算效率显著降低。因此，目前还没有抵抗子域攻击且支持高效同态计算的多密钥全同态加密方案。

2. GSW 型 FHE 和 MKFHE 方案

2015 年，Clear 和 McGoldrick 提出了首个基于 LWE 问题的 GSW 型 MKFHE 方案——CM15 方案。CM15 方案提出了从 FHE 方案到 MKFHE 方案的一个转化模式：从

FHE方案出发，首先将单个用户的密文进行密文扩展(Ciphertext Extension)，使扩展密文(参与计算的用户集合对应的密文，也称用户集密文)对应的私钥为所有参与计算的用户私钥的级联；其次对用户集密文进行同态计算；最后利用所有参与计算用户的密钥对密文进行解密。该思路的密文扩展的过程中需要所有用户共用一个相同的随机向量(矩阵)，因此需要基于公共参考串(Common Reference String，CRS)模型。CM15方案的构造思路被大多基于LWE问题或RLWE问题的MKFHE方案沿用，后续GSW型MKFHE方案扩展了CM15方案的功能，并在一定程度上提升了运算效率，但也保留了其密文尺寸较大的缺陷。CM15方案还给出了从基于LWE问题IBE方案到多身份的身份基FHE方案的通用转化框架。2016年，Mukherjee和Wichs简化了CM15方案的表达，构造了MKFHE方案——MW16方案，并构造了抗任意半恶意敌手攻击的一轮门限解密协议和两轮安全多方计算(Secure Multi-party Computation，MPC)协议。CM15方案和MW16方案需要提前对参与同态计算用户的数量进行设定，并且在运算过程中无法实现新用户的加入(同态计算后的密文，无法与新加入用户的密文进行新的同态计算)，这种类型的MKFHE方案被称为单跳(Single-hop)型MKFHE方案。2016年，Peikert和Shiehian提出了多跳(Multi-hop)型MKFHE方案——PS16方案，同态运算后输出的密文能够与新加入参与方的密文重新进行运算，即任何参与方都可以实时、动态地加入密文运算的过程中，但是参与方的数量具有一定限制。2016年，Brakerski和Perlman提出了基于LWE问题的全动态(Fully Dynamic)的MKFHE方案——BP16方案。该方案允许新的参与方动态地加入同态运算中，因此参与方的数量不需要提前进行设定，且用户集密文的长度仅随着参与方数量呈线性增长。但该方案在同态计算的过程中需要使用参与计算用户的联合公钥运行自举过程，因此密文运算效率较低。

GSW型MKFHE方案是后续其他类型MKFHE方案的基础，具有可以构造多身份的身份基FHE方案，进一步构造满足选择密文攻击下的不可区分性(Indistinguishability under Chosen Ciphertext Artack，IND-CCA1，“1”是为了区别IND-CCA2)安全的MKFHE方案的优点。但也存在密文规模随用户数量呈二次方增长(BP16方案中呈线性增长)、加解密速度慢、同态运算时需要生成用户集的计算密钥、同态运算效率低的缺陷。

3. BGV型FHE和MKFHE方案

2017年，陈隆、张振峰等人开创性地利用GSW型密文加密BGV型方案的私钥生成用户集的联合计算密钥，从而构造了首个BGV型多跳MKFHE方案——CZW17方案。该方案支持基于中国剩余定理(Chinese Remainder Theorem，CRT)的密文打包技术，并支持两轮MPC协议和门限解密(Threshold Decryption)协议，促进了多密钥全同态加密的实用化进程。后续的BGV型MKFHE方案主要围绕提升方案的运算效率展开。但该方案和后续方案都存在计算密钥规模大、密文规模大的缺陷。2019年，Li等人基于CZW17方案，通过合并私钥信息的方式，将用户集密文规模缩减一半，他们还给出了定向解密的概念，并构造支持一轮定向解密协议的BGV型MKFHE方案——LZY+19方案。定向解密指最终的解密结果只能由所有参与方指定的合法用户得到，而不是传统的MKFHE方案中所有参与同态计算的用户都可以获得解密结果。具有定向解密功能的MKFHE

方案可以增强数据拥有者对于解密结果的可控性。2019年，Chen等人在CKKS17方案、CZW17方案、LZY+19方案的基础上优化了密文扩展算法和重线性化过程，构造了高效的多密钥同态加密方案——CDKS19方案，并将该方案应用于神经网络的隐私计算。分析表明，MKFHE方案可以天然抵抗LM21方案中的密钥恢复攻击，这是因为MKFHE方案在最终解密时会增加新的噪声，从而很好地掩盖了原有噪声的信息。

BGV型MKFHE方案具有加解密速度快、支持并行加速、支持高效同态算术运算的优点，但也存在密文规模随用户数量呈线性增长、同态运算时需要生成用户集的计算密钥、同态运算效率相对较低、同态计算逻辑电路效率较低的缺陷。

4. TFHE型MKFHE方案

2019年，Chen等人在CGGI17方案的基础上，利用特殊的GSW密文设计了高效的密文扩展算法，实现了对计算密钥的高效扩展，并据此提出了多密钥全同态加密方案——CCS19方案。该方案密文长度随用户数量增加呈线性增加。

TFHE型MKFHE方案具有加解密速度和自举过程速度快、支持高效同态逻辑电路的优点，但也存在密文规模随用户数量呈线性增长、同态运算时需要生成用户集的计算密钥、明文空间小、同态算术运算效率较低的缺陷。

MKFHE方案具有重要的理论价值和应用前景。表1-2对现阶段4类MKFHE方案(NTRU型、GSW型、BGV型、TFHE型)进行了分析。现阶段NTRU型MKFHE方案无法抵抗子域攻击或密文规模大，而其他3类MKFHE方案(GSW型、BGV型、TFHE型)都存在密文规模大、同态运算效率不高的缺陷。

表1-2　4类MKFHE方案的分析

方案类型	私钥聚合方式	代表方案	方案特点	优点	缺陷
NTRU型MKFHE方案	各用户私钥累乘组成用户集私钥	LTV12方案、AJJM20方案	无须密文扩展、不同用户密文直接进行同态运算	无须CRS模型，密文规模与用户数量无关，加密速度快，同态运算时无须生成用户集的计算密钥	无法抵抗子域攻击，无法实现安全、高效的多用户联合解密算法
		CZL+20方案			使用密文维度提升的方法，密文规模大，同态运算效率低，无法实现安全、高效的多用户联合解密算法
GSW型MKFHE方案	各用户私钥级联组成用户集私钥	CM15方案、MW16方案、PS16方案	使用转化模式	可以构造基于身份的MKFHE方案，进一步构造满足IND-CCA1安全的MKFHE方案	密文规模随用户数量呈二次方增长(BP16方案中呈线性增长)，加解密速度慢，同态运算时需要生成用户集的计算密钥，同态运算效率低
		BP16方案	每次同态运算使用自举过程		

续表

方案类型	私钥聚合方式	代表方案	方案特点	优点	缺陷
BGV型MKFHE方案	各用户私钥级联组成用户集私钥	CZW17方案	使用转化模式，BGV型方案和GSW型方案的融合	加解密速度快，支持并行加速，支持定向解密，支持高效同态算术运算	密文规模随用户数量呈线性增长，同态运算时需要生成用户集的计算密钥，同态运算效率相对较低，同态计算逻辑电路效率较低
		CDKS19方案	使用转化模式、CKKS型方案和GSW型方案的融合		
TFHE型MKFHE方案	各用户私钥级联组成用户集私钥	CCS19方案	使用转化模式、TFHE型方案和GSW型方案的融合	加解密和自举过程速度快，支持高效同态逻辑电路	密文规模随用户数量呈线性增长，同态运算时需要生成用户集的计算密钥，明文空间小，同态计算算术运算效率较低

MKFHE方案的一个缺点是基于LWE问题、RLWE问题的密文大小相对于参与方的数量呈线性或二次方增加，这给通信和计算带来了沉重的负担。

1.2.3　门限全同态加密的发展

为防止单个用户权限过大，对于一些非常重要的密文，一些场景要求多个用户一起参与解密，并设定当参与解密的用户超过一定数量时，才能得到最终的密文——门限加密方案。门限全同态加密(Threshold Fully Homomorphic Encryption，ThFHE)方案，是同时支持对密文运行任意多次同态计算与对密文的门限解密的。ThFHE方案和MKFHE方案都涉及多个用户，它们在构造上的区别是：在ThFHE方案中，所有密文都用同一个公钥(联合公钥)加密；而在MKFHE方案中，密文通常使用不同的公钥加密进行加密。

2012年，Asharov等人首次提出了ThFHE方案的概念，并构造了一个N-out-of-N ThFHE方案，AJL+12方案采用CRS模型+公钥累加的思路生成联合公钥，并利用秘密分享的方式对私钥进行分解和分布式解密，即采用TFHE方案。他们的主要创新点在于采用密钥同态的对称加密方案交互式生成计算密钥。AJL+12方案的缺陷有3个：每个用户都需要使用联合公钥进行加密，因此方案和单密钥全同态加密不兼容；每个用户广播的数据量和用户数呈线性相关；用户集更新时，需要重新生成密文和计算密钥(密文无法重用)。2015年，Gordon等人设计了可以抵抗abort攻击者的3轮协议——GLS15方案，并且构造了$(N/2+1)$-out-of-N ThFHE方案，即大多数用户可以联合解密的协议。他们构造TFHE方案的创新点在于采用自身公钥加密的GSW方案密文和其他公钥加密的特殊的0密文生成联合密文。GLS15方案的缺陷是：基于GSW方案构造存在密文规模大的天然缺陷，密文规模与用户数线性相关。

Boneh等人基于线性秘密共享方案设计了ThFHE BGG+18方案。该方案降低了TFHE方案中联合解密的噪声。和AJL+12方案等前期方案一样，该方案需要一个可行的中心进行私钥的分配。为了解决这个缺陷，Boneh 等人提出了去中心化的 ThFHE 方案，其基本思想是：以每个加密者中心，生成临时公钥和私钥，并对临时私钥进行分享。该方案的缺陷是：所有用户都需要使用临时公钥进行加密，密文大小与用户数有关，当有多个数据加密者时很难选择合适的用户作为中心。2020 年，Kim 等人基于 CKKS 方案构建了 ThFHE 方案——KJY+20 方案，他们采用 AJL+12 方案生成计算密钥的思想（使用密钥同态对称加密方案交互式生成计算密钥），也继承了 AJL+12 方案的缺陷。

2020 年，Badrinarayanan 等人沿用 BGG+18 方案的思想，构造了门限 MKFHE 方案——BJMS20 方案。该方案使用的是级联的方式生成密文，因此密文规模和用户数相关。2022 年，Lee 等人构造了对非二进制私钥分量的同态加密方案的高效自举算法，利用联合公钥加密各自私钥分量，从而生成计算密钥的方法构造了 LMK+22 方案。Lee 等人将该 FHE 方案应用于门限同态加密得到了 ThFHE 方案。部分主流 MKFHE 方案和 ThFHE 方案的对比见表 1-3。

表 1-3　部分主流 MKFHE 方案和 ThFHE 方案对比

方　案	密　文	联合计算密钥	生成计算密钥通信量	单用户公钥加密	密文可重用	门限解密	自举过程电路深度
AJL+12 方案	$O(n)$	$O(kn)$	$O(kn)$	否	否	是	$>\log_2 n$
GLS15 方案	$O(kn^2\log_2 n)$	0	0	否	否	是	$>\log_2 n$
BGG+18 方案	$O(kn^2\log_2 m)$	$O(n)$	$O(n)$	否	否	是	$>\log_2 n$
GG+18 方案	$O(ln)$	$O(n)$	$O(n)$	否	否	是	$>\log_2 n$
BGM+20 方案	$O(kn)$	$O(n)$	$O(l^2 n)$	是	否	是	$>\log_2 n$
LZY+19 方案	$O(kn)$	$O(kn)$	$O(k^3 n)$	是	是	否	$>\log_2 n$
CCS19 方案	$O(kn)$	$O(kn)$	$O(k^2 n^2)$	是	是	否	$O(1)$
CDKS19 方案	$O(kn)$	$O(kn)$	$O(k^2 n)$	是	是	否	$>\log_2 n$

注：k 表示参与方的数量，l 表示密文的数量，n 是(R)LWE 问题的维度。

除了上述介绍的全同态加密方案，在对一些应用场景的实际需求进行提炼后，密码学家以全同态加密方案为基础构造了一些具有特殊性质的全同态加密，如基于身份（属性）的全同态加密（Identity-related FHE）、全同态代理重加密（Fully Homomorphic Proxy Reencryption）。

（1）基于身份（属性）的全同态加密。身份类加密体制能够对计算结果的解密权限进行细粒度的控制，同态身份类加密体制能够兼顾云环境中数据安全计算和多用户灵活访问控制的需求。2013 年，Gentry 等人构造了基于身份的全同态加密（Identity-based Fully Homomorphic Encryption，IBFHE）方案和基于属性的全同态加密（Attribute-based Fully Homomorphic Encryption，ABFHE）方案。身份类同态加密方案可以对相同身份（属性）、不同用户生成的密文进行任意同态操作，因此同时具有同态加密和身份类加密的优点，可应用于安全多方计算、外包计算等方面。

(2)全同态代理重加密。2016年,Ma等人基于BGV12方案构造了一个全同态代理重加密方案——MLW16方案。该方案在拥有重加密密钥的代理者在不改变明文的情况下,可以对不同用户之间的密文进行转化。代理者可以对转换后的密文进行同态运算,实现对不同用户的密文运行任意的同态函数。该方案的缺陷是无法抵抗合谋攻击。

1.2.4　同态加密的应用现状

目前,同态加密方案无法同时满足复杂的同态计算和高效的运行方案这两个需求,这使得同态加密方案在一些实际应用时受限。但是同态加密在具体应用方面的发展正逐步推进:一方面,在同态加密实际应用过程中,通常可以对数据或者计算过程本身进行优化处理来提高系统的运算效率;另一方面,云计算、外包计算等场景中对密态计算的需求,一直推动着同态加密方案运算效率的提升,并且催生了多种具有特殊性质的全同态加密方案。本小节将介绍一些对同态加密具有迫切或者重大需求的具体应用。

(1)Edge浏览器中的口令监控。微软在Edge浏览器中推出了一个新的功能,称为口令监控(Password Monitor)。当一个口令被保存在Edge浏览器中时,Edge浏览器需要联系服务器来同态检查是否在被破解的列表中发现了口令。在检测的过程,微软和其他任何一方都无法得知用户的口令。实现口令监控的核心技术是同态加密方案,具体过程是:当一个口令被保存在Edge浏览器中时,Edge浏览器将口令同态加密后上传到微软服务器中;服务器对口令密文和服务器中收集的被破解的口令进行同态比较,并将比较结果的密文返回给用户;Edge浏览器解密得到比较结果,得到口令是否被泄露的信息,若被泄露则要求用户重新设置口令。这是同态加密在互联网中第一个被广泛应用的案例。

(2)对基因数据的隐私计算。分享基因数据需要在保证用户隐私的情况下进行,这是基因领域进行科学研究的底线。目前,医疗机构可以快速而廉价地对DNA和RNA进行测序,大量基因序列被实验室和医学研究机构用于研究复杂疾病或流行病。此类带有极强个人隐私性的数据,一旦被公开将永远无法进行更改和撤回。基因数据的隐私处理问题是目前面临的一个重大挑战。例如,有多个医疗机构,分别采集了不同用户的基因信息,这些医疗机构希望对所有的基因进行统计分析,但每个医疗机构不希望泄露用户的信息。

实际上,很多研究过程中,对基因数据的处理过程都比较简单,可以通过对基因数据进行数学计算实现,如基因数据处理中的"配对操作"(Matchmaking)可以使用相等性测试过程来实现。这些数学计算可以很简捷地使用(多密钥)同态加密进行实现,因此高效的同态加密技术有可能成为基因数据隐私操作的重要工具。

(3)智能推荐系统的隐私保护(神经网络中的隐私保护)。用户受惠于智能推荐、智能分类等技术,但是将自己的喜好、购买物品等信息发送给服务器,可能会泄露用户的隐私。传统的技术很难实现隐私和便利的兼容。基于同态加密技术的神经网络是解决该问题的一个很好方法:服务器收集用户(密文)数据进行训练;当用户需要预测时,可以将数据加密之后上传云端;之后云端运行同态神经网络进行同态预测,并将计算结果返回;用户解密返回的结果得到推荐的信息。通过这种方式,用户可以得到推荐结果,云端无法获取用户输入和输出的信息,进而实现了便利性和隐私的兼容。该方法也可以扩展到智能电网等需要神经网络的应用场景中。

(4)在关键基础设施/智慧城市中的应用。大量关键基础设施作为节点,多个节点可以组成网格,网格中每个节点持续产生大量数据。每个节点产生的数据必须由更大的网格进行监测,并对突发情况进行识别和反应。以智能电网为例,每个节点代表一个单独的发电机/建筑物或个人微电网等,这些节点产生的数据由市政府和电厂进行统计和监控以便发现和处理异常情况,如短路造成火灾等。节点的数据会被传送到云平台进行计算,为了保护用户隐私以及防止计算过程中数据被窃取,数据需要在密态下进行处理。密态计算有多种方法,如安全多方计算、基于硬件的数据保护方法、同态加密等。但是同态加密更加适合这个场景。首先,同态加密的成本更低。同态计算只需要云端提供一台服务器(可以是半可信的)。其他解决方法通常需要提供多个服务器或需要服务器可信。其次,同态加密方案可以抵抗多个用户的合谋攻击。一些安全多方计算方案无法抵抗这类攻击。最后,基于硬件的数据保护方法通常无法验证计算结果的正确性,所以在对正确性要求较高的场景下无法使用。因此,高效的同态加密技术可以应用于关键基础设施/智慧城市,从而更好地保护用户隐私。

(5)数据库中数据的隐私处理。数据库中一些数据的识别、搜索等操作可能会泄露用户的隐私,或者使得用户得到数据库中大量珍贵的数据。对数据库进行加密,之后对密文数据进行处理是一个较好的解决方法。由此,发展出了私有信息检索(Private Information Retrieval,PIR)、隐私保护数据挖掘(Privacy-preserving Data Mining,PPDM)和加密数据(Searching on Encrypted Data,SED)检索等技术。可搜索加密(Searchable Encryption,SE)作为加密数据检索的一种特例,是目前研究的一个热点。可搜索加密与 PIR 最主要区别在于,PIR 主要用于保护用户的查询隐私,而加密数据检索方案则用于保护被查询文件的安全。高效的同态加密技术能够简单、直接地解决这些问题,因此同态加密技术的发展会很大程度上促进对数据库的隐私保护。

1.2.5 同态加密的 3 种应用模式

同态加密在应用场景中通常有如下 3 种应用模式:两方外包计算模式、两方竞争模式、多方参与模式。

(1)两方外包计算模式(见图 1-3):该模式有两方 Alice,Bob 参与。Alice 输入数据 x 并希望将计算任务 $f(x)$ 委托给 Bob,并要求 Bob 执行计算过程无法获得 x 和 $f(x)$ 的信息。例如,Alice 希望租赁高性能服务器执行一个计算任务 $f(x)$。同态加密方案可以解决该类问题:Alice 加密数据 x 得到密文 $[x]$,将密文 $[x]$ 传给 Bob;Bob 对密文 $[x]$ 进行同态 $f(x)$ 运算得到结果 $[f(x)]$,并将其发送给 Alice;Alice 解密 $[f(x)]$ 得到 $f(x)$。

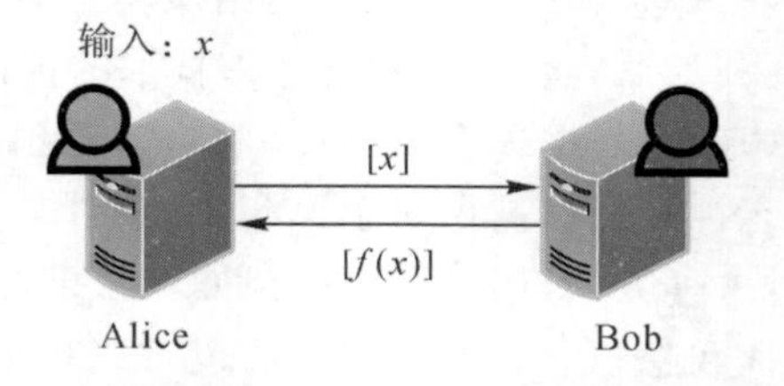

图 1-3 同态加密在两方外包计算模式的应用

(2)两方竞争模式(见图1-4):在一些场景中Bob也有可能会在计算过程输入隐私数据,这催生了两方竞争模式。该模式有两方Alice,Bob参与,他们分别拥有敏感信息x,y。Alice希望Bob执行计算任务$f(x,y)$,并要求双方都不希望向对方透露私人的输入,其中$[f(x,y)]$是函数。例如,Alice希望使用安全的智能推荐系统,f是经过训练的机器学习模型,y是训练好的机器学习模型中的参数,Alice和Bob都不希望泄露自身敏感数据。同态加密方案可以解决该类问题:Alice加密数据x得到密文$[x]$,将密文$[x]$传给Bob;Bob对密文$[x]$和敏感信息y进行同态$[f(x,y)]$运算得到结果$[f(x,y)]$,并将其发送给Alice;Alice解密$[f(x,y)]$得到$f(x,y)$。

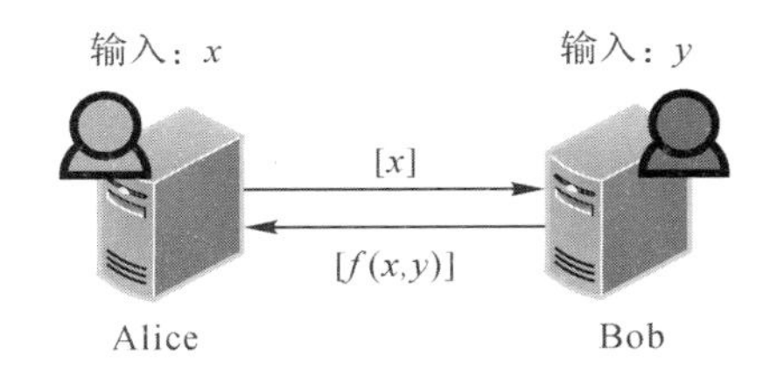

图1-4　同态加密在两方竞争模式的应用

(3)多方参与模式(见图1-5):多个参与者都希望在不透露个人输入的情况下执行联合计算。其应用场景有安全多方计算、基因分析、联合医疗诊断、隐私保护的分布式机器学习(机器学习的训练阶段)。针对多方参与的场景,需要使用MKFHE方案。MKFHE方案支持对不同用户(不同密钥)的密文进行任意的同态运算,运算之后的结果由参与计算的用户联合解密。同态加密应用方法:所有用户P_i基于MKFHE方案,利用自身公钥加密数据$[x_i]$,并发送给计算者(通常是云端或者某个特定的用户);计算者同态计算得到$[f(x,y)]$;所有用户联合解密。

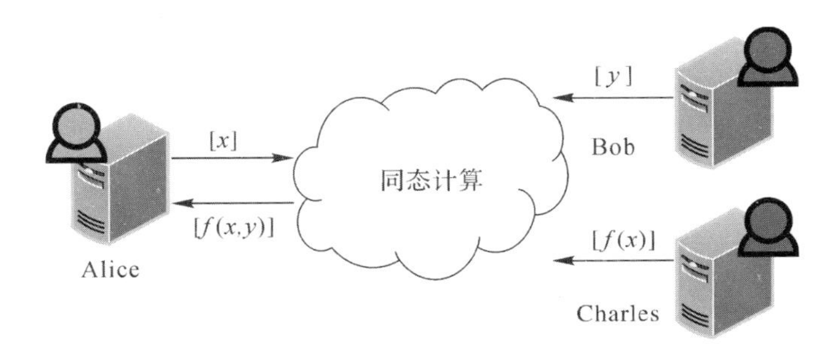

图1-5　同态加密在多方参与模式的应用

在上述3类应用模式中,通常假设参与计算的用户都是诚实或者半诚实的(会按照协议执行,但是希望从结果中得到其他用户的额外信息)。但实际上,用户也有可能是恶意的。上述应用模式无法抵抗恶意用户(恶意的数据提供者)的攻击,即恶意用户可能提交带有特殊噪声的新鲜密文,并从云端反馈的密文噪声中获取信息。例如,在两方竞争模式中,Alice希望使用安全的智能推荐系统,$f(x)$是经过训练的机器学习模型,y是训练好的机器学习模型中的参数。Alice可能通过发送特殊密文(例如,具有噪声的密文)给Bob,再根据Bob

反馈的密文中的噪声，来套取机器学习模型中的参数 y。这类攻击方案很难被检测和防范，因此会对具体的应用产生重大威胁。

1.2.6　同态加密的标准化进展

随着同态加密技术的发展，同态加密标准化的进程也从 2017 年开始逐步推进。目前，同态加密的标准主要关注应用程序接口、安全和应用这 3 个方面。

1.同态加密标准化研讨会

2017 年 7 月，第一次同态加密标准化研讨会在华盛顿州的微软研究中心召开。在这次会议上，来自政府、工业界和学术界的专家共同发布了同态密码的 3 份白皮书，分别为应用程序接口（APIs）、安全（Security）和应用（Applications）。APIs 白皮书中讨论了同态加密的标准化应用程序接口设计。Security 白皮书讨论了同态加密的安全标准。Applications 白皮书讨论了同态加密的一些典型应用场景，其中包含在基因、健康医疗、国家基础设施、教育系统和控制系统中的应用。工业界应用同态加密的主要目的是保护用户数据的隐私。

2017 年 7 月，第一次同态加密标准化研讨会召开以后，同态加密标准化工作正由美国政府、工业界和学术界的专家快速推进。同态加密标准化工作积极开展有以下 3 个原因：首先，同态加密应用领域广泛，工业界对简单可用的安全计算技术需求迫切；其次，同态加密技术越来越成熟，并且方案的运算效率有了较大提升；最后，目前的同态加密软件库不够简单易懂，不利于开发者使用。因此，急需对同态加密进行标准化处理。

2018 年 3 月，第二次同态加密标准化研讨会在麻省理工学院召开。这次研讨会的两个主要目标是：批准同态加密方案中参数选择标准的草案；扩展第一次研讨会的 APIs 设计并提出以后的方向。本次研讨会上美国政府，工业界和学术界的专家共同公布了参数选择的同态加密标准草案。该标准草案中对同态加密方案的概念、一些同态加密方案的简介、已知的攻击和这些攻击的运行时间、推荐的安全参数进行了介绍。

2019 年 8 月，英特尔公司明确了标准委员会的治理结构。该会议的主要标准化目标是：更新安全标准，介绍特定方案的白皮书，以及讨论应用程序的协议标准化。

2.开源同态加密软件库

近几年，密码学家在全同态加密方案的软件实现方面做了大量工作。结合同态加密标准化草案中推荐的软件库，本节罗列一些常见同态加密方案的开源软件库，并对各软件库的特点进行介绍。

（1）HELib：该软件库是目前使用广泛，并且运算效率较高的同态加密软件库，可以实现全同态加密。该软件库基于 BGV12 方案，并应用了密文打包技术和 GHS12b 方案中的优化技术。2018 年 3 月，Halevi 和 Shoup 对该软件库的线性变换进行了重新实现，使得方案速度提升了 15～75 倍。该软件库的下载链接为 https://github.com/shaih/HElib。

（2）SEAL：该软件库由微软研究院开发，易于使用，能够在不同的环境下进行编译，在图像的同态处理方面运算效率较高。该软件库的下载链接为 http://sealcrypto.org。

（3）cuHE/cuFHE：该软件库使用图形处理器（Graphics Processing Unit，GPU）作为基本工具，在统一计算设备架构（Compute Unified Device Architecture，CUDA）平台加速多项

式环上的同态加密方案——LTV12 方案和全同态加密方案——CGGI17 方案，可用于开发高性能应用程序。该软件库的下载链接为 https://github.com/vernamlab/cuHE 和 https://github.com/vernamlab/cuFHE。

(4)HEAAN：该软件库支持固定点运算，可用于有理数之间的近似运算。该软件库的下载链接为 https://github.com/kimandrik/HEAAN。

(5)NFLlib：该软件库旨在探索使用低功耗处理器来运行高性能同态加密软件库。该软件库基于 FV 方案，下载链接为 https://github.com/CryptoExperts/FV-NFLlib。

(6)Palisade：该软件库是一个格密码软件库，支持多种基于格密码的方案，其中包括多种同态加密方案。该软件库没有主要的外部软件库依赖关系，可移植到商用计算和硬件环境。该软件库的下载链接为 https://git.njit.edu/palisade/PALISADE。

(7)HEAT：该软件库是欧盟主导的一个同态加密项目。该项目将专注于类同态加密(SHE)的设计和加速实现，并希望将项目应用到具体的实例上。该项目集成了 HElib 同态加密库和 FV-NFLlib 同态加密库，并提供了便捷的 APIs 接口。该软件库的下载链接为 https://github.com/bristolcrypto/HEAT。

(8)TFHE：该软件库基于 TFHE 方案和 CGGI17 方案构造，该方案运行门电路速度很快，时间很短(13 ms)，可以高效地实现任意的同态函数，尤其适用于计算布尔逻辑电路。该软件库可以实现全同态加密，并且是同态加密标准重点关注的软件库之一。该软件库的下载链接为 https://tfhe.github.io/tfhe/。

(9)Lattigo：该软件库是一个开源的软件库，用于实现同态加密与门限全同态加密方案，底层实现了 BFV 方案、BGV 方案、CKKS 方案等全同态加密算法及其门限全同态加密方案版本，该软件库还提供了 CKKS 方案的高效自举实现，是一个简洁、易用的 FHE 方案软件库。该软件软件库的下载链接为 https://github.com/tuneinsight/lattigo。

(10)cuFHE：该软件库是基于 TFHE 方案的使用 C++开发的全同态加密库，利用 GPU 硬件基于 CUDA 平台对 TFHE 方案进行加速，实现效率较高。该软件库的下载链接为https://github.com/vernamlab/cuFHE。

目前，同态加密软件库的发展趋势，正在从理论研究到初步实际应用的阶段。近年来，随着 GPU 的快速，GPU 在通用计算领域的应用越发广泛，CUDA 平台也使 GPU 并行计算具有更好的可编程性，程序开发更为高效、灵活。因此，利用 GPU 等硬件实现算法库、重新优化编写代码等方式进一步提升软件库的效率是未来的重要的趋势。

1.3 同态加密的形式化定义与分类

同态加密方案是在传统的公钥加密方案上，增加了对密文的同态运算操作。本节将给出单比特(全)同态加密方案的定义。通过逐位加密的模式，可以将该定义扩展到任意明文空间。

定义 1-1(同态加密方案)：同态加密方案 HE=(HE.KeyGen，HE.Enc，HE.Dec，HE.Eval)包含 4 个概率多项式的函数。

(1)密钥生成算法 HE.KeyGen(1^k)：输入安全参数 k。输出($\mathbf{pk}$，$\mathbf{sk}$，$\mathbf{evk}$) ← HE.

$\text{KeyGen}(1^k)$，包含公钥 **pk**,公开计算密钥 **evk** 和私钥 **sk**。

(2)加密算法HE. $\text{Enc}_{\mathbf{pk}}(\mu)$：输入公钥 **pk** 和单比特的明文 $\mu \in \{0,1\}$。输出密文 $c \leftarrow$ HE. $\text{Enc}_{\mathbf{pk}}(\mu)$。

(3)解密算法HE. $\text{Dec}_{\text{sk}}(c)$：输入私钥 **sk** 和密文 c。输出 $\mu^* \leftarrow$ HE. $\text{Dec}_{\mathbf{sk}}(c)$。

(4)同态计算算法 HE. $\text{Eval}_{\mathbf{evk}}(f, c_1, \cdots, c_l)$：输入公开计算密钥 evk,函数 $f:\{0,1\}^l \rightarrow \{0,1\}$ 和 l 个密文 $c_1, \cdots, c_l$。输出密文 $c_f \leftarrow$ HE. $\text{Eval}_{\mathbf{evk}}(f, c_1, \cdots, c_l)$。计算函数 f 的表示因方案而异,在本定义中使用 GF(2) 上的算术电路表示。

全同态加密和公钥加密方案的定义有两点不同：一是密钥生成算法除了生成公钥和私钥,通常还会生成计算密钥;二是本定义多了对密文的同态计算算法。

定义 1－2(同态加密方案的 IND-CPA 安全)：对任何多项式时间敌手 A 来说,如果有以下等式成立：

$$\text{Adv}_{\text{CPA}}[A] \triangleq \mid \Pr\{A[\mathbf{pk}, \mathbf{evk}, \text{HE. Enc}_{\mathbf{pk}}(0)] = 1\} -$$

$$\left(\Pr\{A[\text{pk}, \text{evk}, \text{HE. Enc}_{\mathbf{pk}}(0)]\} = 0\right) \mid = \text{negl}(k)$$

那么称该同态加密方案是 IND-CPA 安全的,其中 $(\mathbf{pk}, \mathbf{sk}, \mathbf{evk}) \leftarrow \text{HE. KeyGen}(1^k)$。

定义 1－3(同态加密方案的紧凑性)：如果存在多项式 $s = s(k)$ 使得 $c_f \leftarrow$ HE. $\text{Eval}_{\mathbf{evk}}(\cdots)$ 的输出长度不超过 s bit,k 是安全参数,那么称该同态方案是紧凑的。

同态加密方案的同态计算能力使用如下定义进行描述。

定义 1－4(C 类同态加密方案)：$C = \{C_k\}_{k \in \mathbf{N}}$ 是一类函数,如果对于任何函数序列 $f_k \in C_k$ 和相应的输入 $\mu_1, \cdots, \mu_l$,其中 $l = l(k)$,有如下等式成立：

$$\Pr\{\text{HE. Dec}_{\mathbf{sk}}[\text{HE. Eval}(f, c_1, \cdots, c_l)] \neq f(\mu_1, \cdots, \mu_l)\} = \text{negl}(k)$$

那么称该同态方案是 C 类同态的,其中 $(\mathbf{pk}, \mathbf{sk}, \mathbf{evk}) \leftarrow \text{HE. KeyGen}(1^k)$,$c_i \leftarrow$ HE. $\text{Enc}_{\mathbf{pk}}(\mu_i)$。

在 C 类同态加密方案和密文紧凑性的基础上,就可以定义各类同态加密方案了。由于加法与乘法运算的完备性,即任意函数都可由加法及乘法两个运算组合而成,通过这个性质就可以构造支持任意函数的同态加密方案。因此,实际的同态加密方案中,通常使用同态加法运算及同态乘法运算描述函数 C。如果一个紧凑的加密方案只能支持加法或乘法同态运算,那么称其为单同态加密方案,例如 Paillier 算法和 ElGamal 算法。如果一个紧凑的加密方案能支持一定量的加法和乘法同态运算,那么称其为类同态加密方案,例如 BGN 算法。功能更加强大的全同态加密方案,包含纯全同态加密方案和层次型全同态加密方案。

定义 1－5(纯全同态加密)：如果对于 GF(2) 上的所有算术电路的方案满足同态性和紧凑性,那么称其为纯全同态加密方案。

定义 1－6(层次型全同态加密)：层次型全同态加密是一种同态方案,对于给定的参数 L,方案可以运行所有深度为 L 的二进制算术电路。方案的密钥生成算法 HE. Keygen 需要额外的输入 1^L,即 $(\mathbf{pk}, \mathbf{sk}, \mathbf{evk}) \leftarrow \text{HE. KeyGen}(1^k, 1^L)$。要求方案中密文的比特长度独立于计算深度 L。

从定义可知,纯全同态加密方案比层次型全同态加密的同态计算能力更强,因此纯全同态加密方案也是最理想的同态加密方案。但已知的纯全同态加密方案都需要使用烦琐的“自举”算法,在同态运算效率和密文扩展率方面都表现不佳。因此,更加高效的层次型全同态加密方案在应用中被更广泛采用。

1.4 同态加密的安全性模型

同态加密方案作为一类特殊的公钥加密方案，也采用了与其他公钥加密方案类似的安全模型。现实场景中，一个密码方案需要面临不同能力、不同目标的攻击者。根据攻击者能力从弱到强分为4类：

(1)唯密文攻击(Ciphertect Only Attak,COA)。在这种类型的攻击中，假设攻击者只能访问密文，而不能访问明文。这种类型的攻击是现实生活中密码分析中最有可能遇到的情况，攻击者掌握的信息比较少，因此是最弱的攻击。

(2)已知明文攻击(Know Plaintext Attak,KPA)。在这种类型的攻击中，假设攻击者可以访问有限数量的明文和相应的密文。最常见的场景是攻击者在通信信道中截获了一段密文，并设法得到这段密文对应的明文。明文的获取方式通常有两种：基于经验和逻辑关系进行猜测；通过盗取或者通过安置间谍得到。一个有趣的例子可以追溯到第二次世界大战期间，盟军使用已知明文攻击攻破了著名的Enigma加密机。

(3)选择明文攻击(Chosen Plaintext Attack,CPA)。在这种攻击中，假设攻击者能够选择要加密的明文，并可以得到对应的密文。这允许攻击者加密明文空间的任何明文，特别是一些特殊的明文，例如0或者全为1的字符串。作为一个特例，自适应选择明文攻击(CPA2)指，攻击者可以不事先选择准备加密的明文。值得注意的是，在公钥密码系统中，用于加密明文的公钥是公开的，任何人都可以获取公钥，也可以对任意的明文进行加密。因此，公钥加密算法必须能够抵抗选择明文攻击。

(4)选择密文攻击(Chosen Ciphertext Attack,CCA)。在这种攻击中，假设攻击者可以选择任意密文，并将其解密得到明文。在实际的现实生活中，这将要求攻击者能够访问通信通道和解密机。常见的选择密文攻击的一个特例是，午餐时间攻击或午夜攻击。在此变体中，假设密码分析人员只能在有限的时间内对有限数量的密文进行解密。该名称来自常见的安全漏洞，在该漏洞中员工登录加密计算机，然后在他们去吃午饭时将其置于无人看管的状态，从而允许攻击者在有限的时间内访问系统。另一个特例是，自适应选择密文攻击，攻击者可以不事先选择准备解密的密文。

攻击者的目标和具体的需求相关，按照目标的从高到低可以分不同类型，这里介绍几类典型的目标。

(1)完全攻破方案：恢复加密和解密的密钥。

(2)解密明文：恢复目标密文对应的明文。

(3)区分密文(Distinguishability)：区分两个不同明文对应的密文。

最安全的加密方案应该可以抵抗最强能力且最低目标的攻击者，即方案应该在自适应选择密文攻击下无法让攻击者区分两个密文(Indistinguishability under Adaptive Chosen Ciphertext Attack,IND-CCA2)。

很不幸的是，同态加密方案天然地无法抵抗IND-CCA2攻击。这是因为：攻击者可以将目标密文进行同态运算(例如，密文同态加1)之后，再进行解密；攻击者通过解密的结果就可以得到目标密文对应的明文(例如,解密结果减 1)。因此目前对于同态加密方案,最常用的安全模型是,方案应该在选择明文攻击下无法让攻击者区分两个密文,即 IND-CPA。IND-CPA模型可以通过方案(挑战者)和攻击者的游戏进行描述。

攻击游戏:给定在明文空间与密文空间 (M,C) 中的加密方案$=(G,E,D,\mathrm{Eval})$,攻击者 A 和挑战者 C,运行攻击游戏如下:

(1)挑战者 C 运行 $(\mathbf{pk},\mathbf{sk}) \xleftarrow{R} G(\cdot)$ 并将 **pk** 发送给 A。

(2)A 进行多项式次加密操作和同态运算等操作。

(3)A 选择两个不同的明文 M_0 和 M_1,发送给挑战者 C。

(4)挑战者 C 随机选择一个 $b(\mathrm{bit}) \in \{0,1\}$,并将挑战密文 $C = E(\mathbf{pk},M_b)$ 发送给攻击者 A。

(5)A 进行多项式次加密操作和同态运算等操作。

(6)A 攻击者输出 b。

如果每个概率多项式时间对手成功输出 b 的概率,相对随机猜测只有微不足道的“优势”,那么密码系统在选择明文攻击下是无法区分的。微不足道的“优势”指:如果一个对手以 $\frac{1}{2}+\varepsilon(k)$ 的概率成功输出 b,其中 $\varepsilon(k)$ 是安全参数 k 中的一个可忽略的函数,即对于每个(非零)多项式函数 poly()存在 k_0 使得 $|\varepsilon(k)|<\left|\frac{1}{\mathrm{poly}(k)}\right|$ 对于所有 $k>k_0$ 都成立。

虽然当前大部分的全同态加密方案都仅能达到 IND-CPA 安全,但密码学家也设计了一些能够达到 IND-CCA1 安全的方案。2017 年,Canetti 等人构造了 IND-CCA1 安全的全同态加密方案的通用转化方法 CRR2017 方案,可以将基于身份的多密钥全同态加密方案转化为 IND-CCA1 安全的全同态加密方案。目前,能够达到 IND-CCA1 安全的全同态加密方案运算效率普遍较低,并且方案数量较少。

定义 1-7[BHH+08](循环安全性):循环安全性又称密钥相关的消息安全性(Key-Dependent Message security,KDM),如果一个加密方案可以安全地对其私钥的某个多项式进行加密,那么称该加密方案是 KDM 安全的。

KDM 安全性最早由 Boneh, Halevi 等人在于 2008 年提出,他们基于判定性 DH 问题构造了首个以循环性为目标的加密方案。

1.5 组织结构

本书主要围绕当前发展前沿的同态加密技术展开,重点分析同态加密方案的构造与应用。同态加密方案的构造是同态加密的核心,也是整个同态隐私计算系统的安全性和高效性的基础。本书按照同态计算能力从弱到强,分析单同态加密和类同态加密方案构造、全同态加密方案构造、多密钥全同态加密方案构造。应用需求是方案构造的最大的驱动力,也是方案构造的目标。在方案应用过程中,恰当地选择合适的方案、合理地对数据进行预处理、调整场景中的算法以适应同态加密方案等对提升具体应用效率至关重要。本书对同态加密方案在流数据隐私搜索协议、致病基因安全定位方案中的应用进行分析。本书核心章节的关系如图 1－6 所示。

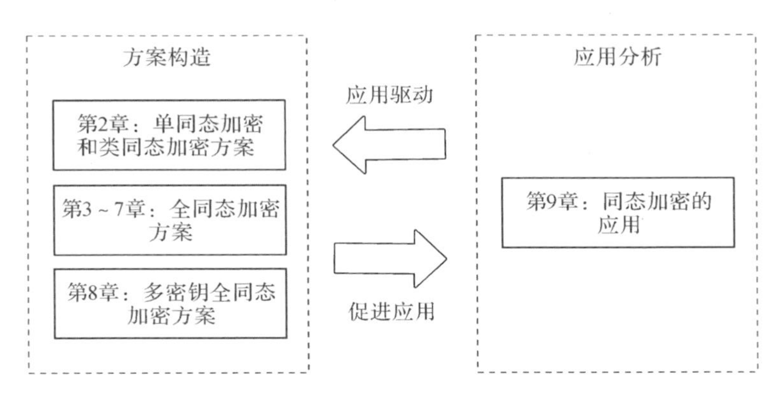

图 1－6　核心章节关系图

第 1 章介绍本书的研究背景意义、形式化定义、安全性模型等基本内容。主要包括同态加密的研究背景、历史发展、形式化定义与分类、安全性模型等内容。

第 2～8 章介绍各类同态加密方案的构造。第 2 章分析单同态加密和类同态加密方案构造，这里方案结构相对简单，通常基于离散对数等困难问题构造，可以帮助读者理解同态加密的思想。第 3 章介绍 NTRU 型方案，这类全同态加密方案基于格上困难问题构造，但结构相对简单，帮助独立理解全同态加密的思想。第 4 章分析 GSW 方案，这类方案结构复杂，但作为早期基于 LWE 问题的 FHE 方案，后续的很多方案都借鉴了其构造思想。第 5 章介绍基于 GSW 型方案的快速自举全同态加密方案。该方案清晰地展示自举算法的过程，可以帮助读者全面理解自举算法。第 6 章介绍 CKKS 型方案。CKKS 型方案是目前最高效的 FHE 方案之一，第 6 章介绍了其构造思想以及大量的优化技术，可以帮助读者很好地了解全同态加密中的各类优化方法。第 7 章介绍 BGV 型方案，是目前整数运算最高效的 FHE 方案，其构造思想在 CKKS 型方案中有重要的应用。第 8 章介绍多密钥全同态加密方案。MKFHE 方案是同态加密研究的一个难点，本章可以帮助读者了解各类 MKFHE 方案的构造思想。

第 9 章介绍同态加密的应用。主要介绍同态加密方案在流数据隐私搜索协议、致病基因安全定位方案中的应用，并分析同态加密在应用过程中的一些技巧。

第 2 章　单同态加密和类同态加密方案

本章先从简单的单同态加密和类同态加密方案开始介绍，帮助读者进一步掌握同态加密的概念。单同态加密和类同态加密相对全同态加密，功能比较简单，但是效率也相对较高，在很多特定的场景都有着重要的应用。

在抽象代数中，同态是两个代数结构（例如群）之间的结构保持的映射。对于同态加密方案而言，同态是指明文空间和密文空间的结构保持映射。如图 2-1 所示，给定明文空间的两个明文 m_1 和 m_2，在随机数的作用下，通过加密算法 $\mathrm{Enc}(r,m)$ 将明文映射到密文空间的两个密文 c_1 和 c_2。同态性质保证了对密文进行“加法操作”得到结果 $c_1 \oplus c_2$ 的原像是明文加法运算的结果 m_1+m_2。同态加密中明文和密文的映射关系如图 2-1 所示。

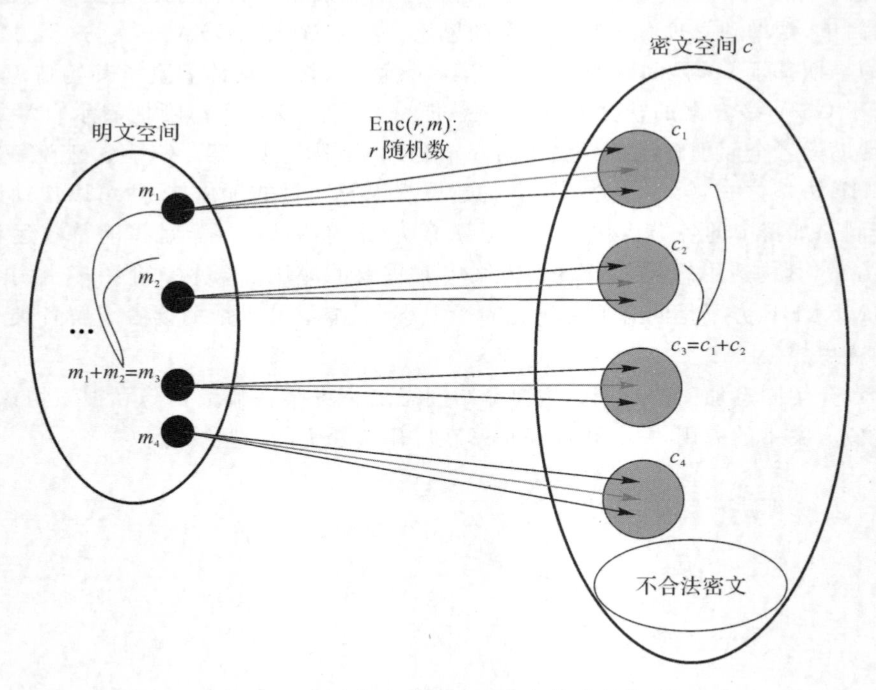

图 2-1　同态加密中明文和密文的映射关系

本章对 Goldwasser-Micali 方案、ElGamal 方案、Okamoto-Uchiyama 方案、Paillier 方案、BGN 方案 5 个单同态或类同态加密方案进行分析。本章没有考虑 RSA 算法。教科书版的 RSA 也是乘法同态方案，该方案 RSA 是确定性算法，无法达到 IND-CPA 安全。一旦使用 RSA 最优非对称加密填充(RSA-Optimal Asymmetric Encryption Padding-RSA-OAEP)算法，则失去了同态性质，因此本书不考虑 RSA 算法。

2.1 Goldwasser-Micali 同态乘法方案

1982 年，Shafi Goldwasser 和 Silvio Micali 提出了概率公钥加密的概念，并构造了首个在标准模型下可证明安全的加密算法方案——Goldwasser-Micali 同态乘法方案。该方案又称为 GM82 方案。GM82 方案支持对密文进行任意多次的同态异或操作。然而，该方案是对比特数据进行加密，因此密文扩展率(密文长度和明文长度的比值)通常很大(成百上千)。为了证明该密码系统的安全性，Goldwasser 和 Micali 提出了广泛使用的语义安全定义。

该方案依赖的困难问题是二次剩余问题：给定 $\bmod N = pq$，其中 p，q 是大素数，给定 Jacobi 符号为 1 的值 x，判定给定 x 是否为 $\bmod N$ 的二次剩余，即存在 y 使得 $x = y^2 \times \bmod N$。对于二次剩余问题目前还没有很高效的解法。虽然在已知 N 的分解情况下，可以很高效地判定 x 是否为 $\bmod N$ 的二次剩余，但是分解 N 也是一个困难问题。

GM82 方案由 4 个算法组成：ε=(Keygen，Enc，Dec，XOR)。

(1)密钥生成算法 Keygen(1^k)：输入安全参数 k，生成两个不同的大素数 p 和 q，使得 $p = q = 3\bmod 4$，并计算 $N = pq$。GM 算法中使用的模数的生成方式与 RSA 加密系统相同。生成一些非二次剩余 a，使得 $a_p^{(p-1)/2} = -1\bmod p$，$a_q^{(q-1)/2} = -1\bmod p$。

输出公钥 $\mathbf{pk} = (a, N)$，组成私钥 $\mathbf{sk} = (p, q)$。

(2)加密算法 $\mathrm{Enc}_{\mathbf{pk}}(m)$：输入公钥 **pk** 和单比特的明文 m。随机选择 b，使得 $\gcd(b, N) = 1$。计算并输出密文 $c = b^2 \cdot a^m \bmod N$。

(3)解密算法 $\mathrm{Dec}_{\mathbf{sk}}(c)$：输入私钥 **sk** 和密文 c，利用 p 和 q，判定 c 是否为 $\bmod N$ 的二次剩余。若 c 是 $\bmod N$ 的二次剩余，输出 0；否则输出 1。

(4)同态异或运算 XOR(c_1，c_2)：输入 m_0，m_1 对应的密文 c_0，c_1，输出 $c_{\mathrm{xor}} = c_0 c_1 \bmod N$。

下面分析 GM82 方案的加解密的正确性、同态异或的正确性与优缺点。

1. 加解密的正确性

b^2 是 $\bmod N$ 的二次剩余，则：当 $m = 0$ 时，$c = b^2 \cdot a^m \bmod N$ 是 $\bmod N$ 的二次剩余；当 $m = 0$ 时，$c = b^2 \cdot a^m \bmod N$ 是 $\bmod N$ 的非二次剩余。因此，通过判断 c 是否为 $\bmod N$ 的二次剩余，可以正确解密。

2. 同态异或的正确性

假设 $c_0 = b_0^2 \cdot a_0^m \bmod N$，$c_1 = b_1^2 \cdot a^{m_1} \bmod N$，则有同态异或运算地输出密文 $c_{\mathrm{xor}} = c_0 c_1 = (b_0 b_1)^2 a^{m_0 + m_1} \bmod N$。

一方面，因为 $\gcd(b_0, N) = 1$，$\gcd(b_1, N) = 1$，所以 $\gcd(b_0 b_1, N) = 1$。另一方面：若 m_0 和 m_1 同时为 0 或为 1，则 $a^{m_0+m_1}$ 是二次剩余，解密结果为 0；若 m_0 和 m_1 一个为 0 另一个为 1，则 $a^{m_0+m_1}$ 是非二次剩余，解密结果为 1。得到 $\mathrm{Dec}_{\mathbf{sk}}(c_{\mathrm{xor}}) = m_0 \oplus m_1$，即满足同态异或运算。

3. 方案的优缺点分析

GM82 方案的优点：一是 GM82 方案是可证明安全的。GM82 方案的 IND-CPA 安全可以规约到二次的剩余问题。二是同态运算效率高。只需要对密文进行一次乘法运算，就可以实现同态异或。

GM82 方案的缺点：一是因为方案是对比特数据进行加密，因此密文扩展率 $\frac{N}{1}=N$ 较大，导致通信量也较大。二是同态能力受限，只支持同态异或运算，在实际场景中应用需求不足。

2.2 ElGamal 同态乘法方案

因为 Goldwasser-Micali 同态乘法方案的密文扩展率太高，所以密码学家又设计了更加高效的 ElGamal 同态乘法方案，又称 ElGamal。ElGamal 方案是 1985 年提出的基于离散对数问题的最著名的公钥密码体制，广泛应用于如 GnuPG 隐私保护软件、PGP 加密软件等密码系统。ElGamal 方案是一种经典的乘法同态方案，可以对密文进行任意次数的乘法运算。

(1)密钥生成算法 KeyGen(1^λ)：输入安全参数 λ，选择大素数 p 作为模数，计算模的原根 g。随机选择私钥 **sk**：x，计算公钥 **pk**：$y=g^x \bmod p$。

输出公共参数 (p,g)，私钥 **sk**$=(x)$，公钥 **pk**$=(y)$。

(2)加密算法 Enc(**pk**,m)：输入公钥 **pk**$=(y)$，明文 m，随机选择 $k\in\mathbb{Z}_p^*$，计算 $c_1=g^k \bmod p$，$c_2=my^k \bmod p$。

输出密文 $c=(c_1,c_2)$。

(3)解密算法 Dec(**sk**,c)：输入私钥 **sk**$=(x)$和密文 c，计算并输出明文 $m'=c_2\cdot(c_1^{-x})\bmod p$。

(4)同态乘法运算 Mult(c,c')：输入密文 $c=(g^k,my^k)$，$c'=(g^{k'},m'y^{k'})$，计算并输出 $c_\times=(g^{k+k'},(mm')y^{k+k'})$。

下面分析 ElGamal 方案的加解密正确性、同态计算的正确性、安全性、方案的优缺点。

1. 加解密的正确性

给定密文 $c=(c_1,c_2)$，容易验证方案的正确性 $m'=c_2(c_1^{-x})=my^k(g^k)^{-k}\bmod p=m$。

2. 同态乘法的正确性

对 $c_\times=[g^{k+k'},(mm')y^{k+k'}]$ 进行解密，可以得到 $mm'=(mm')y^{k+k'}\cdot(g^{k+k'})^{-x}\bmod p$。实际上，$c_\times=[g^{k+k'},(mm')y^{k+k'}]$ 是利用临时随机值 $k+k'$ 加密 mm' 的结果。通过对同一个密文自身进行同态乘，可以得到明文 m^k 的密文。

3. 安全性分析

ElGamal 方案在 Diffie Hellman 判定性(Decisional Diffie Hellman, DDH)假设满足 IND-CPA 安全。由于 ElGamal 方案是一种公共密钥加密方案，如果它对单个查询是安全的，那么它对 q 个查询也是安全的。因此，可以假设对手 A 恰好进行了一次查询。

假设攻击者攻击 ElGamal 时具有优势 Adv_A。构建攻击实验 D 如下：

(1)挑战者生成公钥 $\mathbf{pk}=\langle G,q,g,g^{a}\rangle$，发送给攻击者 A。

(2)攻击者选择希望被加密的明文 $m_0,m_1\in G$。

(3)挑战者随机生成 b，向攻击者 A 发送 g^b 以及挑战密文 $m_b z$（$b=0$ 或 $b=1$）。

(4)攻击者 A 判断密文是由哪条明文加密的，如果攻击者认为 $b'=b$，那么输出 $b'=1$，反之输出 0。

针对上述实验，当 $z=\text{rand}$ 时，由于其是均匀随机选择的，所以 A 以 1/2 的概率输出 1，即 $\Pr[D(G,q,g,g^a,g^c,z)=1]=\Pr[\text{Pub}\ K_{A,\text{II}}^{\text{eav}}(n)=1]=\dfrac{1}{2}$。当 $z=g^{ac}$ 时，此时为 IND-CPA实验，A 输出 1 的概率为 $\Pr[D(G,q,g,g^a,g^c,z)=1]=\dfrac{1}{2}+\varepsilon(\tau)$。

假设攻击者在实验中具有优势 Adv_A：

$$
\begin{aligned}
\text{SD-Adv}_A(\tau)=&\left|\Pr[A(G,q,g,g^a,g^b,z)=1:z=g^{ab}]-\Pr[A(G,q,g,g^a,g^b,z)=1:z\leftarrow G]\right|\geqslant\\
&\left|\Pr[A(G,q,g,g^a,g^b,z)=1:z=g^{ab}]\right|-\left|\Pr[A(G,q,g,g^a,g^b,z)=1:z\leftarrow G]\right|=\varepsilon(\tau)
\end{aligned}
$$

则攻击者可以以优势 $\varepsilon(\tau)$ 打破 DDH 假设。

因此，如果 DDH 问题是困难的，那么 ElGamal 方案在 IND-CPA 安全模型下是安全的。

4. ElGamal 方案的优缺点

ElGamal 方案的主要优点：一是密文扩展率小。方案的密文扩展率仅为 $2=\dfrac{2p}{p}$，通信代价十分小。二是加解密高效。该方案的加密方仅需要做关于明文的模乘运算，解密方仅需要做简单的模幂运算，计算量小且密文不会发生膨胀，因此加解密效率都很高。三是同态计算效率高。该方案通过对密文进行两次乘法运算，就可以实现同态乘法运算。

ElGamal 方案的主要缺点：应用价值不大。ElGamal 方案支持同态乘法运算，算法简单、高效，但在实际应用中却不是太多。这是因为现实场景对同态运算的需求以加法为主，对同态乘法的需求不足。

2.3　Okamoto-Uchiyama 同态加法方案

早期的同态加密方案都是只支持同态乘法运算，但在现实场景中更多的时候需要同态加法运算，例如统计选票、计算平均工资等。为了实现同态加法运算，1998 年，Tatsuaki Okamoto 和 Shigenori Uchiyama 提出的支持任意多次同态加法运算的方案——Okamoto-Uchiyama 同态加法方案。该方案也称为 OU98 方案。Okamoto-Uchiyama 方案算法的构造是建立在特殊的对数函数 $L(x)$ 基础上的。

定义 2-1：设 p 是一个奇素数，Γ 为群 $\mathbb{Z}_{p^2}^*$ 的一个子群 $\Gamma=\{x\in\mathbb{Z}_{p^2}^*\mid x\equiv 1\bmod p\}$。定义对数函数 $L:\mathbb{Z}_{p^2}^*\mapsto\mathbb{Z}_p$，$L(x)=\dfrac{x-1}{p}$。

根据定义可以得到 Γ 群中元素个数 $\Gamma=p$，$x\in\Gamma$ 时可以表示为 $x=kp+1$ 的形式，其中 $k\in(0,\cdots,p-1)$。对数函数 $L(x)$ 具有如下性质：

(1)对于任意 $a,b\in\Gamma$，有 $L(ab)=L(a)+L(b)\bmod p$，L 是同构的（这里，ab 表示

$ab \bmod p^2$，且 $ab \in \Gamma$）。

(2)设 $x \in \Gamma, L(x) \neq 0 \bmod p$，$y = x^m \bmod p^2$，对于任意 $m \in \mathbb{Z}_p$，有

$$m = \frac{L(x)}{L(y)} = \frac{y-1}{x-1} \bmod p$$

(3)设 g 是本原根，那么存在 $r \in \mathbb{Z}_{p^2}^*$ 使得 $g^{p-1} = 1 + pr \bmod p^2$，即 $g^{p-1} \in \Gamma$：

$$L(g^{p-1}) = \frac{(1+pr)-1}{p} = r \bmod p$$

基于对数函数构造 Okamoto-Uchiyama 方案，方案主要包括 5 个函数：

(1)密钥生成算法 KeyGen(1^κ)：选两个长度为 κ 位的大素数 p，q，计算出 $\bmod n = p^2 q$。在 $\mathbb{Z}_{p2}^*$ 中随机选择一个生成元 g，使得 $g_p = g^{p-1} \bmod p^2$ 的阶为 p。计算 $h = g^n \bmod n$，定义一个函数 $L(x) = \dfrac{x-1}{p}$。

输出公钥为 $\mathbf{pk}=(n,g,h)$，私钥为 $\mathbf{sk}=(p,q)$。满足性质 $\gcd(p,q-1)=1$，$\gcd(p-1,q)=1$。

(2)加密算法 Enc($\mathbf{pk}$,m)：输入公钥 $\mathbf{pk}=y$，明文 $m \in \mathbb{Z}_p$。随机选择 $r \in \mathbb{Z}_n^*$，计算并输出密文 $c = g^m h^r \bmod n$。

(3)解密算法 Dec($\mathbf{sk}$,c)：输入私钥 $\mathbf{sk}=(p,q)$ 和密文 c，计算并输出明文 $m = \dfrac{L(c^{p-1} \bmod p^2)}{L(g^{p-1} \bmod p^2)} \bmod p$。

(4)同态加法运算 Add(c,c')：输入密文 $c = g^m h^r \bmod n$，$c' = g^{m'} h^{r'} \bmod n$，计算并输出 $c_+ = cc' = g^{(m+m')(r+r')} \bmod n$。

(5)同态常数乘法运算 CMult(c,m')：输入密文 $c = g^m h^r \bmod n$，常数 m'，计算并输出 $c_{\text{cmult}} = c^{m'} = g^{(mm')} h^{rm'} \bmod n$。

下面分析方案的加解密正确性、同态加法的正确性、同态常数乘法的正确性、方案的优缺点等。

2.3.1 加解密的正确性

给定密文 $c = g^m h^r \bmod n$，输入解密算法 $\dfrac{L(c^{p-1} \bmod p^2)}{L(g^{p-1} \bmod p^2)} \bmod p$，根据 L 函数的性质得到

$$\frac{L(c^{p-1} \bmod p^2)}{L(g^{p-1} \bmod p^2)} \bmod p = \frac{c^{p-1} \bmod p^2}{g^{p-1} \bmod p^2} \bmod p$$

将上式代入 $c = g^m h^r \bmod n$，容易验证方案的正确性 $m = \dfrac{L(C_p)}{L(g_p)} \bmod n$。

2.3.2 同态加法的正确性

密文 $c_+ = cc' = g^{(m+m')} h^{r+r'} \bmod n$ 可以看成是使用临时密钥 $r+r'$ 对 $m+m'$ 加密的结果。根据 $r \in \mathbb{Z}_n^*$ 和 $r' \in \mathbb{Z}_n^*$，可以得到 $r+r' \in \mathbb{Z}_n^*$，满足合法密文的要求。因此对 $c_+ = cc'$ 解密，可以得到 $m+m' \in \mathbb{Z}_n$。

2.3.3　同态常数乘法的正确性

密文 $c_{\text{cmult}}=c^{m'}=g^{(mm')}(r)^{nm'}\bmod n$ 可以看成是使用临时密钥 $r^{m'}$ 对 $m\,m'$ 加密的结果。并且根据 $r\in\mathbb{Z}_n^*$，可以得到 $r^{m'}\in\mathbb{Z}_n^*$，满足合法密文的要求。因此对 $c_{\text{cmult}}=c^{m'}$ 解密，可以得到 $m\,m'\in\mathbb{Z}_n$。

2.3.4　Okamoto-Uchiyama 方案的优缺点

Okamoto-Uchiyama 方案的优点主要为：一是同态加法运算高效，通过对密文进行一次乘法运算就可以实现同态加法运算。二是方案的 IND-CPA 安全性，可以规约到大整数分解问题。

Okamoto-Uchiyama 方案的缺点主要为：一是解密算法效率不高。解密算法涉及模幂运算，因此当 $p-1$ 中 1 的个数较多时，解密效率相对较低。二是密文扩展率较大。通过比较明文空间及密文空间可以发现，方案的密文扩展率接近为 $\frac{n}{p}=pq$，相比 ElGamal 方案要大很多，因此通信代价比较高。三是方案的模数更大。相对 RSA 算法和 Paillier 算法密文 $\bmod n=pq$，Okamoto-Uchiyama 方案的密文 $\bmod n=p^2q$。

现实应用方面，在众多的单同态加密方案中，Okamoto-Uchiyama 方案凭借着较高的加法同态运算效率，被应用于投票系统、身份认证等方面。

2.4　Paillier 同态加法方案

为了实现同态加法运算和提升方案效率，1999 年 Eurocrypt 会议上 Paillier 首次提出既支持加法同态也支持常数乘法同态的公钥加密方案——Paillier 同态加法方案，又称 Paillier 方案。Paillier 方案安全性基于计算合数幂剩余类问题。Paillier 方案是首个类同态加密方案，对同态加法次数没有限制，并且支持常数乘法同态运算。Paillier 方案被很多学者应用于智能电网、机器学习等领域。Paillier 方案构造如下。

(1)密钥生成算法 KeyGen(1^λ)：选两个长度为 k 位的大素数 p,q，计算 $\bmod n=pq$，$\lambda=\varphi(n)=\text{lcm}(p-1,q-1)$，选择 $g\in\mathbb{Z}_{n^2}^*$ 使 $\gcd(k,n)=1$，其中函数 $k=L(g^\lambda\bmod n^2)$，$L(x)=\frac{x-1}{n}$。设参数 $\mu=k^{-1}\bmod n$。输出公钥为 $\mathbf{pk}=(n,g)$，私钥为 $\mathbf{sk}=(\lambda,\mu)$。

注：在不影响算法正确性的前提下，为了简化运算可以取 $g=n+1$。

(2)加密算法 Enc($\mathbf{pk},m$)：输入公钥 $\mathbf{pk}=(n,g)$ 和明文 $m\in\mathbb{Z}_n$。随机选择 $r\in\mathbb{Z}_n^*$，计算并输出密文

$$c=g^m r^n\bmod n^2$$

满足性质：$g^{m\lambda}=(mkn+1)\bmod n^2$，$r^{n\lambda}\equiv 1\bmod n^2$。

(3)解密算法 Dec($\mathbf{sk},c$)：输入私钥 $\mathbf{sk}=(\lambda,\mu)$ 和密文 c，计算并输出

$$D(c)=L(c^\lambda\bmod n^2)\mu\bmod n$$

(4)同态加法运算 Add(c,c')：输入密文 $c=g^m r^n\bmod n^2$，$c'=g^{m'}r'^n\bmod n^2$，计算并输

出密文：

$$c_+ = cc' = g^{(m+m')}(rr')^n \bmod n^2$$

(5)同态常数乘法运算 CMult(c,m')：输入密文 $c = g^m r^n \bmod n^2$，m'，计算并输出

$$c_{cm} = c^{m'} = (g^m r^n)^{m'} \bmod n^2$$

下面分析方案的加解密正确性、同态加法的正确性、同态常数乘法的正确性、方案的优缺点等性质。

2.4.1 加解密的正确性

解密算法 $\mathrm{D}(c) = L(c^\lambda \bmod n^2)\mu \bmod n$ 可以分为两部分：$c^\lambda \bmod n^2$，$L(*)\mu \bmod n$。

给定密文 $c = g^m r^n \bmod n^2$，根据欧拉定理可得

$$c^\lambda \bmod n^2 = (g^m r^n)^\lambda \bmod n^2 = g^{m\lambda} \bmod n^2$$

式中：$\varphi(n^2) = \varphi(p^2 q^2) = pq(p-1)(q-1) = n\lambda$。

由于 g 与 n 互素，$\lambda = \varphi(n) = \mathrm{lcm}(p-1, q-1)$，根据费马定理，有 $g^\lambda = 1 \bmod n$。设 $g^\lambda - 1 = kn$，即 $g^\lambda = kn + 1$（k 为正整数），则

$$g^{m\lambda} = (kn+1)^m$$

将上式进行二项展开，得

$$(kn+1)^m = (kn)^m + M(kn)^{m-1} + \cdots + mkn + 1 \tag{2-1}$$

由式(2-1)可以发现除 mkn 和 1，其余各项模 n^2 均为 0，因此

$$g^{m\lambda} = (mkn+1) \bmod n^2$$

故得

$$c^\lambda = (mkn+1) \bmod n^2$$

注：在 $g = n+1$ 简化版本中，可以更简单地得

$$c^\lambda \bmod n^2 = (g^m r^n)^\lambda \bmod n^2 \ (n+1)^{m\lambda} \bmod n^2 = (mkn+1) \bmod n^2$$

将 $c^\lambda = (mkn+1) \bmod n^2$ 代入解密算法得

$$D(c) = L(c^\lambda \bmod n^2)\mu \bmod n = \frac{(mkn+1)-1}{n}\mu \bmod n = mk \bmod n$$

若 $u = [L(g^\lambda)]^{-1} = k^{-1} \bmod n$，则 $L(c^\lambda)u = m \bmod n$，即 $D(c) = m$，Paillier 方案正确。

2.4.2 同态加法的正确性

密文 $c_+ = cc' = g^{(m+m')}(rr')^n \bmod n^2$ 可以看成是使用临时密钥 rr' 对 $m+m'$ 加密的结果。另外，根据 $r \in \mathbb{Z}_n^*$ 和 $r' \in \mathbb{Z}_n^*$，可以得到 $rr' \in \mathbb{Z}_n^*$，满足合法密文的要求。因此对 $c_+ = cc' = g^{(m+m')}(rr')^n \bmod n^2$ 解密，可以得到 $m+m' \in \mathbb{Z}_n$。

2.4.3 同态常数乘法的正确性

密文 $c_{cm} = c^{m'} = (g^m r^n)^{m'} \bmod n^2$ 可以看成是使用临时密钥 $r^{m'}$ 对 mm' 加密的结果。另外，根据 $r \in \mathbb{Z}_n^*$ 和 $m \in \mathbb{Z}_n$，可以得到 $r^{m'} \in \mathbb{Z}_n^*$，满足合法密文的要求。因此对 $c_{cm} = c^{m'} = (g^m r^n)^{m'} \bmod n^2$ 解密，可以得到 $mm' \in \mathbb{Z}_n$。

2.4.4 Paillier 方案的优缺点

Paillier 方案主要有两个优点：一是同态加法运算高效，通过对密文进行一次乘法运算就可以实现同态加法运算。二是方案的 IND-CPA 安全性，可以规约到计算合数幂剩余类问题。

Paillier 方案主要有三个缺点：一是解密算法效率不高。由 Paillier 方案的解密算法 $D(c)=L(c^{\lambda})[L(g^{\lambda})]^{-1}\bmod n$ 可以发现，其模幂运算需要进行多次，因此当私钥 λ 的位数较大时，解密效率相对较低。二是密文扩展率较大。由 Paillier 方案的明文空间及密文空间比较可以发现，该方案的密文扩展率为 $n=\frac{n^2}{n}$，相比 ElGamal 方案要大很多，因此通信代价比较大。三是同态常数乘法运算效率不高。同态常数乘法运算涉及密文的幂次运算，效率不高。

现实应用方面，在众多的单同态加密方案中，Paillier 方案凭借着较高的加法同态运算效率，被广泛应用于如安全多方计算、隐私保护等方面，而在一些仅需要加法同态运算的场景（如电子投票系统）中，Paillier 方案是目前最常用的单同态加密方案之一。

2.5 BGN 类同态方案

为了进一步扩展同态运算的功能，2005 年 Dan Boneh 等人基于双线性映射提出首个类同态加密方案——BGN 类同态方案。该方案又称为 BGN 方案。该方案支持无限次同态加法运算，和一次同态乘法运算。其基本思想是：在 Paillier 方案的基础上，使用双线性映射使其支持同态乘法运算。

BGN 方案的安全性基础是子群判定问题。下面对该问题进行介绍：定义一个算法 G，给定一个安全参数 $\tau\in\mathbb{Z}^+$ 输出一个元组 (q_1,q_2,G,G_1,e)，其中 G,G_1 是 $n=q_1q_2$ 阶的群，$e:G\times G\rightarrow G_1$ 是一个双线性映射。对于输入 τ，算法 G 运行：

（1）随机生成两个 τ 位素数 q_1,q_2，并设置 $n=q_1q_2$。

（2）生成一个 n 阶双线性群 G。设 g 是群 G 的生成元，$e:G\times G\rightarrow G_1$ 是双线性映射。

（3）输出 (q_1,q_2,G,G_1,e)。

子群判定问题：给定 (n,G,G_1,e) 和一个元素 $x\in G$，如果 x 的阶是 q_1，那么输出 1，否则输出 0。

也就是说，在不知道群阶 n 的因式分解的情况下，判定一个元素 x 是否在 G 的子群中，这个问题称为子群判定问题。

对于算法 A，A 在解决子群判定问题的优势 SD-$\text{Adv}_A(\tau)$ 定义为

$$\begin{aligned}\text{SD-Adv}_A(\tau)=|&\Pr[A(n,G,G_1,e,x)=1:(q_1,q_2,G,G_1,e)\leftarrow G(\tau),n=q_1q_2,x\leftarrow G]-\\&\Pr[A(n,G,G_1,e,x^{q_2})=1:(q_1,q_2,G,G_1,e)\leftarrow G(\tau),n=q_1q_2,x\leftarrow G]|\end{aligned}$$

定义 2－2（子群判定假设）：如果对于任何多项式时间算法，SD－$\text{Adv}_A(\tau)$都是 τ 的可忽略的函数，那么 G 满足子群判定假设。

子群判定假设也可以表达为：G 上的均匀分布与 G 的子群上的均匀分布是不可区分的。

下面对 BGN 方案进行正式描述。

(1)密钥生成算法 KeyGen(1^κ):选两个长度为 κ 位的大素数 p, q, 计算 $n = pq$。

设 G, G_1 都是 n 阶循环群,定义双线性映射 $e: G \otimes G \rightarrow G_1$。从 G 中随机选取两个生成元 g 和 u, 计算 $h = u^q$。

输出:公钥为 $\mathbf{pk} = (n, G, G_1, g, h, e)$,私钥为 $\mathbf{sk} = (p)$。

(2)加密算法 Enc($\mathbf{pk}$, m):输入公钥为 $\mathbf{pk} = (n, G, G_1, g, h, e)$ 和明文 $m \in \{0, 1, \cdots, T\}$, $T < q$。随机选择 $r \in \mathbb{Z}_n$, 计算并输出

$$c = g^m h^r \bmod n \in G$$

(3)解密算法 Dec($\mathbf{sk}$, c):输入私钥 $\mathbf{sk} = (p)$ 和密文 c, 计算并输出

$$m = \log_{g^p} c^p$$

(4)同态加法运算 Add(c, c'):输入密文 $c = g^m h^r \bmod n$, $c' = g^{m'} h^{r'} \bmod n$ 计算并输出

$$c_+ = cc' = g^{(m+m')} h^{r+r'} \bmod n$$

(5)同态乘法运算 Mult(c_1, c_2):输入密文 $c_1 = g^{m_1} h^{r_1} \bmod n$, $c_2 = g^{m_2} h^{r_2} \bmod n$。

1)设定 $g_1 = e(g, g)$, $h_1 = e(g, h)$。

2)随机选择 $r \in \mathbb{Z}_n$, 计算并输出 $c_\times = e(c_1, c_2) h_1^r$。

下面分析 BGN 方案的加解密的正确性、同态加法的正确性、一次乘法同态正确性、方案的安全性、方案的优缺点等性质。

1. 加解密的正确性

给定密文 $c = g^m h^r \bmod n \in G$, 代入解密算法 $\log_{g^p}(c^p)$。根据费马定理,有

$$c^p = (g^m h^r)^p \bmod n = g^{mp} u^{qpr} \bmod n = g^{mp} u^{nr} \bmod n \tag{2-2}$$

若G_1是 n 阶循环群,根据 Lagrange 定理,元素的阶整除 G 的阶,则有$u^{nr} \bmod n=1$,将该式和式(2-2)代入解密算法,则有 $\log_{g^p} c^p = \log_{g^p}(g^{mp} u^{nr}) = \log_{g^p} g^{mp} = m$。

2. 同态加法的正确性

同态加法密文 $c_+ = cc' = g^{(m+m')} h^{r+r'} \bmod n$ 可以看成是使用临时密钥 $r + r'$ 对 $m + m'$ 加密的结果,并且根据 $r \in \mathbb{Z}_n$ 和 $r' \in \mathbb{Z}_n$, 可以得到 $r + r' \in \mathbb{Z}_n$, 满足合法密文的要求。因此对 $c_+ = cc'$ 解密,可以得到 $m + m' \in \mathbb{Z}_n$。

3. 一次乘法同态正确性

定义 $h = u^{q_2} = g^{aq_2} \bmod n (a \in \mathbb{Z})$, 根据双线性映射对性质,同态乘法密文 $c_\times = e(c_1, c_2) h^{r_1}$ 满足

$$\begin{aligned} c_\times &= e(c_1, c_2) h_1^r = e(g^{m_1} h^{r_1}, g^{m_2} h^{r_2}) h_1^r = e(g^{m_1 + \alpha r_1}, g^{m_2 + \alpha r_2}) h_1^r \\ &= e(g, g)^{m_1 m_2} e(g, h)^{m_1 r_2 + r_1 m_2 + \alpha q_2 r_1 r_2} h_1^{r'} = E(m_1 m_2) \end{aligned} \tag{2-3}$$

式中:

$$r' = m_1 r_2 + r_1 m_2 + a q_2 r_1 r_2 + r, \; r' \in \mathbb{Z}_n, \quad c_\times \in G_1$$

可以发现,密文经过双线性映射的乘法运算后,得到了明文 m_1, m_2 对应的加密结果,但是使用的加密参数已经发生了变化,因此无法再继续进行双线性映射的乘法运算,即 BGN 方案仅支持一次乘法同态运算。

4. 方案的安全性

下面证明 BGN 方案在子群判定假设下满足的语义安全性(IND - CPA)。

定理 2 - 1(BGN 方案的语义安全性):在子群判定假设下,BGN 方案是满足语义安全的。

证明:假设一个多项式时间算法 B 以优势 $s(\tau)$ 破解了系统的语义安全。笔者构造了一个算法 A,可以以相同的优势打破子群判定假设,如图 2 - 2 所示。

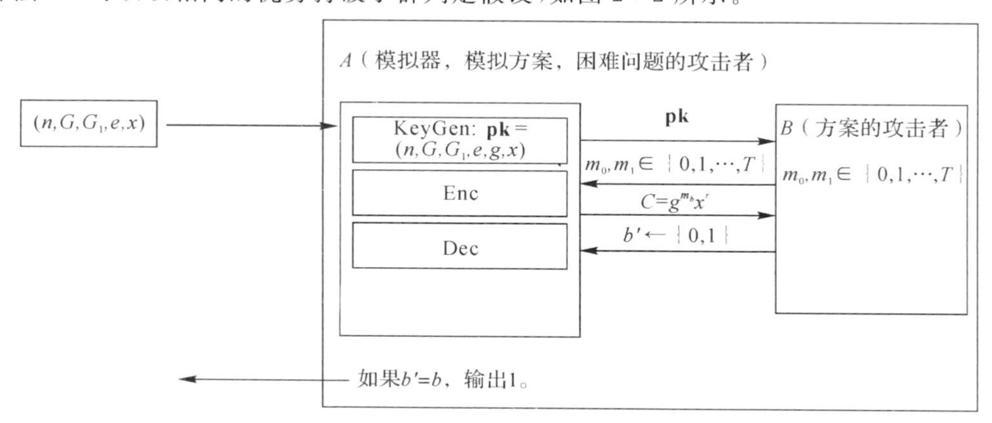

图 2 - 2　BGN 方案的语义安全证明过程

给定 (n,G,G_1,e,x) 作为输入,A 算法攻击过程如下:

(1) A 随机选择一个生成元 $g \in G$ 并给算法公钥 (n,G,G_1,e,g,x)。

(2)算法 B 输出两个消息 $m_0,m_1 \in \{0,1,\cdots,T\}$ 返回给 A,A 随机选择 $b \leftarrow \{0,1\}$ 和 $r \leftarrow \{0,1,\cdots,n-1\}$,生成并返回密文 $C = g^{m_b} x^r \in G$。

(3)算法 B 输出它对 b 的猜测 $b' \leftarrow \{0,1\}$。如果 $b' = b$,那么算法 A 输出 1(意味着 x 在 G 的一个子群中是均匀的);否则输出 0(意味着 x 在 G 中是均匀的)。

一方面,当 x 在 G 中是均匀分布的时,挑战密文 C 在 G 中是均匀分布的,并且与 b(bit)无关。因此,在这种情况下,$\Pr[b' = b] = 1/2$。另一方面,当 x 在 G 的一个子群中是均匀的时,给出的公钥和挑战 C 如同在真实的语义安全游戏中。在这种情况下,根据的定义 2 - 2,我们知道 $\Pr[b' = b] > 1/2 + s(\tau)$。现在,它满足 $\text{SD-Adv}_A(\tau) > s(\tau)$,并因此根据需要以优势 $s(\tau)$ 打破子群判定假设。证毕。

注意到,如果满足子群判定假设,那么语义安全也适用于 G_1 群中的密文,例如,乘法同态的输出密文。如果语义安全在 G_1 不成立,那么它在 G 中也不成立,因为总是可以通过"乘以"1 的方式将 G 中的密文转化成 G_1 中的密文。因此,根据定理 2 - 1,语义安全性也必须适用于 G_1 的密文。

5. 方案的优缺点

BGN 方案主要有两个优点:一是首个类同态加密方案。大多数同态系统只提供一种类型的同态运算,可能是加法或者乘法,而 BGN 方案既能满足加法同态,还能实现一次乘法同态运算,这是相比半同态加密方案的很大优势。二是同态加密效率高。方案加法同态性的构造使用了 Paillier 方案的原理，只需对密文相乘就能得到明文相加后加密的结果，具有很高的同态运算效率。

BGN 方案主要有两个缺点：一是解密速度较慢。解密运算需要计算离散对数，解密速度相对较慢。二是密文扩展率较大。密文扩展率为 (p,n)，其中最小值 p 的长度由安全参数 κ 决定，因此在提高方案安全性的同时会使密文扩展率提高，即带来更大的通信代价。

现实应用方面，BGN 方案主要应用在一些对同态深度要求不高，但需要能同时满足加法与乘法同态的场景，比如隐私信息检索(Private Infor mation Retrieval, PIR)协议的构造。

2.6 5 个方案的分析比较

本节从支持的同态运算函数、同态计算效率、密文扩展率、应用场景 4 个方面对上述 5 个方案进行分析比较，具体结果见表 2-1。

BGN 方案算法的同态计算功能最强。该方案支持加法与一次乘法。但 BGN 方案解密过程需要进行复杂的求对数运算[$O(\sqrt{p})$ 次乘法]，解密效率低，因此在解密者计算能力受限的情况下不建议使用。Paillier 方案应用最广。该方案可满足很多场景对同态加法运算的需求，并且同态计算效率高，密文扩展率较高。

Paillier 方案和 Okamoto-Uchiyama 方案功能类似，密文扩展率相当，但是 Paillier 方案更加高效。一是 Paillier 方案解密效率更高。虽然两个方案解密的计算复杂度都为 $O[\log_2(p)]$ 次乘法，但 Okamoto-Uchiyama 方案多了一次求幂次运算和一次求逆元运算，因此解密时效率更低。二是 Okamoto-Uchiyama 方案在选择参数时更加复杂。需要在 $\mathbb{Z}_{p^2}^*$ 中随机选择一个生成元 g，使得 $g_p = g^{p-1} \bmod p^2$ 的阶为 p，而 Paillier 方案中选择生成元的方式相对要更简单。

表 2-1 5 种方案综合比较

同态加密方案	同态运算函数	同态计算效率	加密解密效率	密文扩展率	应用场景
Goldwasser-Micali 方案	异或	一次乘法	加密：$O(\log_2 n)$ 次乘法 解密：$O(\log_2 n)$ 次乘法	pq	较少使用
ElGamal 方案	乘法	一次乘法	加密：$O(\log_2 p)$ 次乘法 解密：$O(\log_2 p)$ 次乘法	2	较少使用
Okamoto-Uchiyama 方案	加法与常数乘法	加法：一次乘法 常数乘法：$O(\log_2 n)$ 次乘法	加密：$O(\log_2 p)$ 次乘法 解密：$O(\log_2 p)$ 次乘法	pq	投票系统、身份认证
Paillier 方案	加法与常数乘法	加法：一次乘法 常数乘法：$O(\log_2 n)$ 次乘法	加密：$O(\log_2 p)$ 次乘法 解密：$O(\log_2 p)$ 次乘法	pq	电子投票、隐私保护、安全多方计算等

续表

同态加密方案	同态运算函数	同态计算效率	加密解密效率	密文扩展率	应用场景
BGN 方案	加法与一次乘法	加法：一次乘法 乘法：一次双线性映射 $+O(\log_2 n)$ 次乘法	加密：$O(\log_2 p)$ 次乘法 解密：$O(\sqrt{p})$ 次乘法	(p,pq)	云计算、PIR 协议的构造等

从应用场景来看：ElGamal 方案主要应用于保密通信以及一些仅需要乘法同态运算的场景；Okamoto-Uchiyama 方案可以应用到投票系统、身份认证；Paillier 方案的应用包括安全多方计算、隐私保护、电子投票等仅需要加法同态运算的场景；BGN 方案主要应用在一些对同态深度要求不高的场景，比如云计算和 PIR 协议的构造。综合来看，由于实际生活中对加法同态功能的需求往往比乘法同态功能的需求更高，因此这 4 种方案中目前最广为使用的是具有高效加法同态效率的 Paillier 方案，其次是 BGN 方案。

第3章　NTRU 型全同态加密方案

NTRU 型全同态加密方案又称 NTRU 方案。其后的优化方案具有密文规模小、加解密速度快的优点，是抗量子攻击密码算法的重要备选方案。本方案采用 LTV12 方案和 DHS16 方案的模式，通过调整 NTRU 方案的参数，并设计对应的同态函数，构造 NTRU 型全同态加密。虽然 NTRU 型全同态加密安全性方面存在一定的缺陷，但其结构简单、便于理解，适合初学者掌握格基全同态加密的思想。

3.1　NTRU 型公钥加密方案

目前，普遍认为 NTRU 型公钥加密方案具有抵抗量子计算攻击的能力，而 RSA 和椭圆曲线密码体制是无法抵抗量子计算攻击的。在计算效率方面，因为 NTRU 算法的简捷设计，它的计算速度比 RSA 算法快上百倍。由于速度快且安全性高，因此，NTRU 算法成为 IEEE 1263.1 标准，并且特别适合用于诸如智能卡、保密传真、无线保密数据网，以及认证系统等业务。

3.1.1　NTRU 公钥加密体制研究现状

1996 年，Jeff Hoffstein，Jill Pipher 和 Joseph Silverman 提出 NTRU 公钥加密方案，该方案是基于多项式环 $Z_q(x)/(x^n-1)$ 的算术运算。在 NTRU 公钥密码体制中，私钥 f 和 g 是两个系数较小的多项式，公钥为 $h=gf^{-1}$。该方案具有密钥尺寸短、密文尺寸短、加解密速度快等特点。随后在 1997 年，密码学家 Don Coppersmith 和 Adi Shamir 给出了一种基于格的攻击 NTRU 型公钥方案的算法——CS97 算法。他们指出，只要能够求得 NTRU 格上的一个短向量，就可以恢复出用户的私钥。该攻击算法的效率与所用格基规约算法的效率相关，有效抵抗该攻击的手段是提高 NTRU 型公钥加密方案所使用的多项式环的阶数。目前对 NTRU 公钥加密体制的攻击方法除基于格的攻击外，还有暴力穷举搜索攻击、中间相遇攻击，以及中间相遇攻击与格基规约算法相结合的攻击方法。NTRU 公钥加密方案最初被提出时，并没有严格的安全性证明，即不是可证明安全的，但是经过 20 年的密码分析，密码学家普遍认为其安全性基于 NTRU 格上最短向量求解问题的困难性。2011 年，Damien Stehlé 和 Ron Steinfeld 二人改进了原始的 NTRU 方案，提出了 SS11 方案，同时将该方案中的多项式环替换为分圆多项式环 $Z_q(x)/(x^n+1)$，并首次给出了 NTRU 方案的安全性证明，将方案的安全性归约到了 RLWE 问题上，其与理想格上的困难问题等价。虽然在改进的 NTRU 方案中，存在参数过大，导致其实际使用时效率较低的缺陷，但是完整的可证明安全，其理论意义重大。

2016 年，Albrecht 等人提出了一个对 NTRU 型公钥加密方案的子域攻击算法——ABD16 算法，在攻击普通的基于 NTRU 公钥加密方案时，该攻击算法运行时间较长，但是对 mod$q$ 要求较大的 NTRU 型多密钥全同态加密方案效果较为明显，在某些情况下，甚至可以在多项式时间内完成密钥恢复攻击。同年，Cheon 等人设计了一个类似的子域攻击算法——CJL16 算法。2017 年，Kirchner 和 Fouque 提出了一种基于子域攻击的变体攻击算法——KF17 算法，也称为子环攻击，它在大 mod$q$ 下对 NTRU 型多密钥全同态加密方案攻击更为高效，甚至可以攻击一些较小 mod$q$ 下的 NTRU 型公钥加密方案。

2017 年，王小云等人为了解决 NTRU 方案实际使用中可选环稀少和其存在的潜在的子域攻击问题，将 SS11 方案中的 2 的幂次阶分圆多项式环替换为素数阶分圆多项式环，提出了 YXW17 方案，给出了改进方案的可证明安全，将该方案的安全性归约到了最坏情况下的理想格上的困难问题，并在标准模型下证明了其是 IND-CPA 安全的。同年，王小云等人利用正则嵌入映射，将方案的通用性推广到素数幂次阶分圆多项式环上，同时减少了 YXW17 方案的参数，使得方案更具通用性和实用性。2019 年，王洋和王明强仍然利用正规嵌入映射，将王小云等人改进的 NTRU 型公钥加密方案推广到任意的分圆多项式环上，构造了 WW18 方案，将方案的安全性归约到理想格上的近似最短向量问题的困难性上，并在标准模型下证明了该方案是 IND-CPA 安全的。

3.1.2　基础知识

同态加密方案通常在分圆多项式环上进行构造，并使用离散高斯分布等工具。本节将简单介绍相关基础知识。

1. 分圆多项式环

基于格的方案、同态加密方案通常在分圆多项式环上构造。一方面，同态加密算法涉及对密文进行有意义的运算，其中经常需要在多项式环上对密文元素做加法或者乘法运算。另一方面，在分析同态加密方案时，需要考虑噪声多项式和明文多项式的乘法，我们希望经过乘法运算后增长幅度尽可能小（同态加密方案中需要尽快控制噪声增长）。相对于一般的多项式环，分圆多项式环中，两个多项式进行乘法运算后，系数增长幅度较慢。因此，在基于格的同态加密方案中，通常都会使用分圆多项式环作为密文空间，例如 $R_q = Z_q(x)/(x^n + 1)$，其中 n 是 2 的幂次。目前认为，选择分圆多项式环的好处有 4 个：

（1）乘法运算后的上限增长相对较慢。

分圆多项式的概念：定义 m 次分圆多项式 $\Phi_m(x) := \prod_{j\in\mathbb{Z}_m^*}(x-\omega^j) \in C[X]$，其中 $\omega := e^{2\pi i/m} \in C$。可以看出，$m$ 次分圆多项式 $\Phi_m(x)$ 是首一多项式（最高次项系数为 1），且多项式的次数为 $\varphi(m)$。定义多项式环 $A := Z[x]/\Phi_m(x)$。在多项式环 $R = Z[x]/ < x^n + 1 >$ 中的运算具有如下基本性质[DHS]。

性质 3-1（乘法系数上限）：给定元素 $a, b \in R = Z[x]/ < x^n + 1 >$，则有 $\|ab\| \leqslant \sqrt{n}\|a\|\|b\|$，$\|ab\|_\infty \leqslant n\|a\|_\infty\|b\|_\infty$，其中 $\|\cdot\|_\infty$ 和 $\|\cdot\|$ 是无穷范数 l_∞ 和 2 范数 l_2。

(2)分圆多项式环中安全性证明更加简单。

在分圆多项式环中安全性分析更加简单和充分。对于 NTRU 方案,SS11 方案中说明了在分圆多项式环 $Z_q(x)/(x^n+1)$ 中,若 g 和 f 都是可逆的,则 $gf^{-1}\in R_q$ 是均匀分布。SS11 方案证明了分圆多项式环 $Z_q(x)/(x^n+1)$ 上的上述 NTRU 方案能够达到 IND-CPA 安全。对于其他的格基方案也有相似的结论。因此,分圆多项式环中安全性证明更加简单。

(3)分圆多项式环中运算速度更快。

目前,NTL 等大量的软件库,都支持分圆多项式环上元素进行乘法的快速运算。其原理是分圆多项式环中的傅里叶变换比一般没有规律的环结构更加简单,方便、快速地实现离散傅里叶变换。

(4)分圆多项式环上方便进行正则嵌入。

为了更好地控制噪声增长或实现自同构性质,在一些方案中会使用到正则嵌入技术,该技术也需要在分圆多项式环上构建。

考虑两个多项式 $f(x),g(x)\in Z[x]$,使得 $f(x)\equiv g(x)\bmod\Phi_m(x)$。考虑 m 次本元单位根 ω^j,其中 $j\in Z_m^*$。因为 ω^j 是 $\Phi_m(x)$ 的根,所以有 $f(\omega^j)=g(\omega^j)$。这意味着如果对于一些 $f(x)\in Z[x]$,有 $a=[f(x)\bmod\Phi_m(x)]\in A$,其中 $A=Z[x]/\Phi_m(x)$,则可以明确地定义 $a(\omega^j)=f(\omega^j)$。

正则嵌入的概念。通过在所有 m 个单位根上计算多项式 $a\in A$ 的值而获得的向量:$\text{canon}(a):=\{a(\omega^j)\}_{j\in\mathbb{Z}_m^*}$,称为 a 的正则嵌入。例如,$m=8$,则 a 的正则嵌入是 $\text{canon}(a)=\{a(\omega^1),a(\omega^3),a(\omega^5),a(\omega^7)\}$。

我们经常会用无穷大范数 $\|\text{canon}(a)\|_\infty$ 来量度 $a\in A$ 的大小,所以我们定义 $\|a\|=\|\text{canon}(a)\|_\infty$,也就是 $\|a\|=\max\{|a(\omega^j)|\}_{j\in\mathbb{Z}_m^*}$。正则嵌入满足如下的属性:

对于任意的 $a,b\in A$ 和常数 $c\in\mathbb{Z}$,$\|a+b\|\leqslant\|a\|+\|b\|$,$\|ca\|=|c|\|a\|$,$\|ab\|\leqslant\|a\|\|b\|$。

可以看出,在分圆多项式环上进行多项式的乘法运算时,多项式的正则嵌入表示的系数大小增长与多项式的维度无关,因此增长幅度较慢。上述性质也使分圆多项式环中元素的上限分析起来非常简单。

2. 离散高斯分布

高斯分布在高等数学中被广泛研究。基于格的密码方案中,经常会使用离散高斯分布。离散高斯分布在方案的安全性证明、正确性分析等方面都发挥着重要作用。

(1)高斯分布:一般的高斯分布是连续分布,中心为 0 的高斯分布其概率密度函数定义为

$$\rho_\sigma(x)=\frac{1}{\sqrt{2\pi}}\exp\left(-\pi x^2/2\sigma^2\right)$$

式中:σ 是标准差。

(2)离散高斯分布:定义实数 $\sigma>0$,中心在 c,关于变量 $x\in\mathbf{R}^n$ 的高斯函数为 $\rho_{\sigma,c}(x)=\exp\left(-\pi\|x-c\|^2/2\sigma^2\right)$。定义有限集合 L 上的离散高斯分布(概率密度)为

$$D_{L,\sigma,c}(x)=\rho_{\sigma,c}(x)/\rho_{\sigma,c}(L),\quad\forall x\in L\tag{3-1}$$

式中：对于集合 A，定义 $\rho_{\sigma,c}(A)=\sum_{x\in A}\rho_{\sigma,c}(x)$。

密码学中常用 n 维整数空间 $\mathbb{Z}^n$ 上的离散高斯分布，是整数集合上的离散概率分布。

（3）$\mathbb{Z}^n$ 上的离散高斯分布：给定自然数 $n\in\mathbb{Z}$，n 维整数空间 $\mathbb{Z}^n$ 上的离散高斯分布（概率密度），即

$$D_{\mathbb{Z}^n,\sigma}(x)=\rho_{s,\sigma}(x)/\rho_{s,\sigma}(\mathbb{Z}^n),\quad \forall x\in\mathbb{Z}^n \tag{3-2}$$

注意：离散高斯分布中的参数 σ 实际上是连续高斯分布的方差，这个方差和离散高斯分布本身的方差是不相等的。

（4）$\mathbb{Z}_q^n$ 上的离散高斯分布：给定自然数 $n\in\mathbb{Z}$，n 维空间 $\mathbb{Z}_q^n$ 上的离散高斯分布（概率密度），即

$$D_{\mathbb{Z}_q^n,\sigma}(x)=\sum_{w=x+q\mathbb{Z}}D_{\mathbb{Z}^n,\sigma}(x),\ D_{\mathbb{Z}^n,\sigma}(w)=\rho_{s,\sigma}(w)/\rho_{s,\sigma}(\mathbb{Z}^n),\quad \forall x\in\mathbb{Z}_q^n$$

注：离散高斯分布中的参数 σ 并不是该分布的标准差，σ 是对应的连续高斯分布的标准差。根据方案的不同，有时候也将噪声参数记为标准差的 $\sqrt{2\pi}$ 倍，即

$$r=\sqrt{2\pi}\sigma$$

性质 3-2（离散高斯分布的界）：给定自然数 $n\in\mathbb{Z}$，n 维离散高斯分布 $D_{\mathbb{Z}^n,\sigma}$，满足参数 $\sigma>\omega(\sqrt{\log_2 n})$ 时，则有 $\Pr_{x\leftarrow D_{\mathbb{Z}^n,\sigma}}[\|x\|>\sigma\sqrt{n}]\leqslant 2^{-n+1}$。

性质 3-2 告诉我们，在离散高斯分布的参数 $\sigma>\omega(\sqrt{\log_2 n})$ 大于一定值后，随机地在该分布进行采样，样本 x 的长度大概率小于 $\sigma\sqrt{n}$。

（5）B-bounded 分布：在同态加密方案中，我们经常会使用的“有界的噪声分布”。因此，我们将 B-bounded 分布（B-bounded distributions）定义为整数或多项式上的一种分布，在这种分布中样本的大小大概率是有界的，且大概率小于 B。具体定义如下。

定义 3-1（*B*-bounded 分布）：一个整数或多项式上的分布集合 $\{\chi_n\}_{n\in\mathbb{N}}$ 被称为 B-bounded 分布，如果满足

$$\Pr_{e\leftarrow s\chi_n}[\,|e|>B]\leqslant 2^{-\tilde{\Omega}(n)}$$

（6）二项分布模拟高斯分布：离散高斯分布在计算机中实现效率较低，因此在实际实现过程中通常使用二项分布 $X=\sum_{i=1}^{k}(a_i-b_i)$ 模拟离散高斯分布，其中 $a_i,b_i\xleftarrow{R}\{0,1\}$。例如，为了模拟参数为 $\sigma=3.2$ 的离散高斯分布，通常取 $k=7$。

3. 安全参数的概念

在密码学方案中，很多其他参数的大小是基于安全参数确定的。安全参数通常用长度为 κ 的比特串 1^κ 表示，具体大小来源于攻破某加密体制的最佳计算复杂度，把这个攻击的时间复杂度对 2 取对数就可以得到这个加密体制的安全参数 κ。

在方案的实际构造时，直接选择一个比较大的安全参数（比如 128）；选定一个攻击该方案的最佳攻击方法，设定该攻击方法的计算复杂度为 2^{128} 的表达式，反向计算具体参数的取值范围，如对称密码体制中的密钥，非对称密码体制中模数、群的大小等参数。

4. 乘法电路的层数

基于格的密码方案中大多都天然地支持同态加法运算，而同态乘法运算需要通过复杂

的设计和计算。同态乘法运算深度，也称为同态乘法运算的电路深度，是指连续的乘法运算的次数。例如，要计算 4 个密文相乘的结果，深度最少为两层（见图 3－1）。

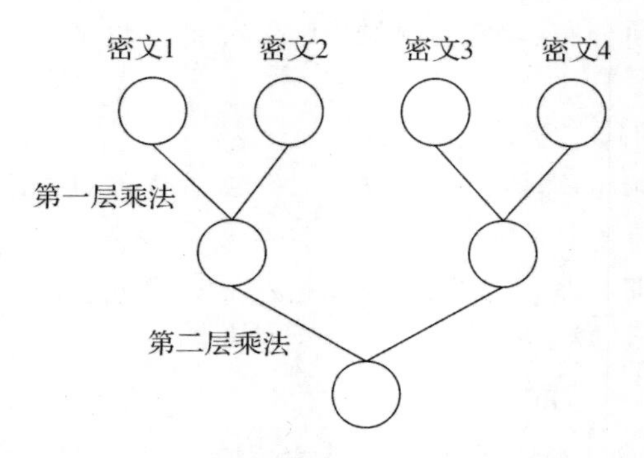

图 3－1　4 个密文相乘的同态乘法深度

我们通常使用同态乘法运算深度来衡量一个方案同态乘法能力。同态加密方案的同态乘法的运算能力，很大程度上决定了其整体运算能力和同态计算效率。因此，在具体运行同态算法时通常都会尽量对算法进行调整，使其同态乘法深度尽量小。

3.1.3　方案构造

本节我们描述 SS11 方案（也称其为 pNE 方案）中给出 NTRU 方案型公钥加密的优化版本。为方便描述，本书介绍明文空间为 $\{0,1\}$ 的 NTRU 方案。

(1) Setup(1^λ)：对于安全参数 λ，整数 $n = n(\lambda)$，密文 $\bmod q = q(\lambda)$，定义 $2n$ 次分圆多项式 $\varphi_{2n}(x) = x^n + 1$，其中 n 是 2 的幂次，q 为奇素数。定义多项式环 $R = Z(x)/\varphi(x)$ 和 $R_q = R/qR$，环 R 上的 B-bound 的离散高斯分布 $\chi \leftarrow D_{\mathbb{Z}^n,\sigma}$，且 $B \ll q$，定义函数 $[\cdot]_q$ 是对多项式按系数 $\bmod q$，使得结果属于 $\{-\lfloor \frac{q}{2} \rfloor,\cdots,\lfloor \frac{q}{2} \rfloor\}$。

(2) KeyGen(1^λ)：采样 $f', g \leftarrow \chi$，定义 $f = 2f' + 1 \in R$，（其中多项式 f 和 g 必须可逆，否则就重新进行采样）。输出：大系数的公钥 $\mathbf{pk} := h = [2g f^{-1}]_q \in R_q$，私钥 $\mathbf{sk} := f \in R$（注意：f 和 h 是一对，相乘可以得到系数很小的多项式。）

(3) Enc($\mathbf{pk}, m$)：输入明文 $m \in \{0,1\}$，采样 $s, e \leftarrow \chi$，输出密文：

$$c := [hs + 2e + m]_q \in R_q$$

(4) Dec($\mathbf{sk}, c$)：计算 $\mu = [fc]_q \in R_q \bmod q$，输出 $m' = \mu \bmod 2$。

为了方便描述，加密函数和解密函数有时也表达为 $\mathrm{Enc}_{\mathbf{pk}}(m)$，$\mathrm{Dec}_{\mathbf{sk}}(c)$。

3.1.4　方案分析

本节对方案的正确性、安全性进行分析。

1. 正确性分析

同态加密的方案正确性取决于噪声的大小，本节重点分析方案的噪声变化情况。将密

文 $c = hs + 2e + m \in R_q$ 和私钥 $\mathbf{sk} = f \in R$ 输入解密算法 $\mu = fc \in R_q \bmod q \bmod 2$。分析过程如下：

$$fc \bmod q = f(hs + 2e + m) \bmod q \overset{h=2gf^{-1}\in R_q}{=} f(2gf^{-1}s + 2e + m) \bmod q$$
$$= 2(gs + fe) + fm \in R_q$$

假设分布 χ 的上界为 B，则可以得到噪声上限 $\|E_{\text{fresh}}\|_\infty := \|2(gs + fe) + fm\|_\infty \leqslant 2[\sqrt{n}B^2 + \sqrt{n}(2B^2 + B)] + \sqrt{n}(2B + 1) = \sqrt{n}(6B^2 + 4B + 1)$。如果有 $\sqrt{n}(6B^2 + 4B + 1) < q/2$，那么方案可以正确解密得到明文 m，否则方案可能无法实现正确解密。

2. 安全性分析

SS11 方案中说明了在分圆多项式环 $Z_q(x)/(x^n + 1)$ 中，当 g 和 f 都是可逆的时，$gf^{-1} \in R_q$ 是均匀分布，则密文 $c := 2gf^{-1}s + 2e + m \in R_q$ 可以看成是 LWE 分布（LWE 分布的定义见 4.1.3 节）。如果参数设定合适，那么 NTRU 方案可以达到 IND-CPA 安全。

定理 3－1（NTRU 方案的安全性）：假设 n 是 2 的幂，使得 $\varphi = x^n + 1$ 在模素数 $q = \text{Poly}(n)$ 下，可以分解成 n 个线性因子，且满足 $q^{1/2-\varepsilon} = \omega(n^{2.25} \cdot \ln^2 n)\|2\|$，其中 $\varepsilon = \omega(1/n)$，$\varepsilon < 1/3$，$p \in R_q^\times$，$\deg(p) \leqslant 1$。令 $\sigma = n\sqrt{\ln(8nq)} \cdot q^{1/2+\varepsilon}$ 和 $\alpha^{-1} = \omega(n0.25\ln n)\|p\|^2\sigma$。如果存在针对 NTRU 方案型公钥加密的 IND-CPA 的攻击者，可以以 $\text{Poly}(n)$ 的时间，以 $1/2 + 1/\text{Poly}(n)$ 的概率成功攻破 NTRU 方案，那么存在一个 $\text{Poly}(n)$ 时间的量子算法以 $1 - n^{-\varepsilon(1)}$ 的概率攻破 γ-Ideal-SVP 问题，其中 $\gamma = \omega(n^{2.75} \cdot \ln^{2.5} n)\|p\|^2 q^{1/2+\varepsilon}$（本书描述的方案中 $p = 2$）。

2012 年，Steinfeld 等人利用基于 NTRU 的有损陷门函数，将 IND-CPA 的 NTRU 型公钥加密方案扩展为 IND-CCA2 的 NTRU 加密方案——SLP+12 方案，效率仅降低常数分之一。

3.2　NTRU 型类同态加密方案

NTRU 型类同态加密方案天然地支持同态加法运算和同态常数乘法运算。为了构造同时支持同态加法和同态乘法的类同态加密方案，需要分析方案支持同态乘法运算。

3.2.1　基本同态运算

上述 NTRU 天然支持同态加法运算和同态常数乘法运算。下面给出对应的同态运算，并对这两个运算的正确性进行分析。

1. 同态加法运算 Add(c_1, c_2)

输入密文 $c_1 = hs_1 + 2e_1 + m_1 \in R_q$，$c_2 = hs_2 + 2e_2 + m_2 \in R_q$，计算并输出

$$c_+ = c_1 + c_2 = [h(s_1 + s_2) + 2(e_1 + e_2) + (m_1 + m_2)]_q \in R_q$$

同态加法的正确性：密文 $c_+ = [h(s_1 + s_2) + 2(e_1 + e_2) + (m_1 + m_2)]_q \in R_q$ 可以看成是使用临时密钥 $(s_1 + s_2)$ 对 $(m_1 + m_2)$ 加密的结果。使用私钥对密文 c_+ 解密，可得

$$f(c_1 + c_2) = f(hs_1 + 2e_1 + m_1 + hs_2 + 2e_2 + m_2)$$

$$= 2(gs_1 + fe_1) + fm_1 + 2(gs_2 + fe_2) + fm_2$$
$$= 2(gs_1 + g_1 s_2 + fe_1 + fe_2) + f(m_1 + m_2)$$

定义密文 $c_+ = c_1 + c_2$ 的噪声为

$$E_{\text{add}} := f(c_1 + c_2) = 2(gs_1 + g_1 s_2 + fe_1 + fe_2) + f(m_1 + m_2)$$

定义 $\bar{s} = s_1 + s_2$，$\bar{e} = e_1 + e_2$，$\bar{m} = m_1 + m_2$，则有噪声上限为

$$\| E_{\text{add}} \|_\infty = \| 2(g\bar{s} + f\bar{e}) + f\bar{m} \|_\infty \leqslant 2[\sqrt{n}(2B)]^2 + \sqrt{n}[2(2B)^2 + 2B] + 2\sqrt{n}(2B+1)$$

当 $\| E_{\text{add}} \|_\infty < q/4$ 时，该方案可以正确解密。

2. 同态常数乘法运算 CMult(c_1，k)

输入密文 $c_1 = hs_1 + 2e_1 + m_1 \in R_q$，整数 $k \in R_q$，计算并输出：

$$c_\times = kc_1 = khs_1 + 2ke_1 + km_1 \in R_q$$

同态常数乘法的正确性：密文 $c_\times = kc_1 \in R_q$ 可以看成是使用临时密钥 $k s_1$ 对 km_1 加密的结果，也可以看成是密文进行 k 次同态加法的结果。使用私钥对密文 $c_\times$ 解密，可得

$$fkc_1 \bmod 2 = fkhs_1 + 2kfe_1 + fkm_1 \bmod 2 = km_1 \bmod 2$$

当密文 $c_\times$ 的噪声上限 $\| E_{\text{cmult}} \|_\infty = k \| E_{\text{fresh}} \|_\infty < q/4$ 时，方案可以正确解密得到 $km_1 \bmod 2$。

3. 同态乘法运算 Mult(c_1，c_2)

输入密文 $c_1 = hs_1 + 2e_1 + m_1 \in R_q$，$c_2 = hs_2 + 2e_2 + m_2 \in R_q$，计算并输出

$$c_\times = c_1 \times c_2 \in R_q$$

同态乘法的正确性：因为每个密文 c 都需要乘以私钥 f 来实现解密，可以看出对密文 $c_\times = c_1 \times c_2 \in R_q$，需要使用 f^2 对 密文 $c_\times$ 解密 $[f^2 \cdot c_1 c_2]_q$，可以得

$$\begin{aligned} f^2 \cdot c_1 c_2 &\overset{fc=2(gs+fe)+fm}{=} f^2[(hs_1 + 2e_1 + m_1)(hs_2 + 2e_2 + m_2)] \\ &= [2(gs_1 + fe_1) + fm_1][2(gs_2 + fe_2) + fm_2] \\ &= \underbrace{4(gs_1 + fe_1)(gs_2 + fe_2) + 2(gs_1 + fe_1)fm_2 + 2(gs_2 + fe_2)fm_1}_{\text{噪声：没有}h\text{可以解密}} + \\ &\quad \underbrace{f^2}_{\text{成指数增长}} m_1 m_2 \end{aligned}$$

可以发现，等式中除了最后一项，其余项均为 2 的倍数。定义密文 $c_\times = c_1 \times c_2$ 的噪声为

$$E_{\text{mult}} := f^2 \cdot c_1 c_2 = 4(gs_1 + fe_1)(gs_2 + fe_2) + 2(gs_1 + fe_1)fm_2 + 2(gs_2 + fe_2)fm_1 + f^2 m_1 m_2$$

当噪声上限 $\| E_{\text{mult}} \|_\infty < q/4$ 时，方案可以正确解密得到 $m_1 m_2 \in \{0,1\}$。

上述同态乘法运算过程虽然可以实现正确的解密，但是乘法密文的解密方式（解密需要使用的密钥 f^2）和原始的解密过程发生了变化，并且解密的噪声和密钥的指数相关，因此同态乘法计算能力较弱。为了保证解密过程的形式统一，需要使用密钥转换技术，将 $c_\times$ 的密钥从 f^2 转化回到 f。

3.2.2 密钥转化技术（重线性化技术）

密钥转化函数（Key-switching）的功能类似代理重加密，可以保证明文不变的情况下，

在转化密钥的作用下，改变密文的私钥，通常是将私钥的某个函数转化为私钥本身。密钥转化函数的一个特例是重线性化函数(Relinearization)，可以将密钥从 f^2 转化为 f。

该技术的目标是：在保持对应明文不变的前提下，将密文 $c_1 \in R_q$（私钥为 $s_1 \in R_q$）转化为另一个密文 $c_2 \in R_q$（私钥为 $s_2 \in R_q$）。具体思路是：使用私钥 s_2 加密私钥 s_1 和密文 c_1，再运行关于 c_1 的同态解密算法，则可以得到 s_2 的密文，并且明文保持不变。步骤如下：第一步，用户生成转化密钥 $\mathrm{Enc}_{s_2}(s_1)$；第二步，用户对密文 c_1 和密钥 $\mathrm{Enc}_{s_2}(s_1)$ 运行同态解密中除了 mod2 之外的其他操作。例如，对 NTRU 型类同态加密方案运行 $\mu = [s_1 c]_q \in R_q \bmod q$，得

$$\mathrm{Enc}_{s_2}(\mu) = [\mathrm{Enc}_{s_2}(s_1)c]_q \in R_q \bmod q$$

根据同态加密方案的性质，先运算再加密等价于先加密后运算。因此可以得到 $\mathrm{Enc}_{s_2}(\mu) = [\mathrm{Enc}_{s_2}(s_1)c]_q \in R_q \bmod q$。如果利用私钥 s_2 对结果进行解密 $\mathrm{Dec}\{s_2\ \mathrm{Enc}_{s_2}(\mu)\} = \mu \bmod 2$，可以发现明文保持不变，仍为 $\mu \bmod 2$，那么将密文 $c_1 \in R_q$（私钥为 $s_1 \in R_q$）转化为另一个密文 $c_2 \in R_q$（私钥为 $s_2 \in R_q$）。

上述运算过程可能会碰到一个问题：目前描述的加密函数，都只能加密比特数据，无法直接加密私钥 s_1 得到 $\mathrm{Enc}_{s_2}(s_1)$，也无法生成 $\mathrm{Enc}_{s_2}(\mu)$。实际上，可以强制对 s_1 进行加密，虽然无法从 $\mathrm{Enc}_{s_2}(s_1)$ 中解密得到完整的 s_1，但是在同态运算过程中 $\mathrm{Enc}_{s_2}(s_1)$ 可以起到 s_1 密文的作用，当直接运行 $\mathrm{Enc}_{s_2}(\mu) = [\mathrm{Enc}_{s_2}(s_1)c]_q \in R_q \bmod q$ 时，对 $\mathrm{Enc}_{s_2}(\mu)$ 解密就可以得到正确的结果 $\mu \bmod 2$。

上述同态运行解密过程中线性函数的思想会碰到一个严重的问题，即同态常数乘法 $[\mathrm{Enc}_{s_2}(s_1)c]_q$ 后的噪声与常数 $c \in R_q$ 的值相关。因此当常数 c 取值太大时，会造成解密错误。为了解决同态乘法噪声太大的问题，需要降低常数的规模，BGV12 方案提出了比特分解的方法降低同态乘法过程的噪声规模。

(1)比特分解 BD(•)：设 $\boldsymbol{g} = (g_i) \in \mathbb{Z}^d$ 为小工具向量，模数为 q。定义小工具分解(用 $\boldsymbol{g}^{-1}$ 表示)函数：将元素 $a \in R_q$ 转换为小多项式的向量 $\boldsymbol{u} = g^{-1}(a) \in R^d$，使得 $\boldsymbol{u} = [u_0 \cdots u_{d-1}] \in R^d$，且满足 $a = \sum_{d_i=0}^{d-1} g_i \cdot u_i \bmod q$。

当小工具向量中的分量取自整数时，比特分解过程可以降低多项式环上的元素的系数。当 $\boldsymbol{g} = [1\ 2\ 2^1 \cdots 2^{d-1}] \in \mathbb{Z}^d$，$u$ 就是元素 $a \in R_q$ 按比特分解得到的多项式环的向量，例如 $5x+3 \in R_{2^8}$，分解为 $\boldsymbol{u} = [1x+1\ 0x+1\ 1x+1\ 0x+0 \cdots 0x+0] \in R^8$。小工具向量的取值有多种选择，如无特殊说明，小工具向量特指 $\boldsymbol{g} = [1\ 2\ 2^2 \cdots 2^{d-1}] \in \mathbb{Z}^d$。

(2)比特分解的性质：输入元素 $a \in R_q$ 和元素 $b \in R_q$，则有 $ab = \langle g^{-1}(a), \boldsymbol{g}b \rangle \in R_q$。其中 $\langle \boldsymbol{x}, \boldsymbol{y} \rangle$ 是指对向量 $\boldsymbol{x}$ 和 $\boldsymbol{y}$ 运行内积运行。

上述比特分解的性质可以直接用于计算 $[\mathrm{Enc}_{s_2}(s_1)c]_q$ 从而降低同态常数乘法的噪声增长，即通过计算 $\langle \mathrm{Enc}_{s_2}[g^{-1}(s_1)], gc \rangle$ 得到 $\mathrm{Enc}_{s_2}(s_1)c$。

综上所述，本节给出 NTRU 型方案密钥转化的定义如下：

定义 3-2[LTV12](NTRU 密钥转化，NTRU Keyswitching)：该技术能够在保持对应明

文不变的前提下，将密文 $c_1 \in R_q$（私钥为 $s_1 \in R_q$）转化为另一个密文 $c_2 \in R_q$（私钥为 $s_2 \in R_q$）。令 $\beta = [\log_2 q] + 1$ 是分解的维度，密钥交换技术可归纳总结为以下步骤：

1) $\text{SwitchKeyGen}(s_1 \in R_q, s_2 \in R_q)$：计算 $\bar{s} = gs_1 \in R_q^{\beta}$，输出 $\tau_{s_1 \to s_2} := \{K_i = \text{Enc}_{s_2}(\bar{s}[i]) \in R_q\}_{i=1,2,\cdots,\beta}$；

2) $\text{SwitchKey}(\tau_{s_1 \to s_2}, c_1, q)$：计算 $\bar{c}_1 = g^{-1}(c_1) \in R_q^{\beta}$，输出新密文 $c_2 = \sum_{i=1}^{n_1\beta} K_i \cdot \bar{c}_1[i] \in R_q^1$。

引理 3-1(密钥转化过程的正确性)：给定 NTRU 的密文 $c_1 \in R_q$（私钥为 $s_1 \in R_q$），噪声系数上界为 E，即 $\| c_1 s_1 - m_1 \|_\infty < E$，经过密钥转化过程，输出密文 $c_2 \in R_q$（私钥为 $s_2 \in R_q$），且噪声上限为

$$\| c_2 s_2 \|_\infty < (\beta + \sqrt{n}B)E$$

分析输出密文 $c_2 = \sum_{i=1}^{\beta} K_i \cdot \bar{c}_1[i] \in R_q = \sum_{i=1}^{\beta} \text{Enc}_{s_2}(gs_1) \cdot g^{-1}(c_1) \in R_q$。分析密文噪声 $\| c_2 s_2 - m_1 m_2 \|_\infty = \left\| \sum_{i=1}^{n_1\beta} \text{Enc}_{s_2}(gs_1) \cdot g^{-1}(c_1) \cdot s_2 \right\|_\infty < \left\| \sum_{i=1}^{\beta} (hs_2 + 2e_2 + 2^i s_1)(c_{1,i}) \cdot s_2 \right\|_\infty$，其中 $c_{1,i}$ 是 c_1 比特分解的第 i 个分量。

$$\| c_2 s_2 \|_\infty < \left\| \sum_{i=1}^{\beta} (hs_2 + 2e_2 + 2^i s_1)(c_{1,i}) \cdot s_2 \right\|_\infty < \left\| \sum_{i=1}^{\beta} (hs_2 + 2e_2) \cdot s_2 \right\|_\infty +$$

$$\| s_1 c_1 \cdot s_2 \|_\infty < \beta \sqrt{n}(6B^2 + 4B + 1) + \sqrt{n}EB < (\beta + \sqrt{n}B)E$$

式中：$\beta = \log_2 q$，B 是转化密钥中使用的噪声分布的上限。

因此有 $\| c_2 s_2 \|_\infty < (\beta + \sqrt{n}B)E$。

根据比特分解函数的性质，可得

$$c_2 = \sum_{i=1}^{n_1\beta} \text{Enc}_{s_2}(gs_1) \cdot g^{-1}(c_1) \approx \text{Enc}_{s_2}(s_1 c_1)$$

即 c_2 可以表达为

$$c_2 = hs_2 + 2e_2 + s_1 c_1 = hs_2 + 2e_2 + 2e_1 + m_1$$

则密文 c_2 的明文为 m_1，从而实现了密钥转化的功能。

3.2.3 NTRU 型类同态加密方案的构造

本节将给出 NTRU 型类同态加密方案的具体构造，其中除了同态运算函数，其他函数都与 NTRU 型公钥加密方案类似。NTRU 型类同态加密方案的重点是利用密钥转化技术优化同态乘法运算。

(1)初始化 $\text{Setup}(1^{\lambda})$：对于安全参数 λ，整数 $n = n(\lambda)$，密文模数 $q = q(\lambda)$，定义 $2n$ 次分圆多项式 $\varphi_\lambda(x) = x^n + 1$，其中 n 是 2 的幂次，q 为奇素数。定义多项式环 $R = \mathbb{Z}(x)/\varphi(x)$ 和 $R_q = R/(qR)$，环 R 上的 B-bound 的离散高斯分布 $\chi \leftarrow \mathbb{D}_{\mathbb{Z}^n, \sigma}$，且 $B \ll q$，定义函数 $[\cdot]_q$ 是对多项式按系数模 q，使得结果属于 $\{-\lfloor \frac{q}{2} \rfloor, \cdots, \lfloor \frac{q}{2} \rfloor\}$。

(2)密钥生成 KeyGen(1^λ)：密钥生成过程分为生成公私钥对与生成计算密钥两部分。

1)生成公私钥对：采样 $f', g \leftarrow \chi$，定义 $f = 2f' + 1 \in R$（其中多项式 f 和 g 必须可逆，否则就重新进行采样）。输出：大系数的公钥 $\mathbf{pk} := h = [2gf^{-1}]_q \in R_q$，私钥 $\mathbf{sk} := f \in R$（注意：f 和 h 是一对，相乘可以得到系数很小的多项式。）

2)生成计算密钥：计算 $\bar{s} = gf \in R_q^\beta$，输出 $\tau_{f^2 \to f} := \{K_i = \mathrm{Enc}_h(f^2 g)\}_{i=1,\cdots,\beta}$，其中 β 是分解维度。

(3)加密 Enc($\mathbf{pk}, m$)：输入明文 $m \in \{0,1\}$，采样 $s, e \leftarrow \chi$，输出密文：

$$c := [hs + 2e + m]_q \in R_q$$

(4)解密 Dec($\mathbf{sk}, c$)：计算 $\mu = [fc]_q \in R_q \bmod q$，输出 $m' = \mu \bmod 2$。

(5)同态加法运算 Add(c_1, c_2)：输入密文 $c_1 = hs_1 + 2e_1 + m_1 \in R_q$，$c_2 = hs_2 + 2e_2 + m_2 \in R_q$，计算并输出

$$c_+ = c_1 + c_2 = [h(s_1 + s_2) + 2(e_1 + e_2) + (m_1 + m_2)]_q \in R_q$$

(6)同态常数乘法运算 CMult(c_1, k)：输入密文 $c_1 = hs_1 + 2e_1 + m_1 \in R_q$，整数 $k \in R_q$，计算并输出

$$c_\times = kc_1 = khs_1 + 2ke_1 + km_1 \in R_q$$

(7)同态乘法运算 Mult(c_1, c_2)：输入密文 $c_1 = hs_1 + 2e_1 + m_1 \in R_q$，$c_2 = hs_2 + 2e_2 + m_2 \in R_q$，则

1)计算 $c = c_1 \times c_2 \in R_q$。

2) SwitchKey($\tau_{f^2 \to f}, c, q$)：输出新密文 $c_\times = < (K_0, \cdots, K_{d-1}), g^{-1}(c) >$。

(8)同态乘法的正确性。

引理 3-2：令密文 c_1, c_2 对应的明文为 m_1, m_2，并假设 c_1 和 c_2 的噪声上限 $E < q/2$，则 c_+ 和 $c_\times$ 可以分别解密得到 $m_1 + m_2$ 和 $m_1 m_2$，且它们的噪声上界分别为 $2E$ 和 $(2\sqrt{n}\log_2 q + 2nB)E^2$，其中 q 为密文模数，B 为噪声分布上限。

同态乘法过程由两部分组成，第一部分的输出对应 f^2 的密文，第二部分可以将 f^2 的密文转化为 f 的密文。

根据 3.2 节中的分析有密文 $c_\times = c_1 \times c_2 \in R_q$，需要使用 f^2 对密文 $c_\times$ 解密 $[f^2 \cdot c_1 c_2]_q$，可得

$$\begin{aligned} f^2 \cdot c_1 c_2 \overset{fc=2(gs+fe)+fm}{=} & 4(gs_1 + fe_1)(gs_2 + fe_2) + 2(gs_1 + fe_1)fm_2 + \\ & 2(gs_2 + fe_2)fm_1 + f^2 m_1 m_2 \end{aligned}$$

则有 $[f^2 \cdot c_1 c_2]_q \bmod 2 = m_1 m_2$，即密文 $c_\times$ 对应的私钥是 f^2，明文是 $m_1 m_2$，且噪声上限为

$$E_\times < \sqrt{n}E^2 + 12B\sqrt{n}E < 2\sqrt{n}E^2$$

对密文 $c_\times$ 执行密钥转化过程，则可以将私钥从 f^2 转化为 f，且明文保持 $m_1 m_2$ 不变。根据引理 3-1，有

$$\| c_2 s_2 \|_\infty < (\beta + \sqrt{n}B)E_\times = (2\sqrt{n}\log_2 q + 2nB)E^2$$

3.2.4 批处理技术

SV14 方案中使用的批处理技术已成为提高同态计算效率的重要工具。简而言之，批处理允许通过将一个明文嵌入一个密文中，从而保证每个分量在都能同时运行电路，即属于并行数据流的多个消息位被打包到单个密文中，所有密文都经历与单指令多数据（Single Instruction Multiple Data，SIMD）计算范式类似的操作。

NTRU 型类同态加密方案允许将二进制多项式作为明文进行加密。但是，如果将消息直接编码成多项式的系数，那么无法很好地实现同态运算。例如，当将两个密文相乘（计算一个 AND）时，得到的密文将包含两个消息多项式的乘积，无法实现对应相乘的结果（在实际场景中很少需要多项式乘积的结果，大多数情况下都是需要对应分量相乘）。因此，需要考虑对消息进行特殊的编码，以便可以在批处理位上完全并行地执行 AND 和 XOR 运算。

Smart 和 Vercauteren 提出了相关的解决方案——SV14 方案。他们将基于中国剩余定理应用到分圆多项式 $\Phi_m(x)$ 上，其中有 $\deg[\Phi_m(x)]=\varphi(m)$。当 m 为奇数时，分圆多项式可以分解为 F_2 上相同的次数的（不可约）多项式因子。换句话说，Φ_m 具有如下形式：

$$\Phi_m(x)=\prod_{i\in[l]}F_i(x),$$

式中：l 是分解的因子的个数；$\deg(F_i(x))=d$ 是多项式因子的次数，有性质 $d=N/l$，其中参数 d 是满足 $m\mid(2^d-1)$ 的最小整数。

可以将每个因子 F_i 都定义为一个消息槽，在其中嵌入消息位。实际上，可以在每个 $F_2[x]/<F_i>$ 中嵌入消息并执行批处理运算。只考虑最简单的情况，即在每个消息槽中嵌入 1 比特消息（F_2 的元素）。为了将 l 个消息位的向量 $\boldsymbol{a}=[a_0\ a_1\ \cdots\ a_{l-1}]$ 打包到消息多项式 $a(x)$ 中可采用以下方法：

先列出方程组，有

$$\begin{cases}a(x)\ \mathrm{mod}F_i(x)=a_0\\ a(x)\ \mathrm{mod}F_{l-1}(x)=a_{l-1}\end{cases}$$

再利用中国剩余定理，计算 $a(x)$，有

$$a(x)=\mathrm{CRT}^{-1}(a)=a_0M_0+a_1M_1+\cdots+a_{l-1}M_{l-1}\ \mathrm{mod}\Phi_m$$

根据中国余数定理性质，可以得到 $a_i\cdot b_i=a(x)\cdot b(x)[\mathrm{mod}\ F_i(x)]$ 和 $a_i+b_i=a(x)+b(x)[\mathrm{mod}\ F_i(x)]$，即对消息多项式 $a(x)$ 和 $b(x)$ 的计算，就等价于对消息位的向量 $\boldsymbol{a}=[a_0\ a_1\ \cdots\ a_{l-1}]$ 和消息位的向量 $\boldsymbol{b}=[b_0\ b_1\ \cdots\ b_{l-1}]$ 进行批处理。中国剩余定理的批处理性质，可以见以下例子。

问题：批处理对多项式 $x_1=(1,0,1)$ 和 $x_2=(1,1,0)$ 进行乘法运算。

利用中国剩余定理解决该问题。

第一步，随机选择互素的模数 3,5,7，并列出对应的方程组：

$$\begin{cases}x_1\equiv 1\mathrm{mod}3\\ x_1\equiv 0\mathrm{mod}5\\ x_1\equiv 1\mathrm{mod}7\end{cases}$$

$$\begin{cases} x_2 \equiv 1 \bmod 3 \\ x_2 \equiv 1 \bmod 5 \\ x_2 \equiv 0 \bmod 7 \end{cases}$$

第二步，通过中国剩余定理计算

$$\boldsymbol{a} = \mathrm{CRT}^{-1}(a) = 85 \bmod 105, \quad \boldsymbol{b} = \mathrm{CRT}^{-1}(a) = 91 \bmod 105$$

第三步，计算 $\boldsymbol{ab} \bmod 105 \equiv 70$。

第四步，对 $\boldsymbol{ab} \bmod 105 \equiv 70$ 求模，得到最终结果：

$$\begin{cases} x_1 x_2 \equiv 1 \bmod 3 \\ x_1 x_2 \equiv 0 \bmod 5 \\ x_1 x_2 \equiv 0 \bmod 7 \end{cases}$$

可以看出，这种计算方式，在向量维度较大时，效果更加明显。

3.3　NTRU 型全同态加密方案

3.2 节介绍的类同态加密方案可以实现同态加法、同态乘法以及同态常数乘法运算，但是因为同态运算（特别是同态乘法运算）会使得密文中噪声增长，当噪声的上限大于 $q/2$ 时，就不满足解密条件了，因此无法实现正确解密。本节介绍如何构造支持安全参数的多项式级别或无限次同态运算的同态加密方案，即 NTRU 型全同态加密方案。

3.3.1　自举技术的思路

2009 年，Gentry 提供了一个建立 FHE 的通用方法——Bootstrapping＋Squashing。输入一个类同态加密方案，使用自举过程（Bootstrapping）和压缩解密电路的方法（Squashing），可以得到全同态加密方案。Gentry 在方案中对自举过程的定义为：假如一个方案可以同态地运行其自身的解密程序，则称这个方案是可以自举的。

自举过程可以将具有较大噪声的给定密文转换为具有较小噪声的密文。其整体思想是：通过对密文运行同态解密程序，对密文进行降噪，从而使得同态运算可以持续进行，具体的分析过程见本书第 4 章。2011 年，Brakerski 等人给出了可自举的加密方案的正式定义。

定义 3－3（可自举的加密方案）：同态加密方案 HE 是 C 同态的，定义方案的增强型解密函数 f_{add} 和 f_{mult} 为

$$f_{\mathrm{add}}^{c_1,c_2}(s) = [\mathrm{HE.Dec}_s(c_1)]\mathrm{XOR}[\mathrm{HE.Dec}_s(c_2)]$$

$$f_{\mathrm{mult}}^{c_1,c_2}(s) = [\mathrm{HE.Dec}_s(c_1)]\mathrm{AND}[\mathrm{HE.Dec}_s(c_2)]$$

式中：c_1，c_2 是密文。

如果满足 $\{f_{\mathrm{add}}^{c_1,c_2}(s), f_{\mathrm{mult}}^{c_1,c_2}(s)\}_{c_1,c_2} \subseteq C$［即方案可以同态运行 $f_{\mathrm{add}}^{c_1,c_2}(s)$ 和 $f_{\mathrm{mult}}^{c_1,c_2}(s)$］，那么称方案同态加密方案 HE 是可自举的。

定理 3－2：设 HE 是可自举的加密方案，则存在一个层次全同态的加密方案。

NTRU 型全同态加密方案进行同态运算时，可以分为 3 个主要的操作：设定参数、同态运算、自举算法。具体过程如下：

（1）设定 NTRU 型全同态加密方案的参数，使其成为可自举的加密方案；

(2)给定密文,对密文进行同态加法或同态乘法函数(包含密钥转化过程)等运算;

(3)运行自举过程,对同态计算后的密文运行自举过程;

(4)重复运行(2)和(3),直到完成同态计算任务。

上述运算过程中,理想状态下全同态加出方案同态运算过程中噪声增长情况如图 3-2 所示。

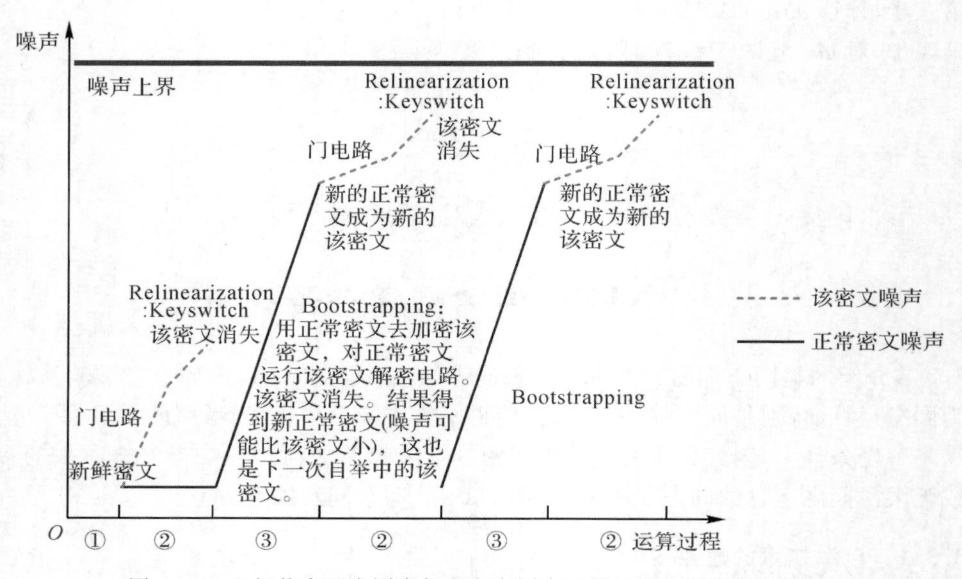

图 3-2　理想状态下全同态加密方案同态运算过程中噪声增长情况

(1)设定方案的参数,并使用该方案加密明文,可以得到原始的没有经过同态运算的密文(称为新鲜密文)。

(2)运行同态加法或同态乘法函数,将带来噪声的增长。

(3)运行自举过程。用正常密文去加密该密文(之前的密文,虚线),对正常密文运行该密文解密电路。运行自举过程会有两个重要的变化:该密文将会消失;自举过程对转化密钥进行运算,输出新正常密文(噪声可能比该密文小),正常密文在下一次自举过程中也会消失。

(4)重复运行(2)和(3),直到完成同态计算任务,噪声也会产生规律性的变化。

自举技术要求基础同态加密方案能够满足性质:$D_{\mathrm{Hom}} > D_{\mathrm{dec}}$,其中 D_{Hom} 是方案支持的同态运算电路深度,D_{dec} 是解密电路深度。根据引理 3-1,类同态加密方案的运行电路深度为 D_{Hom} 的函数时,噪声上界小于 $(nBE)^{2^D}$,为了保证方案能够正确解密,则需要保证 $(nBE)^{2^D} < q/2$。则有 $D < \log_2\log_2 q - \log_2\log_2 n - O(1)$,令 $q = \log_2 n$,则上述方案可以运行的电路深度 $D < \varepsilon\log_2 n$,其中 $\varepsilon < 1$,但是解密函数的电路深度为 $D_{\mathrm{dec}} = c \cdot \log_2 n$ [LTV17],其中 $c > 1$ 是常量。因此,上述类同态加密方案不是可自举的方案。

3.3.2　自举技术的实现——基于模交换技术的自举过程

模交换函数是被广泛应用于全同态加密方案的一项噪声控制技术,利用该技术可以在解密电路深度 D_{dec} 不变的情况下,提升同态运算的能力(提升同态计算的深度 D_{Hom}),从而

使得 $D_{\text{Hom}} > D_{\text{dec}}$，将一些不能运行自举函数的方案变成可自举的同态加密方案。该技术的功能是保证明文不变的情况下，将模数为 Q 的密文转化为模数为 q 的密文。

其核心思想是：同态乘法时误差的增长大致是输入密文的噪声的二次方，但是密文模数是不变的。NTRU密文是否能够解密取决于噪声规模和模数规模的比例，因此希望这个比例越小越好。为了尽量控制噪声的大小，可以先将两个密文（模数为 q，噪声为 E）同时降低规模，假设两个密文中噪声和模数都为原来的 $\frac{1}{k}$；再对降模后的密文运行乘法电路。通过这种方式得到的噪声/模数的比例 E^2/kq，该比例比不进行降模运算的同态乘法比例 E^2/q 降低为原来的 $\frac{1}{K}$，因此达到了很好的降低密文噪声的效果。

降模操作为我们提供了一个将密文 $c \in R_q$ 转换为不同模数下另一个密文 $c' \in R_p$ 的方法（通常设定 $p < q$），并同时保持正确性，即对于密钥 f，满足 $[fc]_p = [fc']_q \bmod 2$。从 c 到的转换 c' 涉及对密文按比例缩放 (p/q)。降低密文模数的操作可能会产生小数，例如模数为 2^8，但是希望降低的规模 k 为 3。因此运算过程中需要使用随机舍入函数 $[\cdot]_{Q:q}: \mathbb{Z}_Q \to \mathbb{Z}_q$，其中舍入函数定义为 $[x]_{Q:q} = \lfloor \left(\frac{q}{Q}\right)x \rceil$，$\lfloor \cdot \rceil$ 是取整函数，且保证 $\left(\frac{q}{Q}\right)x \equiv x' \bmod 2$。

引理 3-3：设 p 和 q 是两个奇数模，c 为密文。定义 $c' \in R_q$ 为 R_p 上最接近 $(p/q)\cdot c$ 的多项式，并且满足 $c \equiv c' \bmod 2$，即 $c' = [c]_{p:q}$，则对于任何满足 $\|[fc]_q\|_\infty < q/2 - \left(\frac{q}{p}\right)\cdot \|f\|_1$ 的 f，有如下关系：

满足解密正确 $[fc]_p = [fc']_q \bmod 2$ 和噪声变化关系 $\|[fc]_p\|_\infty < (p/q)\cdot \|[fc]_q\|_\infty + f_1$，其中 $\|\cdot\|_\infty$ 和 $\|\cdot\|$ 是无穷范数 l_∞ 和 1 范数 l_1。

证明：设 $fc = \sum_{i=0}^{n-1} d_i x^i$。不失一般性，我们考虑其中的一个系数 d_i。我们知道存在 $k \in \mathbb{Z}$ 使得

$$[d_i]_q = d_i - kq \in [2/q + q/p\|f\|_1, q/2 - q/p\|f\|_1]$$

则有

$$(p/q)\cdot d_i - kp \in [-p/2 + \|f\|_1, p/2 - \|f\|_1]$$

令 $fc' = \sum_{i=0}^{n-1} e_i x^i$。然后 $-\|f\|_1 \leqslant (p/q)\cdot e_i - d_i \leqslant \|f\|_1$，因此有

$$e_i - kp \in [-p/2, p/2]$$

$$[e_i]_p = e_i - kp$$

这证明了引理的第二部分。

接下来证明第一部分。由于 p 和 q 都是奇数，我们知道 $kp \equiv kq \bmod 2$。此外，我们选择了 c 满足 $c \equiv c \bmod 2$。因此，有 $e_i - kp \equiv d_i - kq \bmod 2$，$[e_i]_p \equiv [d_i]_q \bmod 2$，$[fc]_p \equiv [fc]_q \bmod 2$。

证毕。

引理 3-3 中的模交换技术可以在方案中重复使用，即如果知道 D 要计算的电路深度，那么我们可以构建一个降模的阶梯（模数链）$q_0, \cdots, q_D$，q_i 称为第 i 层的密文的模数。在每

次同态乘法操作后执行降模操作，使噪声控制在较小的范围(通常降模参数的设置标准为：密文噪声经过同态乘法增长，和降模技术降低后，大致保持不变)。使用降模技术，可以产生层次型同态加密方案。并通过自举的方法(设定层数 $D > D_{\mathrm{dec}}+1$，并同态运行解密电路)可以得到一个(纯)全同态加密方案。

全同态加密方案的运行流程(见图 3-2)和类同态加密方案。

(1)设定 NTRU 型全同态加密方案的参数，使其成为可自举的加密方案；

(2)运行同态加法或同态乘法函数(包含密钥转化过程、模交换过程)，给定密文对密文进行一定量的同态运算；

(3)噪声达到一定量后，运行自举过程；

(4)重复运行(2)和(3)，直到完成同态计算任务。

上述运算过程中，噪声增长情况如图 3-3 所示。

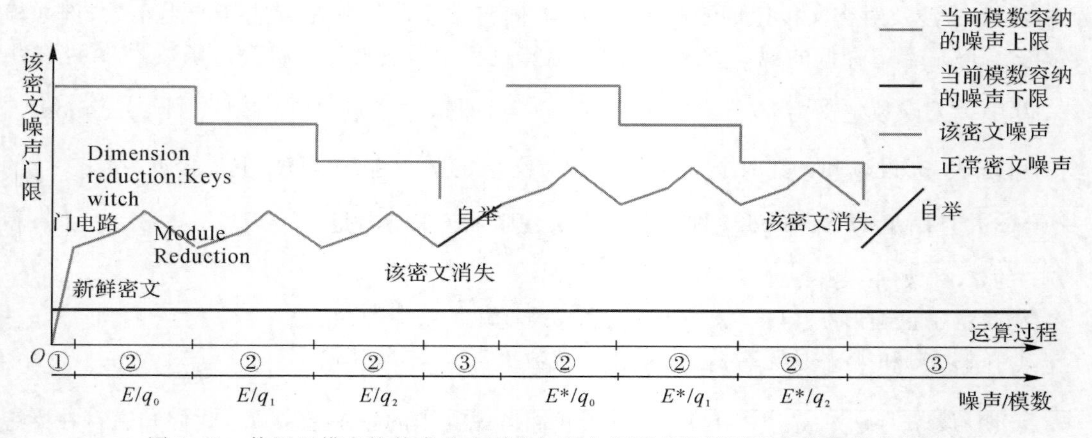

图 3-3　使用了模交换技术的全同态加密方案同态运算过程中噪声增长情况

(1)设定方案的参数，并使用该方案加密明文，可以得到原始的没有经过同态运算的密文(称为新鲜密文)。

(2)运行同态加法或同态乘法函数，将带来噪声的增长，之后利用模交换技术降低噪声，重复运行本步骤，直至噪声达到一定量。

(3)运行自举过程。用正常密文去加密该密文(之前的密文，绿色线条)，对正常密文运行该密文解密电路。运行自举过程会有两个重要的变化：该密文将会消失；自举过程对转化密钥进行运算，输出新正常密文(噪声可能比该密文小)，正常密文在下一次自举过程中也会消失。

(4)重复运行(2)和(3)，直到完成同态计算任务，噪声也会产生规律性的变化。

3.3.3　参数的选取

密码方案中的参数选择非常重要，它很大程度上影响着方案的安全性和效率。同态加密方案在具体进行参数选择时，通常先将方案的安全性归约到对应的困难问题，并根据方案需求设定困难问题中的参数需要满足的条件；再结合当前攻击困难问题的攻击方法，设定能够抵抗攻击的参数。在本节中，简要回顾 NTRU 型 FHE 方案的安全性，并给定参数选择的思路和结果。

1. DSPR 问题

本书介绍的方案是 Stehlé 和 Steinfeld 对 NTRU 的改进版本 SS11，其安全性可以规约到 Ring-LWE(RLWE)困难问题，规约过程基于判定性小多项式比 $\mathrm{DSPR}_{\varphi,q,\chi}$（Decisional Small Polynomial Ratio，DSPR）问题，其定义如下。

定义 3-4（判定性小多项式比 $\mathrm{DSPR}_{\varphi,q,\chi}$）：设 $\varphi(x)\in\mathbb{Z}[x]$ 为 n 次多项式，$q\in\mathbb{Z}$ 是一个素数整数，令 χ 是环 $R=\mathbb{Z}[x]/[\varphi(x)]$ 上的分布。判定性小多项式比问题是 $\mathrm{DSPR}_{\varphi,q,\chi}$ 是区分以下两种分布：

(1) 多项式 $h=gf^{-1}$，其中 f 和 g 是从分布 χ 中的采样（且 f 在 R_q 中可逆）。

(2) h 是在 R_q 中随机均匀采样的多项式。

判定性小多项式比问题 $\mathrm{DSPR}_{\varphi,q,\chi}$ 的困难性：Stehlé 和 Steinfeld 已经证明，当 $\varphi(x)=x^n+1$ 是 n 次分圆多项式，n 是 2 的幂，χ 是离散高斯分布 $D_{\mathbb{Z}^n,\sigma}$，$\sigma>\sqrt{q}\cdot\mathrm{poly}(n)$ 时，$\mathrm{DSPR}_{\varphi,q,\chi}$ 对于具有无限攻击力对手来说都是困难的。

2. RLWE 问题对参数的要求

本方案的安全性规约的思路是：先假设 DSPR 问题是困难的，再证明 RLWE 问题（RLWE 的定义见 4.1.3 节）在相关参数设置下的安全性。其步骤如下：

(1) 本方案中公钥的形式是 $\boldsymbol{h}=2\boldsymbol{g}\boldsymbol{f}^{-1}$ 其中 $\boldsymbol{g}$，$\boldsymbol{f}$ 从高斯分布 χ 中选择，$\boldsymbol{g}$，$\boldsymbol{f}$ 都是保密的。如果 DSPR 问题是困难的，我们可以用均匀采样的 $\boldsymbol{h}'$ 代替 $\boldsymbol{h}=2\boldsymbol{g}\boldsymbol{f}^{-1}$。

(2) 如果利用随机样本 $\boldsymbol{h}'$ 替换公钥 $\boldsymbol{h}$，那么加密 $c=hs+2e+m$ 就具有 RLWE 问题的形式（见第 4 章），我们可以用 $c'=u+m$ 代替挑战密文，其中 u 是随机均匀分布，从而确保方案安全性。

通过上述方式，可以将方案的安全性规约到 RLWE 问题的困难性。对于 RLWE 问题的安全分析，常见的方法是将 RLWE 问题转化为 LWE 问题：假设 RLWE 被攻击时遵循与 LWE 问题相同的行为；然后，将多项式的运算（RLWE）转化为矩阵运算（LWE），之后分析 LWE 问题的不可区分性。转化过程为：从方案中公钥多项式 h 的系数中可以得到矩阵 $\boldsymbol{H}$，对于任意的多项式 s 有 $hs\bmod\varphi(x)=\boldsymbol{H}\bar{\boldsymbol{s}}$，其中 $\bar{\boldsymbol{s}}$ 是 s 的系数组成的向量。

$$\boldsymbol{H}=\begin{bmatrix} h_0 & h_1 & \cdots & h_{n-1} \\ -h_{n-1} & h_0 & \cdots & h_{n-2} \\ \vdots & \vdots & & \vdots \\ -h_1 & -h_2 & \cdots & h_0 \end{bmatrix}$$

下面重点分析加密过程中掩码 $hs+2e$ 与 R_q 中随机选择的元素的不可区分性。可以将加密过程转换为 q 元格 $\Lambda_{\boldsymbol{H}}$ 中，我们将加密过程 $c=hs+2e+b\bmod q$ 使用矩阵形式表达为 $\boldsymbol{c}=\boldsymbol{H}\boldsymbol{s}+2\boldsymbol{e}+\boldsymbol{b}$。那么在本方案中，判定性 LWE 问题是区分以下两种分布：

(1) 从 $\mathbb{Z}^n$ 中随机抽取的向量 v。

(2) 计算向量 $\boldsymbol{v}=\boldsymbol{H}\boldsymbol{s}+2\boldsymbol{e}$，其中 $\boldsymbol{e}$ 和 $\boldsymbol{s}$ 取自 $D_{\mathbb{Z}^n,\sigma}$ 分布。

即给定一个向量 $\boldsymbol{v}$，我们需要确定这是随机选择的向量，还是接近 q 格 $\Lambda_{\boldsymbol{H}}$ 的向量（因为 $\boldsymbol{v}$ 与格点的差距 $2\boldsymbol{e}$ 比较小）。区分这两种情况的常见方法是在对偶格 $\Lambda_{\boldsymbol{H}}^*$ 中找到一个短向

量 $\boldsymbol{\omega}$，然后检查 $\boldsymbol{\omega v}^{\mathrm{T}}$ 是否接近整数。如果不是，那么我们认为样本是随机选择的；否则，认为 $\boldsymbol{v}$ 是一个接近 q 格 $\Lambda_{\boldsymbol{H}}$ 的向量。

Micciancio 和 Regev 在 MR07 中指出，只要在 $\boldsymbol{\omega}$ 的方向，$\boldsymbol{v}$ 距离格点的距离不是远大于 $1/\|\boldsymbol{\omega}\|$，则上述区分方法是非常高效的。由于本方案中的扰动是高斯的，因此它在 $\boldsymbol{\omega}$ 方向上扰动距离的标准差是 $r' = \sqrt{2}r,\ r = \sigma/\sqrt{2\pi}$。因此，我们需要 $r \gg \dfrac{1}{(\sqrt{2}\|\boldsymbol{\omega}\|)}$。Micciancio 和 Regev 指出，当 $r' > 1.5/(\sqrt{2}\|\boldsymbol{\omega}\|)$ 时，就可以提供足够的安全性，并给出关系 $r' \geqslant 1.5q\max\left[\dfrac{1}{q}, 2^{-2\sqrt{n\log_2 q\log_3\sigma}}\right]$。由上述公式可以得到参数 q,n,σ 需要满足的关系。

3. DSPR 问题对高斯方差的要求

Stehlé 和 Steinfeld 将 SS11 方案的安全性规约到 RLWE 的困难性。不幸的是，这种规约只在使用宽分布[$D_{\mathbb{Z}^n,\sigma}$ 即 $\sigma > \sqrt{q}\mathrm{poly}(n)$]时才有效。但是同态加密方案无法使用这种宽分布，因为这种宽分布使得噪声取值太大，方案甚至无法支持单个同态乘法。为了支持同态运算，NTRU 型 FHE 方案需要假设 ($\mathrm{DSPR}_{\varphi,q,\chi}$) 在使用较小 $r = \sigma/\sqrt{2\pi}$ 的情况下仍然是困难的。新参数设置对安全级别的影响在很大程度上是未知的，需要进一步研究。但即使假设 ($\mathrm{DSPR}_{\varphi,q,\chi}$) 问题很困难，仍然需要确保 RLWE 问题的困难性。

在具体参数选择时，分析 NTRU 格中 RLWE 问题困难性主要考虑对该问题的一些具体攻击。作为 NTRU 的变体，本方案会遭受与原始 NTRU 相同的攻击。相关攻击的目标是找到私钥 f，具体方法是：考虑以下 $2n \times 2n$ NTRU 格。设 Λ_L 为矩阵 $\boldsymbol{H}$ 生成的格，则有

$$\boldsymbol{L} = \begin{bmatrix} \boldsymbol{I} & \boldsymbol{H} \\ \boldsymbol{0} & q\boldsymbol{I} \end{bmatrix}$$

式中：$\boldsymbol{H}$ 是由公钥多项式 h 系数构造的循环矩阵。显然，Λ_L 包含较短的向量 $\boldsymbol{a} = [f \quad 2g]$，即存在 $\bar{\boldsymbol{a}} = [f \quad -k]$，$k$ 为多项式，满足 $\bar{\boldsymbol{a}}\begin{bmatrix} \boldsymbol{I} & \boldsymbol{H} \\ \boldsymbol{0} & q\boldsymbol{I} \end{bmatrix} = [f \quad 2g]$，并且有 $\|\dot{\boldsymbol{a}}\|_\infty \leqslant 4B+1$。实际上任何较短的 $\boldsymbol{a} = [a_1 \quad 2a_2]$ 都能替代 $\boldsymbol{a} = [f \quad 2g]$ 对 h 加密的密文进行解密，即满足 $a_1 f = 2a_2$。因此问题被转换为搜索短的格向量问题，相关的工作在格密码中有大量的研究。根据相关的攻击，可以得出相关的参数应该满足的关系。

3.4 素数阶分圆多项式环上的 NTRU 型全同态加密方案

作为可抗量子攻击密码的重要备选方案之一，NTRU 密码系统具有加解密速度快、密文尺寸小、密钥量小等优点。当前基于 NTRU 密码体制的多密钥全同态加密方案存在底层 2 的幂次阶分圆多项式环容易遭受子域攻击、重线性化次数较多且耗时等缺点，从而导致其安全性可能受到威胁，且不同用户密文间同态运算的效率较低。针对以上缺陷，本章设计一种高效的 NTRU 型 MKFHE 方案，方案通过采用素数阶分圆多项式环、优化同态运算过程等方法，将提高 NTRU 型 MKFHE 方案的安全性和同态运算效率。

3.4.1 概述

2017 年,王小云院士团队提出了 YXW17 方案。该方案将 NTRU 方案的安全性扩展到素数阶分圆多项式环,使得 NTRU 方案中环的选择更加灵活,并且能够抵抗大多数子域攻击,但是要求一些参数的尺寸相对较大。同年,该团队提出了基于素数幂次分圆多项式环的 NTRU 方案,对 YXW17 方案的参数尺寸进行了缩减。但是这些方案都无法支持同态运算。

本节介绍一个基于素数阶分圆多项式环的高效 NTRU 型 FHE 方案。首先,方案将现有 NTRU 型 FHE 的计算空间由 2 的幂次阶分圆多项式环,替换为安全性更高的素数阶分圆多项式环,并在新的环结构上对同态运算基本函数的上界进行分析;其次,通过分离同态乘法和重线性化过程(这两个过程在当前的层次型 FHE 中通常是捆绑操作的),大幅度缩减了同态计算过程中较为耗时的重线性化过程的次数,构造了一个高效的 NTRU 型 FHE 方案。最后,实验表明,当采取“两层一块”的同态运算模式时,本章的 NTRU 型 FHE 方案,运行 36 层同态乘法电路的速度是 DHS16 方案的 1.9 倍,同态运算的效率更高,并且在相同的参数设置条件下,支持更深层次的同态运算。

3.4.2 素数阶分圆多项式环上的基本函数上界分析

基于素数阶分圆多项式环的 NTRU 型 FHE 能够抵抗子域攻击,因此本章提出的 NTRU型 FHE 方案和 MKFHE 方案基于素数阶分圆多项式环构造。在同态运算的过程中,错误分量的增长情况对于参数的选取以及同态运算的次数有着直接的影响,因此,本节通过一些引理,对同态运算过程中的一些基本函数的上界进行分析,并以此为基础,对重线性化和模数转化过程中的错误上界进行分析,用来对密文中的错误进行控制。

令 λ 表示安全参数,定义 $\Phi_n(x)=x^{n-1}+\cdots+x+1$, n 为一个素整数,定义素数阶分圆多项式环 $R=\mathbb{Z}[x]/\Phi_n(x)$,模数 $q=q(\lambda)$, $R_q=R/(qR)$ 表示环 R 中系数取值范围为 $[-q/2,q/2)$ 的元素($q=2$ 除外)。定义环 R 上 bound 为 B 的离散高斯分布 $\chi(\lambda)=\mathbb{D}_{R,\sigma}(B\ll q)$, σ 为标准差。

引理 3-4[MR07]:给定 $n\in\mathbb{N}$,以及离散高斯分布 $D_{\mathbb{Z}^n,\sigma}$,满足 $\sigma>\omega(\sqrt{\log_2 n})$,则

$$\Pr_{x\leftarrow D_{\mathbb{Z}^n,\sigma}}[\|x\|>\sqrt{n}\sigma]\leqslant 2^{-n+1}$$

引理 3-5:给定素数阶分圆多项式环 $R=\mathbb{Z}[x]/\Phi_n(x)$, n 为素整数,选取 $a,b\leftarrow R_q$,则 $\|ab\bmod\Phi_n(x)\|_\infty\leqslant 2n\|a\|_\infty\|b\|_\infty$,且 ab 的任意系数分量在 $(ab)_j$ 中不会出现两次 $(ab)_j$ 表示 $ab\bmod\Phi_n(x)$中等于项的系数。

证明:令 $\mathrm{cof}_{ab}(x^k)$ 表示 ab 中 x^k 项的系数, $0\leqslant k\leqslant 2n-4$,则对于 $0\leqslant j\leqslant n-2$,可得

$$\begin{cases}|\mathrm{cof}_{ab}(x^{n-2})|\leqslant(n-1)\|a\|_\infty\|b\|_\infty\\ \vdots\\ |\mathrm{cof}_{ab}(x^{n-2-j})|=|cof_{ab}(x^{n-2+j})|\leqslant(n-1-j)\|a\|_\infty\|b\|_\infty\\ \vdots\\ |\mathrm{cof}_{ab}(x^0)|=|cof_{ab}(x^{2n-4})|\leqslant\|a\|_\infty\|b\|_\infty\end{cases}$$

则对于 $ab\bmod\Phi_n(x)$,可得

$$\begin{cases}|\mathrm{cof}_{ab\bmod\Phi_n(X)}(x^0)|\leqslant|\mathrm{cof}(x^0)|+|\mathrm{cof}(x^{n-1})|+|\mathrm{cof}(x^n)|\leqslant(2n-4)\|a\|_\infty\|b\|_\infty\\|\mathrm{cof}_{ab\bmod\Phi_n(X)}(x^1)|\leqslant|\mathrm{cof}(x^1)|+|\mathrm{cof}(x^{n-1})|+|\mathrm{cof}(x^{n+1})|\leqslant(2n-4)\|a\|_\infty\|b\|_\infty\\\vdots\\|\mathrm{cof}_{ab\bmod\Phi_n(X)}(x^{n-4})|\leqslant|\mathrm{cof}(x^{n-4})|+|\mathrm{cof}(x^{n-1})|+|\mathrm{cof}(x^{2n-4})|\leqslant(2n-4)\|a\|_\infty\|b\|_\infty\\|\mathrm{cof}_{ab\bmod\Phi_n(X)}(x^{n-3})|\leqslant|\mathrm{cof}(x^{n-3})|+|\mathrm{cof}(x^{n-1})|\leqslant(2n-4)\|a\|_\infty\|b\|_\infty\\|\mathrm{cof}_{ab\bmod\Phi_n(X)}(x^{n-2})|\leqslant|\mathrm{cof}(x^{n-2})|+|\mathrm{cof}(x^{n-1})|\leqslant(2n-3)\|a\|_\infty\|b\|_\infty\end{cases}\tag{3-1}$$

因此,可得

$$\|ab\bmod\Phi_n(x)\|_\infty\leqslant 2n\|a\|_\infty\|b\|_\infty$$

令 $(ab)_j$ 表示 $ab\bmod\Phi_n(x)$ 中第 j 项的系数，$j\in\{0,\cdots,n-2\}$，根据式(3-1)容易验证 ab 的任意系数分量在 $(ab)_j$ 中不会出现两次。

证毕。

引理 3-6:给定素数阶分圆多项式环 $R=\mathbb{Z}[x]/\Phi_n(x)$，$n$ 为素整数,给定环 R 上界为 B 、参数为 $B/\sqrt{n}$ 的离散高斯分布 χ，选取 $a,b\leftarrow\chi$，则

$$\|ab\bmod\Phi_n(x)\|_\infty\leqslant 2\sqrt{n}B^2$$

证明:令 $(ab)_j$ 表示 $ab\bmod\Phi_n(x)$ 中第 j 项的系数，a_i 表示 ab 中生成 x^i 系数所对应的 a 中的系数，$l=j-i+n$，根据引理 3-5,可得

$$\begin{aligned}\|(ab)_j\|&\leqslant\left\|\sum_{i=0}^{2n-4}a_ib_l\right\|=\left\|\sum_{i=0}^{2n-4}\frac{1}{4}(a_i+b_l)^2\pm\frac{1}{4}(a_i-b_l)^2\right\|\\&\leqslant\frac{1}{4}\Big(\sum_{i=0}^{2n-4}\|(a_i+b_l)^2\|+\sum_{i=0}^{2n-4}\|(a_i-b_l)^2\|\Big)\\&\leqslant\frac{1}{2}\Big(\sum_{i=0}^{n-1}\|(a_i+b_l)^2\|+\sum_{i=0}^{n-1}\|(a_i-b_l)^2\|\Big)\end{aligned}$$

当 n 足够大时，$\sum_{i=0}^{n-1}(a_i+b_l)^2\pm(a_i-b_l)^2$ 服从方差为 $4n(B^2/n)^2$ 的离散高斯分布。根据引理 3-4,可得 $\|ab\bmod\Phi_n(x)\|_\infty\leqslant 2\sqrt{n}B^2$。

证毕。

引理 3-7:选取 $a,b\leftarrow R$，a 中的系数取自参数为 $B/\sqrt{n}$ 的离散高斯分布，b 中的系数上界为 1,则 $\|ab\bmod\Phi_n(x)\|_\infty\leqslant 2\sqrt{n}B$。

证明:由 a,b 中系数的取值分布可得，$ab\bmod\Phi_n(x)$ 中第 j 项的系数满足

$$\|(ab)_j\|\leqslant\sum_{i=0}^{2n-4}\|a_ib_l\|\leqslant 2\sum_{i=0}^{n-2}\|a_ib_l\|,\quad j\in\{0,\cdots,n-1\},\ l=j-i+n$$

当 n 足够大时，$\sum_{i=0}^{n-2}a_ib_{j-i}$ 服从方差上界为 B^2 的离散高斯分布,因此可得

$$\|ab\bmod\Phi_n(x)\|_\infty\leqslant 2\sqrt{n}B$$

证毕。

引理 3-8:选取 $a,f'\leftarrow R$，a 和 f' 中的系数取自参数为 $B/\sqrt{n}$ 的离散高斯分布，令 $f=$

$2f'+1$，则

$$\|af \bmod \Phi_n(x)\|_\infty \leqslant 4\sqrt{n}B^2+B$$

证明：$(af)_j$ 表示 $af \bmod \Phi_n(x)$ 中第 j 项的系数，$l=j-i+n$，则有

$$\begin{aligned}\|(af)_j\| &= \left\|\sum_{i=0}^{2n-4} f_i a_l\right\| \leqslant 2\sum_{i=1}^{2n-4}\|f'_i a_l\|+\|f_0\cdot a_j\| \\ &= \left\|2\sum_{i=1}^{2n-4} f'_i a_l+(2f'_0+1)\cdot a_j\right\| = \left\|2\sum_{i=0}^{2n-4} f'_i a_l+a_j\right\| \\ &\leqslant 4\sum_{i=0}^{n-2}\|f'_i a_l\|+\|a_j\|\end{aligned}$$

因此，可得 $\|(af)_j\|_\infty \leqslant 4\sqrt{n}B^2+B$。

证毕。

引理 3-9：选取 $f' \leftarrow R$，f' 中的系数取自参数为 $B/\sqrt{n}$ 的离散高斯分布，令 $f=2f'+1$，则

$$\|f^2 \bmod \Phi_n(x)\|_\infty \leqslant 8\sqrt{2n}B^2+8B^2+4B+1$$

证明：(1)若 f' 的系数服从离散高斯分布，则可得

$$\begin{aligned}\left\|\sum_{i=0,i\neq l}^{2n-4} f'_i f'_l\right\| &\leqslant 2\left\|\sum_{i=0,i\neq l}^{n-1} f'_i f'_l\right\| \\ &= 2\left\|\sum_{i=0,i\neq l}^{n-1}\frac{1}{4}(f'_i+f'_l)^2-\frac{1}{4}(f'_i-f'_l)^2\right\| \\ &\leqslant 4\left\|\sum_{i=0,i\neq l}^{\lceil n/2\rceil-1}\frac{1}{4}(f'_i+f'_l)^2-\frac{1}{4}(f'_i-f'_l)^2\right\|\end{aligned}$$

当 n 足够大时，$\left\|\sum_{i=0,i\neq l}^{\lceil n/2\rceil-1}(f'_i+f'_l)^2-(f'_i-f'_l)^2\right\|_\infty$ 服从方差上界为 $2(2B^2)^2$ 的离散高斯分布，且 $\left\|\sum_{i=0,i\neq l}^{\lceil n/2\rceil-1}(f'_i+f'_l)^2-(f'_i-f'_l)^2\right\|_\infty \leqslant 2\sqrt{2n}B^2$，则有 $\left\|\sum_{i=0,i\neq l}^{2n-4} f'_i f'_l\right\|_\infty \leqslant 2\sqrt{2n}B^2$。

(2)令 $(ab)_j$ 表示 $ab \bmod \Phi_n(x)$ 中第 j 项的系数，可得

$$(ab)_j=\sum_{i=0}^{2n-4} a_i b_l,\quad j\in\{0,\cdots,n-1\}$$

令 $a,b=f=2f'+1$，则有

$$\begin{aligned}\|(f^2)_{j\neq 0}\| &\leqslant \left\|\sum_{i=0}^{2n-4} f_i f_l\right\| \\ &\overset{\text{选取}f_0}{=} \left\|\sum_{i\neq 0}^{2n-4} f_i f_l+f_0 f_j+f_j f_0\right\| = \left\|\sum_{i=0}^{2n-4} 4f'_i f'_l+2f'_j\right\| \\ &\leqslant \left\|\left(\sum_{i=0,i\neq l}^{2n-4} 4f'_i f'_l\right)+2f'_j\right\|+8B^2 \\ &\leqslant 8\sqrt{2n}B^2+8B^2+2B\end{aligned}$$

$$\|(f^2)_{j=0}\| = \left\|\sum_{i=0}^{2n-4} f_i f_l\right\| = \left\|\sum_{i=1}^{2n-4} f_i f_l+f_0^2\right\|$$

$$\leqslant \left\| \sum_{i=1,i\neq n/2}^{2n-4} f_i f_l + f_0{}^2 + f_{n/2}{}^2 \right\|$$
$$= \left\| \sum_{i=1,i\neq n/2}^{2n-4} 4 f'_i f'_l + (2 f'_0 + 1)(2 f'_0 + 1) + 4 f'_{n/2}{}^2 \right\|$$
$$\leqslant 8\sqrt{2nB}^2 + 8B^2 + 4B + 1$$

因此,可得

$$\| f^2 \|_\infty \leqslant 8\sqrt{2nB}^2 + 8B^2 + 4B + 1$$

证毕。

下面对分圆多项式环中 NTRU 型 FHE 方案中用到的重线性化(Relinearization)技术和模数交换(Modulus-switching)技术进行介绍,并对其中的错误上限进行分析。

(1)NTRU 型 FHE 方案中的重线性化技术:重线性化技术能够将密文 $c_1 \in R_q$(私钥为 f_1)转化为另一个密文 $c_2 \in R_q$(私钥为 f_2),且保持对应的明文不变。在 NTRU 型 MKFHE方案中,重线性化技术可被用于对密文对应的私钥中的高次项进行降维(大多将幂次降为一次),即将密文 $c_1 \in R_q$(私钥为 f^k)转化为另一个密文 $c_2 \in R_q$(私钥为 f),且保持对应的明文不变。对于一个 FHE 方案 ε,令 $\beta = [\log_2 q] + 1$,重线性化过程主要包括:

1) ε. SwitchKeyGen($f^k \in R_q, f \in R_q$):生成私钥的密文

$$\text{evk}_{f^k \to f} := \{\zeta_\tau = hs_\tau + 2e_\tau + 2^\tau(f^{k-1}) \in R_q\}_{\tau=0,\cdots,\beta-1}$$

2) ε. SwitchKey(ζ_τ, c_1, q):令 $c_1 = \text{BitDecomp}(c_1)$,生成转换后的密文

$$c_2 = \sum_{\tau=0}^{\beta-1} \zeta_\tau \cdot c_1[\tau] \in R_q$$

引理 3-10:给定密文 $c_1 \in R_q = \mathbb{Z}_q[X]/\Phi_n(x)$(对应私钥为 f^k),密文中错误 $e_1 \leftarrow [f^k c_1]_q$ 的上界为 $\widetilde{B}$,解密明文 $m = [e_1]_2$。c_1 经过密钥交换后的密文为 $c_2 \leftarrow \text{SwitchKey}(\zeta_\tau, c_1, q)$,其中转换密钥 $\zeta_\tau = hs_\tau + 2e_\tau + 2^\tau f \bmod q_i$,则密文 c_2 中错误 $e_2 = [fc_2]_q$ 的上界 $\widetilde{B}_1 = 24\beta_i n B^2 + 4\beta_i\sqrt{n}B + \widetilde{B}$(假设 $\widetilde{B}_1 \leqslant q/2$),$\beta_i = [\log_2 q_i]$,且 $m = [e_2]_2$。

证明:1)根据密文性质可得

$$fc_2 \bmod q = \{\sum_{\tau=0}^{\beta-1} \zeta_\tau \cdot c_1[\tau]\} f \bmod q_{i-1}$$
$$= \sum_{\tau=0}^{\beta-1} c_1[\tau][(2gs_\tau + 2fe_\tau + 2^\tau f^k)]$$
$$= \sum_{\tau=0}^{\beta-1} c_1[\tau][(2gs_\tau + 2fe_\tau)] + f^k \cdot c_1$$

根据引理 3-6~引理 3-8,可得

$$\|fc_2\|_\infty \leqslant \left\| \sum_{\tau=0}^{\beta-1} c_1[\tau] 2gs_\tau \right\|_\infty + \left\| \sum_{\tau=0}^{\beta-1} c_1[\tau][2fe_\tau] \right\|_\infty + \|f^k \cdot c_1\|_\infty$$
$$\leqslant 2 \cdot \beta_i \cdot 2\sqrt{n} \cdot (2\sqrt{n}B^2) + 2 \cdot \beta_i \cdot 2\sqrt{n} \cdot (4\sqrt{n}B^2 + B) + \widetilde{B}$$
$$= 24\beta_i n B^2 + 4\beta_i\sqrt{n}B + \widetilde{B}$$

2) $[e_2]_2 = [[fc_2]_q]_2 = [[f^k \cdot c_1]_q]_2 = [e_1]_2 = m$。

证毕。

(2)NTRU型FHE方案中的模数交换技术：模数交换技术能够在保持对应明文不变的情况下，将密文 c 对应的模数 q 转化为另一个相对较小的模数 $p(p=q\bmod 2)$，同时实现对密文 c 中的错误以大约 p/q 的比例进行约减。模数交换技术可简化为：ε. ModulusSwitch(c,q,p)：输入密文 $c\in R_q$，以及另一个相对较小的模数 p（$p<q$），输出转换后的 $c'=[(p/q)\cdot c]\in R_p$，且保持 $c'=c\bmod 2$。

引理3-11：给定密文 $c\in R_q=\mathbb{Z}_q[X]/\Phi_n(x)$（对应私钥为 f^k），密文中错误 $e_1\leftarrow[f^k c]_q$（$k=1,2$）的上界为 $\widetilde{B}$。令 c 经过模数交换后的密文为 $c'\leftarrow\varepsilon$. ModulusSwitch$(c,q,p)\in R_p$，则当

$$\|[f^k c']_p\|_\infty<\|(p/q)[fc]_q\|_\infty+(4n)^{k/2}[(4\sqrt{n}+12)B^2+12B+2]^{k/2}<q/2$$

时，有以下结论：

1) $[f^k c']_p=[f^k c]_q\bmod 2$；

2) $\|[f^1 c']_p\|_\infty<(p/q)\widetilde{B}+4\sqrt{n}B+1$；

$\|[f^2 c']_p\|_\infty<(p/q)\widetilde{B}+2\sqrt{n}\cdot(8\sqrt{2n}B^2+8B^2+4B+1)$。

证明：令 $[f^k c]_q=f^k c-kq$，$k\in\mathbb{Z}$，可得

$$\begin{cases}[f^k c]_q\bmod 2=f^k c-kq\bmod 2\overset{\substack{c'=c\bmod 2\\ p=q\bmod 2}}{=}f^k c'-kp\bmod 2\\ f^k c'-kp=f^k c'+(p/q)[f^k c]_q-(p/q)[f^k c]_q-kp\\ \qquad\overset{[f^k c]_q=f^k c-kq}{=}(p/q)[f^k c]_q+f^k c'-(p/q)\{f^k c-kq\}-kp\\ \qquad=(p/q)[f^k c]_q+(f^k c'-(p/q)f^k c)\\ \qquad=(p/q)[f^k c]_q+f^k(c'-(p/q)c)\end{cases}$$

因此，有

$$\|[f^k c']_p\|_\infty\leqslant\|(p/q)[f^k c]_q\|_\infty+\|f^k(c'-(p/q)c)\|_\infty$$

$$\begin{aligned}\|f^1[c'-(p/q)c]\|_\infty&=\left\|\sum_{i=0}^{2n-4}f_i[c'-(p/q)c]_{j-i\bmod n}\right\|_\infty\\&\leqslant 2\left\|2\sum_{i=0}^{n-2}f'_i[c'-(p/q)c]_{j-i\bmod n}+2f'_0[c'-(p/q)c]_{j\bmod n}\right\|_\infty+1\\&\leqslant 4\sqrt{n}B+1,j\in[0,\cdots,n-2]\end{aligned}$$

$$\|f^2[c'-(p/q)c]\|_\infty\leqslant 2\sqrt{n}\|f^2\|_\infty\leqslant 2\sqrt{n}\cdot(8\sqrt{2n}B^2+8B^2+4B+1)$$

证毕。

3.4.3 基于素数阶分圆多项式环的高效NTRU型FHE方案

基于2的幂次阶分圆多项式环 $R=\mathbb{Z}[x]/x^{2^k}+1$ 的NTRU型FHE方案容易遭受子域攻击。本节尝试基于素数阶分圆多项式环的构造NTRU型FHE方案。

在计算效率方面，在基于RLWE的BGV型全同态加密方案中，密文形式为多项式向量，密文的乘法操作会引起密文维度出现二次方级别的膨胀，不利于密文的存储和进一步的同态运算。因此经过同态运算之后的密文，需要经过重线性化处理，使得密文的维度约减到原始水平，然而，重线性化的过程非常烦琐和耗时，从而影响方案的同态运算效率。在

NTRU型 FHE 方案中注意到，密文的形式为一个多项式，因此密文之间的同态运算不会引起结果密文维度的膨胀，也就意味着没有必要对每次经过同态运算之后的密文都进行重线性化操作。但是为了消除运算电路对于解密的影响，保持解密形式的一致，仍然需要进行重线性化过程对同态运算后的密文进行转化，使得同态运算后的密文对应的解密密钥为统一的形式：所有 N 个参与用户的私钥的乘积（$\prod_{i=1}^{N} f_i$）。

因此，本节考虑密文经过 k 次同态运算之后，进行一次重线性化操作，从而缩减复杂的重线性化过程的次数，降低方案的计算复杂度，提高同态运算的效率。需要注意的是，每一次密文运算之后，都要进行模交换操作，来控制密文中的错误，即将重线性化技术和模交换技术进行分离，两个过程不再捆绑式进行。

本节通过调整参数、减少重线性化的次数等方式，对 NTRU 型全同态加密方案——DHS16 方案进行优化，来构造一个更加高效的基于素数阶分圆多项式环的 NTRU 型 FHE 方案。

1. 方案构造

本节方案通过优化参数设置，以及减少同态运算过程中重线性化次数的方式，来降低同态运算过程的复杂度，从而提高方案同态运算的效率。减少重线性化次数的方式为“两层一块”，即密文经过两次同态乘法运算之后，再进行一次重线性化操作，可形式化表示为

密文→[同态乘法]→[模数交换]→[同态乘法]→[重线性化]→[模数交换]→结果密文

具体的方案流程如下：

(1)初始化 Setup(1^λ)：给定安全参数 λ，素数 $n=n(\lambda)$，素数 $p=p(\lambda)$。素数阶分圆多项式环 $R=\mathbb{Z}[x]/\Phi_n(x)$ 和 $R_p=R/pR$，以及环 R 上 bound 为 $B=B(\lambda)$ 的离散高斯分布 χ 定义如上。电路深度为 L，定义一系列递减的模数 $q_0>q_1>\cdots>q_{L-1}$，其中 $q_i=p^{L-i}$，$i=0,\cdots,L-1$。

(2)密钥生成 KeyGen(1^λ)：选取 $f',g\leftarrow\chi$，令 $f=2f'+1$，使得 $f\equiv 1\bmod 2$。若 f 在 R_{q_i} 中不可逆，则重新选取 f'，直到 f 在 R_{q_i} 中可逆。令 $h^{(i)}=2g(f^{-1})^{(i)}\in R_{q_i}$，定义私钥 $\mathrm{sk}:=f\in R_{q_0}$，公钥 $\mathrm{pk}:=h^{(i)}\in R_{q_i}$，$i=0,\cdots,L-1$。所有电路层共用一个私钥 f，$(f^{-1})^{(0)}=f^{-1}$。

选取 $s_\tau,e_\tau\leftarrow\chi$，计算 $\zeta_\tau^{(0)}:=h^{(0)}s_\tau+2e_\tau+2^\tau f^3\in R_{q_0}$，定义同态计算密钥

$$\mathrm{evk}:=\{\zeta_\tau^{(i-2\to i)}\}_{i\in\{2,\cdots,L-1\},\tau\in\{0,\cdots,\lceil\log_2 q_i\rceil\}}$$

(3)加密 Enc(pk,m)：输入待加密的明文 m，选取 $s^{(0)},e^{(0)}\leftarrow\chi$，生成密文

$$c^{(0)}:=h^{(0)}s^{(0)}+2e^{(0)}+m\in R_{q_0}$$

(4)解密 Dec(sk,$c^{(L)}$)：输入密文 $c^{(L)}\in R_{q_{L-1}}$，计算

$$\mu:=f\cdot c^{(L)}\in R_{q_L}$$

输出明文，即

$$m':=\mu\bmod 2$$

(5)同态加法 Eval. Add[$c_1^{(i-1)},c_2^{(i-1)}$]：输入两个 $i-1$ 层的密文 $c_1^{(i-1)}$ 和 $c_2^{(i-1)}$，$i=1,\cdots,L-1$。

1)密文相加：

$$\tilde{c}_{\text{add}}^{(i-1)} = c_1^{(i-1)} + c_2^{(i-1)}$$

2)模数交换：

$$\tilde{c}_{\text{add}}^{(i)} = \left[\left(\frac{q_i}{q_{i-1}}\right)\cdot \tilde{c}_{\text{add}}^{(i-1)}\right]_2$$

式中：“$[\cdot]_2$”表示 $\tilde{c}_{\text{add}}^{(i)} = \tilde{c}_{\text{add}}^{(i-1)} \bmod 2$。

输出同态运算后的密文 $\tilde{c}_{\text{add}}^{(i)}$，其对应解密密钥为 f。

(6)同态乘法 Eval. Mult$[c_1^{(i-2)}, c_2^{(i-2)}, c_3^{(i-2)}, c_4^{(i-2)}]$：输入 $i-2$ 层的密文 $c_1^{(i-2)}$，$c_2^{(i-2)}$，$c_3^{(i-2)}$，$c_4^{(i-2)}$，对应明文分别为 m_1, m_2, m_3, m_4，$i = 2,\cdots,L-1$。

1)密文相乘：

$$\tilde{c}_1^{(i-2)} = c_1^{(i-2)} \times c_2^{(i-2)} \bmod q_{i-2}$$
$$\tilde{c}_2^{(i-2)} = c_3^{(i-2)} \times c_4^{(i-2)} \bmod q_{i-2}$$

2)模数交换：

$$\tilde{c}_1^{(i-1)} = \left[\left(\frac{q_{i-1}}{q_{i-2}}\right)\cdot \tilde{c}_1^{(i-2)}\right]_2$$

$$\tilde{c}_2^{(i-1)} = \left[\left(\frac{q_{i-1}}{q_{i-2}}\right)\cdot \tilde{c}_2^{(i-2)}\right]_2$$

3)密文相乘：

$$\approx{c}_0^{(i-1)} = \tilde{c}_1^{(i-1)} \cdot \tilde{c}_2^{(i-1)} \bmod q_{i-1}$$

4)重线性化：

令 $\approx{c}_0^{(i-1)} = \sum_{\tau=0}^{\lfloor \log_2 q_{i-1} \rfloor} 2^\tau \cdot \approx{c}_{0,\tau}^{(i-1)}$，计算

$$\approx{c}^{(i-1)} = \sum_{\tau=0}^{[\log_2 q_{i-1}]} \approx{c}_{0,\tau}^{(i-1)} \cdot \zeta_\tau^{(i-2\to i)} \bmod q_{i-1} \in R_{q_{i-1}}$$

5)模数交换：

$$\tilde{c}^{(i)} = \left[\left(\frac{q_i}{q_{i-1}}\right)\cdot \approx{c}^{(i-1)}\right]_2$$

为了方便计算可以令

$$(f^{-1})^{(i)} \triangleq f^{-1} \bmod q_i$$
$$\zeta_\tau^{(i-2\to i)} \triangleq \zeta_\tau^{(0)} \bmod q_i$$

本章方案与 YXW17 有两点不同：

1)本章方案的密钥转化过程需要用到私钥的密文，因此需要 FHE 方案中经常用到的循环安全假设；

2)YXW17 方案中私钥、错误 e 以及相关参数的取值范围较大，从而导致方案允许的同态运算次数较少，甚至可能只能实现一次同态乘法运算。

而本节方案相关参数的取值范围较小，从而允许进行更多的同态运算。此外，根据 PRS17 中关于 RLWE 安全性的最新结论，可以去除对于模数的限制[可令密文模数 $q = q(n) \geqslant 2$]。

2. 方案分析

本节先对方案同态乘法的正确性进行分析。

引理 3-12：给定新鲜密文 $c \in R_{q_0}$，对应私钥 $f \leftarrow \chi$（错误上界为 B），则密文 c 的错误上界为

$$B_0 = \| fc \|_\infty \leqslant 12\sqrt{n}B^2 + 4B + 1$$

证明：注意到 $fc = 2gs + 2fe + fm$，因此根据引理 3-6 和引理 3-8，可得

$$\begin{aligned}\| fc \|_\infty &\leqslant \| 2gs \|_\infty + \| 2fe \|_\infty + \| fm \|_\infty \\ &\leqslant 4\sqrt{n}B^2 + 2\cdot(4\sqrt{n}B^2 + B) + 2B + 1 \\ &= 12\sqrt{n}B^2 + 4B + 1\end{aligned}$$

引理 3-13（正确性）：对于本节的 NTRU 型 FHE 方案，经过 L 次同态乘法之后，同态运算后的密文能够被正确解密当且仅当 $B_{L-1} < q_{L-1}/2$，其中 $\widetilde{B}_i = (1/p)\cdot\widetilde{B}_d + 4\sqrt{n}B + 1$，$\widetilde{B}_d = 24\beta_{i-1}nB^2 + 4\beta_{i-1}\sqrt{n}\cdot B + \widetilde{B}_c$，$\widetilde{B}_c = 2\sqrt{n}\widetilde{B}_b{}^2$，$\widetilde{B}_b = (1/p)\cdot\widetilde{B}_a + 2\sqrt{n}\cdot(8\sqrt{2n}B^2 + 8B^2 + 4B + 1)$，$\widetilde{B}_a = 2\sqrt{n}B_{i-2}^2$，初始密文中的错误上限为

$$B_0 = 12\sqrt{n}B^2 + 4B + 1, \quad i \in \{2,\cdots,L+1\}$$

证明：(1)同态乘法形式正确性分析。

1)密文相乘：$\tilde{c}_1{}^{(i-2)} = c_1^{(i-2)} \times c_2^{(i-2)}$，$\tilde{c}_2{}^{(i-2)} = c_3^{(i-2)} \times c_4^{(i-2)} \bmod q_{i-2}$，$i = 2,\cdots,L-1$。

假设 $c_k^{(i-2)}f = 2e_k^{(i-2)} + fm_k \bmod q_{i-2}$，$k \in \{1,2,3,4\}$，由于密文 $\tilde{c}_1{}^{(i-2)}$ 和 $\tilde{c}_2{}^{(i-2)}$ 对应的私钥为 f^2，因此可得

$$\begin{aligned}\tilde{c}_1{}^{(i-2)}(x)\,f^2 &= 2\,\widetilde{E}_1{}^{(i-2)} + f^2 m_1 m_2 \bmod q_{i-2} \\ \tilde{c}_2{}^{(i-2)}(x)\,f^2 &= 2\,\widetilde{E}_2{}^{(i-2)} + f^2 m_3 m_4 \bmod q_{i-2}\end{aligned}$$

2)模数交换：

$$\begin{aligned}\tilde{c}_1{}^{(i-1)}(x) &= [(q_{i-1}\ q_{i-2})\cdot\tilde{c}_1{}^{(i-2)}(x)]_2 \bmod q_{i-1} \Rightarrow [f^2\ \tilde{c}_1{}^{(i-1)}(x)]_{q_{i-1}} \\ &= [f^2\ \tilde{c}_1{}^{(i-2)}(x)]_{q_{i-2}} \bmod 2 = m_1 m_2 \\ \tilde{c}_2{}^{(i-1)}(x) &= [(q_{i-1}/\ q_{i-2})\cdot\tilde{c}_2{}^{(i-2)}(x)]_2 \bmod q_{i-1} \Rightarrow [f^2\ \tilde{c}_2{}^{(i-1)}(x)]_{q_{i-1}} \\ &= [f^2\ \tilde{c}_2{}^{(i-2)}(x)]_{q_{i-2}} \bmod 2 = m_3 m_4\end{aligned}$$

3)密文相乘：

$$\approx\!\!\!\!\tilde{c}^{(i-1)} \approx \tilde{c}_1^{(i-1)} \times \tilde{c}_2^{(i-1)} \bmod q_{i-1}$$

由于密文 $\approx\!\!\!\!c^{(i-1)}$ 对应的私钥为 f^4，可得

$$\approx\!\!\!\!c^{(i-1)}f^4 = [\tilde{c}_1^{(i-1)}f^2][\tilde{c}_2^{(i-1)}f^2] = 2\,\widetilde{\widetilde{E}}^{(i-1)} + f^4 m_1 m_2 m_3 m_4 \bmod q_{i-1}$$

4)重线性化：

令 $\approx\!\!\!\!c^{(i-1)} = \sum_{\tau=0}^{\lfloor \log_2 q_{i-1} \rfloor} 2^\tau \cdot \approx\!\!\!\!c_\tau^{(i-1)}$，计算

$$\approx\!\!\!\!c^{(i)} = \sum_{\tau=0}^{\lfloor \log_2 q_{i-1} \rfloor} \approx\!\!\!\!c_\tau^{(i-1)} \cdot \zeta_\tau^{(i-2\rightarrow i)} \bmod q_{i-1} \in R_{q_{i-1}}$$

由于计算密钥 $\zeta_\tau^{(i-2\rightarrow i)}$ 也是 $i-1$ 层的密文，即

$$\zeta_\tau^{(i-2\rightarrow i)}f = 2e_{\zeta_\tau^{(i-2\rightarrow i)}} + 2^\tau f^4 \bmod q_{i-1}$$

可得

$$f \cdot \tilde{\tilde{c}}^{(i)}(x) = f\Big[\sum_{\tau=0}^{\lfloor \log_2 q_{i-1} \rfloor} \tilde{\tilde{c}}_\tau^{(i-1)}(x)\, \zeta_\tau^{(i-2 \to i)}\Big] \bmod q_{i-1}$$

$$= \sum_{\tau=0}^{\lfloor \log_2 q_{i-1} \rfloor} \tilde{\tilde{c}}_\tau^{(i-1)}(x)\big[2e_{\zeta_\tau^{(i-2 \to i)}} + 2^\tau f^4\big] \bmod q_{i-1} = 2\sum_{\tau=0}^{\lfloor \log_2 q_{i-1} \rfloor} \tilde{\tilde{c}}_\tau^{(i-1)}(x)\, E_{\zeta_\tau^{(i-2 \to i)}} +$$

$$\sum_{\tau=0}^{\lfloor \log_2 q_{i-1} \rfloor} \tilde{\tilde{c}}_\tau^{(i-1)}(x) \cdot 2^\tau f^4 \bmod q_{i-1} = 2\sum_{\tau=0}^{\lfloor \log_2 q_{i-1} \rfloor} \tilde{\tilde{c}}_\tau^{(i-1)}(x)\, E_{\zeta_\tau^{(i-2 \to i)}} + 2\widetilde{E}^{(i-1)} +$$

$$f^4 m_1 m_2 m_3 m_4 \bmod q_{i-1} = 2\tilde{\tilde{E}}'(i-1) + f^4 m_1 m_2 m_3 m_4 \bmod q_{i-1}$$

5)模数交换：

$$c^{(i)}(x) = \big[(q_i q_{i-1}) \cdot \tilde{\tilde{c}}^{(i)}(x)\big]_2$$

可得

$$c^{(i)} f = \tilde{\tilde{c}}^{(i)}(x) f \bmod q_{i-1} \bmod 2 = 2\tilde{\tilde{E}}'(i-1) + f^4 m_1 m_2 m_3 m_4 \bmod 2 m_1 m_2 m_3 m_4$$

(2)同态乘法解密正确性分析。

Eval. Mult$[c_1^{(i-2)}, c_2^{(i-2)}, c_3^{(i-2)}, c_4^{(i-2)}]$：

1)输入密文经过一次同态乘法后的错误上界(见引理 3－4)：

$$\widetilde{B}_a = 2\sqrt{n}\, B_{i-2}{}^2$$

2)经过模数交换后密文的错误上界(见引理 3－9)：

$$\widetilde{B}_b = (1/p)\,\widetilde{B}_a + 2\sqrt{n}(8\sqrt{2n}\, B^2 + 8B^2 + 4B + 1), \quad k = 2$$

3)经过第二次同态乘法后密文的错误上界(见引理 3－4)：

$$\widetilde{B}_c = 2\sqrt{n}\, \widetilde{B}_b{}^2$$

4)经过重线性化后密文的错误上界(见引理 3－8)：

$$\widetilde{B}_d = 24\beta_{i-1} n B^2 + 4\beta_{i-1}\sqrt{n} B + \widetilde{B}_c$$

5)经过模数交换后密文的错误上界(见引理 3－9)：

$$B_i = (1/p)\,\widetilde{B}_d + 4\sqrt{n} B + 1, \quad k = 1$$

则根据 LTV12，令 $B_i < q_i/2$，密文即可正确解密。

在素数阶分圆多项式环的基础上，分析了本节方案的错误增长情况，数据见表 3－1。通过分析发现，当电路层数、模数等参数的选取方面和 DHS16 方案相同时，采取“两层一块”的同态运算模式的本节方案能够运行更深的电路，其中 δ 表示 Hermite 因子(Hermite factor)，2^k－th 表示 2 的幂次阶分圆多项式环，Prime-th 表示素数阶分圆多项式环，其余参数的定义见 DHS16 方案。

将本节改进后的单密钥全同态加密方案和 DHS16 方案中的单密钥全同态加密方案进行了效率对比。实验环境如下：

(1)笔记本：DELL precision 7530。

(2)系统：Ubuntu 18.04 STL。

(3)CPU 为 Intel(R) Core(TM) i7-8750H　2.20 GHz，内存为 16 GB。

实验数据见表 3－1 和表 3－2。

表 3-1　DHS16 与本节方案在平均情况下可同态运行的电路深度比较

$\log_2 n$	$\log_2 q$	δ	2^k-th (DHS16 方案)		Prime-th (本节方案)	
			$\log_2(1/K)$	$\# L$	$\log_2(1/K)$	$\# L$
12	155	1.006 40	33	3	20	4
13	311	1.006 51	33	8	21	12
14	622	1.006 55	34	17	22	26
15	1 244	1.006 58	34	35	23	51
16	2 488	1.006 59	35	70	24	102
17	4 976	1.006 60	35	141	25	197

表 3-2　DHS16 方案与本节方案的效率比较

	每块层数	电路深度	总耗时/ms	单个门电路耗时/ms
DHS16 方案	1	36	168 084	4 669
本节方案	2	36	86 832	2 412
本节方案	3	36	68 400	1 900

实验表明，当采取“两层一块”的同态运算模式时，本节方案运行 36 层同态乘法电路的速度是 DHS16 方案的 1.9 倍，因此本节方案同态运算的效率更高。事实上，当采取“三层一块”的同态运算模式时，运行 36 层同态乘法电路的速度是 DHS16 方案的 2.4 倍，同态运算的效率更高，但是“三层一块”的同态运算模式相比于“两层一块”模式错误增长较快，在综合考虑可运行电路深度和运算效率的基础上，本章方案选择“两层一块”的同态运算模式。

3.5　本章小结

本章介绍了同态加密的一些基础知识，并以常见的 NTRU 公钥加密方案为起点，逐步将其转化为类同态加密方案、全同态加密方案，整体过程展现了全同态加密方案的设计思路。这些设计思路在其他大部分全同态加密方案中也有应用。

第 4 章　GSW 型全同态加密方案

为了避免 NTRU 方案安全性的潜在缺陷，密码学家提出了基于 LWE/RLWE 问题的密码方案。目前，全同态加密方案大多基于格密码构造，因此基于 LWE/RLWE 问题的全同态加密方案是最主流，也是应用最广泛的全同态加密方案。在这些方案中，GSW 型全同态加密方案因为同态运算过程简单，被广泛关注。但是 GSW 型 FHE 方案也存在密文扩展率大，计算效率低的缺陷。本章将介绍格密码基础、GSW 全同态加密方案与其性质等内容。

4.1　格密码基础

本节将介绍一些基于格的密码学基本理论。基于格的密码方案是抗量子密码体制的一个重要分支。格密码凭借安全性强(困难性基于平均情况的格上问题)、计算效率高、实现过程简单、抗量子的优点，受到密码学家的广泛关注。

4.1.1　格的性质

格是欧几里得空间中点的有规律的排列。最简单的 n 维空间格的例子是 $\mathbb{Z}^n$，即所有具有整数分量的 n 维向量的集合，如图 4－1(a)所示。更一般地说，一般的格是对整数格 $\mathbb{Z}^n$ 进行线性变换后的结果，线性变换 $\boldsymbol{B}: \mathbb{R}^n \rightarrow \mathbb{R}^d$，以获得集合 $L(\boldsymbol{B})=\boldsymbol{B}(\mathbb{Z}^n)=\boldsymbol{Bx}: \boldsymbol{x} \in \mathbb{Z}^n\}$，如图 4－1 所示。等价地，格 $L(\boldsymbol{B})$ 可以描述为所有列向量的线性组合 $\sum_i \boldsymbol{b}_i x_i$，其中 $\boldsymbol{B}=[\boldsymbol{b}_1 \cdots \boldsymbol{b}_n]$，$x_i \in \mathbb{Z}$。

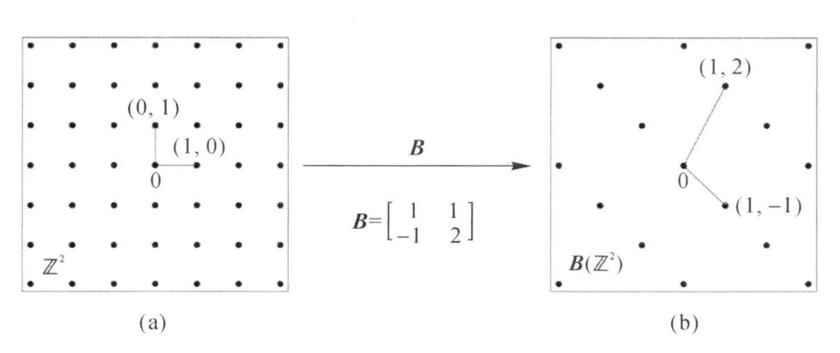

图 4－1　整数格 $\mathbb{Z}^2$ 和二维格 $B(\mathbb{Z}^2)$

定义 4-1[MR06](格的定义):给定 n 个线性独立的向量 $\boldsymbol{b}_1,\boldsymbol{b}_2,\cdots,\boldsymbol{b}_n\in\mathbb{R}^n$,则由这组向量生成的格 L 为

$$L(\boldsymbol{b}_1,\boldsymbol{b}_2,\cdots,\boldsymbol{b}_n)=\{z_1\boldsymbol{b}_1+z_2\boldsymbol{b}_2+\cdots+z_n\boldsymbol{b}_n\mid,z_i\in\mathbb{Z}\}$$

式中:向量 $\boldsymbol{B}=[\boldsymbol{b}_1\quad\boldsymbol{b}_2\quad\cdots\quad\boldsymbol{b}_n]\in\mathbb{R}^{n\times n}$ 被称为是格 L 的基;整数 n 被称为格的秩。除特殊说明,本书中的向量默认是列向量。

格的定义与向量空间的定义非常类似,但是格中将线性组合的系数 z_i 限定为整数。图 4-1 中描述了一个简单的二维格,该二维格 L 的基为 $\boldsymbol{B}=[\boldsymbol{b}_1\quad\boldsymbol{b}_2]=\begin{bmatrix}1&1\\2&-1\end{bmatrix}$。矩阵列向量 $\boldsymbol{b}_1,\boldsymbol{b}_2$ 的所有整系数组合构成了图中无限离散,并且呈周期性结构的点。所有的格点组成了网格形状,这也是这个几何结构被称为“格”的原因。

通常一个格具有多个不同的基。如图 4-2 所示,格的另一个基是 $\boldsymbol{B}'=[\boldsymbol{b}'_1\quad\boldsymbol{b}'_2]=\begin{bmatrix}3&2\\3&1\end{bmatrix}$。格的多个不同基之间存在关系:当且仅当存在一个幺模矩阵 $\boldsymbol{U}$ 使得 $\boldsymbol{B}'=\boldsymbol{BU}$。

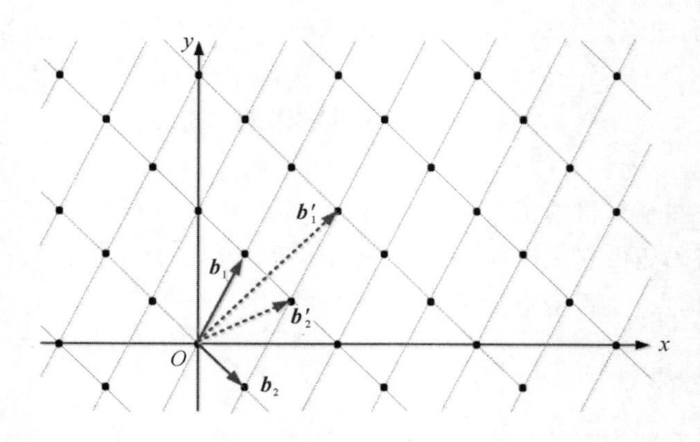

图 4-2　格和格的基

在格理论的分析过程中,经常会使用一个非常重要的概念——“基本平行体”(Fundamental Parallelepiped)。给定格 L 中的一个基 $\boldsymbol{b}_1\boldsymbol{b}_2\cdots\boldsymbol{b}_n\in\mathbb{R}^n$,基本平行体定义为

$$P(\boldsymbol{b}_1\boldsymbol{b}_2\cdots\boldsymbol{b}_m)=\{z_1\boldsymbol{b}_1+z_2\boldsymbol{b}_2+\cdots+z_n\boldsymbol{b}_n\mid z_i\in\mathbb{R},0\leqslant z_i<1\}$$

基本平行体中除了含有 0 这个格点外,不含有任何其他格点。定义格 L 的行列式为 $\det(L)=|\det(\boldsymbol{B})|$。对于不同的基有 $|\det(\boldsymbol{B}')|=|\det(\boldsymbol{B})|$,所以格的行列式与具体基的选取无关。

在方案的安全性分析过程中,经常会涉及对偶格(Dual lattice)、“q 元格”和逐次最小向量的长度的概念。

定义 4-2(对偶格):设 L 是 $\mathbb{R}^n$ 上的一个格,那么 L 的对偶格 L^* 定义为

$$L^*=\{x\in\mathbb{R}^n\mid\forall b\in L:<x,b>\in\mathbb{Z}\}$$

对偶格具有性质:对偶格的对偶格还是原来的格,即 $(L^*)^*=L$;如果 $\boldsymbol{B}$ 是格 L 的一组基,那么 $\boldsymbol{B}^*=(\boldsymbol{B}^{-1})^{\mathrm{T}}$ 是其对偶格 L^* 的一组基。

定义 4-3(q 元格):对于任意矩阵 $\boldsymbol{A}\in\mathbb{Z}_q^{n\times m}$,其中 n,m,q 是整数。定义 q 元格为如下

两个格：

$$\Lambda_q^{\perp}(\boldsymbol{A}) = \{y \in \mathbb{Z}^m \mid Ay = 0 \bmod q\}$$

$$\Lambda_q(\boldsymbol{A}) = \{\boldsymbol{y} \in \mathbb{Z}^m \mid \boldsymbol{y} = \boldsymbol{A}^{\mathrm{T}}\boldsymbol{s} \bmod q, \boldsymbol{s} \in \mathbb{Z}^n\}$$

q 元格具有性质：$\Lambda_q \perp (\boldsymbol{A})$ 是 $\Lambda_q(\boldsymbol{A})$ 的对偶格。实际上矩阵 $\boldsymbol{A}$ 并不是 q 元格的基。

定义 4－4（逐次最小和最短向量的长度）：对于 n 维的格 L，任意的 $i \in [n]$，$\lambda_i(L)$ 表示能包含格中 i 个线性独立向量的中心在原点的最小的球体的半径，即 $\lambda_i(L) = \min(\boldsymbol{r}: \dim\{\mathrm{span}[L \cap \boldsymbol{B}(\boldsymbol{r})]\} \geqslant i)$，定义 $\lambda_1(L)$ 为格 L 中最短向量长度，其中 span 是张成空间。

最短向量长度 $\lambda_1(L)$ 具有性质：$\lambda_1(L) \leqslant \sqrt{n}[\det(L)]^{1/n}$，$\lambda_1(L) \geqslant \min\limits_{i=1,\cdots,n} \|\tilde{b}_i\|_2$，其中 $\tilde{b}_i$ 是 Gram-Schmidt 正交化生成的基。

4.1.2　格上困难问题

格上的代数问题通常是容易计算的，例如判断一个向量是否在格中、求格的行列式等，但是格上的几何问题一般都是困难的。格上困难问题是基于格的密码方案的理论基础，本节介绍一些常用的格上困难问题。

定义 4－5（最短向量问题，Shortest Vector Problem，SVP）：给定格 L 的一个基 $\boldsymbol{B}$，求格 L 中的最短向量 $\boldsymbol{v} \in L$。

定义 4－6（最近向量问题，Closest Vector Problem，CVP）：给定格 L 的一个基 B 和一个目标向量 $\boldsymbol{t}$，求格 L 中距离目标向量 $\boldsymbol{t}$ 最近向量 $\boldsymbol{v} \in L$。

定义 4－7（有界距离解码问题，Bounded Distance Decoding，BDD），给定 n 维格 L 的一个基 $\boldsymbol{B}$，空间上的任意一个目标点 $\boldsymbol{t} \in \mathbb{R}^n$，和一个实数 d，目标点距离格上某些点的距离满足 $\mathrm{dist}(\boldsymbol{t}, L) \leqslant d$。要求找出格 L 中距离标点 $\boldsymbol{t} \in \mathbb{R}^n$ 较近的格点，使得 $\|\boldsymbol{v} - \boldsymbol{t}\| \leqslant d$ 成立。

定义 4－8（最短线性无关向量组问题，Shortest linearly Independent Vectors Problem，SIVP）：给定格 L 的一个基 $\boldsymbol{B} \in \mathbb{Z}^{n\times n}$，求解格 L 中 n 个线性无关的向量 $\boldsymbol{s} = [\boldsymbol{s}_1 \cdots \boldsymbol{s}_n]$，其中 $\boldsymbol{s}_i \in L$，使得 $\|\boldsymbol{s}\| = \max\limits_{i=1,\cdots,n} \|\boldsymbol{s}_i\|$ 的值最小。

上述这些问题中，BDD 问题是 CVP 问题的一个特殊情况。SVP 问题与 CVP 问题可以规约到 SIVP 问题，即如果解决了 SVP 问题或者 CVP 问题，那么 SIVP 问题就可以被有效地解决。格密码学所依赖的主要计算问题就是 SIVP 问题。

以上这些问题的描述都是精确版本。在格密码学中，通常考虑这些问题的近似情况，用一个角标 γ 表示其近似因子。例如 SVP_γ 表示发现一个向量其长度至多为最短向量长度的 γ 倍。密码学中还有一个常用的格上计算问题 GapSVP_γ，其定义如下。

定义 4－9[Regev09]（具有间隙的 SVP 问题，Gap version of SVP，GapSVP）：输入间隙函数 γ 和一个 GapSVP_γ 实例（$\boldsymbol{B}, d$），其中 $\boldsymbol{B}$ 是格 L 的基，d 是一个有理数。如果 $\lambda_1(L) \leqslant d$，那么输出“YES”；如果 $\lambda_1(L) > \gamma d$，那么输出“NO”。

4.1.3　LWE/RLWE 问题

1. LWE 问题

LWE 问题（也称为计算性 LWE 问题）的本质是从秘密向量 $\boldsymbol{s}$ 的一系列随机近似线性

等式中恢复 $s \in \mathbb{Z}_q^n$。具体的例子如下：

$$\begin{cases} 4\,s_1 + 15\,s_2 + 5\,s_3 + 3\,s_4 \approx 2 \bmod 17 \\ 3\,s_1 + 14\,s_2 + 14\,s_3 + 7\,s_4 \approx 10 \bmod 17 \\ 6\,s_1 + 10\,s_2 + 13\,s_3 + 2\,s_4 \approx 14 \bmod 17 \\ s_1 + 4\,s_2 + 12\,s_3 + 3\,s_4 \approx 6 \bmod 17 \\ \qquad\qquad \vdots \\ 16\,s_1 + 7\,s_2 + 16\,s_3 + 4\,s_4 \approx 14 \bmod 17 \end{cases}$$

如同在上述实例中，输入任意多的近似线性等式（约等于表示在线性等式正确的运算结果加上一个小的噪声，如 ± 1），要求输出 $s \in \mathbb{Z}_{17}^4$ 的值{本实例中 $s = [0\ 13\ 9\ 11]$}。为了便于描述，可以抽象地将上述方程组 $[\boldsymbol{a}_1 \cdots \boldsymbol{a}_n]^{\mathrm{T}} \boldsymbol{s} + \boldsymbol{e} = \boldsymbol{b}$ 表达为图 4-3 的形式。

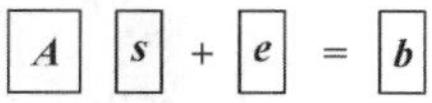

$$\boxed{A}\ \boxed{s} + \boxed{e} = \boxed{b}$$

图 4-3 LWE 问题的抽象表示

可以看出，假如在上式中没有噪声的存在，只需要 n 个线性等式，再应用高斯消元法就可以在多项式时间内恢复 s。噪声的引入使得这个问题变得异常困难。这是因为高斯消元法需要把这 n 个等式进行线性组合，在线性组合的过程中噪声将变大到无法容忍的规模。因此，在最后的等式中几乎没有 s 的有效信息。下面给出正式的 LWE 问题（计算性 LWE 问题）的定义。

定义 4-10（计算性 LWE 问题的定义）：对于安全参数 λ，令 $n = n(\lambda)$ 是一个整数维，$q = q(\lambda) \geqslant 2$ 是一个整数，$\chi = \chi(\lambda)$ 是 $\mathbb{Z}$ 上的分布。选择 $e \leftarrow \chi$，对于一个固定的 $s \in \mathbb{Z}_q^n$，$\boldsymbol{a} \leftarrow \mathbb{Z}_q^n$。计算 $\boldsymbol{b} = \langle \boldsymbol{a}, \boldsymbol{s} \rangle + \boldsymbol{e}$，得到二元组 $(\boldsymbol{a}, \boldsymbol{b}) \in \mathbb{Z}_q^{n+1}$，令这个分布为 $A_{q,s,\chi}$。计算性 $\mathrm{LWE}_{n,q,\chi}$ 问题就是对于任意的 s，在 $A_{q,s,\chi}$ 分布中给定任意多的实例，要求输出 s。

密码学中使用更加广泛的是 LWE 问题的另外一个版本，即判定性 LWE 问题。

定义 4-11（判定性 LWE 问题的定义）：对于安全参数 λ，令 $n = n(\lambda)$ 是一个整数维，$q = q(\lambda) \geqslant 2$ 是一个整数，$\chi = \chi(\lambda)$ 是 $\mathbb{Z}$ 上的分布。选择 $\boldsymbol{e} \leftarrow \chi$，对于一个固定的 $\boldsymbol{s} \leftarrow \mathbb{Z}_q^n$，$\boldsymbol{a} \leftarrow \mathbb{Z}_q^n$，计算 $\boldsymbol{b} = \langle \boldsymbol{a}, \boldsymbol{s} \rangle + \boldsymbol{e}$，得到二元组 $(\boldsymbol{a}, \boldsymbol{b}) \in \mathbb{Z}_q^{n+1}$，令这个分布为 $A_{q,s,\chi}$。判定性 $\mathrm{LWE}_{n,q,\chi}$ 问题是区分 $A_{q,s,\chi}$ 分布和 $\mathbb{Z}_q^{n+1}$ 上的均匀分布。

LWE 问题的困难性：2005 年，Regev 在 Regev09 证明了只要参数满足 $\alpha q \geqslant 2\sqrt{n}$，那么在平均情况下解决 LWE 问题，其困难性至少与使用量子算法求解近似格上标准困难问题相同，其中近似因子是 $\widetilde{O}(n/\alpha)$。在 2009 年，Peikert 在 Peikert09 中给出了一个相同近似因子的经典规约而非量子规约，但是需要满足 $q \geqslant 2^{n/2}$。2011 年，Micciancio 等人给出了当模数 q 平滑时，存在判定性 LWE 问题到搜索性 LWE 问题的高效规约。2013 年，Brakersk 等人在 BLP+13 方案中通过对 LWE 实例的模数和维数进行折中，证明了模数为多项式级别，也存在判定性 LWE 问题到搜索性 LWE 问题的高效规约。具体而言，以下定理可以保证 LWE 问题的安全性。

定义 4-1：假如存在对维度为 n，模数为 $\mathrm{poly}(n)$ 的 LWE 问题的高效求解算法，则存在对维数为 $\sqrt{n}$ 的最坏情况下的格问题的高效求解算法。

特殊的 LWE 问题：同态加密方案中经常使用私钥均匀取自 $\{0,1\}^n$ 时的特殊 LWE 问题，称为 binLWE 问题。以下定理可以保证 binLWE 问题的安全性。定义 4-10、定义 4-11 中没有限定攻击者获得的 LWE 实例的个数，若对实例个数进行限定最多为 m 个，则可以得到 LWE 的变种 $\mathrm{LWE}_{n,m,q,\chi}$：对于定义 4-10、定义 4-11，增加限定条件，攻击者仅能得到有限的 $m \in N$ 个实例。

定理 4-2[BLP13]：假设 $k \geqslant 1$，$q \geqslant 1$ 且 $m \geqslant n \geqslant 1$ 是整数，并令 $\varepsilon \in (0,1/2)$，$\alpha > 0$，$\delta > 0$，使得 $n \geqslant (k+1)\log_2 q + 2\log_2(1/\delta)$，$\alpha \geqslant \sqrt{\ln[2n(1+1/\varepsilon)]/\pi}/q$，则存在从 $\mathrm{binLWE}_{n,m,q,\leqslant\sqrt{10n}\alpha}$ 到 $\mathrm{LWE}_{k,m,q,\alpha}$ 的高效规约算法。

2. RLWE 问题

虽然 LWE 问题的安全性基础比较牢固，但是大部分基于 LWE 问题构造的密码方案效率都较低。所以 Lyubashevsky 等人在 LPR10 中提出 LWE 问题在多项式环上的一个变种 RLWE 问题，使得格密码的效率得到大幅度提升。

定义 4-12(计算性 RLWE 问题)：对于安全参数 $\lambda = 2^k (k \in \mathbb{Z})$，令 $f(x) = x^d + 1$，其中 $d = d(\lambda)$ 是 2 的幂，$R = \mathbb{Z}[x]/f(x)$，$R_q = R/(qR)$。令离散噪声分布 $\chi = \bar{\boldsymbol{\Psi}}_{\alpha q}$ 是 R 上的分布，随机均匀选取秘密环多项式 $s \in R_q$ 和环多项式 $a \in R_q$，从 χ 分布中选取噪声 $e \in R$ 的系数，计算 $(a, b = as + e) \in R_q^2$，并将其分布记为 $A_{s,\bar{\boldsymbol{\Psi}}_{\alpha q}}$（也称 RLWE 分布），计算性RLWE问题 $\mathrm{RLWE}_{q,\Psi_\alpha}$ 就是根据多个 $A_{s,\bar{\boldsymbol{\Psi}}_{\alpha q}}$ 的实例以大概率输出 $s \in R_q$。

Lyubashevsky 等人在 LPR13 方案中证明了关于 RLWE 问题的困难性。

定理 4-3[LPR13]：令 K 是维度为 $n = \varphi(m)$ 的域，$R = O_K$ 是一个整数环，$\alpha = \alpha(n) > 0$，$q = q(n) \geqslant 2$，$q = 1 \bmod m$ 是一个不超过 poly(n) 大小的素数，并且使得 $\alpha q \geqslant \omega(\sqrt{\log_2 n})$。存在一个多项式时间的量子规约算法从 $\mathrm{RLWE}_{q,\Psi_\alpha}$ 问题规约到近似因子为 $\widetilde{O}(\sqrt{n}/\alpha)$ 的 SIVP 或 SVP 问题。

这个定理证明了 RLWE 问题的困难性可以规约到理想格中近似 SIVP 或 SVP 问题，是 RLWE 问题的困难性的一个重要依据。同 LWE 问题一样，RLWE 问题也存在判定性 RLWE 问题。判定性 RLWE 问题描述如下：

定义 4-13(判定性 RLWE 问题)：对于安全参数 λ，令 $f(x) = x^d + 1$，其中 $d = d(\lambda)$ 是 2 的幂。令 $q = q(\lambda) \geqslant 2$ 是一个整数。令 $R = \mathbb{Z}[x]/f(x)$，$R_q = R/(qR)$。令 $\chi = \chi(\lambda)$ 是 R 上的分布。判定性 $\mathrm{RLWE}_{n,q,\chi}$ 问题就是区分下面的 2 个分布：$(\boldsymbol{a},\boldsymbol{b}) \in R_q^2$ 均匀地取自 R_q^2；选择 $\boldsymbol{e} \leftarrow \chi$，均匀选择 $\boldsymbol{s} \leftarrow R_q$，$\boldsymbol{a} \leftarrow R_q$，计算 $\boldsymbol{b} = \boldsymbol{as} + \boldsymbol{e}$，得到 $(\boldsymbol{a},\boldsymbol{b}) \in R_q^2$。$\mathrm{RLWE}_{n,q,\chi}$ 假设就是 $\mathrm{RLWE}_{n,q,\chi}$ 问题是困难的。

与判定性 LWE 一样，在实际的方案中通常使用判定性 RLWE 问题。在计算性 RLWE 问题困难的前提下，引理 4-1 保证了 RLWE 分布的不可区分性。

引理 4-1[LPR13]：令 $R = \mathbb{Z}[\zeta]$ 是整数环，R^* 是 R 的对偶理想，q 为一个特定的素数，对于一些可忽略的 $\varepsilon = \varepsilon(n)$ 有 $\alpha q \geqslant \eta_\varepsilon(R^*)$，则存在一个多项式时间的算法，将计算性的 RLWE 规约到判定性的 RLWE。

4.1.4　剩余哈希引理

在格密码中，经常会使用剩余哈希引理 ILL89 的变体来证明加密方案中，加密过程的随机性，该变体在 BV11b 中首次提出，描述如下。

引理 4-2(矩阵-向量剩余哈希引理)：设 $\kappa \in \mathbb{N}, n \in \mathbb{N}, q \in \mathbb{N}, m \geqslant n\log_2 q + 2\kappa, \boldsymbol{A} \in \mathbb{Z}_q^{m \times n}$，随机选择 $r \xleftarrow{R} \{0,1\}^m$，$y \in \mathbb{Z}_q^n$，则对于任何函数 f，有

$$\Pr[f(\boldsymbol{A},\boldsymbol{A}^{\mathrm{T}}r)=1]-\Pr[f(\boldsymbol{A},\boldsymbol{y})=1] \leqslant 2^{-\kappa}$$

矩阵-向量剩余哈希引理说明，矩阵乘以随机向量时，当向量的维度足够大时，输出满足随机均匀分布。

4.2 GSW 型全同态加密方案概述

在介绍了格密码基础后，本节将介绍 GSW 型全同态加密方案(简称 GSW 方案)的构造思路、典型的 GSW 方案、方案分析等内容。

4.2.1 GSW 方案的构造思路

GSW 方案凭借简单、便捷的同态运算受到广泛关注，Gentry 等人首次提出的 GSW 方案表达形式比较复杂，Hiromasa 等人对方案的表达进行了精简。本章主要介绍 Hiromasa 等人的精简表达版本的 GSW 方案。笔者尝试还原 Gentry 等人构造 GSW 方案的逻辑：寻找同态映射→构造安全的、不可逆的映射→降低噪声系数→将映射转化为加密方案。

1. 寻找同态映射

同态加密本质上是利用了加密方案中明文和密文的同态映射或近似同态映射的关系。因此构造同态加密方案通常需要寻找一个同态映射，并且这种同态映射最好同时满足同态加法、同态乘法映射。Gentry 等人找到的同态映射是，矩阵 $\boldsymbol{C}$ 与其特征值 μ 之间的同态映射。给定矩阵 $\boldsymbol{C}$，找到其特征值 μ，特征向量 $\boldsymbol{v}$，则映射关系 $f_1:\boldsymbol{C} \to \mu\,\boldsymbol{C} \cdot \boldsymbol{v} = \mu\boldsymbol{v}$，满足同态加法和同态乘法的性质，即

$$(\boldsymbol{C}_1+\boldsymbol{C}_2)\cdot\boldsymbol{v}=(\mu_1+\mu_2)\boldsymbol{v},\quad (\boldsymbol{C}_1\cdot\boldsymbol{C}_2)\cdot\boldsymbol{v}=(\mu_1\mu_2)\boldsymbol{v}$$

2. 构造安全的、不可逆的映射

构造同态加密方案，还需要满足密码学中对映射的安全性的要求，即从像中无法获得原像的任何信息。显然，特征值是会泄露矩阵的一些信息的。例如，给定两个矩阵和一个特征值，简单地就可以判断该特征值属于哪个矩阵(泄露了信息)。为了保证映射过程的安全性，可以尝试通过“添加噪声＋在域中进行运算”的方法，映射关系变成格密码中的经典困难问题 LWE 问题的实例，即将映射关系调整为 $f_2:\boldsymbol{C} \to \mu\,\boldsymbol{C}\cdot\boldsymbol{v}=\mu\boldsymbol{v}+\boldsymbol{e}\bmod q$，其中 q 是模数，噪声 $\boldsymbol{e}$ 是系数比较小(通常选自高斯分布)的向量。上述映射关系也大致满足同态性质：

$$\begin{aligned}(\boldsymbol{C}_1+\boldsymbol{C}_2)\cdot\boldsymbol{v} &= \mu_1\boldsymbol{v}+\boldsymbol{e}_1+\mu_2\boldsymbol{v}+\boldsymbol{e}_2=(\mu_1+\mu_2)\boldsymbol{v}+\boldsymbol{e}^{+}\\ (\boldsymbol{C}_1\cdot\boldsymbol{C}_2)\cdot\boldsymbol{v} &= \boldsymbol{C}_1\cdot(\mu_2\boldsymbol{v}+\boldsymbol{e}_2)=\mu_2(\mu_1\boldsymbol{v}+\boldsymbol{e}_1)+\boldsymbol{C}_1\boldsymbol{e}_2\\ &= (\mu_1\mu_2)\boldsymbol{v}+\underbrace{\mu_2\boldsymbol{e}_1+\boldsymbol{C}_1\boldsymbol{e}_2}=(\mu_1\mu_2)\boldsymbol{v}+\boldsymbol{e}^{\times}\end{aligned}$$

在噪声 $\boldsymbol{e}^{+}$ 和 $\boldsymbol{e}^{\times}$ 的系数比较小时，上述同态关系式成立。对于 $\boldsymbol{e}^{+}=\boldsymbol{e}_1+\boldsymbol{e}_2$，系数比较小；对于 $\boldsymbol{e}^{\times}=\mu_2\boldsymbol{e}_1+\boldsymbol{C}_1\boldsymbol{e}_2$，因为 $\boldsymbol{C}_1$ 的系数通常是随机的，所以这导致 $\boldsymbol{e}^{\times}$ 不再具有小系数的

性质，即上述构造的安全映射 f_2 不满足同态乘法的性质。

3. 利用比特分解降低噪声系数

映射 f_2 不满足同态乘法关系的原因是乘法噪声 $\boldsymbol{e}^{\times} = \mu_2 \boldsymbol{e}_1 + \boldsymbol{C}_1 \boldsymbol{e}_2$ 中左乘的密文 $\boldsymbol{C}_1$ 系数太大。在同态加密方案中，通常利用比特分解技术降低噪声系数。因此，需要对 $\boldsymbol{C}_1$ 进行比特分解。

第 3 章中介绍的比特分解是对向量进行操作的，在本章需要扩展到对矩阵进行比特分解。扩展思路为：对矩阵的每一行都进行比特分解，即将工具矩阵由 $\boldsymbol{g} = (g_i) \in \mathbb{Z}^d$ 扩展为 $\boldsymbol{G} \in \mathbb{Z}_q^{n\times nl}$，对应的 $\boldsymbol{G}^{-1}(\cdot)$ 表示对矩阵的每个元素进行比特分解。

对于 $\mathbb{Z}_q$ 上的向量和矩阵，定义随机函数 $\boldsymbol{G}^{-1}: \mathbb{Z}_q^{n\times m} \to \mathbb{Z}^{nl\times m}$：输入任意的矩阵 $\boldsymbol{A} \in \mathbb{Z}_q^{n\times m}$，输出 $\boldsymbol{X} \leftarrow \boldsymbol{G}^{-1}(\boldsymbol{A})$，是由向量 $\boldsymbol{X}_{i,j} = \boldsymbol{g}^{-1}(\boldsymbol{A}_{i,j})$ 组成的矩阵，其中 $1 \leqslant i \leqslant n$，$1 \leqslant j \leqslant m$。则有 $\boldsymbol{G}\cdot\boldsymbol{X} = \boldsymbol{A}$，其中 $\boldsymbol{G} = \boldsymbol{g}^t \otimes \boldsymbol{I}_n = \mathrm{diag}(\boldsymbol{g}^t, \cdots, \boldsymbol{g}^t) \in \mathbb{Z}_q^{n\times nl}$，

$$\boldsymbol{G} := \begin{bmatrix} \boldsymbol{g} & \cdots & \boldsymbol{0} \\ \vdots & & \vdots \\ \boldsymbol{0} & \cdots & g \end{bmatrix}，其中，\boldsymbol{g} = [\boldsymbol{g}_l, \cdots, \boldsymbol{g}_e], \boldsymbol{g}_i \in \mathbb{Z}_q^n$$

随机函数 $\boldsymbol{G}^{-1}$ 可以看成对矩阵按列进行比特分解，具有性质：输入元素 $\boldsymbol{C}_1 \in \mathbb{Z}_q^{n\times n}$ 和元素 $\boldsymbol{C}_2 \in \mathbb{Z}_q^{n\times n}$，则有 $\boldsymbol{C}_1 \boldsymbol{C}_2 = \boldsymbol{C}_1\boldsymbol{G} \times \boldsymbol{G}^{-1}(\boldsymbol{C}_2) \in R_q$。

注释：GSW 方案根据使用的工具矩阵 $\boldsymbol{G}$ 和对应的分解方法$\boldsymbol{G}^{-1}$的不同，在很多 FHE 方案中有不同的表现形式。但它们都具有共同的特点分解方法$\boldsymbol{G}^{-1}$可以得到小系数的量，$\boldsymbol{G}$ 和$\boldsymbol{G}^{-1}$能够匹配，即满足 $\boldsymbol{G}\boldsymbol{G}^{-1}\boldsymbol{X}=\boldsymbol{X}$。

4. 将映射转化为加密方案

映射 $f_2: \boldsymbol{C} \to \mu\boldsymbol{C}\cdot\boldsymbol{v} = \mu\boldsymbol{v} + \boldsymbol{e} \bmod q$ 中，给出了 $\boldsymbol{C}, \boldsymbol{v}, \mu$ 需要满足的关系。对于具体的加密方案，则可以设定特征值 μ 为明文，矩阵 $\boldsymbol{C}$ 为密文，特征向量 $\boldsymbol{v}$ 为私钥。上述映射过程没有说明在给定任意明文和私钥的情况下，如何构造具体的密文。

Gentry 等人结合 $\boldsymbol{C}_1 \boldsymbol{C}_2 = \boldsymbol{C}_1\boldsymbol{G} \times \boldsymbol{G}^{-1}(\boldsymbol{C}_2)$ 的需求，将 $\boldsymbol{C}_1\boldsymbol{G}$ 直接融入了密文的构造，将满足条件 $\boldsymbol{C}\cdot\boldsymbol{v} = \mu\boldsymbol{v} + \boldsymbol{e} \bmod q$ 的密文设定为 $\boldsymbol{C} = \mu\boldsymbol{G} + \boldsymbol{A} \bmod q$，其中 $\boldsymbol{A}$ 的每一行都是 LWE 实例，从而使得 $\boldsymbol{A}\boldsymbol{v}=\boldsymbol{e}$。

公钥加密版本：按照格加密方案的场景转化过程，可以将上述对称加密的密文转化为公钥加密版本：$\boldsymbol{C} = \mu\boldsymbol{G} + \boldsymbol{A}\boldsymbol{R} \bmod q$，其中 $\boldsymbol{R} \in \{0,1\}^{n\times nl}$。

4.2.2　典型的 GSW 方案

根据上述构造思想，本节给出 GSW 方案的典型构造，使用 MW16 方案中的表达方式（采用矩阵左乘的方式给出方案，即 $\boldsymbol{v}^t\boldsymbol{C} = \mu\boldsymbol{v}^t + \boldsymbol{e}^t \bmod q$）。

AP14 方案给出了 GSW 方案变种的正式定义，方案中选取 $\boldsymbol{g} = [g_1 \cdots g_l] = [1\ 2\ 4 \cdots 2^{l-1}]$：

Setup$(1^\lambda, 1^d)$：输入安全参数 λ，选取格的维度 $n = n(\lambda, d)$ 和 B_χ - bound 的噪声分布 $\chi = \chi(\lambda, d)$，$m = nl$，模数 $q = B_\chi 2^{\omega(d\lambda\log_2\lambda)}$，使得 $\mathrm{LWE}_{n-1,q,\chi,B_\chi}$ 问题是困难的。选择相关参数 $m = O(n\log_2 q) = \omega(\log_2\lambda)$，随机选择 $\boldsymbol{B} \xleftarrow{R} \mathbb{Z}_q^{n-1\times m}$。输出参数 params =

$(n,q,\chi,m,B_\chi,\boldsymbol{B})$。

KeyGen(params)：密钥生成算法由私钥生成算法和公钥生成算法组成。

SKGen(params)：选取 $\boldsymbol{s} \leftarrow \mathbb{Z}_q^{n-1}$，输出私钥 $\mathbf{sk} = \boldsymbol{t} = (-\boldsymbol{s},1) \in \mathbb{Z}_q^n$。

PKGen(params,sk)：随机均匀生成矩阵 $\boldsymbol{B} \overset{U}{\leftarrow} \mathbb{Z}_q^{m\times n}$ 和随机生成向量 $\boldsymbol{e} \overset{R}{\leftarrow} \chi^m$。令 $\boldsymbol{b} = \boldsymbol{s} \cdot \boldsymbol{B} + \boldsymbol{e} \in \mathbb{Z}_q^m$，$\boldsymbol{A} = \begin{bmatrix}\boldsymbol{B}\\ \boldsymbol{b}\end{bmatrix} \in \mathbb{Z}_q^{n\times m}$。输出公钥 $\mathbf{pk} = \boldsymbol{A} \in \mathbb{Z}_q^{n\times m}$，则有 $\boldsymbol{tA} = [-\boldsymbol{s} \quad 1]\begin{bmatrix}\boldsymbol{B}\\ \boldsymbol{b}\end{bmatrix} = \boldsymbol{e} \in \mathbb{Z}_q^m$。

GSW. Enc($\mathbf{pk},\boldsymbol{\mu} \in \mathbb{Z}$)：输入明文 μ，随机选择向量 $\boldsymbol{R} \overset{R}{\leftarrow} \{0,1\}^{m\times m}$，输出密文 $\boldsymbol{C} := \boldsymbol{AR} + \mu\boldsymbol{G} \in \mathbb{Z}_q^{n\times m} = \boldsymbol{AR} + \begin{bmatrix}\mu & 2\mu & \cdots & 2^{l-1}\mu & \cdots & 0 & 0 & \cdots\\ \cdots & \cdots & \cdots & \cdots & \cdots & \cdots & \cdots & \cdots\\ 0 & 0 & \cdots & 0 & \mu & 2\mu & \cdots & 2^{l-1}\mu\end{bmatrix} \in \mathbb{Z}_q^{n\times nl}$。

GSW. Dec(sk,C)：当明文 $\mu \in 0,1$ 时，输入密文 C 和私钥 $\mathbf{sk} = \boldsymbol{t}$。

(1)定义向量 $\boldsymbol{w} \approx [0 \cdots 0 \; [q/2]] \in \mathbb{Z}_q^n$，计算 $v \approx \boldsymbol{tC} \cdot \boldsymbol{G}^{-1}(\boldsymbol{w}^{\mathrm{T}})$；

(2)输出 $\mu' \approx |\mathrm{round}(\frac{v}{q/2})|$。

同态加法 Add($\boldsymbol{C}_1,\boldsymbol{C}_2$)：输入密文 $\boldsymbol{C}_1$ 和 $\boldsymbol{C}_2$，计算并输出 $\boldsymbol{C}_+ = \boldsymbol{C}_1 + \boldsymbol{C}_2$。

同态乘法 Mult($\boldsymbol{C}_1,\boldsymbol{C}_2$)：输入密文 $\boldsymbol{C}_1$ 和 $\boldsymbol{C}_2$，计算并输出 $\boldsymbol{C}_\times = \boldsymbol{C}_1 \cdot G^{-1}(\boldsymbol{C}_2)$。其中 $\boldsymbol{G}^{-1}$ 是根据矩阵 $\boldsymbol{G}$ 定义的函数。

同态与非门 NAND($\boldsymbol{C}_1,\boldsymbol{C}_2$)：输入密文 $\boldsymbol{C}_1$ 和 $\boldsymbol{C}_2$，计算并输出 $\boldsymbol{C}_{\mathrm{NAND}} = \boldsymbol{G} - \boldsymbol{C}_1 \cdot \boldsymbol{G}^{-1}(\boldsymbol{C}_2)$。

4.2.3 方案分析

本节对 GSW 方案的正确性、安全性进行分析。

1. 正确性分析

同态加密的方案正确性取决于噪声的大小，本节重点分析方案的噪声变化情况。为了更好地对噪声进行分析，给出如下定义。

定义 4-16($\boldsymbol{\beta}$-噪声密文)：$\boldsymbol{\beta}$-噪声密文 $\boldsymbol{C} \in \mathbb{Z}_q^{n\times m}$ 是指密文对应密钥 $\mathbf{sk} = \boldsymbol{t} \in \mathbb{Z}_q^n$，消息为 μ，对于一些 $\boldsymbol{e}$ 满足 $\boldsymbol{tC} = \mu\boldsymbol{tG} + \boldsymbol{e}$，且 $\|\boldsymbol{e}\|_\infty \leqslant \beta$。

根据上述定义，下面利用引理来说明加密算法的正确性、同态运算的正确性。

引理 4-3(同态运算的正确性)：GSW 方案新鲜密文为 mB_χ-噪声密文；给定的 β-噪声密文 $\boldsymbol{C}$，对应私钥 $\boldsymbol{t}$，满足 $\beta \leqslant q(4m)$ 时，方案可以正确解密。设 $\boldsymbol{C}_1$ 和 $\boldsymbol{C}_2$ 分别为是 β_1 和 β_2 噪声密文，对应私钥 $\boldsymbol{t}$，明文 μ_1，$\mu_2 \in \{0,1\}$，同态加法密文 $\boldsymbol{C}_+ = \boldsymbol{C}_1 + \boldsymbol{C}_2$ 的噪声是 $\boldsymbol{e}' = \boldsymbol{e}_1 + \boldsymbol{e}_2$，是 $\beta_1 + \beta_2$-噪声密文；同态乘法密文 $\boldsymbol{C}_\times = \boldsymbol{C}_1 \boldsymbol{G}^{-1}(\boldsymbol{C}_2)$ 的噪声是 $\boldsymbol{e}'' = \boldsymbol{e}_1 \boldsymbol{G}^{-1}(\boldsymbol{C}_2) + \mu_1 \boldsymbol{e}_2$，是 $(m\beta_1 + \beta_2)$-噪声密文。

证明：(1)加密算法的正确性。

首先，分析新鲜密文噪声。新鲜密文满足 $\boldsymbol{tC} = \mu\boldsymbol{tG} + \boldsymbol{e}'$，其中 $\boldsymbol{e}' = \boldsymbol{eR}$，则有 $\|\boldsymbol{e}'\|_\infty \leqslant mB_\chi$。因此新鲜密文(加密算法输出的密文)是 mB_χ-噪声密文。为了方便描述，称这个初始噪声为 $\beta_{\mathrm{init}} = mB_\chi$。

其次，分解正确解密的条件。对于给定的 β-噪声密文 $\boldsymbol{C}$，对应的明文为 μ，则有：$\boldsymbol{tC} = \boldsymbol{e} +$

$\mu t\boldsymbol{G}$，$\|\boldsymbol{e}\|_{\infty}=\beta$。

解密算法计算：$v=t\boldsymbol{C}\boldsymbol{G}^{-1}(\boldsymbol{w}^{\mathrm{T}})=\boldsymbol{e}'+\mu(q/2)$，其中 $\boldsymbol{e}'=[\boldsymbol{e}\boldsymbol{G}^{-1}(\boldsymbol{w}^{\mathrm{T}})]$，有 $\|\boldsymbol{e}'\|_{\infty}\leqslant m\beta$，则当 $\|\boldsymbol{e}'\|_{\infty}<q/4$ 时，就可以正确解密，即当 $\beta<q(4m)$ 时，可以正确解密，称这个值为 $\beta_{\max}:=q(4m)$。具体推导过程如下：

$$\begin{aligned} v=t\boldsymbol{C}\cdot\boldsymbol{G}^{-1}(\boldsymbol{w}^{\mathrm{T}})=(\mu t\boldsymbol{G}+\boldsymbol{e}')\cdot\boldsymbol{G}^{-1}(\boldsymbol{w}^{\mathrm{T}}) &\overset{\boldsymbol{G}\boldsymbol{G}^{-1}\boldsymbol{X}=\boldsymbol{X}}{=}\mu t\,\boldsymbol{w}^{\mathrm{T}}+\boldsymbol{e}'\cdot\boldsymbol{G}^{-1}(\boldsymbol{w}^{\mathrm{T}}) \\ &\overset{\boldsymbol{w}=(0,\cdots,0,\lceil q/2\rceil)\in\mathbb{Z}_q^{n\times l}}{=}\mu[-\boldsymbol{s}\quad 1]\begin{bmatrix}0\\ \vdots\\ 0\\ \lceil q/2\rceil\end{bmatrix}+\boldsymbol{e}'\cdot\boldsymbol{G}^{-1}(\boldsymbol{w}^{\mathrm{T}}) \\ &=\mu\lceil q/2\rceil+\boldsymbol{e}'\cdot\boldsymbol{G}^{-1}(\boldsymbol{w}^{\mathrm{T}}) \end{aligned}$$

式中：$\|\boldsymbol{e}'\cdot\boldsymbol{G}^{-1}(\boldsymbol{w}^{\mathrm{T}})\|_{\infty}\leqslant m\beta$。显然，当 $m\beta<q/4$ 时，$\mu'\triangleq\left|\operatorname{round}\left(\dfrac{v}{q/2}\right)\right|$ 可以得到正确的密文。

（2）同态加法的正确性。

设 $\boldsymbol{C}_1$ 和 $\boldsymbol{C}_2$ 分别为是 β_1 和 β_2 噪声密文，对应私钥 $\boldsymbol{t}$，明文 $\mu_1,\mu_2\in 0,1$，则有 $t\boldsymbol{C}_1=\boldsymbol{e}_1+\mu_1 t\boldsymbol{G}$ 和 $t\boldsymbol{C}_2=\boldsymbol{e}_2+\mu_2 t\boldsymbol{G}$ 且 $\|\boldsymbol{e}_1\|_{\infty}\leqslant\beta_1$，$\|\boldsymbol{e}_2\|_{\infty}\leqslant\beta_2$。则同态加法密文 $\boldsymbol{C}_{+}=\boldsymbol{C}_1+\boldsymbol{C}_2$，满足 $t\boldsymbol{C}_{+}=\boldsymbol{e}'+(\mu_1+\mu_2)t\boldsymbol{G}$，其中 $\boldsymbol{e}'=\boldsymbol{e}_1+\boldsymbol{e}_2$。因此，该密文是 $\beta_1+\beta_2$ -噪声密文。

（3）同态乘法的正确性。

设 $\boldsymbol{C}_1$ 和 $\boldsymbol{C}_2$ 分别为是 β_1 和 β_2 噪声密文，对应私钥 $\boldsymbol{t}$，明文 $\mu_1,\mu_2\in 0,1$，则有 $t\boldsymbol{C}_1=\boldsymbol{e}_1+\mu_1 t\boldsymbol{G}$ 和 $t\boldsymbol{C}_2=\boldsymbol{e}_2+\mu_2 t\boldsymbol{G}$ 且 $\|\boldsymbol{e}_1\|_{\infty}\leqslant\beta_1$，$\|\boldsymbol{e}_2\|_{\infty}\leqslant\beta_2$。

同态乘法密文 $\boldsymbol{C}_{\times}=\boldsymbol{C}_1\boldsymbol{G}^{-1}(\boldsymbol{C}_2)$，满足 $t\boldsymbol{C}_{\times}=(\boldsymbol{e}_1+\mu_1 t\boldsymbol{G})\boldsymbol{G}^{-1}(\boldsymbol{C}_2)=\boldsymbol{e}''+\boldsymbol{\mu}_1\boldsymbol{\mu}_2\boldsymbol{G}$，其中 $\boldsymbol{e}''=\boldsymbol{e}_1\boldsymbol{G}^{-1}(\boldsymbol{C}_2)+\mu_1\boldsymbol{e}_2$。因为 $\boldsymbol{G}^{-1}(\boldsymbol{C}_2)\in\{0,1\}^m$，所以有 $\|\boldsymbol{e}''\|_{\infty}\leqslant(m\beta_1+\beta_2)$，密文 $\boldsymbol{C}_{\times}$ 是 $(m\beta_1+\beta_2)$ -噪声密文。同样的计算方法也适用于与非门。

证毕。

注意，同态与非门的噪声以及证明过程与同态乘法相同，即密文 $\boldsymbol{C}_{\mathrm{NAND}}$ 是 $(m\beta_1+\beta_2)$ -噪声密文。

在证明同态运算的噪声增长规律之后，我们分析 GSW 方案解密算法的正确性，以及上述 GSW 方案是一个层次型全同态加密方案。

引理 4-4（GSW 方案是全同态加密方案）：GSW 方案中，令 B_χ 是噪声分布，乘法（与非门）电路深度为 d，模数为 q，当满足 $B_\chi 4m^2(m+1)^d<q$ 时，方案可以正确解密；方案参数满足 $q=2^{O(n)}$，$\dfrac{q}{B_\chi}=2^{n^{\varepsilon}}$，当 $\varepsilon<1$ 时，上述方案是层次型全同态加密方案。

证明：分析电路深度与模数的关系。考虑计算一个由与非门组成的深度为 d 的（布尔）电路。它输入新鲜密文是 β_{init} 噪声密文，每增加一层深度的噪声最多乘以 $m+1$。如果电路最终输出是 β_{final} -噪声密文，那么电路深度满足 $\beta_{\mathrm{final}}=(m+1)^d\beta_{\mathrm{init}}$，其中 $\beta_{\mathrm{init}}=mB_\chi$，$\beta_{\max}:=q(4m)$。为了确保解密的正确性，我们需要 $\beta_{\mathrm{final}}\leqslant\beta_{\max}$，意味着电路深度需要满足 $(mB_\chi)(m+1)^d<q(4m)$，即 $B_\chi 4m^2(m+1)^d<q$。本方案参数设置需要满足上述条件。

分析方案是层次型全同态加密方案。为了实现层次型全同态加密，需要使同态运行自举电路深度是安全参数的多项式，即 $d = O(n)$。对于参数设置 $B_\chi 4\ m^2\ (m+1)^d < q$，$m = n\log_2 q$，设定 $q = 2^{O(n)}$，$\frac{q}{B_\chi} = 2^{n^\varepsilon}$，$\varepsilon < 1$ 时有 $d = O(n)$。本方案是层次性全同态加密方案。

注释：在证明过程中也需要考虑安全性的问题。LWE 假设中对参数有具体的要求。Brakerski [Bra]方案说明，当 LWE 问题需要规约到 GapSVP 问题时，需要保证 q 必须是 n 的指数级，并要求 q/B 不能是指数级别。对于早期很多方案，这两个要求使得 B 的取值无法很小，因此导致方案无法支持大量的同态操作。但 GSW 方案噪声增长比较低，$B_\chi 4\ m^2\ (m+1)^d < q$，因此，本方案中我们可以将 q 设定为 n 的指数级，将 q/B 设定为 n 的亚指数级。

2. 安全性分析

本小节我们将证明 GSW 方案满足 IND-CPA 安全。

引理 4-5（GSW 方案的密文与随机分布不可区分）：令本方案中参数 params $=(n,q,\chi,m)$ 使 $\mathrm{LWE}_{n,q,\chi}$ 假设成立，则对于 $m = O(n\log_2 q)$，GSW 方案生成的变量 A,R 可以使联合分布 $(\boldsymbol{A}, \boldsymbol{R} \cdot \boldsymbol{A} + \mu\boldsymbol{G})$ 在计算上与 $\mathbb{Z}_q^{m\times(n+1)} \times Z_q^{n\times m}$ 上的均匀不可区分，即公钥和密文的分布与均匀分布不可区分，GSW 方案是 IND-CPA 安全的。在具体参数设置时，取 $m > 2n\log_2 q$ 可以保证分布的不可区分性。

证明：方案语义安全性的证明包括 3 个步骤。

首先，基于 LWE 假设，可以得到公钥 $\boldsymbol{A} = \begin{bmatrix} \boldsymbol{B} \\ \boldsymbol{s} \cdot \boldsymbol{B} + \boldsymbol{e} \end{bmatrix} \in \mathbb{Z}_q^{n\times m}$ 与随机均匀矩阵不可区分，则可以用 $\mathbb{Z}_q^{n\times m}$ 中的随机矩阵替换公钥 $\boldsymbol{pk} = \boldsymbol{A}$。

其次，剩余散列引理说明当 $m = O(n\log_2 q)$ 时，对于随机选择的矩阵 $\boldsymbol{R} \xleftarrow{R} \{0,1\}^{m\times m}$，$\boldsymbol{RA}$ 和均匀分布不可区分。

最后，可以用一个随机矩阵 $\boldsymbol{C}'$ 替换密文 $\boldsymbol{C} := \boldsymbol{RA} + \mu\boldsymbol{G}$，即密文与均匀分布不可区分，则方案可以达到 IND-CPA 安全。

证毕。

4.3 GSW 方案的扩展和性质

GSW 方案凭借同态计算形式简单（无须计算密钥）、噪声增长低的优点，被广泛研究和关注。为了适应具体场景，其发展出多种扩展形式。

4.3.1 GSW 方案支持大明文空间

4.2 节描述的 GSW 方案中，我们将明文限制在较小的空间 $\mu \in \{0,1\}$。实际上，上述方案也支持较大明文空间，例如 $\mu \in \mathbb{Z}_q$。如果要支持较大的明文空间，需要调整解密算法。Micciancio 和 Peikert [MP12]等人提出了 MPDec 算法，可以恢复任何明文 $\mu \in \mathbb{Z}_q$。另外，较大的明文空间也衍生出一个新的同态运算——同态常数乘法，具体细节如下。

(1)同态常数乘法 MultConst($\boldsymbol{C}$,α):输入一个已知的常数 $\alpha \in \mathbb{Z}_q$ 和密文 $\boldsymbol{C} \in \mathbb{Z}_2^{N\times N}$,对应明文为 $\mu \in \mathbb{Z}_q$,噪声为 $\boldsymbol{e}$。计算并输出 $\boldsymbol{C}_{\text{multconst}} = \boldsymbol{C}\boldsymbol{G}^{-1}(\alpha G)$。

同态常数乘法正确性:$\alpha\boldsymbol{G}$ 可以看成特殊的 GSW 密文 $\boldsymbol{AR}+\alpha\boldsymbol{G}$,其中随机矩阵 $\boldsymbol{R}=\boldsymbol{0}$。因此,同态常数乘法密文 $\boldsymbol{C}_{\text{constmult}} = \boldsymbol{C}\boldsymbol{G}^{-1}(\alpha\boldsymbol{G})$,的噪声 $\boldsymbol{e}'' = \boldsymbol{e}\boldsymbol{G}^{-1}(\alpha\boldsymbol{G})$,是 $(m\beta_1)$-噪声密文。

(2)大明文解密 MPDec(params,**sk**,$\boldsymbol{C}$):当 $\mu \in \mathbb{Z}_q$ 时,需要分两种情况进行解密。

1)明文模数 q 为 2 的幂次($q=2^{l-1}$)时:

首先,设定 $\boldsymbol{w} \triangleq [0 \cdots 0\ (q/2)] \in \mathbb{Z}_q^n$,计算 $v \triangleq t\boldsymbol{C} \cdot \boldsymbol{G}^{-1}(\boldsymbol{w}^{\mathrm{T}}) = \mu t\,\boldsymbol{w}^{\mathrm{T}} + e' \cdot G^{-1}(\boldsymbol{w}^{\mathrm{T}}) = \mu_l\lceil q/2\rceil + \boldsymbol{e}' \cdot \boldsymbol{G}^{-1}(\boldsymbol{w}^{\mathrm{T}})$,通过计算 $\mu' \triangleq \left|\text{round}(\frac{v}{q/2})\right|$ 得到 μ 的最低位 μ_l。

其次,设定 $\boldsymbol{w} \triangleq (0 \cdots 0\ [q/4]) \in \mathbb{Z}_q^n$,计算 $v \triangleq t\boldsymbol{C} \cdot \boldsymbol{G}^{-1}(\boldsymbol{w}^{\mathrm{T}}) = \mu_{l-1}\lceil q/2\rceil + \mu_l\lceil q/4\rceil + e' \cdot \boldsymbol{G}^{-1}(\boldsymbol{w}^{\mathrm{T}})$,通过代入 μ_l 计算 $\mu' \triangleq \left|\text{round}\left(\frac{v-\mu_l\lceil q/4\rceil}{q/2}\right)\right|$ 得到 μ 的次低位 μ_{l-1}。

最后,逐步设定 $\boldsymbol{w} \triangleq [0 \cdots 0\ 1] \in \mathbb{Z}_q^n$,重复上述过程得到 μ 的所有比特位。

2)明文模数 q 为更平凡情况时,参见 MP12 方案的解密方法。

4.3.2　GSW 方案同态乘法运算的两个重要性质

GSW 方案中同态乘法运算过程具有两个特殊而优异的性质,可以用来提高许多方案的效率和实用性,本章将这两个性质分别用命题形式给出。

1. 同态乘法时噪声增长不对称

GSW 方案中给出了同态乘法函数 Mult(·,·)的构造。同态乘法过程中噪声增长具有不对称性由 Brakerski 等人在 BV14 方案中提出,即输入明文空间为 $\mathbb{Z}_2$,噪声为 e_1 的 GSW 密文 $\boldsymbol{C}_1 \in \mathbb{Z}_2^{N\times N}$ 和噪声为 $\boldsymbol{e}_2$ 的 GSW 密文 $\boldsymbol{C}_2 \in \mathbb{Z}_2^{N\times N}$,同态乘法函数 Mult($\boldsymbol{C}_1$,$\boldsymbol{C}_2$)输出密文的噪声为 $\boldsymbol{e}_1 + \text{poly}(n) \cdot \boldsymbol{e}_2$。因此,同态乘法的噪声很大程度上取决于右边密文乘数的噪声。BV14 方案和 AP14 方案使用这个性质,构造了快速的自举过程和高效的全同态加密方案。本章进一步发现两个密文乘数明文空间取值不同时,同态乘法噪声增长的特殊性质。

命题 4-1:GSW 方案中同态乘法过程中噪声的增长同右边乘数的明文空间无关。

证明:输入明文为 $\mu_1 \in \mathbb{Z}_q$,噪声为 $\boldsymbol{e}_1$ 的 GSW 密文 $\boldsymbol{C}_1 \in \mathbb{Z}_2^{N\times N}$ 和明文为 $\mu_2 \in \mathbb{Z}_q$ 噪声为 $\boldsymbol{e}_2$ 的 GSW 密文 $\boldsymbol{C}_2 \in \mathbb{Z}_2^{N\times N}$,GSW 方案同态乘法的输出密文 $\boldsymbol{C}_\times = \boldsymbol{C}_1\boldsymbol{G}^{-1}(\boldsymbol{C}_2)$,该密文满足如下等式:

$$\boldsymbol{t}\boldsymbol{C}_\times = \boldsymbol{t}\boldsymbol{C}_1\boldsymbol{G}^{-1}(\boldsymbol{C}_2) = \boldsymbol{e}_1\boldsymbol{G}^{-1}(\boldsymbol{C}_2) + \mu_1\boldsymbol{e}_2 + \mu_1\mu_2\boldsymbol{G}$$

式中:向量 $\boldsymbol{t}$ 是方案的私钥;密文的噪声为 $\boldsymbol{e}_1\boldsymbol{G}^{-1}(\boldsymbol{C}_2) + \mu_1\boldsymbol{e}_2$,$e_1\boldsymbol{G}^{-1}(\boldsymbol{C}_2) = \text{poly}(n) \cdot \boldsymbol{e}_1$。

因此,右边乘数 μ_1 的明文空间较小(如 $\mu_1 \in \mathbb{Z}_2$)时,即使右边乘数 μ_2 的明文空间较大(如 $\mu_2 \in \mathbb{Z}_q$),同态乘法输出的密文噪声也会较小[如 $\boldsymbol{e}_2 + \text{poly}(n) \cdot \boldsymbol{e}_1$]。具体而言,同态乘法过程中噪声的增长同右边乘数的明文空间无关。

依据命题 4-1 可以得到,若在同态加密方案实际应用过程中合理使用形式为 $\mathbb{Z}_q \times \mathbb{Z}_2$ 的乘法,将在很大程度上减少同态运算的计算量和规模。本章将该性质用于隐私搜索协议的文档筛选过程中。

证毕。

2. 对于特殊的参数取值,同态常数乘法过程中噪声不增长

GSW 方案给出了同态常数乘法函数 MultConst(•, •) 的构造,并初步分析了同态常数乘法过程中噪声增长情况。本章将深入研究常数和密文模数都为 2 的幂次时噪声增长情况。

命题 4-2:GSW 方案同态常数乘法过程中噪声增长较低,常数和密文模数都为 2 的幂次时同态常数乘法噪声不增长。

证明:输入明文为 $\mu \in \mathbb{Z}_q$,噪声为 $\boldsymbol{e}$ 的 GSW 密文 $\boldsymbol{C} \in \mathbb{Z}_2^{N \times N}$ 和一个已知的常数 $\alpha \in \mathbb{Z}_q$,GSW 方案同态常数乘法的输出密文 $\boldsymbol{C}_{\text{constmult}} = \boldsymbol{C}\boldsymbol{G}^{-1}(\alpha\boldsymbol{G})$,该密文满足如下等式:

$$\boldsymbol{t}\boldsymbol{C}_{\text{constmult}} = \boldsymbol{e}\boldsymbol{G}^{-1}(\alpha\boldsymbol{G}) + \alpha \cdot \mu\boldsymbol{G}$$

式中:密文的噪声为 $\boldsymbol{e}\boldsymbol{G}^{-1}(\alpha\boldsymbol{G})$。

其中函数 $\boldsymbol{G}^{-1}$ 为对矩阵按列进行比特分解,过程如下:

$$\begin{bmatrix} \alpha & \cdots & 2^{l-1}\alpha & & & \\ & & & \alpha & \cdots & 2^{l-1}\alpha \end{bmatrix} \rightarrow \begin{bmatrix} 0 & \cdots & 0 & & & \\ & & & 0 & \cdots & 0 \\ 1 & \cdots & 1 & & & \\ & & & 1 & \cdots & 1 \\ 0 & \cdots & 0 & & & \\ & & & 0 & \cdots & 0 \end{bmatrix}$$

因此,如果模数 q 和常数 $\alpha \in \mathbb{Z}_q$ 都为 2 的幂次,那么密文噪声的上限 $|\boldsymbol{e}_1\boldsymbol{G}^{-1}(\alpha\boldsymbol{G})|_\infty \leqslant |\boldsymbol{e}|_\infty$,即同态常数乘法噪声上限没有增长。因为比特分解和比特逆分解运算都是在 $\mathbb{Z}_q$ 中运算,且常数 α 和密文模数 q 都为 2 的幂次,可以得到矩阵 $\boldsymbol{G}^{-1}(\alpha\boldsymbol{G})$ 的每一列中也只有一个分量为 1,其余分量为 0,所以有 $|\boldsymbol{e}_1\boldsymbol{G}^{-1}(\alpha\boldsymbol{G})|_\infty \leqslant |\boldsymbol{e}|_\infty$ 成立,即常数和密文模数都为 2 的幂次时同态常数乘法噪声没有增长。

证毕。

推论 4-2:GSW 方案同态常数乘法过程中密文模数为 2 的幂次时,同态常数乘法噪声增长倍数等于常数的汉明重量。

对命题 4-2 进行扩展可以得到推论 4-2。

4.3.3 RGSW 型 HE 方案的变体

GSW 方案在不同的应用场景中,可能呈现不同的形式,本节我们给出常见的 RGSW 型 HE 方案的变体,该变体的优点是密文扩展率较低且方便与 BGV 方案兼容,缺陷是只能支持一层同态乘法。

如果将 GSW 方案中的元素由 $\mathbb{Z}_q$ 扩展到分圆多项式环 $\mathbb{Z}_q(x)/(x^n+1)$ 中,可以得到环上版本的 GSW 方案的变体。Ring-GSW 具有如下优势:Ring-GSW 和环上的 FHE 方案可以很好地融合,因此其被应用到了 TFHE 方案和多密钥全同态加密方案的构造中。

这个变体也存在一些缺陷:

(1)无法降低密文扩展率。格密码中使用环的原因是希望使用多项式的乘法来代替矩阵的乘法,从而降低密文规模。但是 GSW 方案对矩阵的形式要求比较严格,无法使用多项式的运算代替矩阵的运算。

(2)多项式中的运算应用范围受限。同态加密方案希望对明文进行有意义的运算,但通常这些运算都是整数上的运算,而不是多项式运算,因此 Ring-GSW 方案的应用场景受限。

本节介绍 CZW17 方案中提出的 Ring-GSW 方案的变体,本方案与原始 GSW 方案的差异包括以下内容:

首先,方案中的基本元素是 R_q 环元素而不是 $\mathbb{Z}_q$ 中元素,对应的明文是一个 R_q 环元素而不是一个比特。所以方案不支持一般的同态乘法门电路(多项式环上的乘法不是同态乘法门电路)。但可以证明,在右乘的密文对应明文的 l_1 范数很小的特殊情况下,本方案支持一层多项式同态乘法。

其次,将 GSW 方案中的矩阵进行了转置,并将矩阵的规模由 $n\times m$ 缩减为 $2\beta\times 2$,即将 n 设定为 2。矩阵维度的缩减的原因是,元素取自环上,因此不再需要大维度来保证 LWE 的安全性。

最后,方案中的明文以低位加密,而不是使用 GSW 方案中的高位加密的形式,该方式的优点是可以和环上的 FHE 方案(BGV 方案)统一。

(1) RGSW. Setup$(1^\lambda,1^d)$:输入安全参数 λ,选取格的维度 $n=n(\lambda,d)$ 为 2 的幂次和 B_χ-bound 的噪声分布 $\chi=\chi(\lambda,d)$,密文模数 $q=\text{poly}(n)$,小的明文模数 p,使得 $\text{RLWE}_{n,q,\chi,B_\chi}$ 问题在 $2n$ 次分圆多项式环 $R_q=\mathbb{Z}_q(x)/(x^n+1)$ 中是困难的。定义分解维数 $\beta=\lfloor \log_2 q\rfloor+1$。输出参数 params $=(n,q,\chi,B_\chi,p)$。

(2) RGSW. KeyGen(1^n):随机均匀选择 $z\leftarrow\chi$,$\boldsymbol{a}\leftarrow R_q^{2\beta}$ 以及 $\boldsymbol{e}\leftarrow\chi^{2\beta}$,输出私钥 $\boldsymbol{s}:=[1-z]^{\mathrm{T}}\in R_q^2$,公钥 $\boldsymbol{P}:=[\boldsymbol{a}z+p\boldsymbol{e},\boldsymbol{a}]=[\boldsymbol{b},\boldsymbol{a}]\in R_a^{2\beta\times 2}$。

(3) RGSW. Enc$(\mu,\boldsymbol{P})$:输入明文 $\mu\in R_q$,公钥 $\boldsymbol{P}=[\boldsymbol{b},\boldsymbol{a}]\in R_q^{2\beta\times 2}$,随机选择 $r\leftarrow\chi$ 和噪声矩阵 $\boldsymbol{E}=[\boldsymbol{e}_1,\boldsymbol{e}_2]\leftarrow\chi^{2\beta\times 2}$,生成密文

$$\boldsymbol{C}=r\boldsymbol{P}+p\boldsymbol{E}+\mu\boldsymbol{G}=r[\boldsymbol{a}z+p\boldsymbol{e},\boldsymbol{a}]+p[\boldsymbol{e}_1,\boldsymbol{e}_2]+\mu\boldsymbol{G}\in R_q^{2\beta\times 2}$$

$$=\begin{bmatrix} r\boldsymbol{b}[1]+p\,\boldsymbol{e}_1[1]+\mu & r\boldsymbol{a}[1]+p\,\boldsymbol{e}_2[1] \\ r\boldsymbol{b}[2]+p\,\boldsymbol{e}_1[2] & r\boldsymbol{a}[2]+p\,\boldsymbol{e}_2[2]+\mu \\ \cdots & \cdots \\ r\boldsymbol{b}[2\beta-1]+p\,\boldsymbol{e}_1[2\beta-1]+2^{\lceil\log_2 q\rceil}\mu & r\boldsymbol{a}[2\beta-1]+p\,\boldsymbol{e}_2[2\beta-1] \\ r\boldsymbol{b}[2\beta]+p\boldsymbol{e}_1[2\beta] & ra[2\beta]+p\,\boldsymbol{e}_2[2\beta]+\mu\,2^{\lceil\log_2 q\rceil} \end{bmatrix}\in R_q^{2\beta\times 2}$$

式中:$\boldsymbol{G}=[\boldsymbol{I}\quad 2\boldsymbol{I}\quad\cdots\quad 2^{\beta-1}\boldsymbol{I}]^{\mathrm{T}}\in R_q^{2\beta\times 2}$。

注意到,密文满足 $\boldsymbol{C}\cdot\boldsymbol{s}=p\,\bar{\boldsymbol{e}}+\mu\boldsymbol{G}\boldsymbol{s}\in R_q^\beta$,$\bar{\boldsymbol{e}}$ 为小的错误向量。

(4) RGSW. Dec$(\mathbf{sk},\boldsymbol{C})$:当明文 $\mu\in\{0,1\}$ 时,输入密文 $\boldsymbol{C}$ 和私钥 $\mathbf{sk}=\boldsymbol{s}$。

1)定义向量 $\boldsymbol{w}\triangleq(0,[q/2])\in\mathbb{Z}_q^2$,计算 $\boldsymbol{v}\triangleq\boldsymbol{G}^{-1}(\boldsymbol{w})\boldsymbol{C}\boldsymbol{s}\in R_q^{2\beta}$;

2)输出 $\mu'\triangleq\left|\text{round}\left(\dfrac{v}{q/2}\right)\right|$。

(5) Add$(\boldsymbol{C}_1,\boldsymbol{C}_2)$:输入密文 $\boldsymbol{C}_1$ 和 $\boldsymbol{C}_2$,计算并输出 $\boldsymbol{C}_+=\boldsymbol{C}_1+\boldsymbol{C}_2$。

(6) Mult$(\boldsymbol{C}_1,\boldsymbol{C}_2)$:输入密文 $\boldsymbol{C}_1$ 和 $\boldsymbol{C}_2$,计算并输出 $\boldsymbol{C}_\times=\boldsymbol{C}_1\odot\boldsymbol{C}_2=BD(\boldsymbol{C}_1)\boldsymbol{C}_2\in R_q^{2\beta\times 2}$,其中,定义 $\bar{\boldsymbol{C}}_1=BD(\boldsymbol{C}_1)=[\boldsymbol{D}_0\cdots\boldsymbol{D}_{\beta-1}]^{\mathrm{T}}$ 是矩阵 $\boldsymbol{C}_1$ 比特分解后的结果,有性质 $\boldsymbol{C}_1=\sum\limits_{i=0}^{\beta-1}2^i\boldsymbol{D}_i$[也

可以使用 $\boldsymbol{C}_{\times} = \boldsymbol{G}^{-1}(\boldsymbol{C}_1)\cdot\boldsymbol{C}_2$ 的形式表达乘法,其中 $\boldsymbol{G}^{-1}$ 是根据矩阵 $\boldsymbol{G}$ 定义的函数]。

同态运算正确性分析:

本节通过以下引理来分析同态运算过程中的噪声增长情况。

引理 4-6(同态加法和同态乘法的噪声增长):设 $\beta=\lfloor \log_2 q\rfloor+1$ 且 $s\in R_q^2$ 为密钥。设密文 $\boldsymbol{C}_1,\boldsymbol{C}_2\in R_q^{2\beta\times 2}$ 的加密噪声是 $\boldsymbol{e}_1,\boldsymbol{e}_2\in R^{2\beta}$,明文是 $\mu_1,\mu_2\in R_q$。令 $\boldsymbol{C}_{\text{add}}:=\boldsymbol{C}_1+\boldsymbol{C}_2$ 和 $C_{\text{mult}}:=BD(\boldsymbol{C}_1)\odot\boldsymbol{C}_2$,则可得

$$\begin{cases}\boldsymbol{C}_{\text{add}}s = p\,\boldsymbol{e}_{\text{add}}+(\mu_1+\mu_2)\boldsymbol{Gs}\\ \boldsymbol{C}_{\text{mult}}s = p\,\boldsymbol{e}_{\text{mult}}+(\mu_1\ \mu_2)\boldsymbol{Gs}\end{cases}$$

式中:$\boldsymbol{e}_{\text{add}}:=\boldsymbol{e}_1+\boldsymbol{e}_2$,$\boldsymbol{e}_{\text{mult}}:=\bar{\boldsymbol{C}}_1\ \boldsymbol{e}_2+\mu_2\ \boldsymbol{e}_1$,有 $\|\boldsymbol{e}_{\text{add}}\|_\infty^{\text{can}}\leqslant\|\boldsymbol{e}_2\|_\infty^{\text{can}}+\|\boldsymbol{e}_1\|_\infty^{\text{can}}$,$\|\boldsymbol{e}_{\text{mult}}\|_\infty^{\text{can}}\leqslant\widetilde{O}[\varphi(m)]\|\boldsymbol{e}_2\|_\infty^{\text{can}}+\|\mu_2\|_1\|\boldsymbol{e}_1\|_\infty^{\text{can}}$。

证明:对于 $\boldsymbol{C}_{\text{add}}:=\boldsymbol{C}_1+\boldsymbol{C}_2$,其中 $\boldsymbol{C}_i=r_i\boldsymbol{P}+p\boldsymbol{E}_i+\mu_i\boldsymbol{G}$。显然有 $\boldsymbol{C}_{\text{add}}\boldsymbol{s}=p\,\boldsymbol{e}_{\text{add}}+(\mu_1+\mu_2)\boldsymbol{Gs}$ 和 $\boldsymbol{e}_{\text{add}}:=\boldsymbol{e}_1+\boldsymbol{e}_2$。

对于 $\boldsymbol{C}_{\text{mult}}$,可得

$$\begin{aligned}\boldsymbol{C}_{\text{mult}}s &= \bar{\boldsymbol{C}}_1\cdot\boldsymbol{C}_2\boldsymbol{s}\\ &= \bar{\boldsymbol{C}}_1\cdot(p\,\boldsymbol{e}_2+\mu_2\boldsymbol{Gs}) = p\bar{\boldsymbol{C}}_1\cdot\boldsymbol{e}_2+\mu_2\boldsymbol{C}_1 s\\ &= p(\bar{\boldsymbol{C}}_1\cdot\boldsymbol{e}_2+\mu_2\ \boldsymbol{e}_1)+(\mu_1\mu_2)\boldsymbol{Gs}\end{aligned}$$

需要注意的是,在 $\bar{\boldsymbol{C}}_1=\sum_{i=1}^{\beta}2^i D_i$ 中,每个 $D_i\in R_q^{2\beta\times 2}$ 的系数都在$\{0,1\}$中,对应的正则范数以 $\varphi(m)$ 为界。然后我们可得 $\|\boldsymbol{e}_{\text{mult}}\|_\infty^{\text{can}}\leqslant\widetilde{O}[\varphi(m)]\|\boldsymbol{e}_2\|_\infty^{\text{can}}+\|\mu_2\|_1\|\boldsymbol{e}_1\|_\infty^{\text{can}}$。

证毕。

从上面的引理中,可以看到 $\boldsymbol{C}_{\text{mult}}$ 中的噪声项主要取决于 μ_2 的 l_1 范式 $\|\mu_2\|_1$。通过观察,可得到推论 4-1。

推论 4-1(无穷范数表达的乘法噪声增长):令 $\beta=\lfloor\log_2 q\rfloor+1$,$k\geqslant 1$ 且 $\varphi(m)=n$。密文 $\boldsymbol{C}_1,\boldsymbol{C}_2\in R_q^{2\beta\times 2}$ 的加密噪声是 B-bound 的 $\boldsymbol{e}_1,\boldsymbol{e}_2\in R^{2k\beta}$,明文是 $\mu_1,\mu_2\in R_q$。如果 $\|\mu_2\|_\infty\leqslant 1$,可得 $\|e_{\text{mult}}\|_\infty\leqslant\widetilde{O}(n)\cdot B$。

证明:通过引理 4-6,可得

$$\|\boldsymbol{e}_{\text{mult}}\|_\infty^{\text{can}}\leqslant\widetilde{O}[\varphi(m)\|\boldsymbol{e}_2\|_\infty^{\text{can}}+\|\mu_2\|_1\|\boldsymbol{e}_1\|_\infty^{\text{can}}]$$

因为 $\|\mu_2\|_\infty\leqslant 1$,$\|\mu_2\|_1\leqslant n$,所以可得

$$\|\boldsymbol{e}_{\text{mult}}\|_\infty\leqslant c_m\|\boldsymbol{e}_{\text{mult}}\|_\infty^{\text{can}}\leqslant\widetilde{O}(kn)\cdot B$$

式中:$c_m=n$ 是多项式乘法的扩张因子。

证毕。

4.4 本章小结

GSW 方案是第三代全同态加密方案,具有同态计算无须使用计算密钥、同态乘法过程噪声增长低的优点。本章介绍了格密码的基础知识,并分析了 GSW 方案的构造和性质。

第 5 章　基于 GSW 型全同态加密方案的快速自举

自举过程是目前已知实现纯全同态加密的唯一方法，因此，对于大规模的密态计算需要同态加密方案进行自举。自举过程的速度影响着全同态加密方案的速度，自举过程的构造和优化是全同态加密研究的一个热点和难点。本章介绍基于 GSW 方案的快速自举全同态加密方案——TFHE 方案，该方案是目前自举效率最高的全同态加密方案。相对于其他方案，TFHE 方案的优点是可以高效地构造任意逻辑电路（运算），并且无须预设乘法运算次数。该方案被应用于密态推理算法、同态编译器构建等场景。

5.1　引　　言

2014 年，Alperin 和 Peikert 造了首个双层全同态方案——AP14 方案，即利用一种特殊设计的外层方案运行原方案（内层方案）的解密电路。双层全同态加密方案的优势在于：可以针对内层方案的解密电路的特点，设计不同的外层方案，使其能高效地运行内层方案的解密电路。相对于传统的自举过程，使用双层全同态加密方案中的自举过程，需要增加第三步密文转化的步骤，即要求把运行解密电路之后的外层密文转化为内层密文。这个转化步骤的存在，在很大程度上限制了外层密文的形式。2015 年，Ducas 和 Micciancio 构造了一个较为高效的双层全同态方案——FHEW 方案，也称 DM15 方案。2016 年，Chillotti 等人在 $\mathbb{T}=(0,1]$ 的结构上，构造了自举运算时间不到 1 s、自举密钥由 1 GB 字节缩减到 23 MB 字节的高效双层全同态方案——CGGI16 方案，并基于该算法设计了全同态加密软件库——TFHE 软件库。2017 年，Chillotti 等人对 CGGI17 方案中的累加过程进一步优化，使得TFHE算法库的自举过程计算时间缩短到 13 ms。2018 年，Zhou 等人通过时间和空间折中的方法构造了具有多个加数的快速自举算法。2018 年，Dai Wei 等人基于 GPU 实现了一个开源的 GPU 全同态加密软件库——cuFHE 软件库。相比于基于 CPU 实现 CGGI17 的 TFHE 软件库，cuFHE 软件库在 NVIDIA Titan Xp 显卡上取得了大约 20 倍的速度提升。

5.2　基础知识

本节介绍一些方案使用的一些符号和基本函数，包括外部乘积和密文转化函数。TFHE软件库与 CGGI16 方案、CGGI17 方案的区别是软件库和具体方案的区别，在后续描述过程中我们不严格区分 TFHE 方案和 CGGI17 方案。

5.2.1 基本符号和性质

本节介绍一些符号和基本概念。λ 表示安全参数。定义 $\mathbb{B}=\{0,1\}$，$\mathbb{T}=\mathbb{R}/\mathbb{Z}\in[0,1)$ 为实数模 1 的实环，$R=\mathbb{Z}[X](X^N+1)$ 和 $\mathbb{T}_N[X]=\mathbb{R}[X](X^N+1)\text{mod}1$ 是两个多项式环，其中 X^N+1 是 $2N$ 次割圆分圆多项式，N 是 2 的幂次。$M_{p,q}(E)$ 表示为具有 $p\times q$ 个属于 E 的元素组成的矩阵集合。定义 $\|\boldsymbol{x}\|_p=\min_{u\in x+\mathbb{Z}^k}(\|u\|_p)$，其中 $x\in\mathbb{T}^k$。$\|\boldsymbol{x}\|_p$ 表示系数在 $(-1/2,1/2]$ 中的向量的 p 范数。将这些概念扩展到多项式上，$\|P(X)\|_p$ 表示实数系数或整数系数多项式的系数向量的 p 范数。如果多项式是模 (X^N+1) 的，那么多项式唯一表示成阶小于 $N-1$ 的多项式。对于 TLWE 密文 $\boldsymbol{c}=(\boldsymbol{a},b)\in\mathbb{T}_N[X]^k\times\mathbb{T}_N[X]$ 和 $\boldsymbol{s}\in\mathbb{B}_N[X]^k$，定义 TLWE 密文的噪声 $\text{Err}(\boldsymbol{a},\boldsymbol{b}):=\boldsymbol{b}-\boldsymbol{a}\cdot\boldsymbol{s}$。

定义环 $\mathbb{T}$ 上的分布 χ 是集中的，如果分布集中在 $\mathbb{T}$ 中半径为 1/4 的球中。分布的方差和期望分别定义为 $\text{Var}(\chi)$ 和 $\mathbb{E}(\chi)$，其中 $\text{Var}(\chi)=\min_{\bar{x}\in\mathbb{T}}\sum p(x)\mid x-\bar{x}\mid^2$，$\mathbb{E}(\chi)$ 等于使得方差最小的 $\bar{x}\in\mathbb{T}$。将这些概念扩展到多项式上，$\mathbb{T}^n$ 或者 $\mathbb{T}_N[X]^k$ 上的分布 χ' 是集中的，当且仅当向量的每个系数分布都是集中的时。向量期望 $\mathbb{E}(\chi')$ 定义为每个分量的期望组成的向量。向量的方差 $\text{Var}(\chi')$ 定义为所有分量方差的最大值。

定义 5-1(TLWE 密文)：令 $n\geqslant 1$ 为整数，N 为 2 的幂，噪声参数 $\alpha\geqslant 0$，随机均匀选择私钥 $\boldsymbol{s}\in\mathbb{B}_N[X]^k$。消息 $\mu\in\mathbb{T}_N[X]$ 被加密为 $\boldsymbol{c}=(\boldsymbol{a},b)\in\mathbb{T}_N[X]^k\times\mathbb{T}_N[X]$，$b\in\mathbb{T}_N[X]$ 服从高斯分布 $D_{\mathbb{T}_N[X],\alpha,<s,a>+\mu}$。当向量 $\boldsymbol{a}$ 取自均匀分布时，密文 $\boldsymbol{c}=(\boldsymbol{a},\boldsymbol{b})$ 是随机的；当 $\boldsymbol{a}=\boldsymbol{0}$ 时，密文被称为平凡密文；当 $\boldsymbol{a}=\boldsymbol{0}$ 时，被称为无噪声密文；当 $\mu=0$ 时，被称为齐次的密文。

TLWE 假设分为两部分：搜索性 TLWE 假设：给定齐次的 TLWE 密文，找到满足条件的 $\boldsymbol{s}\in\mathbb{B}_N[X]^k$ 是困难的。判定性 TLWE 假设：区分 TLWE 密文和 $\mathbb{T}_N[X]^k\times\mathbb{T}_N[X]$ 中的均匀分布实例是困难的。

命题 5-1：χ_1,χ_2 是 $\mathbb{T},\mathbb{T}^n$ 或者 $\mathbb{T}_N[X]^k$ 上的集中分布，若存在 $\boldsymbol{e}_1,\boldsymbol{e}_2\in\mathbb{Z}$ 使得 $\chi=\boldsymbol{e}_1\chi_1+\boldsymbol{e}_2\chi_2$ 是集中分布，则有 $\mathbb{E}(\chi)=e_1\,\mathbb{E}(\chi_1)+e_2\,\mathbb{E}(\chi_2)$ 和 $\text{Var}(\chi)\leqslant\boldsymbol{e}_1{}^2\text{Var}(\chi_1)+\boldsymbol{e}_2{}^2\text{Var}(\chi_2)$。

定义 5-2 (相位,Phase)：对于 $\boldsymbol{c}=(\boldsymbol{a},\boldsymbol{b})\in\mathbb{T}_N[X]^k\times\mathbb{T}_N[X]$ 和 $\boldsymbol{s}=\mathbb{B}_N[X]^k$，定义 TLWE密文的相位 $\varphi_s(\boldsymbol{c})\triangleq\boldsymbol{b}-\boldsymbol{s}\cdot\boldsymbol{a}$。相位 $\varphi_s(\boldsymbol{c})$ 与 $\mathbb{T}_N[X]^{k+1}$ 上的输入 $(\boldsymbol{a},b)$ 具有线性关系，具体而言对于 l_∞ 范数 φ_∞ 服从 $(kN+1)$ - lipschitzian，即 $\forall x,y\in\mathbb{T}_N[X]^{k+1}$，$\|\varphi_s(x)-\varphi_s(y)\|_\infty\leqslant(kN+1)\|x-y\|_\infty$。

定义 5-3：$\boldsymbol{c}\in\mathbb{T}_N[X]^{k+1}$ 是一个随机变量。如果存在一个密钥 $\boldsymbol{s}\in\mathbb{B}_N[X]^k$ 使得相位的 $\varphi_s(\boldsymbol{c})$ 分布是集中的，那么定义 $\boldsymbol{c}$ 是一个合法的 TLWE 密文。如果 $\boldsymbol{c}$ 是平凡密文，那么对于所有的密钥 $\boldsymbol{s},\boldsymbol{c}$ 都是一个合法的 TLWE 密文；如果 $\boldsymbol{c}$ 服从随机均匀分布，那么 $\boldsymbol{s}$ 是唯一确定的。

定义密文 $\boldsymbol{c}$ 的明文为 $\text{msg}(\boldsymbol{c})\in\mathbb{T}_N[X]$，等于 $\varphi_s(\boldsymbol{c})$ 的期望；

定义密文 $\boldsymbol{c}$ 的噪声为 $\text{Err}(\boldsymbol{c})$，等于 $\varphi_s(\boldsymbol{c})-\text{msg}(\boldsymbol{c})$；

定义密文 $\boldsymbol{c}$ 的方差 $\text{Var}[\text{Err}(\boldsymbol{c})]$ 为 $\text{Err}(\boldsymbol{c})$ 的方差，等于 $\varphi_s(\boldsymbol{c})$ 的方差；

定义 $\|\text{Err}(\boldsymbol{c})\|_\infty$ 为 $\text{Err}(\boldsymbol{c})$ 的大概率最大幅度。

定义 5-4(TGSW)：设 l 和 $k\geqslant 1$ 是两个整数，$\alpha\geqslant 0$ 是噪声参数，h 是下式中定义的分

解工具：

$$h=\begin{bmatrix}\frac{1}{B_g} & & & 0\\ \vdots & & & 0\\ \frac{1}{B_g^l} & & & 0\\ 0 & \vdots & \vdots & 0\\ 0 & & & \frac{1}{B_g}\\ 0 & & & \vdots\\ 0 & & & \frac{1}{B_g^l}\end{bmatrix}\in M_{(k+1)l,k+1}\{\mathbb{T}_N[X]\} \tag{5-1}$$

令 $s\in\mathbb{B}_N[X]^k$ 是随机选取的密钥，定义$\boldsymbol{C}\in M_{(k+1)l,k+1}(\mathbb{T}_N[X])$ 是具有噪声参数的 $\mu\in R/h^{\perp}$ 的新鲜 TGSW 密文，当且仅当 $\boldsymbol{C}=\boldsymbol{Z}+\mu\cdot\boldsymbol{h}$，其中矩阵 $\boldsymbol{Z}\in M_{(k+1)l,k+1}(\mathbb{T}_N[X])$ 的每一行是具有高斯噪声参数 a 的齐次的 TLWE 密文。如果存在唯一的多项式 $\mu\in Rh^{\perp}$ 和唯一的密钥 $\boldsymbol{s}$，使得 $\boldsymbol{C}-\mu\cdot\boldsymbol{h}$ 的每一行都是明文为 0 密钥为 $\boldsymbol{s}$ 的合法 TLWE 密文，那么称 $\boldsymbol{C}\in M_{(k+1)l,k+1}\{\mathbb{T}_N[X]\}$ 是一个合法的 TGSW 密文，称多项式 μ 为 $\boldsymbol{C}$ 的明文，表示为 msg($\boldsymbol{C}$)。

5.2.2　基本函数

本节将介绍 TFHE 方案中使用的一些基本函数，例如 TLWE 密文分解函数、TLWE 密文抽取算法、密钥转化、外部乘积、同态常数乘法函数(Homomorphic Constant Multiplication，HCM)等。

1. TLWE 密文分解

TFHE 方案中需要使用矩阵形式的密文 TGSW 和向量形式的密文 TLWE 之间的同态乘法，直接同态乘法运算产生的噪声与密文系数的规模有关，从而会导致噪声的急剧扩张。为了解决噪声快速扩张问题，一个常用的方法是将密文进行分解，从而降低密文系数。密文分解的思想与第 6 章 CKKS 型全同态加密方案中的乘法密文分解类似。

TLWE 密文分解，是给定一个密文 $\boldsymbol{v}$ 将其在一个给定的基 $\frac{1}{B_g}$ 上进行分解，分解的系数可以组成一个维度更高但是系数更小的密文 $\boldsymbol{u}$。因为输出的密文 bound 更小，所以可以降低 GSW(TGSW)密文乘法同态时的噪声的系数，进而控制噪声增长。TLWE 密文分解的具体过程如算法 5-1 所示。

引理 5-1(TLWE 密文的分解)：给定 $l\in\mathbb{N}$，$B_g\in\mathbb{N}$，分解质量 $\beta=\frac{B_g}{2}$，分解精度 $\varepsilon=\frac{1}{2B_g^l}$，分解工具 $\boldsymbol{h}\in M_{(k+1)l,k+1}\{\mathbb{T}_N[X]\}$，对于任何 TLWE 密文 $\boldsymbol{v}\in\mathbb{T}_N[X]^{k+1}$，分解算法 $\mathrm{Dec}_{\boldsymbol{h},\beta,\varepsilon}$ 可以有效地输出一个高维度、小系数的向量 $\boldsymbol{u}\in R^{(k+1)l}$，满足 $\|\boldsymbol{u}\|_\infty\leqslant\beta$ 和 $\|\boldsymbol{uh}-\boldsymbol{v}\|_\infty\leqslant\varepsilon$。

证明：先证明 $\|\boldsymbol{u}\|_\infty$ 的上界。

$$\|\boldsymbol{u}\|_\infty \leqslant \beta \leftrightarrow \|[e_{1,1}\ \cdots\ e_{1,l}\ \cdots\ e_{k+1,l}]\|_\infty \leqslant \frac{B_g}{2} \leftarrow \left\| e_{i,p} = \sum_{j=0}^{N-1} \overline{a_{i,j\,p}}\, X^j \right\|_\infty \leqslant \frac{B_g}{2}$$

$$\leftarrow |\overline{a_{i,j\,p}}| \leqslant \frac{B_g}{2} \leftarrow \overline{a_{i,j\,p}} \in \left[-\frac{B_g}{2}, \frac{B_g}{2}\right]$$

再证明，$\|\boldsymbol{uh}-\boldsymbol{v}\|_\infty$ 的上界。

定义 $\boldsymbol{\varepsilon}_{\text{dec}} = \boldsymbol{uh}-\boldsymbol{v}$，则通过下面分析可以得到 $\boldsymbol{\varepsilon}_{\text{dec}} = \boldsymbol{uh}-\boldsymbol{v} = \{\overline{a_1}-a_1\ \ \overline{a_{k+1}}-a_{k+1}\}$，进而得到 $\|\boldsymbol{\varepsilon}_{\text{dec}}\|_\infty \leqslant \frac{1}{2B_g^l} = \varepsilon$。

$$\boldsymbol{\varepsilon}_{\text{dec}} = \boldsymbol{uh}-\boldsymbol{v} = [e_{1,1}\ \cdots\ e_{1,l}\ \cdots\ e_{k+1,l}] \begin{bmatrix} \frac{1}{B_g} & \\ \vdots & \\ \frac{1}{B_g^l} & \\ & \frac{1}{B_g} \\ & \vdots \\ & \frac{1}{B_g^l} \end{bmatrix} - (a,b)$$

$$= \left[\sum\nolimits_{p=0}^{l} e_{1,p} \times \frac{1}{B_g^p} \quad \sum\nolimits_{p=0}^{l} e_{k+1,p} \times \frac{1}{B_g^p}\right] - (a,b)$$

$$= [\overline{a_1}\quad \overline{a_{k+1}}] - [a_1\quad a_{k+1}] = [\overline{a_1}-a_1\quad \overline{a_{k+1}}-a_{k+1}]$$

$$\overset{\overline{a_{i,j}}=\frac{1}{B_g^l}\text{的倍数中距}a_{i,j}\text{最近倍数}}{\leqslant} \frac{1}{2B_g^l}$$

证毕。

算法 5-1:TLWE 密文分解算法 $\text{Dec}_{h,\beta,\varepsilon}$

Input: A TLWE sample $\boldsymbol{v} = (a,b) = (a_1,\cdots,a_k,b=a_{k+1}) \in \mathbb{T}_N[X]^k \times \mathbb{T}_N[X]$

Output: $\boldsymbol{u} = [e_{1,1},\cdots,e_{1,l},\cdots,e_{k+1,l}] \in R^{(k+1)l}, R \triangleq \mathbb{Z}[X](X^N+1)$

1: **for** each $a_i = \sum_{j=0}^{N-1} a_{i,j} X^j, a_{i,j} \in \mathbb{T}$. set $\overline{a_{i,j}}$ the closest multiple of $\frac{1}{B_g^l}$ to $a_{i,j}$

2: Decompose $\overline{a_{i,j}} = \sum_{p=1}^{l} \overline{a_{i,j\,p}} \frac{1}{B_g^p}$, where $\overline{a_{i,j\,p}} \in \left[-\frac{B_g}{2}, \frac{B_g}{2}\right)$

3: **for** i = 1 **to** $k+1$

4: **for** p = 1 **to** l

5: $e_{i,p} = \sum_{j=0}^{N-1} \overline{a_{i,j\,p}} X^j \in R$

6: **Return** $(e_{i,p})_{i,p}$.

---

2. TLWE 密文抽取算法

TFHE 方案中自举算法涉及多项式 $\mathbb{T}_N[X]$ 的密文和实数 $\mathbb{T}$ 的密文之间转换，多项式密文到实数密文之间的转换需要使用 TLWE 密文抽取算法。

命题 5-2(TLWE 密文抽取算，TLWE Extract)：输入是 $\mathrm{TLWE}_{s''}(\mu)$ 密文$(\boldsymbol{a}'',\boldsymbol{b}'')$，密钥 $\boldsymbol{s}''\in R^k$。输出密钥 $\boldsymbol{s}':=\{\mathrm{coef}(s''_1(X)),\cdots,\mathrm{coefs}[s''_k(X)]\}\in\mathbb{Z}^{kN}$ 和对应的 LWE 密文 $(\boldsymbol{a}',\boldsymbol{b}'):=(\mathrm{coefs}\{a''_1(\frac{1}{X}),\cdots,\mathrm{coefs}[a''_k(\frac{1}{X})]\},b''_0)\in\mathbb{T}^{kN+1}$，$b''_0$ 是多项式 $\boldsymbol{b}''$ 的常数项。则有 $\varphi_{s'}(\boldsymbol{a}',\boldsymbol{b}')=\varphi_{s''}(\boldsymbol{a}'',\boldsymbol{b}'')_0$（等于 $\mu=\mathrm{msg}(\boldsymbol{a}'',\boldsymbol{b}'')_0$ 的常数项），$\|\mathrm{Err}(\boldsymbol{a}',\boldsymbol{b}')\|_\infty\leqslant\|\mathrm{Err}(\boldsymbol{a}'',\boldsymbol{b}'')\|_\infty$ 和 $\mathrm{Var}(\mathrm{Err}(\boldsymbol{a}',\boldsymbol{b}'))\leqslant\mathrm{Var}[\mathrm{Err}(\boldsymbol{a}'',\boldsymbol{b}'')]$。

证明：下面分别证明 TLWE Extract 满足的 4 个性质。

(1)相位满足 $\varphi_{s'}(\boldsymbol{a}',\boldsymbol{b}')=\varphi_{s''}(\boldsymbol{a}'',\boldsymbol{b}'')_0$。

$$\begin{aligned}\varphi_{s'}(\boldsymbol{a}',\boldsymbol{b}')&=b_0-(\boldsymbol{a}''_{1,0},-\boldsymbol{a}''_{1,N-1},\cdots,-\boldsymbol{a}''_{1,1},\cdots,\boldsymbol{a}''_{k,0},-\boldsymbol{a}''_{k,N-1},\cdots,-\boldsymbol{a}''_{k,1})\\&\qquad(\boldsymbol{s}''_{1,0},\cdots,\boldsymbol{s}''_{1,N-1},\cdots,\boldsymbol{s}''_{k,N-1})\\&=b_0-(\boldsymbol{a}''_{1,0}\boldsymbol{s}''_{1,0}-\sum_{j=1}^{N-1}\boldsymbol{a}''_{1,N-j}\boldsymbol{s}''_{1,j}+\cdots+\boldsymbol{a}''_{k,0}\boldsymbol{s}''_{k,0}-\sum_{j=1}^{N-1}\boldsymbol{a}''_{k,N-j}\boldsymbol{s}''_{k,j})\\&=b_0-(\sum_{i=1}^{i=k}\boldsymbol{a}''_{i,0}\boldsymbol{s}''_{i,0}-\sum_{i=1}^{k}\sum_{j=1}^{N-1}\boldsymbol{s}_{i,-j}\boldsymbol{a}_{i,j})\\&=b'_0-\sum_{i=1}^{k}(\boldsymbol{s}_{i,0}\boldsymbol{a}_{i,0}-\sum_{j=1}^{N-1}\boldsymbol{s}_{i,-j}\boldsymbol{a}_{i,j})\\&=b'_0-\sum_{i=1}^{k}\sum_{j=0}^{N-1}\overset{j,N-1}{(-1)}\boldsymbol{s}_{i,-j}\boldsymbol{a}_{i,j}\overset{a)}{=}\varphi_{s''}(\boldsymbol{a}'',b'')_0\end{aligned}$$

其中有性质：$\boldsymbol{a}''_1(\frac{1}{X})=\boldsymbol{a}''_{1,0}+\boldsymbol{a}''_{1,1}X^{-1}+\cdots+\boldsymbol{a}''_{1,N-1}X^{-(N-1)}\bmod\mathbb{T}_N[X]=\boldsymbol{a}''_{1,0}-\boldsymbol{a}''_{1,1}\cdot X^{N-1}-\cdots-\boldsymbol{a}''_{1,N-1}X^1=\boldsymbol{a}''_{1,0}-\boldsymbol{a}''_{1,N-1}-\cdots-\boldsymbol{a}''_{1,1}X^{N-1}$。

(2)明文满足 $\mathrm{msg}(\boldsymbol{a}',\boldsymbol{b}')=\mathrm{msg}(\boldsymbol{a}'',\boldsymbol{b}'')_0$。

$$\mathbb{E}[\varphi_{s'}(\boldsymbol{a}',\boldsymbol{b}')]=\mathbb{E}[\varphi_{s''}(\boldsymbol{a}'',\boldsymbol{b}'')_0]\xrightarrow{\mathrm{msg}(\boldsymbol{c})=\mathbb{E}[\varphi_s(\boldsymbol{c})]}\mathrm{msg}(\boldsymbol{a}',\boldsymbol{b}')=\mathrm{msg}(\boldsymbol{a}'',\boldsymbol{b}'')_0$$

(3)噪声满足 $\|\mathrm{Err}(\boldsymbol{a}',\boldsymbol{b}')\|_\infty\leqslant\|\mathrm{Err}(\boldsymbol{a}'',\boldsymbol{b}'')\|_\infty$。

$$\begin{aligned}\|\mathrm{Err}(\boldsymbol{a}'',\boldsymbol{b}'')\|_\infty&\overset{\mathrm{Err}(c)=\varphi_s(c)-\mathrm{msg}(c)}{=}\|\varphi_s(\boldsymbol{a}'',\boldsymbol{b}'')-\mathrm{msg}(\boldsymbol{a}'',\boldsymbol{b}'')\|_\infty\\&\overset{\varphi_{s'}(\boldsymbol{a}',\boldsymbol{b}')=\varphi_{s''}(\boldsymbol{a}'',\boldsymbol{b}'')_0,\ \mathrm{msg}(\boldsymbol{a}',\boldsymbol{b}')=\mathrm{msg}(\boldsymbol{a}'',\boldsymbol{b}'')_0}{\geqslant}\|\varphi_s(\boldsymbol{a}'',\boldsymbol{b}'')_0-\mathrm{msg}(\boldsymbol{a}',\boldsymbol{b}')\|_\infty\\&\geqslant\|\mathrm{Err}(\boldsymbol{a}',\boldsymbol{b}')\|_\infty\end{aligned}$$

(4)噪声方差满足关系：$\mathrm{Var}[\mathrm{Err}(\boldsymbol{a}',\boldsymbol{b}')]\leqslant\mathrm{Var}[\mathrm{Err}(\boldsymbol{a}'',\boldsymbol{b}'')]$。

证毕。

TLWE Extract 函数的意义是：给定一个私钥为 $\boldsymbol{s}''\in\mathbb{R}^k$，明文为多项式 μ 的 TLWE 密文 $(\boldsymbol{a}'',\boldsymbol{b}'')\in\mathbb{T}_N[X]^{k+1}$，通过多项式乘法的特性，构造一个私钥与 $\boldsymbol{s}''\in R^k$ 相关，明文为 μ 常数项 μ_0 的 LWE 密文 $(\boldsymbol{a}',\boldsymbol{b}')\in\mathbb{T}^{kN+1}$，即给定一个多项式的密文，TLWE Extract 函数可以同态截取多项式 μ 的常数项。

3. 密钥转化

密钥转化技术被广泛应用于各类同态加密方案，该技术能在不改变明文的情况下，改变密文对应的私钥。TFHE 方案的自举过程中也需要对密文进行密钥转化操作，算法 5-2 中给出了密钥转化的过程。引理 5-2 保证了密钥转化的正确性，并对密钥转化过程的噪声进行了分析，关于密钥转化的原理见第 6 章。

算法 5-2：LWE 密钥转化算法 KeySwitch

Input：$(\boldsymbol{a}'=(a'_1,\cdots,a'_{n'}),b')\in \mathrm{LWE}_{s'}(\mu),\mathrm{KS}_{s'\to s,\gamma,t}\triangleq\{\mathrm{KS}_{i,j}\in \mathrm{LWE}_{s,\gamma}(s'_i 2^{-j})\},\boldsymbol{s}'\in\{0,1\}^{n'},\boldsymbol{s}\in\{0,1\}^{n},t\in\mathbb{N}$.

Output：一个 LWE 实例 $\mathrm{LWE}_s(\mu)$.

1：令 $\overline{a'}_i$ 是距离 a'_i 最近的 $\frac{1}{2^t}$ 的倍数，则有 $|\overline{a'}_i-a'_i|<2^{-(t+1)}$.

2：$\bar{a}_i=\sum_{j=1}^{l}a_{i,j}2^{-j},a_{i,j}\in 0,1$.

3：**Return** $(0,b')-\sum_{i=1}^{n'}\sum_{j=1}^{t}a_{i,j}\cdot \mathrm{KS}_{i\to j}$.

引理 5-2(密钥转化 KeySwitch)：令 $(\boldsymbol{a}',\boldsymbol{b}')\in \mathrm{LWE}_{s'}(\mu)$ 是一个 LWE 密文，密钥为 $\boldsymbol{s}'\in\{0,1\}^{n'}$，噪声为 $\eta'\in\|\mathrm{Err}(\boldsymbol{a}',\boldsymbol{b}')\|_\infty$，噪声方差为 $\eta''\in \mathrm{Var}[\mathrm{Err}(\boldsymbol{a}',\boldsymbol{b}')]$，转化密钥为 $\mathrm{KS}_{s'\to s,\gamma,t}=k_{i,j,v}$，其中 $k_{i,j,v}\in \mathrm{LWE}_s^{q/q}(v\cdot s'_i B_{\mathrm{ks}}^j)$，$\boldsymbol{s}\in\{0,1\}^n$，$v\in\mathbb{Z}_{B_{\mathrm{ks}}}$。密钥转化过程 $\mathrm{KeySwitch}[(\boldsymbol{a},\boldsymbol{b}),\mathrm{KS}_{s'\to s,\gamma,t}]=(0,b)-\sum_{i=1}^{N}\sum_{j=0}^{d_{\mathrm{ks}}-1}k_{i,j,a_{i,j}}$ 将输出一个 LWE 密文 $(\boldsymbol{a},\boldsymbol{b})\in \mathrm{LWE}_s(\mu)$，满足 $\|\mathrm{Err}(\boldsymbol{a},\boldsymbol{b})\|_\infty\leqslant\eta'+n't\gamma+n'2^{-(t+1)}$，$\mathrm{Var}[\mathrm{Err}(\boldsymbol{a},\boldsymbol{b})]\leqslant\eta''+n't\gamma^2+n'2^{-2(t+1)}$。

证明：(1)转化后的密文相位 $\varphi_s(\boldsymbol{a},\boldsymbol{b})$ 满足如下关系：

$$
\begin{aligned}
\varphi_s(\boldsymbol{a},\boldsymbol{b}) &\overset{\varphi_s(\sum_{i=1}^{p}e_ic_i)=\sum_{j=1}^{p}e_j\varphi_s(c_j)}{=} \\
&=\varphi_s(\boldsymbol{0},\boldsymbol{b}')-\sum_{i=1}^{n'}\sum_{j=1}^{t}a_{i,j}\varphi_s(\mathrm{KS}_{i\to j}) \\
&\overset{\mathrm{KS}_{i,j}\in \mathrm{LWE}_{s,\gamma}(s'_i2^{-j})}{=}\boldsymbol{b}'-\sum_{i=1}^{n'}\sum_{j=1}^{t}a_{i,j}[s'_i2^{-j}+\mathrm{Err}(\mathrm{KS}_{i,j})] \\
&=\boldsymbol{b}'-\sum_{i=1}^{n'}\sum_{j=1}^{t}a_{i,j}(s'_i2^{-j})-\sum_{i=1}^{n'}\sum_{j=1}^{t}\mathrm{Err}(\mathrm{KS}_{i,j}) \\
&\overset{\bar{a}_i=\sum_{j=1}^{l}a_{i,j}2^{-j}}{=}\boldsymbol{b}'-\sum_{i=1}^{n'}\bar{a}_is'_i-\sum_{i=1}^{n'}\sum_{j=1}^{t}\mathrm{Err}(\mathrm{KS}_{i,j}) \\
&\overset{|\bar{a}'_i-a'_i|<2^{-(t+1)}}{=}\boldsymbol{b}'-\sum_{i=1}^{n'}a'_is'_i-\sum_{i=1}^{n'}\sum_{j=1}^{t}\mathrm{Err}(\mathrm{KS}_{i,j})+\sum_{i=1}^{n'}(a'_i-\bar{a}_i)s'_i \\
&=\varphi_{s'}(\boldsymbol{a}',\boldsymbol{b}')-\sum_{i=1}^{n'}\sum_{j=1}^{t}\mathrm{Err}(\mathrm{KS}_{i,j})+\sum_{i=1}^{n'}(a'_i-\bar{a}_i)s'_i
\end{aligned}
$$

(2)明文满足

$\mathrm{msg}_s(\boldsymbol{a},\boldsymbol{b})=\mathrm{msg}_{s'}(\boldsymbol{a}',\boldsymbol{b}')$

$$\mathrm{msg}_s(\boldsymbol{a},\boldsymbol{b}) \overset{\mathrm{msg}(c)=\mathbb{E}(\varphi_s(\boldsymbol{c}))}{=} \mathbb{E}(\boldsymbol{b}'-\sum_{i=1}^{n'}a'_i s'_i-\sum_{i=1}^{n'}\sum_{j=1}^{t}\mathrm{Err}(\mathrm{KS}_{i,j})+\sum_{i=1}^{n'}(a'_i-\bar{a}_i)s'_i)$$

$$=\mathbb{E}(\boldsymbol{b}'-\sum_{i=1}^{n'}a'_i s'_i)-\mathbb{E}[\sum_{i=1}^{n'}\sum_{j=1}^{t}\mathrm{Err}(\mathrm{KS}_{i,j})]+\mathbb{E}[\sum_{i=1}^{n'}(a'_i-\bar{a}_i)s'_i]$$

$$\overset{\mathbb{E}[\mathrm{Err}(\mathrm{KS}_{i,j})]=0+\mathbb{E}[(a'_i-\bar{a}_i)s'_i]=0}{=} \mathrm{msg}_{s'}(\boldsymbol{a}',\boldsymbol{b}')+0+0$$

(3)噪声上界满足

$$\|\mathrm{Err}(\boldsymbol{a},\boldsymbol{b})\|_\infty \overset{\eta'=\|\mathrm{Err}(\boldsymbol{a}',\boldsymbol{b}')\|_\infty}{\leqslant} \eta'+n't\gamma+n'2^{-(t+1)}$$

$$\|\mathrm{Err}(\boldsymbol{a},\boldsymbol{b})\|_\infty \overset{\mathrm{Err}(c)=\varphi_s(\boldsymbol{c})-\mathrm{msg}(\boldsymbol{c})}{=} \left\|\varphi_{s'}(\boldsymbol{a}',\boldsymbol{b}')-\sum_{i=1}^{n'}\sum_{j=1}^{t}\mathrm{Err}(\mathrm{KS}_{i,j})+\sum_{i=1}^{n'}(a'_i-\bar{a}_i)s'_i-\mathrm{msg}_s(\boldsymbol{a},\boldsymbol{b})\right\|_\infty$$

$$=\left\|\mathrm{Err}(\boldsymbol{a}',\boldsymbol{b}')-\sum_{i=1}^{n'}\sum_{j=1}^{t}\mathrm{Err}(\mathrm{KS}_{i,j})+\sum_{i=1}^{n'}(a'_i-\bar{a}_i)s'_i\right\|_\infty$$

$$\overset{\eta'=\|\mathrm{Err}(\boldsymbol{a}',\boldsymbol{b}')\|_\infty,\ \|\mathrm{Err}(\mathrm{KS}_{i,j})\|_\infty\leqslant\gamma}{\leqslant} \eta'+n't\gamma+n'2^{-(t+1)}$$

(4)噪声方差满足

$$\mathrm{Var}[\mathrm{Err}(\boldsymbol{a},\boldsymbol{b})] \overset{\eta'=\mathrm{Var}[\mathrm{Err}(\boldsymbol{a}',\boldsymbol{b}')]}{\leqslant} \eta'+n't\gamma^2+n'2^{-(t+1)}$$

$$\mathrm{Var}[\mathrm{Err}(\boldsymbol{a},\boldsymbol{b})]=\mathrm{Var}[\mathrm{Err}(\boldsymbol{a}',\boldsymbol{b}')]-\sum_{i=1}^{n'}\sum_{j=1}^{t}\mathrm{Err}(\mathrm{KS}_{i,j})+\sum_{i=1}^{n'}[a'_i-\bar{a}_i)s'_i]$$

$$\overset{\mathrm{Var}(e_1\chi_1+e_2\chi_2)\leqslant e_1^2\mathrm{Var}(\chi_1)+e_2^2\mathrm{Var}(\chi_2)}{\leqslant} \mathrm{Var}[\mathrm{Err}(\boldsymbol{a}',\boldsymbol{b}')]-\sum_{i=1}^{n'}\sum_{j=1}^{t}\mathrm{Var}[\mathrm{Err}(\mathrm{KS}_{i,j})]+$$

$$\mathrm{Var}[\sum_{i=1}^{n'}(a'_i-\bar{a}_i)s'_i]$$

$$\overset{\mathrm{Var}[a'_i-\bar{a}_i]\leqslant 2^{-2(t+1)},\ \mathrm{Err}(\mathrm{KS}_{i,j})\leqslant\gamma\to\mathrm{Var}[\mathrm{Err}(\mathrm{KS}_{i,j})]\leqslant\gamma^2}{\leqslant} \eta'+n't\gamma^2+n'2^{-2(t+1)}$$

证毕。

在进行密钥转化之前,需要先生成转化密钥:给定转化前的私钥 $\boldsymbol{s}'\in\{0,1\}^{n'}$,转化后的私钥 $\boldsymbol{s}\in\{0,1\}^n$,噪声参数 $\gamma\in\mathbb{R}$,精度参数 $t\in\mathbb{N}$。生成一系列的LWE新鲜密文作为转化密钥 $\mathrm{KS}_{s'\to s,\gamma,t}\triangleq\{\mathrm{KS}_{i,j}\in\mathrm{LWE}_{s,\gamma}(\boldsymbol{s}'_i 2^{-j})\}$,其中 $i\in[1,n'],j\in[1,t]$。

4. 外部乘积

GSW(TGSW)密文是矩阵,两个GSW(TGSW)密文的乘法运算量非常大,这很大程度上限制了同态乘法和自举过程的速度。同态乘法不一定要求其是GSW(TGSW)密文的形式。为了减少运算量,可以令一个密文取自TLWE密文(一个向量)。这样就可以利用向量和矩阵的乘法构造同态多项式乘法,从而大幅度降低计算量。

定义5-5(外部乘积,$\boxdot$):A 为明文为 μ_A 的合法TGSW密文,$\boldsymbol{b}$ 为明文 μ_b 的合法TLWE密文。外部乘积定义为

$$\boxdot:\mathrm{TGSW}\times\mathrm{TLWE}\to\mathrm{TLWE}(A,\boldsymbol{b})\to A\boxdot\boldsymbol{b}=\mathrm{Dec}_{h,\beta,\varepsilon}(\boldsymbol{b})\cdot A$$

式中:密文分解函数 $\mathrm{Dec}_{h,\beta,\varepsilon}$ 可以将一个随机矩阵分解为分量系数取自0,1的大维度矩阵,在TFHE方案中给出了正式定义。

定理5-1(外部乘积):A 为明文为 μ_A 的合法TGSW密文,$\boldsymbol{b}$ 为明文为 μ_b 的合法TLWE密文,$\beta=\dfrac{B_g}{2}$ 和 $\varepsilon=\dfrac{1}{2B_g^l}$ 是分解过程 $\mathrm{Dec}_{h,\beta,\varepsilon}(\boldsymbol{b})$ 中使用的质量和精度。则外部乘积 $A\boxdot b$

输出一个明文为 $\mu_A\mu_B$ 的 TLWE 密文,满足 $\|\mathrm{Err}(A \boxdot \boldsymbol{b})\|_\infty \leqslant (k+1)lN\beta\|\mathrm{Err}(A)\|_\infty + \|\mu_A\|_1(1+kN)\varepsilon + \|\mu_A\|_1\|\mathrm{Err}(b)\|_\infty$ 和 $\mathrm{Var}[\mathrm{Err}(A \boxdot \boldsymbol{b})] \leqslant (k+1)lN\beta^2\mathrm{Var}[\mathrm{Err}(A)] + (1+kN)^2\|\mu_A\|_2^2\varepsilon^2 + \|\mu_A\|_2^2\mathrm{Var}[\mathrm{Err}(b)]$。

证明:

(1)解密正确性

$$A \boxdot \boldsymbol{b} \in R^{(k+1)l} = \mathrm{Dec}_{h,\beta,\varepsilon}(\boldsymbol{b}) \cdot A = [e_{1,1} \ \cdots \ e_{1,l} \ \cdots \ e_{k+1,l}] \cdot (\boldsymbol{Z}_A + \mu_A \cdot \boldsymbol{h})$$

$$= [e_{1,1} \ \cdots \ e_{1,l} \ \cdots \ e_{k+1,l}] \cdot Z_A + \mu_A \cdot [e_{1,1} \ \cdots \ e_{1,l} \ \cdots \ e_{k+1,l}] \cdot \boldsymbol{h}$$

$$= [e_{1,1} \ \cdots \ e_{1,l} \ \cdots \ e_{k+1,l}] \cdot \begin{bmatrix} \boldsymbol{a}_{1,1} & \cdots & \boldsymbol{a}_{1,k} & b_1 \leftarrow D_{\mathbb{T}_N[X],\alpha,s\cdot a} \\ \cdots & \cdots & \cdots & \cdots \quad \cdots \\ \boldsymbol{a}_{(k+1)l,1} & \cdots & \boldsymbol{a}_{(k+1)l,k} & b_{(k+1)l} \leftarrow D_{\mathbb{T}_N[X],\alpha,sa} \end{bmatrix} + \mu_A \cdot$$

$$[e_{1,1} \ \cdots \ e_{1,l} \ \cdots \ e_{k+1,l}] \cdot \begin{bmatrix} \frac{1}{B_g} & & \\ \vdots & & \\ \frac{1}{B_g^l} & & \\ & \ddots & \\ & & \frac{1}{B_g} \\ & & \vdots \\ & & \frac{1}{B_g^l} \end{bmatrix}$$

$$\overset{\sum_{p=0}^{l} e_{i,p} \times \frac{1}{B_g^p} = \bar{a}_i}{=} [e_{1,1} \ \cdots \ e_{1,l} \ \cdots \ e_{k+1,l}] \cdot \boldsymbol{Z}_A + \mu_A \cdot [\bar{a}_1 \ \cdots \ \bar{a}_{k+1}]$$

$$\overset{\varepsilon_{\mathrm{dec}} = uh - v = \{\bar{a}_1 - a_1 \bar{a}_{k+1} - a_{k+1}\}}{=} [e_{1,1} \ \cdots \ e_{1,l} \ \cdots \ e_{k+1,l}] \mathbb{Z}_A + \mu_A \cdot (\{a_1, \cdots, a_{k+1}\} + \varepsilon_{\mathrm{dec}})$$

$$= [e_{1,1} \ \cdots \ e_{1,l} \ \cdots \ e_{k+1,l}] \cdot \boldsymbol{Z}_A + \mu_A \cdot (\boldsymbol{b} + \boldsymbol{\varepsilon}_{\mathrm{dec}}) \overset{b = z_b + (0,\mu_b)}{=} [e_{1,1}, \cdots, e_{1,l} \ \cdots \ e_{k+1,l}] \cdot \boldsymbol{Z}_A + \mu_A \cdot \boldsymbol{\varepsilon}_{\mathrm{dec}} + \mu_A \cdot z_b + (0, \mu_A \cdot \mu_b) = \mathrm{TLWE}(\mu_A \cdot \mu_b)$$

(2)噪声上界。

$\varphi_s(A \boxdot \boldsymbol{b})$ 由明文是噪声的和,因此通过 $\varphi_s(A \boxdot \boldsymbol{b})$ 对噪声上界进行分析。

$$\varphi_s(A \boxdot \boldsymbol{b}) = \varphi_s([e_{1,1} \ \cdots \ e_{1,l} \ \cdots \ e_{k+1,l}]\boldsymbol{Z}_A + \mu_A \boldsymbol{\varepsilon}_{\mathrm{dec}} + \mu_A \boldsymbol{z}_b + (\boldsymbol{0}, \mu_A \mu_b))$$

$$\overset{\varphi_s(\sum_{i=1}^{p} e_i c_i) = \sum_{j=1}^{p} e_j \varphi_s(c_j)}{=} [e_{1,1} \ \cdots \ e_{1,l} \ \cdots \ e_{k+1,l}]\mathrm{Err}(A) + \mu_A \varphi_s(\boldsymbol{\varepsilon}_{\mathrm{dec}}) + \mu_A \mathrm{Err}(\boldsymbol{b}) + \mu_A \mu_b \in \mathbb{T}_N[X]$$

$$\overset{\|\mathrm{Err}(c)\|_\infty \leqslant \sum_{i=1}^{p}\|e_i\|_1\|\mathrm{Err}(c_i)\|_\infty,\ \forall A \in M_{p,k+1}(\mathbb{T}_N[X]) \to \|\varphi_s(A)\|_\infty \leqslant (Nk+1)\|A\|_\infty}{\leqslant}$$

$$\underbrace{(k+1)l}_{\text{TLWE噪声的线性组合}} \ \underbrace{N}_{N\text{是多项式相乘产生的}} \ \underbrace{\beta}_{\text{噪声系数}e\text{的界限}} \ \underbrace{\|\mathrm{Err}(A)\|_\infty}_{\text{每个噪声分量的界限}} + \underbrace{\|\mu_A\|_1}_{\text{常数项系数}} \ \underbrace{(1+kN)}_{\varepsilon_{\mathrm{dec}}\text{是}1\times(k+1)l\text{的矩阵}} \ \underbrace{\varepsilon}_{\text{矩阵中元素的界限}} +$$

$\underbrace{\|\mu_A\|_1}_{\text{常数项系数}} \|\mathrm{Err}(\boldsymbol{b})\|_\infty$

式中：$\|[e_{1,1} \quad \cdots \quad e_{1,l} \quad \cdots \quad e_{k+1,l}]\|_\infty \leqslant \beta = \frac{B_g}{2}$，$\|\varepsilon_{\mathrm{dec}}\|_\infty \leqslant \varepsilon = \frac{1}{2B_g^l}$。

(3)同理得到噪声方差满足关系：$\mathrm{Var}[\mathrm{Err}(A \boxdot \boldsymbol{b})] \leqslant (k+1)lN\beta^2\mathrm{Var}[\mathrm{Err}(A)] + (1+kN)^2\|\mu_A\|_2^2\varepsilon^2 + \|\mu_A\|_2^2\mathrm{Var}[\mathrm{Err}(\boldsymbol{b})]$。

证毕。

5.同态常数乘法

TFHE 方案构造了一种同态常数乘法 HCM，输入为 $a \in [0,2N)$ 和 TGSW 密文 TGSW(s)，输出为 TGSW 密文 TGSW(s)，其中 $s \in \{0,1\}$。具体构造思想是：X^{-as} 的真值表可以用下式来表示：

$$X^{-as} = \begin{cases} 1, s = 0 \\ X^{-a}, s = 1 \end{cases}$$
$$= X^{-a} \cdot s - 1 \cdot (s-1) \tag{5-2}$$

式(5-2)给出了明文状态构造 HCM 的方法。以下引理给出了在密态构造 HCM 密文的方法。

引理 5-3(同态常数乘法,HCM)：令私钥 $\boldsymbol{s}'' \in \mathbb{B}_N[X]^k$，噪声参数 α，给定 TGSW 密文 $\mathrm{BK}_1 = \mathrm{TGSW}_{s'',\alpha}(s)$，$\mathrm{BK}_2 = \mathrm{TGSW}_{s'',\alpha}(s-1)$，常数 $a \in [0,2N)$，则同态常数乘法输出的密文 $\boldsymbol{C} = X^{-a}\mathrm{BK}_1 - \mathrm{BK}_2$，是 X^{-as} 的 TGSW 密文，满足 $\|\mathrm{Err}(\boldsymbol{C})\|_\infty \leqslant \|\mathrm{Err}(\mathbf{BK}_1)\|_\infty + \|\mathrm{Err}(\mathbf{BK}_2)\|_\infty$，$\mathrm{Var}[\mathrm{Err}(\boldsymbol{C})] \leqslant \mathrm{Var}[\mathrm{Err}(\mathbf{BK}_1)] + \mathrm{Var}[\mathrm{Err}(\mathbf{BK}_2)]$。

证明：下面依次分析密文解密的正确性，以及密文中的噪声上界和噪声方差上限。

首先，分析密文解密的正确性：

$$\boldsymbol{C} = X^{-a}\mathrm{BK}_1 - \mathrm{BK}_2 = X^{-a}\mathrm{TGSW}_{s'',\alpha}(s) - \mathrm{TGSW}_{s'',\alpha}(s-1) \overset{\mathrm{TGSW}(\mu)=\boldsymbol{Z}+\mu\cdot\boldsymbol{h}}{=}$$
$$= (X^{-a}Z_1 - Z_2) + [X^{-a} \cdot s - (s-1)]\boldsymbol{h} = (X^{-a}Z_1 - Z_2) + X^{-as}\boldsymbol{h}$$
$$= \mathrm{TGSW}_{s'',\alpha}(X^{-as})\text{。}$$

其次，分析密文中噪声的上限：

$$\begin{aligned}\|\mathrm{Err}(\boldsymbol{C})\|_\infty &= \|\mathrm{Err}(X^{-a}\mathrm{BK}_1 - \mathrm{BK}_2)\|_\infty \\ &\leqslant \|\mathrm{Err}(X^{-a}\mathrm{BK}_1) + \mathrm{Err}(\mathrm{BK}_2)\|_\infty \\ &\leqslant \|\mathrm{Err}(\mathrm{BK}_1)\|_\infty + \|\mathrm{Err}(\mathrm{BK}_2)\|_\infty\end{aligned}$$

最后，分析密文中的噪声方差上限：

$$\begin{aligned}\mathrm{Var}[\mathrm{Err}(\boldsymbol{C})] &= \mathrm{Var}[\mathrm{Err}(X^{-a}\mathrm{BK}_1 - \mathrm{BK}_2)] \\ &\leqslant \mathrm{Var}[\mathrm{Err}(\mathrm{BK}_1)] + \mathrm{Var}[\mathrm{Err}(\mathrm{BK}_2)]\end{aligned}$$

证毕。

上述方案中有 $\mathbf{BK}_1 - \mathbf{BK}_2 = \mathrm{TGSW}_{s'',\alpha}(1)$，根据这个性质可以将 $\boldsymbol{C} = X^{-a}\mathbf{BK}_1 - \mathbf{BK}_2$ 优化为 $\boldsymbol{C} = (X^{-a}-1)\mathbf{BK}_1 - \boldsymbol{h}$，从而降低计算开销。

引理 5-4(优化的同态常数乘法,HCM)：令私钥 $\boldsymbol{s}'' \in \mathbb{B}_N[X]^k$，噪声参数 α，给定TGSW 密文 $\mathbf{BK}_1 = \mathrm{TGSW}_{s'',\alpha}(\mathrm{s})$，$\mathbf{BK}_2 = \mathrm{TGSW}_{s'',\alpha}(\mathrm{s}-1)$，常数 $a \in [0,2N)$，则同态常数乘法输

出的密文 $\boldsymbol{C}=(X^{-a}-1)\mathbf{BK}_1-\boldsymbol{h}$，是 X^{-as} 的 TGSW 密文，满足 $\|\mathrm{Err}(\boldsymbol{C})\|_\infty \leqslant \|\mathrm{Err}(\mathbf{BK}_1)\|_\infty$，$\mathrm{Var}[\mathrm{Err}(\boldsymbol{C})] \leqslant \mathrm{Var}[\mathrm{Err}(\mathbf{BK}_1)]$。

5.3 CGGI 型全同态加密方案

本章先介绍 GGI 型全同态加密方案(简称 CGGI17 方案)中自举算法的设计思想，之后给出具体的全同态加密方案构造。

5.3.1 自举算法的设计思想

TFHE 中的自举过程包含两个功能：降低噪声和明文调整。降低噪声指自举过程输出密文的噪声比输入密文噪声更小。明文调整指输出密文的明文空间可任意设定为 $\mu_0,\mu_1 \in \mathbb{T}^2$。与大多数只能输出明文空间为 $\{0,1\}$ 的早期自举相比，明文空间的调整功能使得全同态加密方案的应用更加广泛和高效，尤其是在同态运行布尔电路时。自举过程通常需要执行 3 个具体的步骤：生成外层密文 $\mathrm{ENC}(\boldsymbol{c})$，同态运行解密内层密文[含自举密钥 $\mathrm{ENC}(\boldsymbol{s})$ 的构造]以及密文转换。

1. 生成外层密文 ENC($\boldsymbol{c}$)

为了方便后续进行同态解密运算，需要将自举过程的输入 TLWE 密文 $\boldsymbol{c}=(\boldsymbol{a},b)\in \mathbb{T}^{n+1}$ 扩大到整数上 $\bar{c}=(\bar{\boldsymbol{a}},\bar{b})=(\lfloor 2Nc \rceil)$。考虑到内层密文 c 本身不会泄漏明文的信息，所以可以直接使用 $\boldsymbol{c}=(\boldsymbol{a},b)$ 作为外层密文。

2. 同态解密过程

内层方案的解密过程 $\mathrm{Dec}_s(\boldsymbol{a},b)$ 的具体运算包括一次取整 round(•)，n 次常数乘法 $\boldsymbol{a}_i \cdot \boldsymbol{s}_i$ ($\boldsymbol{a}_i$ 为常数)，$n-1$ 次加法 $\sum\limits_{i=0}^{n-1} \boldsymbol{a}_i \cdot \boldsymbol{s}_i$。明文状态下的解密过程 $\mathrm{Dec}_s(\boldsymbol{a},b)$ 可以用下式表示：

$$\left.\begin{aligned}&\mathrm{Dec}_s(\boldsymbol{a},b):\mu'=\mathrm{round}(b-\boldsymbol{a}\cdot\boldsymbol{s})=\begin{cases}0, b-\boldsymbol{a}\cdot\boldsymbol{s}\in\left(0,\dfrac{1}{4}\right)\cup\left(\dfrac{3}{4},1\right)\\ \dfrac{1}{2}, \mathrm{b}-\boldsymbol{a}\cdot\boldsymbol{s}\in\left(\dfrac{1}{4},\dfrac{3}{4}\right)\end{cases}\\ &\mathrm{round}(p)=\begin{cases}0, p\in(0,\dfrac{1}{4})\cup[\dfrac{3}{4},1)\\ \dfrac{1}{2}, p\in[\dfrac{1}{4},\dfrac{3}{4})\end{cases}\end{aligned}\right\} \tag{5-3}$$

同态解密过程需要同态运算上述所有函数和运算。

(1)同态取整函数 round。

取整函数通常包含一个多对 2 的映射，这个映射不方便使用加法和乘法等常规操作来实现。FHEW 方案给出的一个解决方案：将输入整数 $i\in[0,N-1]$ 映射到系数受限多项式中未知数 X 的幂次，并且通过设定 X 的幂与系数之间的关系构造多对 2 映射。例如，多项式的系数限于 $\{0,1/2\}$，那么多项式 $\frac{1}{2}X^0+0X^1+\frac{1}{2}X^2+0X^3$ 可以形成一个 4 对 2 映射 $f(0)=1/2, f(2)=1/2, f(1)=0, f(3)=0$。

考虑到 $\mathbb{T} \in [0,1)$ 上的乘法产生的乘积小于乘数本身，TFHE 限制了方案的运算空间 $\mathbb{T}$。为了使得 $\mathbb{T}$ 中的元素可以映射到多项式 $\mathbb{T}_N[X]$ 的幂中，需要将密文 $c \in \mathbb{T}^{n+1}$ 扩展到 $\bar{c} = (\bar{a},\bar{b}) = ([2N \cdot c]) \in \mathbb{Z}_{2N}^{n+1}$ [其中，$X^{2N} = 1\bmod(X^N+1)$]。取整函数的运算空间扩大到 $\mathbb{Z}_{2N}$ 中，因此 Homdec 中的其他操作（同态加法、同态常数乘法等）的运算空间也应该扩展到 $[0,2N)$ 的整数上。

将式(5-2)的明文空间扩展到 $[0,2N)$，并调整输出的取值范围为 $-\bar{\mu}',\bar{\mu}'$，可以得到 round 函数的变体 2Nround 函数，表达如下：

$$2\text{Nround}(\bar{p}) = \begin{cases} \bar{\mu}', \ \bar{p} \in \left(0,\dfrac{N}{2}\right) \cup \left[\dfrac{3N}{2},2N\right) \\ -\bar{\mu}', \ \bar{p} \in \left[\dfrac{N}{2},\dfrac{3N}{2}\right) \end{cases}$$

利用多项式的乘法构造 2Nround 函数：将 $\bar{p} \in [0,2N)$ 映射到多项式 $X^{\bar{p}}$，并让该多项式乘以特定的多项式 $\text{test}v = (1+\cdots+X^{\frac{N}{2}-1} - X^{\frac{N}{2}} - \cdots - X^{N-1}) \cdot \bar{\mu}'$，之后截取多项式的常数项，可以用于表达 2Nround 函数（单分量的多项式 $X^{\bar{p}}$ 乘以 test$v$，相当于将 test$v$ 多项式向高位移动 $\bar{p}$ 位。）

$$\begin{aligned} X^{\bar{p}} \cdot \text{test}v &= X^{\bar{p}} \cdot (1+\cdots+X^{\frac{N}{2}-1} - X^{\frac{N}{2}} - \cdots - X^{N-1}) \cdot \bar{\mu}' \\ &= \begin{cases} \bar{\mu}' + \bar{\mu}' X^1 \cdots - \bar{\mu}' X^{N-1}, \bar{p} \in \left(0,\dfrac{N}{2}\right) \cup \left[\dfrac{3N}{2},2N\right) \\ -\bar{\mu}' + \bar{\mu}' X^1 \cdots - \bar{\mu}' X^{N-1}, \bar{p} \in \left[\dfrac{N}{2},\dfrac{3N}{2}\right) \end{cases} \end{aligned}$$

$$2\text{Nround}(\bar{p}) = (X^{\bar{p}} \cdot \text{test}v)_0 = \begin{cases} \bar{\mu}', \bar{p} = \left(0,\dfrac{N}{2}\right) \cup \left[\dfrac{3N}{2},2N\right) \\ -\bar{\mu}', \bar{p} = \left[\dfrac{N}{2},\dfrac{3N}{2}\right) \end{cases}$$

2Nround 函数涉及多项式的乘法和截取多项式常数项操作。TLWE Extract 函数可以同态截取明文多项式的常数项来构造。我们可以利用同态多项式乘法和 TLWE Extract 函数来构造 2Nround 函数：

$$2\text{Nround}(X^{\bar{p}}) = \text{TLWEExtract}\{\text{mult}(\text{TLWE}(X^{\bar{p}}),\text{test}v)\}。$$

(2)同态加法运算。

解密过程涉及 n 次累加操作。round 函数将输入映射到多项式的次数上，即累加过程的加数映射为 X 的幂。因此同态加法可以用多项式乘法来实现。然而，直接用密文乘法构造同态乘法会使得噪声增长很大。为了控制噪声增加，TFHE 利用 GSW(TGSW)方案的两个性质。一个性质是 GSW 密文同态乘法时，噪声增长的不对称性，即同态乘法的噪声主要由左乘法密文的界限决定。另一个是 $\mathbb{T} \in [0,1)$ 上的乘法产生的乘积小于乘数。因此，TFHE 方案给出外部乘法 $A \boxdot \boldsymbol{b}$ 来构造同态加法。

同态加法操作通过外部乘积来实现。根据定义，同态加法具有 TGSW × TLWE→TLWE形式。如果需要进行连续累加，那么每次新加入的密文应该是 TGSW 密文，如图 5-1 所示。这种串行同态加法的模式使得计算机难以并行地执行累加运算。然而，自举通常需要做几百个串行同态加法，这会影响方案的效率。

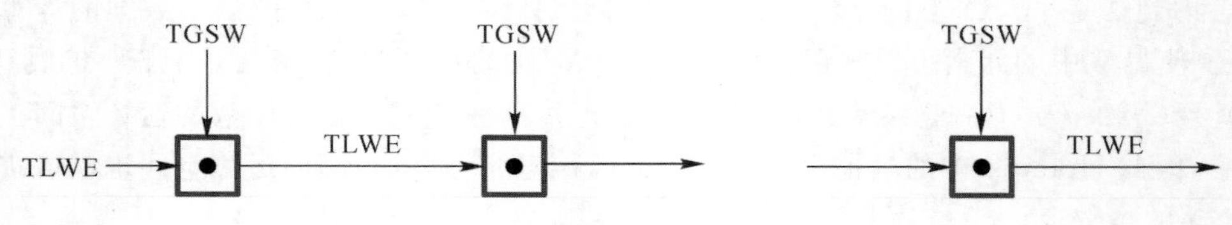

图 5-1　自举过程中的累加操作

结合上述分析，CGGI17 方案的整体结构见图 5-2。

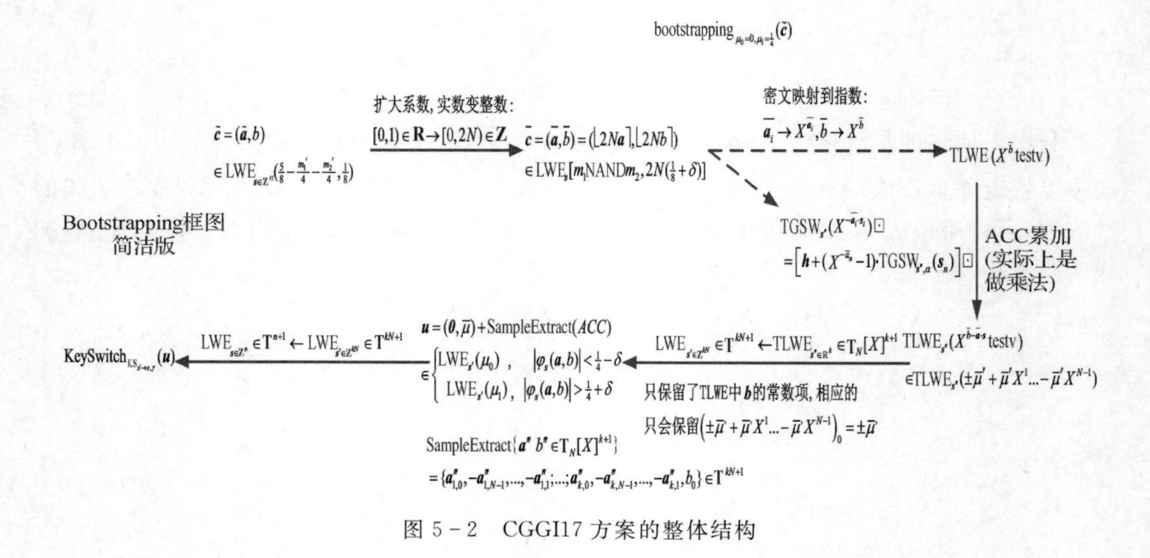

图 5-2　CGGI17 方案的整体结构

5.3.2　CGGI17 方案的构造

自举型全同态加密方案分为基础加密方案、同态运算函数和自举过程 3 个部分。本方案使用 TFHE 中的基础加密方案，并沿用 TFHE 方案中给出一些同态运算：输入 TLWE 方案密文 $\boldsymbol{c}_1,\boldsymbol{c}_2$，调用自举算法实现同态门电路。

$$\mathrm{HomNAND}(\boldsymbol{c}_1,\boldsymbol{c}_2)=\mathrm{bootstrapping}[(\boldsymbol{0},5/8)-\boldsymbol{c}_1-\boldsymbol{c}_2)]$$

$$\mathrm{HomXOR}(\boldsymbol{c}_1,\boldsymbol{c}_2)=\mathrm{bootstrapping}[2(\boldsymbol{c}_1-\boldsymbol{c}_2)]$$

$$\mathrm{HomAND}(\boldsymbol{c}_1,\boldsymbol{c}_2)=\mathrm{bootstrapping}[(\boldsymbol{0},-1/8)+\boldsymbol{c}_1+\boldsymbol{c}_2)]$$

$$\mathrm{HomOR}(\boldsymbol{c}_1,\boldsymbol{c}_2)=\mathrm{bootstrapping}[(\boldsymbol{0},1/8)+\boldsymbol{c}_1+\boldsymbol{c}_2)]$$

$$\mathrm{HomNOT}(\boldsymbol{c})=(\boldsymbol{0},1/4)-\boldsymbol{c}$$

式中：$\boldsymbol{0}$ 表示维度为 n 的 0 向量；bootstrapping 为自举过程；HomNAND，HomXOR，HomAND，HomOR，HomNOT 分别指同态 NAND 门电路、同态 XOR 门电路、同态 AND 门电路、同态 OR 门电路、同态 NOT 门电路。不同自举型全同态加密方案的主要区别通常在每个方案的自举过程部分。本节重点对本方案广义自举过程进行构造和分析。

TFHE 方案是典型的双层全同态加密方案，其内层方案是基于 LWE 问题的典型格加密方案，外层方案是基于 RLWE 问题的混合型全同态加密方案。方案具体过程如下所示：

(1)初始化 Setup(1^λ)：输入安全参数 λ，定义 LWE 维度 n，密钥分布 χ，高斯分布相关参数 α，分解基 B_{KS}，分解阶 d_{KS}，$\boldsymbol{g}' = [B_{KS}^{-1} \cdots B_{KS}^{-d_{KS}}]$，输出系统参数 $pp^{LWE_{KSKS}}$。

(2)密钥生成 KeyGen(pp^{LWE})：随机选取 LWE 密钥 $\boldsymbol{s} \leftarrow \chi^n$，GSW 密钥 $\boldsymbol{s}'' \in \mathbb{B}_N[X]^k$。生成自举密钥 $\boldsymbol{s}$，转化密钥 $KS_{s'\to s,\gamma,t} = k_{i,j,v}$，其中 $k_{i,j,v} \in LWE_s^{q/q}(v \cdot \boldsymbol{s}'_i B_{ks}^j)$，$i \in [1,n']$，$j \in [1,d_{ks}]$，$v \in \mathbb{Z}_{B_{ks}}$。

(3)加密算法 Enc($m,\boldsymbol{s}$)：输入明文 $m \in \{0,1\}$，私钥 $\boldsymbol{s}$，均匀选取 $\boldsymbol{a} \leftarrow \mathbb{T}^n$，$e \leftarrow \chi$，计算 $b = -\langle \boldsymbol{a},\boldsymbol{s}\rangle + m/4 + e \bmod 1$，输出密文 $\boldsymbol{c} = (b,\boldsymbol{a}) \in \mathbb{T}^{n+1}$。

(4)解密算法 Dec($\boldsymbol{c},\boldsymbol{s}$)：输入密文 $\boldsymbol{c}$，私钥 $\boldsymbol{s}$，输出 m'，使得 $b + \langle \boldsymbol{a},\boldsymbol{s}\rangle \approx m'/4$。

(5)同态运算：输入 TLWE 密文 $\boldsymbol{c}_1$，$\boldsymbol{c}_2$，调用自举算法实现同态门电路。

$$\text{HomNAND}(\boldsymbol{c}_1,\boldsymbol{c}_2) = \text{bootstrapping}[(\boldsymbol{0},5/8) - \boldsymbol{c}_1 - \boldsymbol{c}_2)]$$

$$\text{HomXOR}(\boldsymbol{c}_1,\boldsymbol{c}_2) = \text{bootstrapping}[2(\boldsymbol{c}_1 - \boldsymbol{c}_2)]$$

$$\text{HomAND}(\boldsymbol{c}_1,\boldsymbol{c}_2) = \text{bootstrapping}[(\boldsymbol{0}, -1/8) + \boldsymbol{c}_1 + \boldsymbol{c}_2)]$$

$$\text{HomOR}(\boldsymbol{c}_1,\boldsymbol{c}_2) = \text{bootstrapping}[(\boldsymbol{0},1/8) + \boldsymbol{c}_1 + \boldsymbol{c}_2)]$$

$$\text{HomNOT}(\boldsymbol{c}) = (\boldsymbol{0},1/4) - \boldsymbol{c}$$

自举算法 bootstrapping($\boldsymbol{c}$)：输入明文 μ 对应的密文 $\boldsymbol{c}$，自举密钥 $BK_{s\to s'',\alpha}$，转化密钥 $KS_{s'\to s,\gamma}$，定义抽取密钥 $s' = \text{KeyExtract}(\boldsymbol{s}'')$，执行如下自举算法：

算法 5-3：自举算法 bootstrapping

Input：$(\boldsymbol{a},b) \in LWE_{s,\eta}(\mu)$，$BK_{s\to s'',\alpha}$，$KS_{s'\to s,\gamma}$，$\boldsymbol{s}' = \text{KeyExtract}(\boldsymbol{s}'') \in \mathbb{Z}^{kN}$，$msg = \{\mu_0,\mu_1\} \in \mathbb{T}$.

Output：$LWE_{s,\nu}(\begin{cases}\mu_0, \varphi_s(\boldsymbol{a},b) \in (-\frac{1}{4},\frac{1}{4}] \\ \mu_1, \text{其他}\end{cases})$.

1：$\bar{\mu} \triangleq \frac{\mu_0+\mu_1}{2}$，$\bar{\mu}' \triangleq \frac{\mu_0-\mu_1}{2}$.

2：$\bar{b} \triangleq [2Nb]$，$\bar{a}_i \triangleq [2N\boldsymbol{a}_i]$，$i \in [1,n]$.

3：$\text{test}v = (1+X+\cdots+X^{N-1}) \times X^{-\frac{2N}{4}} \bar{\mu}' \in \mathbb{T}_N[X]$.

4：$\begin{cases}(1).\ \text{ACC} \leftarrow [X^{\bar{b}}(0,\text{test}v)] \in \text{trivialTLWE}_{a=0}(\pm\bar{\mu}' + \bar{\mu}' X^1 + \cdots - \bar{\mu}' X^{N-1}). \\ (2).\ \textbf{for}\quad i \in [1,n] \\ (3).\ \text{ACC} \leftarrow [(X^{-\bar{a}_i} - 1)BK_i - h)] \boxdot \text{ACC} \in \mathbb{T}[X]\end{cases}$

5：$u = (0,\bar{\mu}) + \text{TLWEExtract}(\text{ACC})$

6：**Return** $\text{KeySwitch}_{KS_{s'\to s,\gamma}}(\boldsymbol{u})$.

定理 5-2(自举定理)：$\boldsymbol{h} \in M_{(k+1)l,k+1}$ 是分解工具，$Dec_{\boldsymbol{h},\beta,\epsilon}$ 是对应的分解函数，密钥为 $\boldsymbol{s} \in \mathbb{B}^n$，$\boldsymbol{s}'' \in \mathbb{B}_N[X]^k$，噪声参数 α，γ，自举密钥 $BK = BK_{s\to s'',\alpha}$，密钥 $\boldsymbol{s}' = \text{TLWEExtract}(\boldsymbol{s}'') \in \mathbb{B}^{kN}$，转化密钥 $KS = KS_{s'\to s,\gamma,t}$，给定密文 $(\boldsymbol{a},b) \in LWE_{s,\eta}(\mu)$，其中 $\mu \in \mathbb{T}$ 和两个明文空间参数 μ_0，μ_1。算法 5-3 将输出一个 LWE 密文 $LWE_s(\mu')$：当 $|\varphi_s(\boldsymbol{a},b)| \leqslant -\frac{1}{4} - \delta$ 时 $\mu' = \mu_0$；当 $|\varphi_s(\boldsymbol{a},b)| \geqslant \frac{1}{4} + \delta$ 时 $\mu' = \mu_1$，其中舍入误差 δ 在最坏情况下等于 $(n+1)/(4N)$。令自举密钥

的噪声方差 $\vartheta_{BK}=\mathrm{Var}[\mathrm{Err}(BK_i)]=\frac{2}{\pi}\alpha^2$，转化密钥的噪声方差 $V_{KS}=\mathrm{Var}[\mathrm{Err}(KS_i)]=\frac{2}{\pi}\cdot\gamma^2$，则算法 5-3 输出向量 $\boldsymbol{v}$，满足噪声上限 $\|\mathrm{Err}(v)\|_\infty\leqslant n(k+1)l\beta N\alpha+kNt\gamma+n(1+kN)\varepsilon/2+kN2^{-(t+1)}$ 和噪声方差 $\mathrm{Var}(\mathrm{Err}(v))\leqslant Nn(k+1)l\beta^2\vartheta_{BK}+kNt\,V_{KS}+n(1+kN)\varepsilon^2/2+kN2^{-2(t+1)}$。

证明：证明过程将结合算法 5-3 的具体步骤，分析明文、密文的噪声上限和密文的噪声方差上限。

Line1：在一些应用环境中，需要自举后输出密文拥有不同的明文空间，例如在构建基本门电路时，明文空间可能需要属于 $\left\{0,\frac{1}{4}\right\}$ 中。因此，在自举过程中，应该根据具体要求来设置 $\bar{\mu}=(\mu_0+\mu_1)/2$，$\bar{\mu}'=(\mu_0-\mu_1)/2$，使得输出结果等于 $\bar{\mu}+\bar{\mu}'=\mu_0$ 或者 $\bar{\mu}-\bar{\mu}'=\mu_1$。

Line2：将密文 c 扩展为 $\bar{c}=(\bar{a},\bar{b})=(\lfloor 2Nc\rceil)$。这个操作是将密文运算范围从 $\mathbb{T}$ 扩展到 $\mathbb{Z}_{2N}$。

Line3：构造多项式幂与系数之间的多对 2 映射，从而构造取整函数。下面的公式表明，当 X 的幂属于 $\{0,N/2-1\}\cup\{3N/2,2N-1\}$，则幂对应的系数会等于 $\bar{\mu}'$。若 X 的幂属于 $(N/2,3N/2-1)$，则幂对应的系数会等于 $-\bar{\mu}'$。

$$\begin{aligned}\mathrm{test}v&=(1+X+\cdots+X^{N-1})\,X^{-\frac{2N}{4}}\,\bar{\mu}'\\&=(-X^N-\cdots-X^{\frac{3}{2}N-1}+X^{\frac{3N}{2}}+\cdots+X^{2N-1})\,\bar{\mu}'\end{aligned}$$

Line4(1)：TLWE 密文初始化。由 $\bar{b}$ 生成的初始平凡 TLWE 密文为 $\mathrm{trivialTLWE}_{a=0}=(0,X^{\bar{b}})$（无噪声），作为累加器 ACC 的初始值。该步骤输出明文为 $X^{\bar{b}}\mathrm{test}v$ 的 TLWE 密文，密文中的噪声和噪声方差均为 0。

Line4(2)：重复 n 次 Line4(3)。

Line5-6：令 $\bar{\varphi}=\bar{b}-\sum_{i=1}^{n}\bar{a}_i s_i \bmod(2N)$，则 $\bar{\varphi}$ 和 φ 之间满足关系 $2N(\varphi-\delta)\leqslant\bar{\varphi}\leqslant 2N(\varphi+\delta)$。当 $|\varphi_s(a,b)|\leqslant-\frac{1}{4}-\delta$ 时，有 $\frac{N}{2}<\bar{\varphi}<\frac{3N}{2}$；当 $|\varphi_s(a,b)|\geqslant\frac{1}{4}+\delta$，有 $\frac{3N}{2}\leqslant\bar{\varphi}\leqslant 2N$ 或者 $0\leqslant\bar{\varphi}\leqslant\frac{N}{2}$。

$$\left|\varphi-\frac{\bar{\varphi}}{2N}\right|=\left|b-\frac{\lfloor 2Nb\rceil}{2N}+\sum_{i=1}^{n}\left(a_i-\frac{\lfloor 2Na_i\rceil}{2N}\right)s_i\right|\overset{s_i\in\mathbb{B}}{\leqslant}\left|\frac{1}{4N}+\sum_{i=1}^{n}\frac{1}{4N}\right|\leqslant\frac{n+1}{4N}$$

$$<\delta\rightarrow-\delta\leqslant\varphi-\frac{\bar{\varphi}}{2N}\leqslant\delta\rightarrow 2N(\varphi-\delta)\leqslant\bar{\varphi}\leqslant 2N(\varphi+\delta)$$

根据引理 5-4，得到密文 $\boldsymbol{C}_i=[\mathrm{KeySwitc}(X_i^{-\bar{a}}-1)BK_i-h]\mathrm{TGSW}_{ss'',\alpha}(X^{-\overline{a_{2i-1}}\cdot s_{2i-1}-\overline{a_{2i}}\cdot s_{2i}})$ 是合法 TGSW 密文，噪声满足 $\|\mathrm{Err}(C)\|_\infty\leqslant\|\mathrm{Err}(BK_i)\|_\infty$ 噪声方差满足 $\mathrm{Var}[\mathrm{Err}(C)]\leqslant\mathrm{Var}[\mathrm{Err}(BK_i)]=\vartheta_{BK}$。通过分析得到关于明文，噪声和噪声方差的如下结果：

明文结果：

$$
\begin{aligned}
\text{msg}[\text{KeySwitch}_{\text{KS}_{s'\to s,\gamma}}(\boldsymbol{u})] &= \text{msg}(\boldsymbol{u}) \\
&= \text{msg}[(\boldsymbol{0},\bar{\mu}) + \text{SampleExtract}(\text{ACC}_n)] \\
&= \bar{\mu} + \text{msg}(\text{ACC}_n)_0 = \bar{\mu} + \Big[\prod_{i=1}^{n}(X^{-\bar{a}_i\cdot s_i})\cdot \text{msg}(\text{ACC}_0)\Big]_0 \\
&= \bar{\mu} + \Big[\prod_{i=1}^{n}(X^{-\bar{a}_i\cdot s_i})X^{\bar{b}}\,\text{test}v\Big]_0 \\
&= \begin{cases} \mu_0, \bar{\varphi} \in (0,\dfrac{N}{2}) \cup [\dfrac{3N}{2},2N) \Leftarrow |\varphi_s(\boldsymbol{a},b)| < -\dfrac{1}{4} - \delta \\ \mu_1, \bar{\varphi} \in [\dfrac{N}{2},\dfrac{3N}{2}) \Leftarrow |\varphi_s(\boldsymbol{a},b)| \geqslant \dfrac{1}{4} + \delta \end{cases} \\
&= \begin{cases} \mu_0, & |\varphi_s(\boldsymbol{a},b)| < -\dfrac{1}{4} - \delta \\ \mu_1, & |\varphi_s(\boldsymbol{a},b)| \geqslant \dfrac{1}{4} + \delta \end{cases}
\end{aligned}
$$

噪声上限：

$$
\begin{aligned}
\|\text{Err}[\text{KeySwitch}_{\text{KS}_{s'\to s,\gamma}}(u)]\|_\infty &\overset{\eta' = \|\text{Err}(a',b')\|_\infty}{\leqslant} \|\text{Err}(u)\|_\infty + n't\gamma + n'\,2^{-(t+1)} \\
&= \|\text{Err}[(0,\bar{\mu}) + \text{TLWEExtract}(\text{ACC})]\|_\infty + n't\gamma + n'\,2^{-(t+1)} \\
&\leqslant \|\text{Err}(\text{ACC}_n)\|_\infty + n't\gamma + n'\,2^{-(t+1)} \\
&= \sum_{i=1}^{n}(\alpha(k+1)lN\beta + (1+kN)\varepsilon) + \|\text{Err}(\text{ACC}_0)\|_\infty + n't\gamma + n'\,2^{-(t+1)} \\
&\leqslant n(k+1)l\beta N\alpha + kNt\gamma + n(1+kN)\varepsilon/2 + kN\,2^{-(t+1)}
\end{aligned}
$$

噪声方差上限：

$$
\begin{aligned}
\text{Var}\{\text{Err}[\text{KeySwitch}_{\text{KS}_{s'\to s,\gamma}}(u)]\} &\overset{\eta' = \text{Var}[\text{Err}(a',b')]}{\leqslant} \text{Var}[\text{Err}(u)] + n't\,\gamma^2 + n'\,2^{-2(t+1)} \\
&\leqslant \|\text{Var}\{\text{Err}[(0,\bar{\mu}) + \text{TLWEExtract}(ACC)]\}\|_\infty + n't\,\gamma^2 + n'\,2^{-2(t+1)} \\
&\leqslant \|\text{Var}[\text{Err}(AC\,C_n)]\|_\infty + n't\,\gamma^2 + n'\,2^{-2(t+1)} \\
&\leqslant \sum_{i=1}^{n}[\vartheta_{\text{BK}}(k+1)lN\beta^2 + (1+kN)\varepsilon^2] + \text{Var}[\text{Err}(AC\,C_0)] + n't\,\gamma^2 + n'\,2^{-2(t+1)} \\
&= Nn(k+1)l\beta^2\,\vartheta_{\text{BK}} + kNt\,V_{\text{KS}} + n(1+kN)\,\varepsilon^2/2 + kN\,2^{-2(t+1)}
\end{aligned}
$$

证毕。

5.3.3　方案分析

本节我们对方案的安全性和参数选择进行分析。

1. 安全性分析

TLWE 实例可以被等效地重新缩放和四舍五入到 binLWE 实例，而这又可以使用密钥转化或模交换技术被还原为标准的 LWE。因此，TFHE 的语义安全几乎等同于最坏情况下的格上的问题。类似地，TRLWE 的可以被映射到 bin-RingLWE 实例，其语义安全已知等同于最坏情况下的理想格上的困难问题。

2. 安全参数的选取

(1)安全参数分析。

从总体思路来说,TLWE 问题安全参数的选取可以通过以下两种方法实现。第一种方法:TLWE 问题安全性可以映射到 binLWE 问题上,binLWE 问题通过换维换模技术可以规约到标准的 LWE 问题上,LWE 问题可以进一步规约到最坏情况下的有限距离解析(Bunded Distance Decoding,BDD)实例上。通过分析现在对 BDD 实例的最好攻击的复杂度,乘以规约损耗得到攻击 TLWE 实例的复杂度。将该复杂度对 2 取对数就可以得到 TLWE的安全常数 λ。本书采用更加直接的第二种方法:因为 TLWE 问题可以映射到 binLWE 问题上。所以直接分析现在对 LWE 问题的最佳攻击方法,优化这些攻击方法并攻击 TLWE 问题,从而得到攻击 TLWE 问题的复杂度。将该时间复杂度对 2 取对数就可以得到 TLWE 的安全常数 λ。

攻击 LWE 问题的思路是:假如可以找到同态 LWE 实例的小整数组合使得结果为 0,那么可以解决 LWE 区分问题。因为 LWE 实例在离散群上,所以要求得到准确的解使得结果为 0。然而,TLWE 实例在连续的群上,所以只需要得到模糊解,就可以解决 TLWE 区分问题,即对于 m 个 LWE 实例 $(a_1, b_1),\cdots,(a_m, b_m)$,或者 m 个 $\mathbb{T}^{n+1}$ 上的 TLWE 实例。TLWE问题中需要找到一组向量 $\boldsymbol{v} = [v_1 \quad \cdots \quad v_m]$ 使得 $\sum_{i=1}^{m} v_i a_i$ 很小就可以解决 TLWE 区分问题(LWE 中要求结果为 0)。

具体运算过程:输入由 $\boldsymbol{a} = [a_1 \quad \cdots \quad a_m]$ 构造的特殊矩阵和映射,并利用格规约算法(BKZ 2.0 算法),可以输出一个格上具有标准差为 $\delta^{n+m}/\sqrt{n+m}$ 的向量 $\boldsymbol{f}_q(\omega)$,其中 $\delta \in (1,1.1]$ 是规约过程中的近似因子相关参数(在实际运行过程中,最快的格规约算法是分块格算法,如 BKZ 2.0。一次 BKZ 2.0 算法的运行时间大致为 $\log_2(t_{\text{BKZ}})(\delta) = \frac{0.09}{\log_2(\delta)^2} - 27$。通过向量 $\boldsymbol{f}_q(\omega)$ 的分布可以计算出 $\sum_{i=1}^{m} v_i b_i$ 是服从方差为 $\sigma^2 = \delta^{2(m+n)}(\frac{\pi \|s\|^2}{2q^2 n} \cdot \frac{n}{m+n} + q^{2n/m}\alpha^2 \frac{m}{m+n})$ 的高斯分布。根据平滑参数的定义可以知道,区分方差 $\sigma^2 \geqslant \eta^2(\mathbb{Z})$ 的高斯分布和均匀分布成功的概率为 ε。根据 Chernoff 界,通过 $1/\varepsilon^2$ 独立的运算,可以大概率区分该高斯分布和均匀分布。

因此 TLWE 的安全参数为 $\lambda(n,\alpha) = \log_2(t_{\text{attack}}) = \min_{0<\varepsilon<1} \log_2\left[\frac{n}{\varepsilon^2} t_{\text{BKZ}}(n,\alpha,\varepsilon)\right]$,其中每次 BKZ 2.0 算法运行时间为 $\log_2[t_{\text{BKZ}}(n,\alpha,\varepsilon)] = \frac{0.09}{\log_2(\delta)^2} - 27$,规约步骤中的近似因子为 $\ln[\delta(n,\alpha,\varepsilon)] = \max_{m>1,q>1} \frac{1}{2(m+n)}\{\ln[\eta_\varepsilon^2 \mathbb{Z})] - \ln(\frac{\pi s^2}{2q^2}\frac{n}{m+n} + q^{\frac{2n}{m}}\alpha^2 \frac{m}{m+n})\}$,$\sum_{i=1}^{m} v_i b_i$ 方差的界限为 $\eta_\varepsilon(\mathbb{Z}) \approx \sqrt{\frac{1}{\pi}\ln\left(\frac{1}{\varepsilon}\right)}$,变量 $t = \frac{n}{m+n}$,$l_1 = \ln\left[\frac{\eta_\varepsilon^2(\mathbb{Z})}{\alpha^2}\right]$,$l_2 = \ln\left[\frac{\eta_\varepsilon^2(\mathbb{Z})}{\alpha^2}\right]$。通过上述公式和微分法,可以依次得到 $q_{\text{best}} = (\frac{\pi s^2}{2\alpha^2})^{\frac{m}{2(m+n)}}$,$t_{\text{best}} = \frac{l_1}{2(l_1 - l_2)}$,$m_{\text{best}}$,$\delta_{\text{best}}$,$\varepsilon_{\text{best}}$,最

终安全参数 $\lambda(n,\alpha)$ 可以表示成 LWE 中分量个数 n 和噪声参数 α 的函数。

(2)方案中具体参数的选择。

早期 CGGI16 方案中用于分解 TLWE 密文的精度 $\varepsilon=1/(2B_g^l)$ 过高，影响了自举效率。本章使用 ZYL+17 中的新参数设置 $l=2$，$B_g=512$，$\beta=256$（而不是 TFHE 方案中的 $l=3$，$B_g=1\,024$，$\beta=512$）。本方案中使用的其他参数设置为 $n=500$，$N=1\,024$，$k=1$，$\varepsilon=2^{-31}$，$\alpha=9.0\cdot10^{-9}$，$\gamma=3.05\times10^{-5}$，$t=15$。

新参数设置使得自举过程正确性提升：一方面，本方案采用较小的参数 l 会使得密文分解时精度降低 $\varepsilon=1/(2B_g^l)$，从而导致噪声的增长；另一方面，较小的 l 也会导致较小的密文维度，从而导致噪声增长较低。通过分析发现，较小的参数 l 会使得噪声增长较低，这会使得方案的正确率进一步提升。把本章推荐参数代入到定理 5-2 中，得到自举过程后密文的噪声方差为 2.41×10^{-5}，对应的标准差为 $\sigma=0.004\,9$。当噪声满足该标准差的高斯分布时，自举过程的正确率（噪声上限小于 1/16 的概率）为 $\mathrm{erf}(2\delta/16)\geqslant1-2^{-54}$（高于 TFHE 中的概率 $1-2^{-33.56}$ 和 FHEW 方案中的概率 $1-2^{-32}$）。

新参数设置使得自举过程效率提升：较小的 l 会导致较低的密文维度 $\boldsymbol{u}\in\mathbb{R}^{(k+1)l}$ 和规模较小 TGSW 密文 $M_{(k+1)l,k+1}\{\mathbb{T}_N[X]\}$。因此 TLWE 密文与 TGSW 密文之间的外部乘积运算也会更快。由于自举过程中的数百次串行的外部乘积占用了大部分时间，因此参数 l 的改变会提升自举过程效率。

新参数设置不影响自举过程的安全性：本章改变分解 TLWE 密文的精度。因为分解过程是直接对密文进行操作，不涉及任何有关密钥的信息，所以新的参数不会降低方案的安全性。

5.4 CGGI 型全同态加密方案的优化技术

CGGI17 方案具有自举效率高的优点，但该方案的两个缺陷：一是自举过程涉及较长的串行同态累加运算，无法并行处理，这限制了自举过程的速度。二是方案密文扩展率太高，导致在实际应用时需要过多的带宽。针对这两个问题，本节给出 CGGI17 方案的两个优化方案。

5.4.1 具有多个加速的快速自举算法

CGGI17 方案自举过程效率高，但缺陷是自举过程涉及较长的串行同态累加运算，无法并行处理，这限制了自举过程的速度。本节的主要工作是进一步提升全同态加密方案的效率。首先，由于数百个串行同态加法占据了自举过程中大部分时间，本小节利用增强同态常数乘法(Enhanced Homomorphic Constant Multiplication，EHCM)函数的真值表构造对应的逻辑表达式，将串行同态加法的数量减少至原来的 1/3，由此提出一个高效全同态加密方案。其次，本章提出的增强同态常数乘法和同态加法运算可以通过并行进行加速，这可以进一步提升自举过程的实现速度。最后，本章提出一组更高效的参数组合，从而提升自举算法的计算效率。在自举型全同态加密方案的实际应用场景中，有可能需要百万级的同态门电路（自举过程），因此效率的提升至关重要。

1. 增强的同态常数乘法

本节主要创新点在于构造增强的同态常数乘法函数,从而将同态加法的数量减少至原来的1/3。为了更有效地运行自举过程,我们希望更加快速地运行同态计算 $X^{-\overline{a}\cdot s}=X^{-\sum_{i=1}^{n}\overline{a_i}\cdot s_i}=\prod_{i=1}^{n}X^{-\overline{a_i}\cdot s_i}$(累加过程)。可以首先计算出所有的同态加数 $X^{-\overline{a_i}\cdot s_i}$,之后通过外部乘积(同态加法)得到 $\prod_{i=1}^{n}X^{-\overline{a_i}\cdot s_i}$。TFHE 构造了一种同态常数乘法,输入为 $\overline{a_i}$ 和 $\mathrm{TGSW}(s_i)$,输出为 TGSW 密文 $\mathrm{TGSW}(X^{-\overline{a_i}\cdot s_i})$。通过对所有的 $\mathrm{TGSW}(X^{-\overline{a_i}\cdot s_i})$ 密文进行累加运算(在 X 的幂次上进行 n 次同态加法),就可以得到 $\prod_{i=1}^{n}X^{-\overline{a_i}\cdot s_i}$ 的 TRLWE 密文。

然而,X 幂上的同态加法涉及向量和矩阵之间的乘法,几百个串行的同态外部乘积是非常昂贵的,并且无法通常并行进行加速。为了解决这个问题,本章构造了增强型同态常数乘法。设计增强型同态常数乘法的作用是:当私钥取自{0,1}时,可以直接生成 $X^{-\overline{a_{i-1}}\cdot s_{i-1}-\overline{a_i}\cdot s_i}$ 的密文(而不是 $X^{-\overline{a_i}\cdot s_i}$ 的密文)。这意味着,构造 $\prod_{i=1}^{n}X^{-\overline{a_i}\cdot s_i}=X^{-\sum_{i=1}^{n}\overline{a_i}\cdot s_i}$ 的密文只需要 $n/2$ 次同态加法运算(而不是 n 次)。

具体构造思想是:$X^{-\overline{a_{i-1}}\cdot s_{i-1}-\overline{a_i}\cdot s_i}$ 的真值表可以用下面的公式来表示。该公式给出了明文状态构造增强型同态常数乘法的方法。随后给出密态构造增强型同态常数乘法密文的方法。

$$
\begin{aligned}
X^{-\overline{a_{i-1}}\cdot s_{i-1}-\overline{a_i}\cdot s_i} &= \begin{cases} 1, \boldsymbol{s}_{i-1}=0, \boldsymbol{s}_i=0 \\ X^{-\overline{a_i}}, \boldsymbol{s}_{i-1}=0, \boldsymbol{s}_i=1 \\ X^{-\overline{a_{i-1}}}, \boldsymbol{s}_{i-1}=1, \boldsymbol{s}_i=0 \\ X^{-\overline{a_{i-1}}-\overline{a_i}}, \boldsymbol{s}_{i-1}=1, \boldsymbol{s}_i=1 \end{cases} \\
&= X^{-\overline{a_{i-1}}-\overline{a_i}}\cdot \boldsymbol{s}_{i-1}\, s_i - X^{-\overline{a_{i-1}}}\cdot \boldsymbol{s}_{i-1}(\boldsymbol{s}_i-1)- \\
&\quad X^{-\overline{a_i}}\cdot \boldsymbol{s}_i(\boldsymbol{s}_{i-1}-1)+(\boldsymbol{s}_{i-1}-1)(\boldsymbol{s}_i-1)
\end{aligned}
$$

引理 5-5(增强的同态常数乘法,HCM):令私钥 $\boldsymbol{s}''\in\mathbb{B}_N[X]^k$,噪声参数 α,给定TGSW 密文 $\mathrm{BK}_1=\mathrm{TGSW}_{s'',\alpha}(s_1\,s_2)$,$\mathrm{BK}_2=\mathrm{TGSW}_{s'',\alpha}[s_1(s_2-1)]$,$\mathrm{BK}_3=\mathrm{TGSW}_{s'',\alpha}((s_1-1)\,s_2)$,常数 $a\in[0,2N)$,则同态常数乘法输出的密文 $C=(X^{-a_1-a_2}-1)\mathrm{BK}_1-(X^{-a_1}-1)\mathrm{BK}_2-(X^{-a_2}-1)\mathrm{BK}_3+\boldsymbol{h}$ 是 $X^{-a_1s_1-a_2s_2}$ 的 TGSW 密文,满足 $\|\mathrm{Err}(C)\|_\infty\leqslant\|\mathrm{Err}(\mathrm{BK}_1)\|_\infty+\|\mathrm{Err}(\mathrm{BK}_2)\|_\infty+\|\mathrm{Err}(\mathrm{BK}_3)\|_\infty$,$\mathrm{Var}[\mathrm{Err}(C)]\leqslant\mathrm{Var}[\mathrm{Err}(\mathrm{BK}_1)]+\mathrm{Var}[\mathrm{Err}(\mathrm{BK}_2)]+\mathrm{Var}[\mathrm{Err}(\mathrm{BK}_3)]$。

证明:我们依次分析密文解密的正确性,以及密文中的噪声上界和噪声方差上限。

首先,分析密文解密的正确性:

$$
\begin{aligned}
C &= (X^{-a_1-a_2}-1)\mathrm{BK}_1-(X^{-a_1}-1)\mathrm{BK}_2-(X^{-a_2}-1)\mathrm{BK}_3+\boldsymbol{h} \\
&= (X^{-a_1-a_2}-1)\,\mathrm{TGSW}_{s'',\alpha}(s_1\,s_2)-(X^{-a_1}-1)\mathrm{TGSW}_{s'',\alpha}[s_1(s_2-1)]- \\
&\quad (X^{-a_2}-1)\,\mathrm{TGSW}_{s'',\alpha}[(s_1-1)\,s_2]+\boldsymbol{h} \\
&\overset{\mathrm{TGSW}(\mu)=Z+\mu\cdot h}{=} \mathrm{TGSW}_{s'',\alpha}(X^{-a_1s_1-a_2s_2})
\end{aligned}
$$

其次,分析密文中噪声的上限:

$$\begin{aligned}\|\mathrm{Err}(C)\|_\infty &= \|(X^{-a_1-a_2}-1)\mathrm{BK}_1-(X^{-a_1}-1)\mathrm{BK}_2-(X^{-a_2}-1)\mathrm{BK}_3+\boldsymbol{h}\|_\infty \\ &\leqslant \|\mathrm{Err}(X^{-a}\mathrm{BK}_1)+\mathrm{Err}(\mathrm{BK}_2)+\mathrm{Err}(\mathrm{BK}_3)\|_\infty \\ &\leqslant \|\mathrm{Err}(\mathrm{BK}_1)\|_\infty+\|\mathrm{Err}(\mathrm{BK}_2)\|_\infty+\|\mathrm{Err}(\mathrm{BK}_3)\|_\infty\end{aligned}$$

最后，分析密文中的噪声方差上限：

$$\begin{aligned}\mathrm{Var}[\mathrm{Err}(C)] &= \mathrm{Var}[\mathrm{Err}(X^{-a_1-a_2}-1)\mathrm{BK}_1-(X^{-a_1}-1)\mathrm{BK}_2-(X^{-a_2}-1)\mathrm{BK}_3+h)] \\ &\leqslant \mathrm{Var}[\mathrm{Err}(\mathrm{BK}_1)]+\mathrm{Var}[\mathrm{Err}(\mathrm{BK}_2)]+\mathrm{Var}[\mathrm{Err}(\mathrm{BK}_3)]\end{aligned}$$

证毕。

2. 基于增强的同态常数乘法的自举算法

基于增强的同态常数乘法的 TFHE 型自举算法也称为具有多个加数的 TFHE 型自举算法，因此增强的同态常数乘法可以一次处理多个常数。结合上述分析，算法 5－4 给出其自举过程。

算法 5－4：基于增强的同态常数乘法的自举算法（Gbootstrapping）

Input：$(a,b)\in \mathrm{LWE}_{s,\eta}(\mu)$，$\mathrm{BK}_{s\to s'',\alpha}$，$\mathrm{KS}_{s'\to s,\gamma}$，$\boldsymbol{s}'=\mathrm{KeyExtract}(\boldsymbol{s}'')\in\mathbb{Z}^{kN}$，$\mathrm{msg}=\mu_0,\mu_1\in\mathbb{T}$.

Output：$\mathrm{LWE}_{s,\nu}(\begin{cases}\mu_0, \varphi_s(\boldsymbol{a},b)\in(-\frac{1}{4},\frac{1}{4}] \\ \mu_1, \text{其他}\end{cases})$.

1：$\bar{\mu}\triangleq\dfrac{\mu_0+\mu_1}{2}$，$\bar{\mu}'\triangleq\dfrac{\mu_0-\mu_1}{2}$.

2：$\bar{b}\triangleq\lfloor 2Nb\rceil$，$\bar{\boldsymbol{a}}_i\triangleq\lfloor 2N\boldsymbol{a}_i\rceil$，$i\in[1,n]$.

3：$\mathrm{test}v=(1+X+\cdots+X^{N-1})\times X^{-\frac{2N}{4}}\bar{\mu}'\in\mathbb{T}_N[X]$.

4：$\mathrm{ACC}\leftarrow(X^{\bar{b}}(\boldsymbol{0},\mathrm{test}v))\in\mathrm{trivialTLWE}_{a=0}(\pm\bar{\mu}'+\bar{\mu}'X^1+\cdots-\bar{\mu}'X^{N-1})$.

5：**for**　$i=1$　to　$\dfrac{n}{2}$.

6：$\mathrm{Keybundl\ e}_i=X^{-\overline{a_{2i-1}}-\overline{a_{2i}}}\mathrm{BK}_{i,1}-X^{-\overline{a_{2i-1}}}\mathrm{BK}_{i,2}-X^{-\overline{a_{2i}}}\mathrm{BK}_{i,3}+\mathrm{BK}_{i,4}$.

7：$\mathrm{ACC}\leftarrow\mathrm{Keybundle}_i\boxdot\mathrm{ACC}$.

8：$u=(0,\bar{\mu})+\mathrm{SampleExtract}(\mathrm{ACC})$.

9：**Return** $\mathrm{KeySwitch}_{\mathrm{KS}_{s'\to s,\gamma}}(\boldsymbol{u})$.

定理 5－3（自举定理）：$\boldsymbol{h}\in M_{(k+1)l,k+1}$ 是分解工具，$\mathrm{Dec}_{h,\beta,\epsilon}$ 是对应的分解函数，密钥为 $s\in\mathbb{B}^n$，$s''\in\mathbb{B}_N[X]^k$，噪声参数 α，γ，自举密钥 $\mathrm{BK}=\mathrm{BK}_{s\to s'',\alpha}$，密钥 $s'=\mathrm{KeyExtract}(ss'')\in\mathbb{B}^{kN}$，转化密钥 $\mathrm{KS}=\mathrm{KS}_{s'\to s,\gamma}$，给定 $(a,b)\in\mathrm{LWE}_{s,\eta}(\mu)$，其中 $\mu\in\mathbb{T}$ 和两个明文空间参数 μ_0，μ_1。算法 5－1 将输出一个密文 $\mathrm{LWE}_s(\mu')$，当 $|\varphi_s(a,b)|\leqslant-\dfrac{1}{4}-\delta$ 时 $\mu'=\mu_0$，当 $|\varphi_s(a,b)|\geqslant\dfrac{1}{4}+\delta$ 时 $\mu'=\mu_1$，其中舍入误差 δ 在最坏情况下等于 $(n+1)/(4N)$。令自举密钥的噪声方差 $\vartheta_{\mathrm{BK}}=\mathrm{Var}[\mathrm{Err}(\mathrm{BK}_i)]=\dfrac{2}{\pi}\cdot\alpha^2$ 和转化密钥的噪声方差 $V_{\mathrm{KS}}=\mathrm{Var}[\mathrm{Err}(\mathrm{KS}_i)]=\dfrac{2}{\pi}\cdot\gamma^2$，则算法 5－1 输出向量 $\boldsymbol{v}$，满足噪声上限 $\|\mathrm{Err}(v)\|_\infty\leqslant 2n(k+1)l\beta N\alpha+kNt\gamma+n(1+kN)\epsilon/2+kN\,2^{-(t+1)}$ 和噪声方差 $\mathrm{Var}[\mathrm{Err}(\boldsymbol{v})]\leqslant 2Nn(k+1)l\beta^2\vartheta_{\mathrm{BK}}+kNtV_{\mathrm{KS}}+n(1+kN)\epsilon^2/2+kN\,2^{-2(t+1)}$。

证明：证明过程将结合算法 5-1 的具体步骤，分析明文、密文的噪声上限和密文的噪声方差上限。

Line1：在一些应用环境中，需要自举后输出密文拥有不同的明文空间，例如在构建基本门电路时，明文空间可能需要属于 $\left\{0,\frac{1}{4}\right\}$ 中。因此，在自举过程中，应该根据具体要求来设置 $\bar{\mu}\triangleq(\mu_0+\mu_1)/2$，$\bar{\mu}'\triangleq(\mu_0-\mu_1)/2$，使得输出结果等于 $\bar{\mu}+\bar{\mu}'\triangleq\mu_0$ 或者 $\bar{\mu}-\bar{\mu}'\triangleq\mu_1$。

Line2：将密文 c 扩展为 $\bar{c}=(\bar{a},\bar{b})=(\lceil 2Nc\rfloor)$。这个操作是将密文运算范围从 $\mathbb{T}$ 扩展到 $\mathbb{Z}_{2N}$。

Line3：构造多项式幂与系数之间的多对 2 映射，从而构造取整函数。下面的公式表明，当 X 的幂属于 $\{0,N/2-1\}\cup\{3N/2,2N-1\}$ 时，幂对应的系数会等于 $\bar{\mu}'$。当 X 的幂属于 $\{(N/2,3N/2-1)\}$ 时，幂对应的系数会等于 $-\bar{\mu}'$。

$$
\begin{aligned}
\text{test}v&=(1+X+\cdots+X^{N-1})\times X^{-\frac{2N}{4}}\cdot\bar{\mu}'\\
&=(-X^{N}-\cdots-X^{\frac{3}{2}N-1}+X^{\frac{3N}{2}}+\cdots+X^{2N-1})\cdot\bar{\mu}'
\end{aligned}
$$

Line4：TLWE 密文初始化。由 $\bar{b}$ 生成的初始平凡 TLWE 密文为 $\text{trivialTLWE}_{a=0}=(0,X^{\bar{b}})$（无噪声），作为累加器 ACC 的初始值。该步骤输出明文为 $X^{\bar{b}}\cdot\text{test}v$ 的 TLWE 密文，密文中的噪声和噪声方差均为 0。

Line5：重复 $n/2$ 次 Line6 和 Line7。

Line6～Line9：令 $\bar{\varphi}=\bar{b}-\sum_{i=1}^{n}\bar{a_i}\cdot s_i\bmod 2N$，则 $\bar{\varphi}$ 和 φ 之间满足关系 $2N(\varphi-\delta)\leqslant\bar{\varphi}\leqslant 2N(\varphi+\delta)$。当 $|\varphi_s(a,b)|\leqslant-\frac{1}{4}-\delta$ 时，有 $\frac{N}{2}<\bar{\varphi}<\frac{3N}{2}$；当 $|\varphi_s(a,b)|\geqslant\frac{1}{4}+\delta$ 时，有 $\frac{3N}{2}\leqslant\bar{\varphi}\leqslant 2N$ 或者 $0\leqslant\bar{\varphi}\leqslant\frac{N}{2}$。

$$
\begin{aligned}
\left|\varphi-\frac{\bar{\varphi}}{2N}\right|&=\left|b-\frac{\lfloor 2Nb\rceil}{2N}+\sum\nolimits_{i=1}^{n}\left(a_i-\frac{\lfloor 2Na_i\rceil}{2N}\right)s_i\right|\overset{s_i\in\mathbb{B}}{\leqslant}\left|\frac{1}{4N}+\sum\nolimits_{i=1}^{n}\frac{1}{4N}\right|\\
&\leqslant\frac{n+1}{4N}<\delta\rightarrow-\delta\leqslant\varphi-\frac{\bar{\varphi}}{2N}\leqslant\delta\rightarrow 2N(\varphi-\delta)\leqslant\bar{\varphi}\leqslant 2N(\varphi+\delta)
\end{aligned}
$$

根据定理 5-1，得到 $\text{Keybundl}\,e_i=\text{TGSW}_{s'',\alpha}(X^{-\overline{a_{2i-1}}\cdot s_{2i-1}-\overline{a_{2i}}\cdot s_{2i}})$ 是合法 TGSW 密文，噪声满足 $\|\text{Err}(\text{Keybundl}\,e_i)\|_\infty\leqslant 4\|\text{Err}(\text{BK}_{2i})\|_\infty$，噪声方差满足 $\text{Var}(\text{Err}(\text{Keybundl}\,e_i))\leqslant 4\upsilon_{\text{BK}}$。得到关于明文，噪声和噪声方差的如下结果：

(1)明文结果：

$$
\begin{aligned}
\text{msg}[\text{KeySwitch}_{\text{KS}_{s'\to s,\gamma}}(\boldsymbol{u})]&=\text{msg}(\boldsymbol{u})\\
&=\text{msg}[(\boldsymbol{0},\bar{\mu})+\text{SampleExtract}(\text{ACC}_{\frac{n}{2}})]\\
&=\bar{\mu}+\text{msg}(\text{ACC}_{\frac{n}{2}})_0=\bar{\mu}+\left[\prod_{i=1}^{\frac{n}{2}}(X^{-\overline{a_{2i-1}}\cdot s_{2i-1}-\overline{a_{2i}}\cdot s_{2i}})\cdot\text{msg}(\text{ACC}_0)\right]_0\\
&=\bar{\mu}+(\prod_{i=1}^{\frac{n}{2}}[X^{-\overline{a_{2i-1}}\cdot s_{2i-1}-\overline{a_{2i}}\cdot s_{2i}})\cdot X^{\bar{b}}\text{test}v]_0\\
&=\begin{cases}\mu_0,\bar{\varphi}\in(0,\frac{N}{2})\cup[\frac{3N}{2},2N)\Leftarrow|\varphi_s(\boldsymbol{a},b)|<-\frac{1}{4}-\delta\\ \mu_1,\bar{\varphi}\in[\frac{N}{2},\frac{3N}{2})\Leftarrow|\varphi_s(\boldsymbol{a},b)|\geqslant\frac{1}{4}+\delta\end{cases}
\end{aligned}
$$

$$=\begin{cases}\mu_0, & |\varphi_s(\boldsymbol{a},b)|<-\frac{1}{4}-\delta\\ \mu_1, & |\varphi_s(\boldsymbol{a},b)|\geqslant\frac{1}{4}+\delta\end{cases}$$

(2)噪声上限：

$$\begin{aligned}\|\mathrm{Err}[\mathrm{KeySwitch}_{\mathrm{KS}_{s'\to s,\gamma}}(u)]\|_\infty &\overset{\eta'=\|\mathrm{Err}(a',b')\|_\infty}{\leqslant} \|\mathrm{Err}(u)\|_\infty+n't\gamma+n'\,2^{-(t+1)}\\ &=\|\mathrm{Err}[(0,\bar{\mu})+\mathrm{SampleExtract}(\mathrm{ACC})]\|_\infty+\\ &\quad n't\gamma+n'\,2^{-(t+1)}\\ &\leqslant\|\mathrm{Err}(\mathrm{AC\,C}_{\frac{n}{2}})\|_\infty+n't\gamma+n'\,2^{-(t+1)}\\ &=\sum_{i=1}^{\frac{n}{2}}[3\alpha(k+1)lN\beta+(1+kN)\varepsilon]+\\ &\quad\|\mathrm{Err}(\mathrm{AC\,C}_0)\|_\infty+n't\gamma+n'\,2^{-(t+1)}\\ &\leqslant 1.5n(k+1)l\beta N\alpha+kNt\gamma+n(1+\\ &\quad kN)\varepsilon/2+kN\,2^{-(t+1)}\end{aligned}$$

(3)噪声方差上限：

$$\begin{aligned}&\mathrm{Var}\{\mathrm{Err}[\mathrm{KeySwitch}_{\mathrm{KS}_{s'\to s,\gamma}}(u)]\}\\ &\overset{\eta'=\mathrm{Var}[\mathrm{Err}(a',b')]}{\leqslant}\mathrm{Var}[\mathrm{Err}(u)]+n't\,\gamma^2+n'\,2^{-2(t+1)}\\ &\leqslant\|\mathrm{Var}\{\mathrm{Err}[(0,\bar{\mu})+\mathrm{SampleExtract}(\mathrm{ACC})]\}\|_\infty+n't\,\gamma^2+n'\,2^{-2(t+1)}\\ &\leqslant\|\mathrm{Var}[\mathrm{Err}(\mathrm{ACC}_{\frac{n}{2}})]\|_\infty+n't\,\gamma^2+n'\,2^{-2(t+1)}\\ &\leqslant\sum_{i=1}^{\frac{n}{2}}[3\,\vartheta_{\mathrm{BK}}(k+1)lN\,\beta^2+(1+kN)\varepsilon^2]+\mathrm{Var}[\mathrm{Err}(\mathrm{ACC}_0)]+n't\,\gamma^2+n'2^{-2(t+1)}\\ &=1.5Nn(k+1)l\beta^2\vartheta_{\mathrm{BK}}+kNt\,V_{\mathrm{KS}}+n(1+kN)\,\varepsilon^2/2+kN\,2^{-2(t+1)}\end{aligned}$$

与 CGGI17 方案相比，本节优化方案的一个缺陷是，同态计算密钥从 52.6 MB 增加到 52.7 MB，这由自举密钥(31.3 MB)和转化密钥(29.2 MB)组成。其中，自举密钥由是 $1.5n(k+1)l$ 个 TLWE 密文组成，每个 TLWE 密文需要 $(k+1)\cdot N\cdot 32$ bit 表示。

证毕。

3 个加数为一个组：为了便于说明，本节方案分析过程中，采用两个加数作为一组构造了增强的常数乘法 $\mathrm{TGSW}(X^{-\overline{a_{2i-1}}\cdot s_{2i-1}-\overline{a_{2i}}\cdot s_{2i}})$。在方案实现时，方案以 3 个加数作为一个组以获得更快的自举过程(实验表明 3 个加法一组是最快的设置)，3 个加数作为一个组带来的缺陷是计算密钥的大小会少量增加。

5.4.2　具有短密文的 TFHE 型全同态加密方案构造

TFHE 型全同态加密自举过程效率较高，支持高效运行同态逻辑门电路，但其单比特加密的特点，导致方案密文扩展率太高(CGGI16 方案、CGGI17 方案、ZYL+18 方案的密文扩展率为 16 032)。如何在不影响方案效率的情况下，降低密文规模是一个迫切需要解决的重要问题。本节将给出具有短密文的 TFHE 型全同态加密方案。

1. 构造思路

CGGI17 方案中，单比特的密文 c 是 501 维的 32bit 数据(明密文扩展率为 16 032)，同态计算时直接对密文进行操作。但方案在对密文运行自举过程时，需要把密文的分量 $c[i]$ 转化到环 $\mathbb{Z}[X]/X^N+1$ 中的 $X^{c[i]}$。为了环上计算更加高效，通常把环取成 $\mathbb{Z}[X]/X^{1024}+1$。这就导致密文分量的 32bit 和 $\mathbb{Z}[X]/X^N+1$ 中的 X^i 指数产生了冲突。CGGI17 方案的解决方法是，在自举过程之前对密文运行 round 函数，将 501 维 32 bit 的密文 c，降低为 501 维 11 bit，即在自举过程的核心步骤运行之前，密文的大部分冗余信息都将被丢弃。本节方案在生成密文时就丢弃冗余信息，即密文生成过程就运行 round 函数，分析表明，通过合理的设置 round 函数。可有效降低密文规模，并将噪声降低到可接受范围，进一步提升方案效率。

2. 方案构造

TFHE 方案是典型的双层全同态加密方案，其内层方案是基于 LWE 问题的典型格加密方案，外层方案是基于 RLWE 问题的混合型全同态加密方案。本方案和 CGGI17 方案的不同处，在于将原方案自举过程中的 round 函数，提前到加密过程中，并通过合理的设置参数，实现降低密文规模的效果。

具有短密文的全同态加密方案具体算法如下：

算法 5－5：同态与非门过程（HomNAND）

Input：$(\boldsymbol{a}_1, b_1) \in \mathrm{TLWE}_{s,\eta}(\mu_1)$，$(\boldsymbol{a}_2, b_2) \in \mathrm{TLWE}_{s,\eta}(\mu_2)$，$\mathrm{BK}_{s\to s'',\alpha}$，$\mathrm{KS}_{s'\to s,\gamma}$，$\boldsymbol{s}' = \mathrm{KeyExtract}(\boldsymbol{s}'')$.

Output：$c = (\boldsymbol{a}, b) \in \mathrm{TLWE}_{s,\eta}(1-\mu_1\mu_2)$.

1\. $\boldsymbol{c}_1 = [4Nc_1]$，$\boldsymbol{c}_2 = [4Nc_2]$.

2\. $\boldsymbol{c} = [2N(0,5/8)] - [(\boldsymbol{c}_1 - \boldsymbol{c}_2)]$，$i \in [1,n]$.

3\. $v := (1 + X + \cdots + X^{N-1})X^{\frac{N}{2}}\frac{1}{4} \in \mathbb{T}[X]$.

4\. $\begin{cases} (1).\ \mathrm{ACC} \leftarrow X^{-\bar{b}}(0, v) \in T[X] \\ (2).\ \mathbf{for}\quad i \in [1,n] \\ (3).\ \mathrm{ACC} \leftarrow [(X^{-\bar{a}_i} - 1)\mathrm{BK}_i - \boldsymbol{h}] \boxdot \mathrm{ACC} \end{cases}$.

5\. $\boldsymbol{c}' = (0, \mu) + \mathrm{SampleExtract}(\mathrm{ACC})$.

6\. $\boldsymbol{c} = \mathrm{KeySwitch}_{\mathrm{KS}_{s'\to s,\gamma}}(\boldsymbol{c}')$.

（1）初始化 Setup(1^λ)：输入安全参数 λ，定义 LWE 维度 n，密钥分布 χ，高斯分布相关参数 α，分解基 B_{KS}，分解阶 d_{KS}，$\boldsymbol{g}' = [B_{\mathrm{KS}}^{-1} \quad \cdots \quad B_{\mathrm{KS}}^{-d_{\mathrm{KS}}}]$，输出系统参数 $\mathrm{pp}^{\mathrm{LWE}_{\mathrm{KSKS}}}$。

（2）密钥生成 KeyGen($\mathrm{pp}^{\mathrm{LWE}}$)：随机选取 LWE 密钥 $\boldsymbol{s} \leftarrow \chi^n$，GSW 密钥 $\boldsymbol{s}'' \in \mathbb{B}_N[X]^k$。生成自举密钥 $\boldsymbol{s}$，转化密钥 $\mathrm{KS}_{s'\to s,\gamma,t} = \{k_{i,j,v}\}$，其中 $\boldsymbol{k}_{i,j,v} \in E_s^{q/q}(v \cdot \boldsymbol{s}'_i B_{\mathrm{KS}}^j)$，$i \in [1,n']$，$j \in [1,d_{\mathrm{KS}}]$，$v \in \mathbb{Z}_{B_{\mathrm{KS}}}$。

（3）加密算法 Enc(m,$\boldsymbol{s}$)：输入明文 $m \in \{0,1\}$，私钥 $\boldsymbol{s}$，均匀选取 $\boldsymbol{a}' \leftarrow \mathbb{T}^n$，$e \leftarrow \chi$，计算 $b' = -\langle \boldsymbol{a}', \boldsymbol{s}\rangle + m/4 + e \bmod 1$，输出密文 $(b, \boldsymbol{a}) = \mathrm{round}_{p,q}(b', \boldsymbol{a}') \in \mathbb{Z}_{2N}{}^{n+1}$。本书采用的 round 函数：$\mathrm{round}_{p,q}(\boldsymbol{c}) = \lceil \left(\frac{p}{q}\right)\boldsymbol{c} \rceil$，在实际算法中，本书取 $p/q = 4N$，round 函数也可以表达为 $\mathrm{round}_{p,q}(c) = \lceil 4N\boldsymbol{c} \rceil$。

（4）解密算法 Dec($\boldsymbol{c}$,$\boldsymbol{s}$)：输入密文 $\boldsymbol{c} = (\boldsymbol{b}, \boldsymbol{a})$，私钥 $\boldsymbol{s}$，输出 m'，使得 $\boldsymbol{b} + \langle \boldsymbol{a}, \boldsymbol{s}\rangle \approx m'/4 \bmod (2N)$。

(5)同态与非门(含自举过程) HomNAND($\boldsymbol{c}_1$,$\boldsymbol{c}_2$):输入 μ_1 对应的密文 $\boldsymbol{c}_1$,μ_1 对应的密文 $\boldsymbol{c}_2$,输出 NAND(μ_1,μ_2) 对应的密文 $\boldsymbol{c}$。具体过程见算法 5-5。

(6)密文规模分析:本节将 CGGI17 方案中自举过程中的 round 函数前置到加密过程,把 501 维 32 bit 的密文 c,降低为 501 维 12 bit,从而使明文可以更好地匹配多项式环的结构,并且可以将密文规模降低 62%,明密文扩展率降低为 6 012。

3. 方案在 CUDA 平台的实验测试

本节针对全同态加密方案自举过程效率较低的问题,通过 CUDA 并行计算对算法计算进行加速,进一步提升了方案的实现效率。在自举型全同态加密方案的实际应用场景中,有可能需要百万级的同态门电路(自举过程),因此效率的提升至关重要。前期,密码学者在软件加速实现方面做出了很好的工作,cuFHE 库是其中的典型代表。在 CUDA 平台下,基于 cuFHE 软件库,本书对 CGGI17 方案和本文方案进行测试,测试样例为多组测试求组内平均时间的方法进行。

(1)测试环境为:Inter i7-9750H CPU,16 GB 内存,NVIDIA Quadro P3200,使用 Ubuntu 20.04 LTS 64 位操作系统和 CUDA 11 版本。

(2)测试项目为:同态门电路计算时间,加、解密时间等,实现了对两组 896 bit 数据,进行加密,并运行同态基础门电路 NAND(含自举过程)。实验结果表明,方案密文扩展率从 16 032 降低到 6 012,单个比特加密平均时间 0.071 163 3 ms,解密平均时间 0.000 801 2 ms,基础门电路(含自举过程)平均时间 0.785 347 ms,方案对比实验数据见表 5-1。因此,本方案在其他性能接近的情况下,有效降低了密文规模。

表 5-1　CGGI17 方案和本方案对比结果

方案	同态门电路计算速率(含自举过程)/(ms·bit^{-1})	加密速率/(ms·bit^{-1})	解密速率/(ms·bit^{-1})	密文大小/Byte	明文大小/bit	明密文扩展比	私钥大小/bit	计算密钥大小/Byte
cuFHE 方案	0.804 462	0.081 988 2	0.000 909 45	2004	1	16 032	500	32 763 904
本书方案	0.785 347	0.071 163 3	0.000 801 25	751	1	6 012	500	32 763 904

本书通过将 round 函数前置到加密过程的方法,设计了具有短密文的单比特自举型全同态加密方案,相对于同类型的方案,本书设计方案密文规模降低了 62%;本书利用 GPU 支持并行计算的特点,在 CUDA 平台实现了方案,验证了方案的高效性和短密文的性质。

5.5　本章小结

本章构造了基于 GSW 的快速自举全同态加密方案,主要内容包括基本函数的构造、CGGI17 方案的构造、CGGI17 方案的优化技术等。本章介绍的自举算法充分利用了 GSW 方案及其变体的性质,具有自举效率高的优点。

第 6 章　CKKS 型全同态加密方案

CKKS 型全同态加密方案(简称 CKKS 方案)是一种高效的 FHE 方案,可以处理近似数,对浮点计算非常友好。CKKS 方案凭借计算效率高,支持近似计算的优点,成为目前应用最广泛的 FHE 方案。CKKS 方案被应用于浏览器的口令泄漏检测,也在基因数据的隐私保护、隐私保护的机器学习、联邦学习等场景有着重要的应用潜力。

6.1　CKKS 型全同态加密方案整体结构

CKKS 方案可以分为两个部分:一是编码和解密部分,另一部分是同态加密部分。基本运行流程图如 6-1 所示:输入消息将其编码成明文,对明文进行加密,对密文进行同态运算,对运算后的密文解密得到明文,对明文进行解码得到消息。

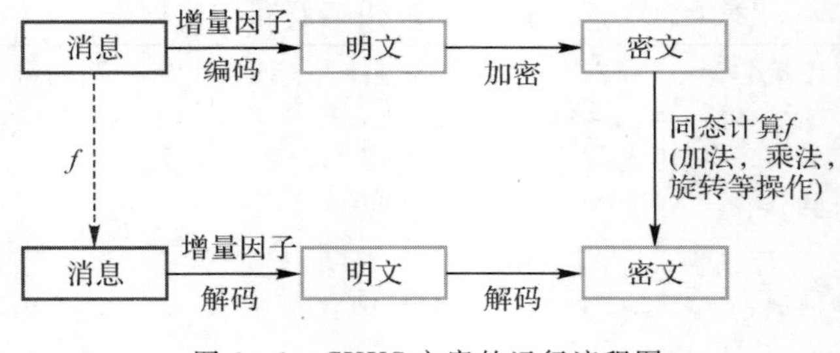

图 6-1　CKKS 方案的运行流程图

6.2　编码和解码

CKKS 方案等基于 RLWE 问题构造,在多项式环 $R=\mathbb{Z}[X]/(X^N+1)$ 上进行运算,对应的明文 $mX\in R$ 也属于多项式环。但同态密码的实际应用中通常不会要求函数 f 在多项式环上运算,而是要求在整数 $\mathbb{Z}$ 或实数 $\mathbb{R}$ 上运算。怎么解决这个矛盾?

6.2.1　编码思路

一个常用的思路是对消息进行编码,构造整数 $\mathbb{Z}$ 或实数 $\mathbb{R}$ 上运算和多项式环上运算的对应关系。下面进行一些尝试。

(1)方案一:将明文编码在多项式的常数项。

将消息 z 编码为 $mX = m_{N-1}X^{N-1} + \cdots + m_1 X + z$，对多项式进行的操作就可以变成对消息 z 的操作。

问题:这样编码存在的问题是,需要使用一个多项式来表达一个整数,其余 $N-1$ 的系数没有充分利用,因此效率较低。

(2)方案二:利用中国剩余定理(CRT)进行编码。

将消息 $m = \{m_1, \cdots, m_N\}$ 利用 CRT 变换,转化到 $R = \mathbb{Z}[X]/(X^N + 1)$ 中得到 $m(X)$。这种方式可以充分利用多项式的系数,对多项式的加法和乘法操作能映射成对明文分量的加法和乘法操作。

多项式和向量之间的转换:使用中国剩余定理可以实现分圆多项式环 $\Phi_M X = X^N + 1$ 中元素与复数向量之间的转换,其中 $N = M/2$，过程如下:

1)分圆多项式环转换为复数向量:给定多项式 $m(X)$，计算 $m(\zeta_j)$，$0 \leqslant j < N$，其中 ζ_j 是 $\Phi_M X = X^N + 1$ 的本原单位根。输出 N 个元素组成复数向量(本书中称为槽向量,slots)。

2)复数向量转换为分圆多项式环:给定 N 个复数向量,通过中国剩余定理还原多项式 $m(X)$，该过程可以看成是插值点为 $\{\zeta_j, m(\zeta_j)\}$ 的拉格朗日插值。

上述转换过程具有优良的性质,即对多项式的加法、乘法运算可以映射成槽向量之间的加法、乘法运算,如图 6-2 所示。例如,需要对两个消息 $\boldsymbol{z} = [z_1 \quad \cdots \quad z_k]$ 和 $\boldsymbol{z}' = [z'_1 \quad \cdots \quad z'_k]$ 对应分量(Coefficient Wise)相乘。可以通过如下步骤实现:

第 1 步:将消息 $\boldsymbol{z}$ 和 $\boldsymbol{z}'$ 分别利用 CRT 变换,转化到 $\Phi_M X = X^N + 1$ 中的多项式 $m(X)$，$m'(X)$。

第 2 步:对多项式 $m(X)$，$m'(X)$ 进行乘法运算,得到 $m(X)m'(X)$。

第 3 步:将多项式 $m(X)m'(X)$ 转化为槽向量,得到向量 $\boldsymbol{z}' \odot \boldsymbol{z} = [z_1 z'_1 \quad \cdots \quad z_k z'_k]$。

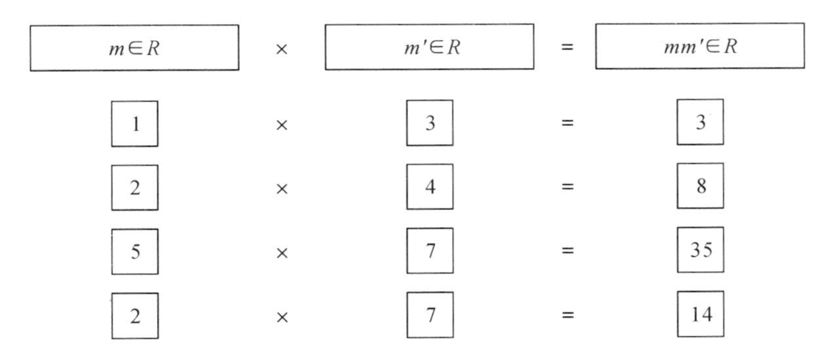

图 6-2　消息向量之间的对应分量乘法运算

(3)方案三:将多项式系数限定到整数上,优化 CRT 编码过程。

上述编码过程使我们能通过对多项式的运算,实现对槽向量的运算,但编码过程与加密方案还存在一些矛盾,即加密方案通常在特殊的多项式环 $R = \mathbb{Z}[X]/(X^N + 1)$ 上进行运行,而槽向量计算得到的多项式属于环 $C[X]/(X^N + 1)$ 中,不满足系数是整数的要求。

解决思路:可以使用分量共轭的槽向量得到整系数的多项式。根据代数基本定理,整系数

多项式 $m(X)=0$ 的根是两两共轭的，即 $\{m(\zeta_j)\}_{0\leqslant j<N}$ 是两两共轭的，因此整系数多项式 $m(X)=0$ 只能对应 $N/2$ 个独立的值 $m(\zeta_j)$［另外一半的值要求是 $m(\zeta_j)$ 的共轭$m(\overline{\zeta_j})$］。

那么要如何把 $N/2$ 个独立的值放到 $m(\zeta_j)_{0\leqslant j<N}$ 中，才能得到整系数多项式呢？同态加密方案通常 $M=2^k$ 次分圆多项式环 $\Phi_M X=X^N+1$ 中计算，$N=M/2$。分析发现 $\mathbb{Z}_M$ 中整数 5 的阶为 $N/2$，并与“-1”可以扩展成 $\mathbb{Z}_M^*$。例如，$\mathbb{Z}_M^*$ 中 $5^j=\{1,5,9,13\}$，$-5^j=\{3,7,11,15\}$ 划分 $\mathbb{Z}_M^*=\{1,3,5,7,9,11,13,15\}$。

定义 $\zeta_j:=\zeta^{5^j}$，ζ 是 $\Phi_M X$ 的原根，则集合 $\{\zeta_j:0\leqslant j<\frac{N}{2}\}$ 和 $\{\overline{\zeta_j}:0\leqslant j<\frac{N}{2}\}$（$\overline{\zeta_j}=\overline{\zeta^{5^j}}=\zeta^{-5^j}$）中元素两两不同，且组成了所有的 M 次本原单位根的集合 $\{\zeta^k\}_{k\in\mathbb{Z}_M^*}$ 的划分，即我们可以把 $N/2$ 个独立的明文值放到 $\{\zeta_j\}_{0\leqslant j<\frac{N}{2}}$ 中，从而使得 CRT 生成的多项式系数为整数。

6.2.2 编码和解码过程

CKKS 方案中编码和解码过程的如图 6－3 所示。

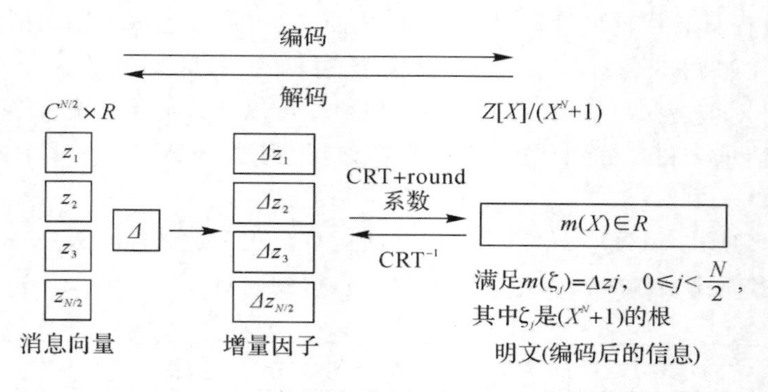

图 6－3 CKKS 方案中的编码和解码过程

(1)编码过程：给定消息向量(Message Vector) $\boldsymbol{z}=[z_1\ \cdots\ z_{N/2}]\in C^{N/2}$，首先，乘以增量因子 Δ (Scaling Factor)，得到 $\Delta\boldsymbol{z}$；其次，将槽向量 $\Delta\boldsymbol{z}$ 扩展为 $\{\Delta\boldsymbol{z},\overline{\Delta\boldsymbol{z}}\}$，其中 $\overline{\Delta\boldsymbol{z}}$ 是 $\Delta\boldsymbol{z}$ 的共轭；最后，使用 CRT 变换得到多项式 $m'X\in\mathbb{R}[X]/(X^N+1)$，使得 $m(\zeta_j)=\Delta z_j$，$m(\overline{\zeta_j})=\Delta\overline{z}_j$，$\zeta_j:=\zeta^{5^j}$，$\zeta$ 是 $\Phi_M X$ 的原根，$0\leqslant j<\frac{N}{2}$，之后对多项式 $m'X$ 的系数进行四舍五入(round)得到 $mX\in\mathbb{Z}[X]/(X^N+1)$。

(2)解码过程：解码过程与编码过程相反。给定多项式 $mX\in\mathbb{Z}[X]/(X^N+1)$，首先，计算得到 $\Delta z_j=m(\zeta_j)$，$0\leqslant j<\frac{N}{2}$；其次，除以增量因子 Δ 得到 $\boldsymbol{z}=[z_1\ \cdots\ z_{N/2}]\in\mathbb{C}^{N/2}$（解码过程可以看成是正则嵌入的变体，正则嵌入是计算 $m(\zeta_j)$，$\zeta_j:=\zeta^j(0\leqslant j<\frac{N}{2})$。

例如，给定 $N=4$，$\Delta=2^7$，编码向量 $(z_1,z_2)=(1.2-3.4i,5.6+7.8i)$，可以得到 $m(X)=435-706X+282X^2-308X^3$，满足 $m(\zeta_1)=2^7(1.1988\cdots+i*3.3984\cdots)$，

$m(\zeta_2) = 2^7(5.5970\cdots + \mathrm{i} * 7.8047\cdots)$。

使用数学符号 $\tau: P = R[X] = \mathbb{Z}[X](X^N + 1) \to C^{N/2}$ 来定义编码中核心的步骤：正则嵌入的变体映射 $\tau: mX = \sum_{i=0}^{N-1} m_i X_i \to \boldsymbol{z} = (z_j)_{0 \leqslant j < N/2}$，其中 $z_j = m(\zeta_j)$。系数组成的向量定义为 $\boldsymbol{m} = [m_0 \quad \cdots \quad m_{N-1}]$。则映射过程可以表达如下。

1. 常规表达

(1) $\tau: mX \to \boldsymbol{z} = (z_j)_{0 \leqslant j < N/2}$：计算 $z_j = m(\zeta_j)$，其中 $\zeta_j := \zeta^{5^j}$，ζ 是 $\Phi_M X$ 的原根。

(2) $\tau^{-1}: mX \leftarrow \boldsymbol{z} = (z_j)_{0 \leqslant j < N/2}$：给定 N 个点和值的关 $\{(\zeta_j, z_j), (\bar{\zeta}_j, \bar{z}_j)\}_{0 \leqslant j < N/2}$，利用中国剩余定理(或拉格朗日插值法)求解，得到多项式 mX。

2. 线性表达

(1) $\tau: mX \to \boldsymbol{z} = (z_j)_{0 \leqslant j < N/2}$：根据定义，$\tau$ 变换 $z_j = m(\zeta_j)$ 可以看成是线性变换 $z = \boldsymbol{U} \cdot \boldsymbol{m}$，对应变换矩阵为

$$\boldsymbol{U} = \begin{bmatrix} 1 & \zeta_0 & \zeta_0^2 & \cdots & \zeta_0^{N-1} \\ 1 & \zeta_1 & \zeta_1^2 & \cdots & \zeta_1^{N-1} \\ \vdots & \vdots & \vdots & & \vdots \\ 1 & \zeta_{N/2-1} & \zeta_{N/2-1}^2 & \cdots & \zeta_{N/2-1}^{N-1} \end{bmatrix}$$

$$\bar{\boldsymbol{U}} = \begin{bmatrix} \zeta_0^{N/2} & \zeta_0^{N/2+1} & \zeta_0^{N/2+2} & \cdots & \zeta_0^{N-1} \\ \zeta_1^{N/2} & \zeta_1^{N/2+1} & \zeta_1^{N/2+2} & \cdots & \zeta_1^{N-1} \\ \vdots & \vdots & \vdots & & \vdots \\ \zeta_{N/2-1}^{N/2} & \zeta_{N/2-1}^{N/2+1} & \zeta_{N/2-1}^{N/2+2} & \cdots & \zeta_{N/2-1}^{N-1} \end{bmatrix}$$

(2) $\tau^{-1}: mX \leftarrow \boldsymbol{z} = (z_j)_{0 \leqslant j < N/2}$：根据关系 $\boldsymbol{z} = \boldsymbol{U} \cdot \boldsymbol{m}$ 得到 $\bar{\boldsymbol{z}} = \bar{\boldsymbol{U}} \cdot \boldsymbol{m}$，定义 CRT 矩阵 $\mathbf{CRT} = (\boldsymbol{U}; \bar{\boldsymbol{U}})$，则有 $(\boldsymbol{z}; \bar{\boldsymbol{z}}) = \mathbf{CRT} \cdot \boldsymbol{m}$，逆矩阵 $\mathbf{CRT}^{-1} = 1/N\ \overline{\mathbf{CRT}}^{\mathrm{T}}$，得到 $\boldsymbol{m} = 1/N(\bar{\boldsymbol{U}}^{\mathrm{T}} \cdot \boldsymbol{z} + \boldsymbol{U}^{\mathrm{T}} \cdot \bar{\boldsymbol{z}})$。

6.3　近似计算和噪声

6.3.1　近似计算可以满足日常使用

大多数真实世界的数据都包含一些误差。例如，测量值与真实值之间总是有误差，计算机中通常使用浮点数代替实数或者有理数。这些小误差不会对观察结果或者计算结果值产生太大影响。

6.3.2　BGV 方案和 Bra 方案中的噪声与消息位置关系

为了保证方案的安全性，同态加密方案中需要引入噪声。早期方案(BGV 方案、Bra 方案)为了明确区分噪声(误差)和消息，通常有两种方式(见图 6-4)。

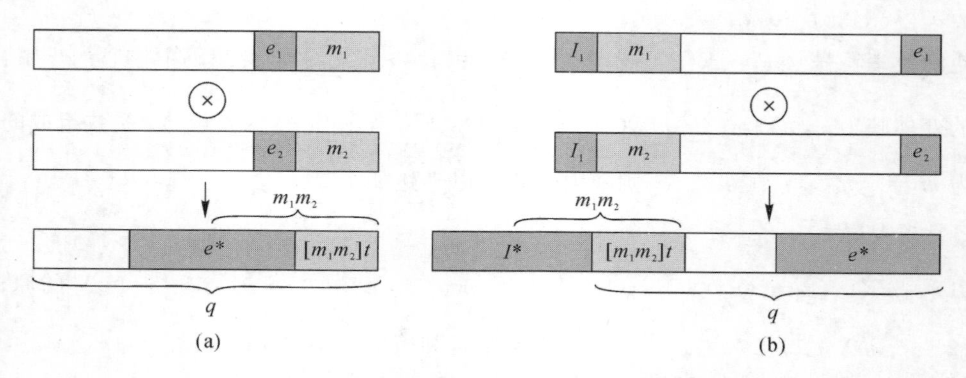

图 6-4　BGV 方案和 Bra 方案中的噪声(误差)和消息的关系

(1)把明文放在数的高位(Most Significant Bits, MSBs),把噪声放在数的低位(Least Significant Bits, LSBs)。

例如,Bra 方案的解密结构是 $<\boldsymbol{c}_i,\mathbf{sk}>=qI_i+\left(\frac{q}{t}\right)m_i+e_i$,其中:$q$ 是模数,$[-t,t]$ 是明文消息取值范围,e 是噪声,I_i 是整数;两个密文的乘法结果满足 $<\boldsymbol{c}^*,\mathrm{sk}>=qI^*+\left(\frac{q}{t}\right)m_1m_2+e^*$,其中 $I^*=tI_1I_2+I_1m_2+I_2m_1$,$e^*\approx t(I_1e_2+I_2e_1)$。当 e^* 的范围不是太大时,可以利用密文分解的方法降低噪声,可以使用四舍五入(round)的方式除去 e^*。

(2)把消息放在数的低位(Least Significant Bits, LSBs),把噪声放在数的高位(Most Significant Bits, MSBs)。

例如,BGV 方案的解密结构是 $<\boldsymbol{c}_i,\mathbf{sk}>=m_i+te_i\bmod q$,其中 q 是模数,$[-t,t]$ 是明文取值范围,e 是噪声;两个密文的乘法结果满足 $<\boldsymbol{c}^*,\mathrm{sk}>=m_1m_2+te^*$,其中 $e^*\approx e_1m_2+e_2m_1+te_1e_2$。当 e^* 的范围不是太大 $(<q/2)$ 时,可以使用模 t 的方式得到 e^*。

这两种方式的缺陷是,每次同态运算之后需要使用同态 round 或者同态求模的方式去除噪声。这导致方案的模数随着电路深度呈指数增长,使计算效率较低。

6.3.3　CKKS 方案中噪声与消息位置关系

考虑到近似计算可以满足绝大部分的应用需求,CKKS 方案提出了一种支持近似计算的同态加密方案。该方案中噪声和消息的位置关系是:噪声看成是计算误差的一部分,消息乘以增量因子保持计算精度。

给定密钥为 sk,消息为 m 的密文 $\boldsymbol{c}$,具有解密结构:$<\boldsymbol{c},\mathbf{sk}_i>=m+e\bmod q$,其中 q 是密文模数,e 是用于保证困难假设的安全性的误差,例如,带误差的学习(LWE)、环 LWE(RLWE)和 NTRU 问题中的噪声。

把噪声 e 看成是计算误差的一部分,即在近似算术中将 $m'=m+e$ 替换原始消息;如果 e 远小于消息 m,那么在同态计算过程带来噪声增长不太可能破坏 m 的有效数字;将消息乘以让比例因子,进一步减少由噪声增加引起的精度损失。其中精度(Precision)是指小数点后面有效的位数,计算方式是:$\mathrm{bit}(\Delta)-\mathrm{bit}(e)$,$\mathrm{bit}(x)$ 是指数 x 的比特长度。

为了进行同态计算,我们需要始终保证消息 $<\boldsymbol{c},\mathbf{sk}_i>=m+e$ 远小于模数 q。但消息

$m+e$ 的比特长度会随着电路深度呈指数级增长。CKKS 方案提出了一种类似模交换技术的方法——重缩放(Rescaling)技术,来解决消息比特长度增长过快的问题。

给定模数为 q,消息为 m 的密文 $\mathbf{c}$,解密结构:$<\mathbf{c},\mathbf{sk}_i>=m+e\bmod q$,参数为 p 的重缩放技术输出向量 $[p^{-1}\cdot\mathbf{c}]\bmod\frac{q}{p}$。则该向量可以看成是模数为 $\frac{q}{p}$,明文为 m/p 的密文,对应的噪声约为 e/p。

重缩放技术同时降低了消息和密文模数的大小,还降低了位于消息的 LSB 中的误差。这类似于普通(未加密)浮点算术的舍入步骤。

同态(乘法)运算和重新缩放的组合如图 6-5 所示,这使得方案的模数随着电路深度呈线性增长,而不是呈指数级增长。

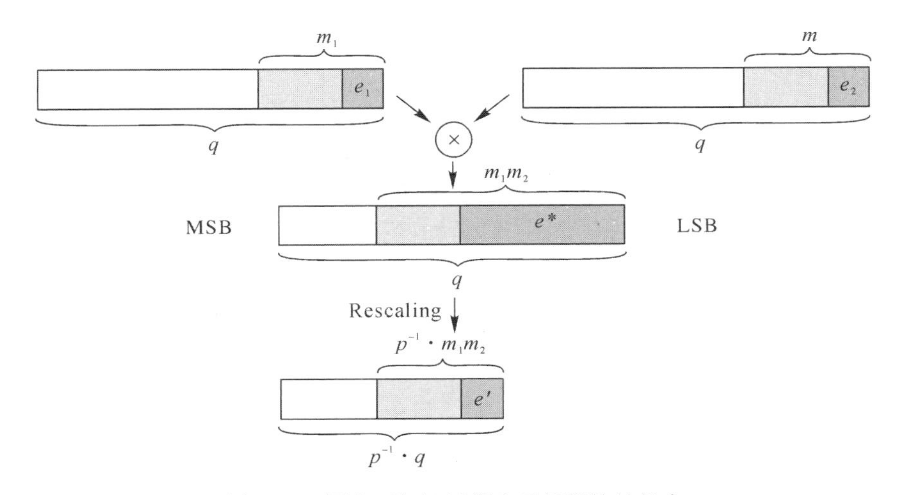

图 6-5　同态(乘法)运算和重新缩放的组合

6.4　CKKS 型全同态加密方案

CKKS17 方案由 Cheon 等人在 2017 年提出,支持对浮点数进行近似计算,效率较高,是目前最重要、最具前景的同态加密算法之一。与以往同态加密方案明文空间和噪声空间分隔开的设计不同,CKKS17 方案的明文空间没有取模过程,因此也不能在解密后通过相应的模运算来得到准确的解密结果。换言之,它将噪声视为明文的一部分,而噪声一方面来源于加密方案中为保证安全性而引入的噪声,另一方面也来源于近似计算中的舍入误差。其密文解密后不能将明文中的噪声去除,只能以预定的精度输出明文的近似值。在同态运算过程中,计算结果的最高比特(Most Significant Bits,MSBs)能够保留,而不精确的最低比特(Least Significant Bits,LSBs)则在 Rescaling(RS)过程中被舍去,以此管理结果密文对应的明文尺寸。这也使方案所需最大密文模数随乘法深度由指数增长降为线性增长。

6.4.1　CKKS 方案构造

如下分布是定义在系数向量 $\mathbb{Z}^N$ 与 $\mathbb{Z}_q^N$ 上的分布,它们等价于分圆多项式环 R 与 R_q 上的分布。

(1) u_q 是在 $\mathbb{Z}_q^N$ 上的均匀分布。

(2)对于一个实数 $\sigma>0$，一个向量满足分布 $\mathrm{DG}_q(\sigma^2)$，指它的每个分量都取自均值为0,方差为 σ^2 的离散高斯分布。

(3)对于实数 $0\leqslant\rho\leqslant 1$，一个向量满足分布 $zO(\rho)$，指它的每个分量都取自 $\{0,\pm 1\}$，其中等于 -1 与 $+1$ 的概率为 $\rho/2$，等于 0 的概率 $1-\rho$。

(4)对于一个整数 $0\leqslant h\leqslant N$，一个向量满足分布 $\mathrm{HWT}(h)$，指它的每个分量都均匀地取自 $\{0,\pm 1\}^N$，且满足共有 h 个非 0 分量。

(1) $\mathrm{Setup}(1^\lambda)$：给定安全参数 λ，固定使用一个基 $p>0$ 和一个模数 q_0，令 $q_l=p^l\cdot q_0$，$0<l\leqslant L$。选择 2 的幂次的数 $M=M(\lambda,q_L)$，整数 $h=h(\lambda,q_L)$，整数 $P=P(\lambda,q_L)$ 与实数 $\sigma=\sigma(\lambda,q_L)$ 使得 $\mathrm{RLWE}_{Pq_L,\sigma}[\mathrm{HWT}(h)]$ 达到 2^λ 安全。输出公共参数 $\mathrm{pp}=(M,q_L,h,P,L,\sigma)$。

(2) $\mathrm{PSKeyGen(pp)}$：随机选择 $s\leftarrow\mathrm{HWT}(h)$，$a\leftarrow u_q$ 与 $e\leftarrow\mathrm{DG}_{Pq_L}(\sigma^2)$。令私钥 $\mathbf{sk}\leftarrow(1,s)$，公钥 $\mathbf{pk}\leftarrow(b,a)\in R_{Pq_L}^2$，其中 $b=-as+e\bmod P_{q_L}$。

(3) $\mathrm{KSGen}_{\mathbf{sk}}(s')$：输入密钥 $\mathbf{s}'\in R$，随机选择 $a'\leftarrow R_{P\cdot q_L}$ 与 $e'\leftarrow\mathrm{DG}_{Pq_L}(\sigma^2)$。令转换密钥 $(b',a')\in R_{P\cdot q_L}^2$，其中 $b'=-a's+e'+Ps'(\bmod P\cdot q_L)$。

输出转换密钥 $\mathbf{swk}\leftarrow\mathrm{KSGen}_{\mathbf{sk}}(s^2)$；

输出旋转密钥 $\mathbf{rk}_r\leftarrow\mathrm{KSGen}_{\mathbf{sk}}[\kappa_{5^r}(s)]$，其中 $\kappa_t(s)$ 指将 $s(X)$ 映射为 $s(X^{5^t})$；

输出共轭密钥 $\mathbf{ck}\leftarrow\mathrm{KSGen}_{\mathbf{sk}}[\kappa_{-1}(s)]$

(4) $\mathrm{Encode}(\boldsymbol{z},\Delta)$：给定消息 $\boldsymbol{z}=(z_j)_{0\leqslant j<N/2}\in\mathbb{C}^{N/2}$，使用正则嵌入(Canonical Embedding) $C^{N/2}\rightarrow R$，计算得到 $\boldsymbol{m}'=1/N(\overline{\boldsymbol{U}}^{\mathrm{T}}\cdot z+\boldsymbol{U}^{\mathrm{T}}\cdot\bar{z})$。输出整系数多项式 $mX=[\Delta\cdot m'X]\in R$，其中 $[\cdot]$ 是指四舍五入，$m'X$ 是系数为 m 的多项式。

(5) $\mathrm{Decode}[m(X),\Delta]$：给定多项式 $m(X)$，使用逆正则映射 $R\rightarrow C^n$，计算并输出 $z=\boldsymbol{U}\cdot m$。

(6) $\mathrm{Enc}_{\mathrm{pk},q}(m)$：随机选择 $v\leftarrow zO(0.5)$，$e_0,e_1\leftarrow\mathrm{DG}_{Pq_L}(\sigma^2$。输出 $\boldsymbol{c}:=(c_0,c_1)=v\cdot(b,a)+(m+e_0,e_1)\bmod q_L$，使得 $\boldsymbol{c}_0+\boldsymbol{c}_1s=m+e\bmod q_L$。

(7) $\mathrm{Dec}_{\mathrm{sk}}(\boldsymbol{c})$：输入第 l 层的密文 $\boldsymbol{c}$，输明文 $m'=\boldsymbol{c}_0+\boldsymbol{c}_1 s\bmod q_l$，i. e. $m'=<\boldsymbol{c},\mathbf{sk}>\bmod q_l$。

(8) $\mathrm{Add}(\boldsymbol{c}_1,\boldsymbol{c}_2)$：输入第 l 层的密文 $\boldsymbol{c}_1$ 与 $\boldsymbol{c}_2$，输出密文 $\boldsymbol{c}_{\mathrm{Add}}=\boldsymbol{c}_1+\boldsymbol{c}_2\bmod q_l$。

(9) $\mathrm{CMult}_{\mathbf{swk}}(a,\boldsymbol{c})$：输入第 l 层的密文 $\boldsymbol{c}$ 以及常数 $a\in R$。输出密文 $\boldsymbol{c}_{\mathrm{cmult}}=a\cdot c\bmod q_l$。

(10) $\mathrm{Mult}_{\mathbf{swk}}(\boldsymbol{c},\boldsymbol{c}')$：输入第 l 层的密文 $\boldsymbol{c}_1=(b_1,a_1)$，$\boldsymbol{c}'=(b_2,b_2)\in R_{q_l}^2$，输出密文 $\boldsymbol{c}_{\mathrm{mult}}=(b_1b_2,b_1a_2+a_1b_2)+[\boldsymbol{P}^{-1}\cdot a_1a_2\cdot\mathrm{swk}\bmod Pq_l]\bmod q_l$。

(11) $\mathrm{Rescale}_{l\rightarrow l'}\rightarrow(\boldsymbol{c})$：输入第 l 层的密文 $\boldsymbol{c}$ 与下一层的编号 l'。输出密文 $\boldsymbol{c}'=\left[\frac{q_{l'}}{q_l}\boldsymbol{c}\right]\in\bmod q_{l'}$。

(12) $\mathrm{KS}_{\mathbf{swk}}(\boldsymbol{c})$：输入计算密钥 $\mathbf{swk}$ 与第 l 层的密文 $\boldsymbol{c}:=(\boldsymbol{c}_0,\boldsymbol{c}_1)$。输出密文 $\boldsymbol{c}'\leftarrow(\boldsymbol{c}_0,0)+[P^{-1}\cdot\boldsymbol{c}_1\cdot\mathrm{swk}\bmod Pq_l]\bmod q_l$。

(13) $\mathrm{Rotate}_{\mathbf{rk}}(\boldsymbol{c};k)$：输入转换密钥 $\mathbf{rk}_k$ 与第 l 层的密文 $\boldsymbol{c}:=(\boldsymbol{c}_0,\boldsymbol{c}_1)$。输出密文

$\mathrm{KS}_{\mathbf{rk}_r}[\kappa_{5^r}(\boldsymbol{c})]$。

(14) $\mathrm{Conjugate}_{\mathbf{ck}}(\mathbf{ct})$：输入共轭密钥 $\mathbf{ck}$ 与第 l 层的密文 $\boldsymbol{c}:=(\boldsymbol{c}_0,\boldsymbol{c}_1)$。输出密文 $\mathrm{KS}_{\mathbf{ck}}[\kappa_{-1}(\boldsymbol{c})]$。

6.4.2 方案分析

本节对方案中的噪声进行分析。

1. 噪声上限分析

为了进行噪声上限的分析，先分析方案使用的基本分布的界（系数的界、正则嵌入后的界）。假设多项式 $a(X)\in R=\mathbb{Z}[X]/\Phi_M(X)$ 是随机选自 u_q，$\mathrm{DG}_q(\sigma^2)$，$z O(\rho)$，$\mathrm{HWT}(h)$ 等分布，则 a 的系数中非 0 项是相互独立的。

（1）正则嵌入后的方差：分量 $a(\zeta_M)=\sum_{i=0}^{N-1}a_i\zeta_M^i$ 具有方差 $V=\sigma^2 N$，其中 σ^2 是 a 的系数的方差，则当 a 分别取自 u_q，$\mathrm{DG}_q(\sigma^2)$，$z O(\rho)$，$\mathrm{HWT}(h)$ 时，$a(\zeta_M)$ 的方差为

$$V_U=q^2N/12$$

$$V_G=\sigma^2 N$$

$$V_Z=\rho N$$

$$V_H=h$$

（2）正则嵌入后的界：进一步，若 $a(\zeta_M)$ 是多个独立同分布变量 $a_i\zeta_M^i$ 的求和，则可以认为 $a(\zeta_M)$ 近似服从高斯分布。根据高斯分布的性质，假设 $a(\zeta_M)$ 的方差为 σ^2，使用 6σ 作为 $a(\zeta_M)$ 的界。对于两个方差为 σ_1^2 和 σ_2^2 的独立随机高斯分布的乘积，使用 $16\sigma_1\sigma_2$ 作为乘积的界。

为了方便描述，使用符号 $(\boldsymbol{c},l,\nu,B)$ 表示明文为 $m\in K=Q[X]/\Phi_M(X)$ 的密文，其中 $\boldsymbol{c}\in R_{q_l}^2$，$\|m\|_\infty^{\mathrm{can}}\leqslant v$，与 $<\boldsymbol{c},\mathbf{sk}>=m+e \bmod q_l$，$e\in K$，$\|e\|_\infty^{\mathrm{can}}\leqslant B$。为了方便读者理解，给定消息 $\boldsymbol{z}\in\mathbb{C}^{N/2}$，Encoding 与 Encryption 过程可以使用图 6－6 表示。

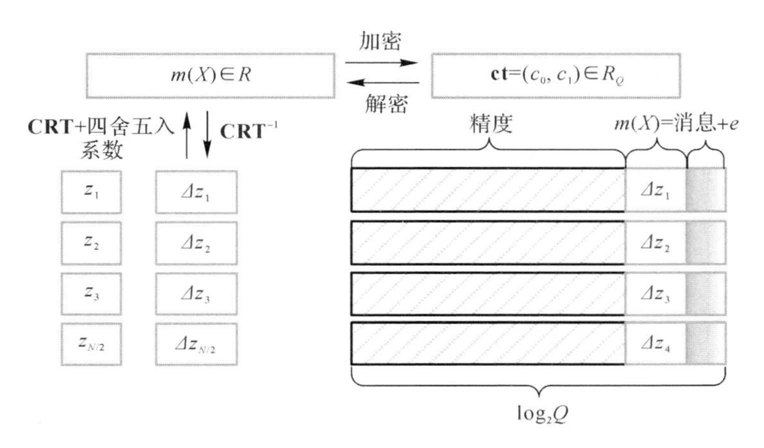

图 6－6　Encoding 与 Encryption

引理 6－1(Encoding 与 Encryption)：给定明文多项式 $m(X)$，则新鲜密文 $\mathbf{c} \leftarrow$ Encrypt(m) 的噪声上界是 $B_{\text{clean}} = 8\sqrt{2}\sigma N + 6\sigma\sqrt{N} + 16\sigma\sqrt{hN}$；若有 $m \leftarrow \text{Encode}(\boldsymbol{z}, \Delta)$，其中消息 $\boldsymbol{z} \in z^{N/2}$，增量因子 $\Delta > N + B_{\text{clean}}$，则 $\boldsymbol{z}' \leftarrow \text{Decode}[\text{Decrypt}_{\text{sk}}(c)]$ 等于 $\boldsymbol{z}$。

证明：假设加密过程随机选择 $v \leftarrow zO(0.5)^2$ 与 $e_0, e_1 \leftarrow \text{DG}_{q_L}(\sigma^2)$，并设定密文 $c \leftarrow v \cdot \mathbf{pk} + (m + e_0, e_1)$，则 $\mathbf{c}$ 的噪声上界 B_{clean} 可以使用如下不等式计算：

$$\| < \mathbf{c}, \mathbf{sk}_i > - m \bmod q_L \|_\infty^{can} = \| v \cdot e + e_0 + e_1 \cdot s \|_\infty^{can}$$

$$\leqslant \| v \cdot e \|_\infty^{\text{can}} + \| e_0 \|_\infty^{\text{can}} + \| e_1 \cdot s \|_\infty^{\text{can}} \leqslant 8\sqrt{2} \cdot \sigma N + 6\sigma\sqrt{N} + 16\sigma\sqrt{hN}$$

给定消息 $\boldsymbol{z} \in \mathbb{C}^{N/2}$，则 $m \leftarrow \text{Encode}(\boldsymbol{z})$ [满足 $m(X) = [\Delta \cdot m'(X)]$]的密文，可以看成是 $\Delta \cdot m'(X) \in R$ 的密文，对应的噪声上界是 $B_0 = B_{\text{clean}} + N/2$，原来噪声中增加了 $N/2$ 的舍入噪声。如果 $\Delta^{-1} \cdot B' < 1/2$，那么通过 Decode 函数可以去除噪声并恢复消息 $\boldsymbol{z}$。

证毕。

引理 6－2(Rescaling)：令 $(\boldsymbol{c}, l, v, B)$ 是 $m \in K$ 的密文，则 $(\boldsymbol{c}', l', p^{l'-l} \cdot v, p^{l'-l} \cdot B + B_{\text{scale}})$ 是 $p^{l'-l} \cdot m$ 的密文，其中 $\boldsymbol{c}' \leftarrow \lfloor \frac{q_{l'}}{q_l}\boldsymbol{c} \rfloor$，$B_{\text{scale}} = \sqrt{\frac{N}{3}} \cdot (3 + 8\sqrt{h})$。

证明：假设多项式噪声 $e \in R$，满足等式 $< \boldsymbol{c}, \mathbf{sk} > = m + e \bmod q_l$，且 $\|e\|_\infty^{\text{can}} \leqslant B$，则输出的密文 $\boldsymbol{c}' \leftarrow \lfloor \frac{q_{l'}}{q_l}\boldsymbol{c} \rfloor$ 满足 $< \boldsymbol{c}', \text{sk} > = \frac{q_{l'}}{q_l}(m + e) + e_{\text{scale}} \bmod q_{l'}$，其中舍入噪声多项式 $e_{\text{scale}} = < \boldsymbol{\tau}, \mathbf{sk} > = \tau_0 + \boldsymbol{\tau}_1 \cdot s$，舍入误差 $\tau = (\tau_0, \tau_1) = \boldsymbol{c}' - \frac{q_{l'}}{q_l}\boldsymbol{c}$。

假设舍入噪声的系数 τ_0 与 τ_1 服从 $\{-\frac{1}{2}, \frac{1}{2}\}$ 范围内的均匀分布，则得到方差 $\approx 1/12$。因此舍入噪声多项式的界为 $\|e_{\text{scale}}\|_\infty^{\text{can}} \leqslant \|\tau_0\|_\infty^{\text{can}} + \|\tau_1 \cdot s\|_\infty^{\text{can}} \leqslant 6\sqrt{\frac{N}{12}} + 16\sqrt{hN/12} = \sqrt{\frac{N}{3}} \cdot (3 + 8\sqrt{h})$。

证毕。

重缩放过程中噪声和明文的变换情况如图 6－7 所示。

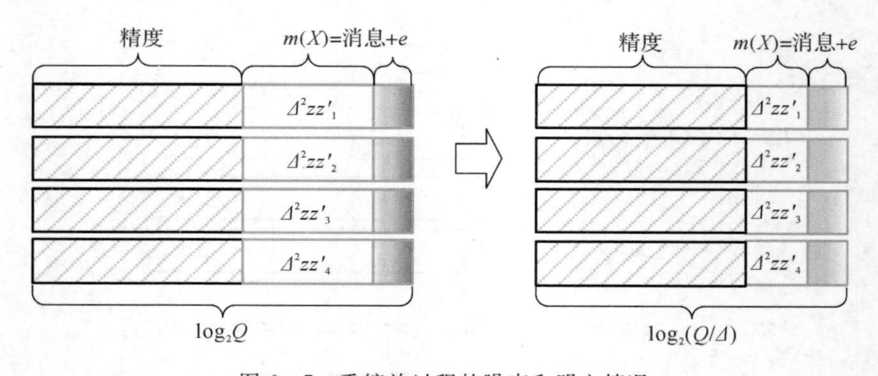

图 6－7　重缩放过程的噪声和明文情况

引理 6－3(Addition/Multiplication)：令 $(\boldsymbol{c}_i, l, v_i, B_i)$ 是 $m_i \in R$ 的密文，$i = \{1,2\}$，令

$\boldsymbol{c}_{\text{add}} \leftarrow \textbf{Add}(c_1, c_2)$ 与 $c_{\text{mult}} \leftarrow \text{Mult}_{\textbf{pk}}(c_1, c_2)$，则 $(\boldsymbol{c}_{\text{add}}, l, v_1 + v_2, B_1 + B_2)$ 与 $[\boldsymbol{c}_{\text{mult}}, l, v_1 v_2, v_1 B_2 + v_2 B_1 + B_1 B_2 + B_{\text{mult}}(l)]$ 分别是 $m_1 + m_2$ 与 $m_1 m_2$ 的密文，其中 $B_{\textbf{swk}} = 8\sigma N/\sqrt{3}$ 与 $B_{\text{mult}}(l) = B_{\textbf{swk}} \cdot q_l / P + B_{\text{scale}}$。

证明：令 $\boldsymbol{c}_i = (b_i, a_i)$，$i=1,2$，满足 $<\boldsymbol{c}_i, \textbf{sk}> = m_i + e_i \bmod q_l$，$e_i \in R$，$\|e_i\|_\infty^{\text{can}} \leqslant B_i$。令 $(d_0, d_1, d_2) = (b_1 b_2, a_1 b_2 + a_2 b_1, a_1 a_2)$，可以看成是第 l 层加密 $m_1 m_2$ 的密文，噪声为 $m_1 \cdot e_2 + m_2 \cdot e_1 + e_1 \cdot e_2$，私钥为 $(1, s, s^2)$。根据引理 6-2，密文 $c_{\text{mult}} = (b_1 b_2, b_1 a_2 + a_1 b_2) + [P^{-1} \cdot a_1 a_2 \cdot \textbf{swk} \bmod P q_l] \bmod q_l$ 包含了额外的噪声 $e'' = P^{-1} \cdot d_2 e'$ 与舍入误差 B_{scale}。假设 d_2 服从 R_{q_l} 中的随机均匀分布，则 $P \|e''\|_\infty^{\text{can}} = \|d_2 e'\|_\infty^{\text{can}}$ 的上界是 $16\sqrt{N q_l^2/12}\sqrt{N\sigma^2} = 8N\sigma q_l/\sqrt{3}$。

令 $B_{\textbf{swk}} = 8\sigma N/\sqrt{3}$，则 $\|d_2 e'\|_\infty^{\text{can}} = B_{\textbf{swk}} \cdot q_l$。因此，$\boldsymbol{c}_{\text{mult}}$ 是明文为 $m_1 m_2$ 的密文，噪声上界是 $\|m_1 \cdot e_2 + m_2 \cdot e_1 + e_1 \cdot e_2 + e''\|_\infty^{\text{can}} + B_{\text{scale}} \leqslant v_1 B_2 + v_2 B_1 + B_1 B_2 + B_{\textbf{swk}} q_l / P + B_{\text{scale}}$。

证毕。

乘法过程中噪声和明文的变换情况见图 6-8。

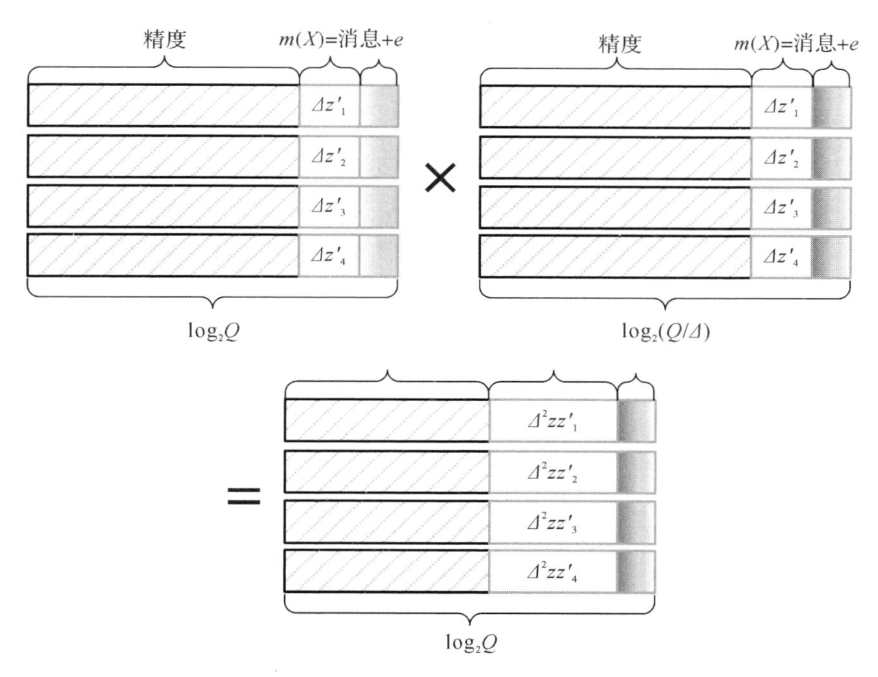

图 6-8　乘法过程的噪声和明文情况

密钥转换 Key-switching：

密钥转换的作用是将密文 $\boldsymbol{c}$ 对应的密钥从 $(1, s')$ 转换到 $\textbf{sk} = (1, s)$，并保持明文不变。密钥转换过程需要使用转换密钥 $\textbf{swk} \leftarrow \textbf{KSGen}_{\textbf{sk}}(s')$。密钥转换过程的噪声情况如下：

引理 6-4(Key-switching)：令密文 $\boldsymbol{c} = (c_0, c_1) \in R_q^2$ 对应的私钥为 $\textbf{sk} = (1, s)$，转换密钥 $\textbf{swk} \leftarrow \textbf{KSGen}_{\text{sk}}(s')$，则密文 $\boldsymbol{c}' \leftarrow \textbf{KS}_{\textbf{swk}}(c)$ 满足 $<\boldsymbol{c}', \textbf{sk}> = <\boldsymbol{c}, \textbf{sk}'> + e_{\textbf{swk}} \bmod q$，其中噪声 $e_{\textbf{swk}}$

$\in R$ 上界为 $\frac{B_{\mathrm{swk}}q}{P}+B_{\mathrm{scale}}$。

证明：令 $\mathbf{swk}=(b',a')\in R^2_{P\cdot q_L}$，其中 $b'=-a's+e'+Ps'(\bmod P\cdot q_L)$，$e'$ 是噪声。

根据 $c'\leftarrow(b',0)+[P^{-1}\cdot a'\cdot \mathbf{swk}]\bmod q_l$，可得 $a'\cdot\mathbf{swk}$ 对应的噪声为 $e''=a'\cdot e'$；密钥转换的噪声 e_{swk} 等于 $P^{-1}\cdot e''$，再加舍入 $[P^{-1}\cdot a'\cdot\mathbf{swk}]$ 产生的误差 e_{rs}。e_{swk} 噪声上限为 $\|e_{\mathrm{swk}}\|_\infty^{\mathrm{can}}\leqslant P^{-1}\cdot\|e''\|_\infty^{\mathrm{can}}+\|e_{\mathrm{rs}}\|_\infty^{\mathrm{can}}\leqslant\frac{B_{\mathrm{swk}}q}{P}+B_{\mathrm{scale}}$。

证毕。

循环移位 Rotation 和共轭 Conjugation 如下：

在一些函数中我们需要对槽向量进行循环移位，例如求槽向量所有分量的和。给定整数 M 和互素的整数 k，定义映射 $\kappa_k:m(X)\rightarrow m(X^k)[\bmod\ \Phi_M(X)]$。该映射可以实现槽向量的循环移位、求共轭等操作。其实现的思想如下：

(1)映射 κ_k 实现循环移位。

在编码过程中，多项式 $m(X)$ 和槽向量 $\mathbf{z}=[z_1\ \cdots\ z_{N/2}]\in C^{N/2}$ 的关系是：

$$m(\zeta_j)=\Delta z_j,\ \zeta_j:=\zeta^{5^j},\quad 0\leqslant j<\frac{N}{2}$$

则 $\kappa_5(m)=m(X^5)$ 对应的槽向量是 $\mathbf{z}=[z_1\ \cdots\ z_{N/2}]$ 的循环左移 1 位。类似地，循环左移 k 位可以表示为 $\kappa_{5^k}(m)=m(X^{5^k})$。

同态 κ_k 映射：给定明文为 m，密钥为 $\mathbf{sk}=(1,s)$ 的密文 $\mathbf{c}=(c_0,c_1)$，定义 $\kappa_k(\mathbf{c})=[\kappa_k(c_0)\ \kappa_k(c_1)]$，则 $\kappa_k(\mathbf{c})$ 是明文为 $\kappa_k(m)$，密钥为 $\kappa_k(s)$ 的密文。对密文 $\kappa_k(\mathbf{c})$ 使用密钥转换技术可以，在明文 $\kappa_k(m)$ 不变的情况下，将密钥从 $\kappa_k[(1,s)]$ 转换为 $\mathbf{sk}$。

引理 6-5(Rotation)：令密文 $\mathbf{c}=(c_0,c_1)\in R_q^2$ 对应的私钥为 $\mathbf{sk}=(1,s)$，槽向量为 $\mathbf{z}=[z_1\ \cdots\ z_{N/2}]$，循环移位密钥 $\mathbf{rk}_r\leftarrow\mathbf{KSGen}_{\mathbf{sk}}[\kappa_{5^r}(s)]$，则密文 $\mathbf{c}'\leftarrow\mathbf{KS}_{\mathbf{rk}_r}[\kappa_{5^r}(\mathbf{c})]$，对应的槽向量为 $\rho(z,r)$：$[z_{r+1}\ \cdots\ z_N\ \ z_0\ \cdots\ z_{r-1}]$，满足 $<\mathbf{c}',\mathbf{sk}>=<\mathbf{c},\mathbf{sk}'>+e_{\mathrm{swk}}\bmod q$，其中噪声 $e_{\mathrm{swk}}\in R$ 上界为 $\frac{B_{\mathrm{swk}}q}{P}+B_{\mathrm{scale}}$。

(2)映射 κ_k 实现共轭。

已知 $\kappa_{-1}(m)=m(X^{-1})$，对应的槽向量是 $\bar{\mathbf{z}}=[\bar{z}_1\ \cdots\ \bar{z}_{\frac{N}{2}}]$。推导过程如下：

$$\bar{z}_j=m(\bar{\zeta}_j)=m(\bar{\zeta}_j)=m(\zeta_j^{-1})$$

引理 6-6(Conjugation)：令密文 $\mathbf{c}=(c_0,c_1)\in R_q^2$ 对应的私钥为 $\mathbf{sk}=(1,s)$，槽向量为 $\mathbf{z}=[z_1\cdots z_{N/2}]$，共轭密钥 $\mathbf{ck}\leftarrow\mathbf{KSGen}_{sk}[\kappa_{-1}(s)]$，则密文 $\mathbf{c}'\leftarrow\mathbf{KS}_{\mathrm{ck}}[\kappa_{-1}(\mathbf{c})]$，对应的槽向量为 $\bar{\mathbf{z}}=[\bar{z}_1\cdots\bar{z}_{\frac{N}{2}}]$，密文满足 $<\mathbf{c}',\mathbf{sk}>=<\mathbf{c},\mathbf{sk}'>+e_{\mathrm{swk}}(\bmod q)$，其中噪声 $e_{\mathrm{swk}}\in R$ 上界为 $\frac{B_{\mathrm{swk}}q}{P}+B_{\mathrm{scale}}$。

2. 相对误差 $\boldsymbol{\beta}=\boldsymbol{B/v}$

同态计算过程中噪声会逐渐积累。虽然使用重缩放技术降低积累的速度，但我们还是需要时刻关注噪声的界，从而能更好地了解噪声对消息精度的影响。对于给定的密文 $(\mathbf{c},l,v,B)$，我们分析噪声上限与消息上限的比值 $\beta=B/v$。

同态加法运算的相对误差：给定两个密文 (c_1, l, v_1, B_1) 和 (c_2, l, v_2, B_2)，对应的相对误差 $\beta_i = B_i / v_i$，同态加法输出 $(c_1 + c_2, l, v_1 + v_2, B_1 + B_2)$，则相对误差 $\beta_{add} = \max\{\beta_i\}$。

同态乘法运算的相对误差：给定两个密文 (c_1, l, v_1, B_1) 和 (c_2, l, v_2, B_2)，对应的相对误差 $\beta_i = B_i / v_i$，同态乘法先计算 $(\boldsymbol{c}_{mult}, l, v_1 v_2, v_1 B_2 + v_2 B_1 + B_1 B_2 + B_{mult}(l))$，再使用重缩放技术将密文从第 l 层缩放到第 l' 层，则相对误差 $\beta' = \beta_1 + \beta_2 + \beta_1\beta_2 + \dfrac{B_{mult}(l) + p^{l-l'} \cdot B_{scale}}{v_1 v_2}$。

根据 6－2 和引理 6－3，$B_{mult}(l)$ 和 $p^{l-l'} \cdot B_{scale}$ 远小于 $v_1 v_2$，则输出的相对误差接近 $\beta_1 + \beta_2$。

6.5　RNS-CKKS 型全同态加密方案

同态加密方案通常使用大的模数（几百比特），因此残差数系统（Residue Number System，RNS）表示可以大幅度提升方案的计算效率。目前 SEAL 库中使用的就是 RNS 表示的 CKKS 方案的变种——RNS-CKKS 型全同态加密方案（简称 RNS-CKKS 方案）。

6.5.1　RNS 表示

令 $B = \{p_0, \cdots, p_{k-1}\}$ 是基，$P = \prod_{i=0}^{k-1} p_i$，定义 $[\cdot]_B$ 表示从 z_P 到 $\prod_{i=0}^{k-1} p_i$ 的映射，定义

$$a \rightarrow [a]_B = ([a]_{p_i})_{0 \leqslant i < k}$$

该映射是基于中国剩余定理（CRT）的环同构，称为 $[a]_B$ 是 $a \in z_P$ 的残差数系统（RNS）表示。

（1）CRT 参数要求：模数 p_i 之间两两互质。优点是可以在小环 z_{p_i} 中执行对应分量算术运算，这降低了渐进和实际的计算成本。例如：要计算两个大数的乘法，以 23×8 为例。计算过程如图 6－9 所示。

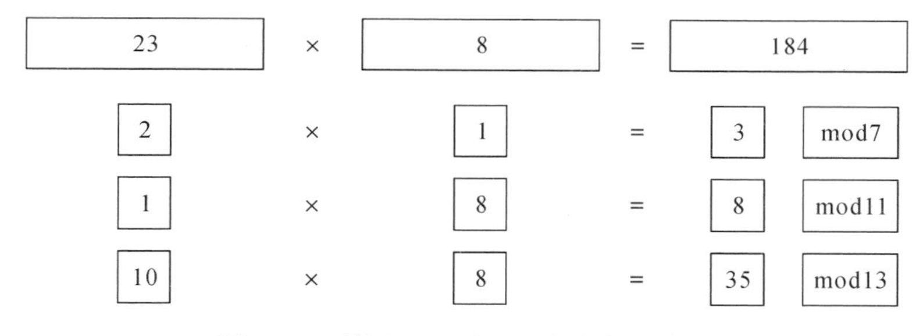

图 6－9　利用 RNS 表示进行大数的乘法

选取足够大的素数的乘积作为模数 $m = 1\,001 = 7 \times 11 \times 13$，计算 23 和 8 的 RNS 表示，对应分量进行相乘，用 CRT 求解最终结果 184。

（2）残差数系统的扩展：通过对多项式的系数进行操作，还可以将整数上环同构可以自然地扩展到多项式环上 $[\cdot]_B : R_P \rightarrow R_{p_0} \times \cdots \times P_{p_{k-1}}$。

6.5.2 RNS-CKKS 方案难点分析

RNS-CKKS 方案可以提升方案效率，但构造 RNS-CKKS 方案还存在一些问题。

1. 密文模数设置——RNS 表示和降模因子的冲突

问题：RNS 表示和降模因子的冲突。

为保证每次缩放具有相同比率 $\Delta = q$（例如 2^{20}），CKKS 方案选择密文模数链为 $Q_l = q^l$，$1 \leqslant l \leqslant L$。RNS 要求 $Q = \prod_{i=0}^{k-1} q_i$，即互质的因子。

解决方式——由近似且互质因子组成基。

“缩放具有相同比率”进行妥协为“缩放具有相似比率”，用由近似且互质因子组成 RNS 基（见图 6-10）。

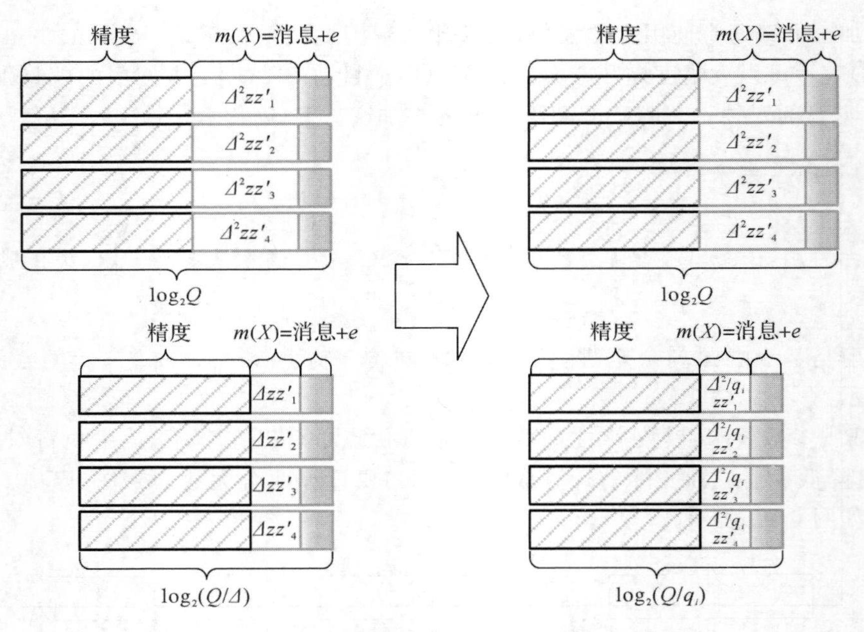

图 6-10 CKKS 方案和 RNS-CKKS 方案中的重缩放

将第 l 层的密文模数设置为 $Q_l = \prod_{j=0}^{l} q_j$，其中 $l = 1, \cdots, L$。定义初始缩放因子 $q = \Delta$ 和位精度 η，使得 $q/q_l \in (1 - 2^{-\eta}, 1 + 2^{-\eta})$，定义 q 的近似因子组成的基 $C = \{q_0, \cdots, q_L\}$。

分析效果：相邻层的密文模数具有几乎相同的比率，即 $Q_l / Q_{l-1} = q_l \approx q$。近似比例因子 q_l 的重新缩放算法，将 l 层的 m 的密文转换为 $l-1$ 层 $q_l^{-1} \cdot m$ 的密文。

使用近似比例因子描述 q_l 和 q 之间的差距：

$$|q_l^{-1} \cdot m - q^{-1} \cdot m| = |1 - q_l^{-1} \cdot q| \cdot |q^{-1} \cdot m| \leqslant 2^{-\eta} \cdot |q^{-1} \cdot m|$$

可以通过增大近似因子的精度 η 降低误差，以免近似操作破坏明文的有效位。因此，近似基允许我们使用多项式的 RNS 表示提升方案效率，同时保持 HE 方案的功能。

2. 换模技术——RNS 表示和 round 函数的冲突

问题：RNS 表示能够快速地进行大数乘法与加法运算，但一些非线性的运算在 RNS 表示下很难实现，例如四舍五入 round 函数。

分析：round 函数只在重缩放算法 Rescale(·)中使用，Rescale(·)的作用是在明文不变的情况下，改变密文模数。因此我们需要设计 Rescale(·)函数，实现功能：模数改变，但解密后明文不变。

解决方法：使用近似模转化，包含互质基的转化、近似模约减 ModDown、近似模数提升 ModUp。

(1)互质基表示的转化：$\mathbb{Z}_P \to \mathbb{Z}_Q$。

希望在 a 的不同 RNS 基表示之间进行转化，即将整数的一个 RNS 基表示转换为与原始基共质的 RNS 新基表示。

给定基 $D=\{p_0,\cdots,p_{k-1},q_0,\cdots,q_{l-1}\}$，设 $B=\{p_0,\cdots,p_{k-1}\}$ 和 $C=\{q_0,\cdots,q_{l-1}\}$ 是它的子基。令 $P=\prod_{i=0}^{k-1} p_i$，$Q=\prod_{j=0}^{l-1} q_j$ 表示它们的乘积。

目标：将 $a\in\mathbb{Z}_Q$ 的 C 基 RNS 表示 $[a]_C=[a^{(0)},\cdots,a^{(l-1)}]\in\mathbb{Z}_{q_0}\times\cdots\times\mathbb{Z}_{q_{l-1}}$ 转换为 a 的 B 基 RNS 表示 $\mathbb{Z}_{p_0}\times\cdots\times\mathbb{Z}_{p_{k-1}}$，使得 $\mathrm{Conv}_{C\to B}([a]_C)=[a+e\cdot Q]_B$。

方法如图 6-11 所示：

1) C 基表示转整数表示：利用 CRT 将 $a\in\mathbb{Z}_Q$ 的 C 基 RNS 表示转化 $\sum_{j=0}^{l-1}[a^{(j)}\cdot\hat{q}_j^{-1}]_{q_j}\cdot\hat{q}_j$ 为整数表示 $a+e\cdot Q$。

2)整数表示转 B 基表示：将 $a+e\cdot Q$ 表示为 B 基 RNS 表示。

数学表达为 $\mathrm{Conv}_{C\to B}([a]_C)=\left[\sum_{j=0}^{l-1}[a^{(j)}\cdot\hat{q}_j^{-1}]_{q_j}\cdot\hat{q}_j \bmod p_i\right]_{0\leqslant i<k}$，其中 $\hat{q}_j=\prod_{j'\neq j} q_{j'}\in\mathbb{Z}$。注意到 $\sum_{j=0}^{l-1}[a^{(j)}\cdot\hat{q}_j^{-1}]_{q_j}\cdot\hat{q}_j=a+e\cdot Q$，$e\in\mathbb{Z}$ 较小，且有 $|a+e\cdot Q|\leqslant(l/2)\cdot Q$，则 $\mathrm{Conv}_{C\to B}([a]_C)=[a+e\cdot Q]_B$ 可以看成整数 $a+e\cdot Q$ 的 B 基表示。

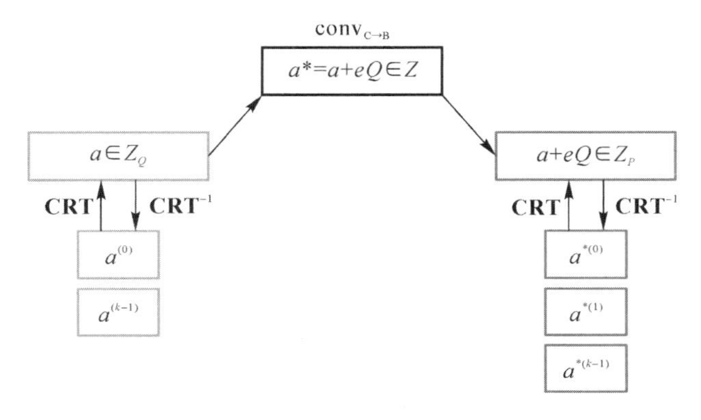

图 6-11　互质基表示的转化

(2)近似模约减 ModDown：$\mathbb{Z}_{PQ} \to \mathbb{Z}_Q$。

目标：给定 $\tilde{b} \in \mathbb{Z}_{PQ}$ 的 D 基 $[\tilde{b}]_D$，输出缩减明文 $b \approx round(P^{-1} \cdot \tilde{b})$ 的 C 基 $[b]_C$，$\text{ModDown}_{D \to C}([\tilde{b}]_D) = [\text{round}(P^{-1} \cdot \tilde{b})]_C$。

分析：利用求模代替 round，$\text{round}(P^{-1} \cdot \tilde{b}) = (\tilde{b} - \tilde{b}\text{mod}P) \cdot P^{-1}$；结果用 C 基表示，则所有运算都放到 C 基。

方法如图 6-12 所示：

1)计算 B 基 $a = \tilde{b}\text{mod}P$：已知 $[\tilde{b}]_D = \{[\tilde{b}]_B \parallel [\tilde{b}]_C\}$，则 $[\tilde{b}]_B = [\tilde{b}\text{mod}P]_B = [\tilde{b}^{(0)}, \cdots, \tilde{b}^{(k-1)}]$。

2) $a = \tilde{b}(\text{mod}P)$ 的 B 基转化 C 基：$\text{Conv}_{C \to B}(\tilde{b}\text{mod}P) = [\tilde{b}(\text{mod}P) + P \cdot e]_C = [\tilde{a}]_C$。

3) C 基中计算 $(\tilde{b} - \tilde{b}\text{mod}P) \cdot P^{-1}$：$\left(\prod_{i=0}^{k-1} p_i\right)^{-1} \cdot ([\tilde{b}]_C - [\tilde{a}]_C) \in \prod_{i=0}^{l-1} \mathbb{Z}_{q_i}$。

特例：当 P 中只有一个元素时，近似模约减可以简洁表示为：$P^{-1} \cdot ([\tilde{b}]_C - [\tilde{b}]_P) \in \prod_{i=0}^{l-1} \mathbb{Z}_{q_i}$，该特例应用于 6.4.3 节 ReScale 函数中，即 ReScale 函数是 ModDown 中被约减的集合 B 中只有一个元素的特殊形式。

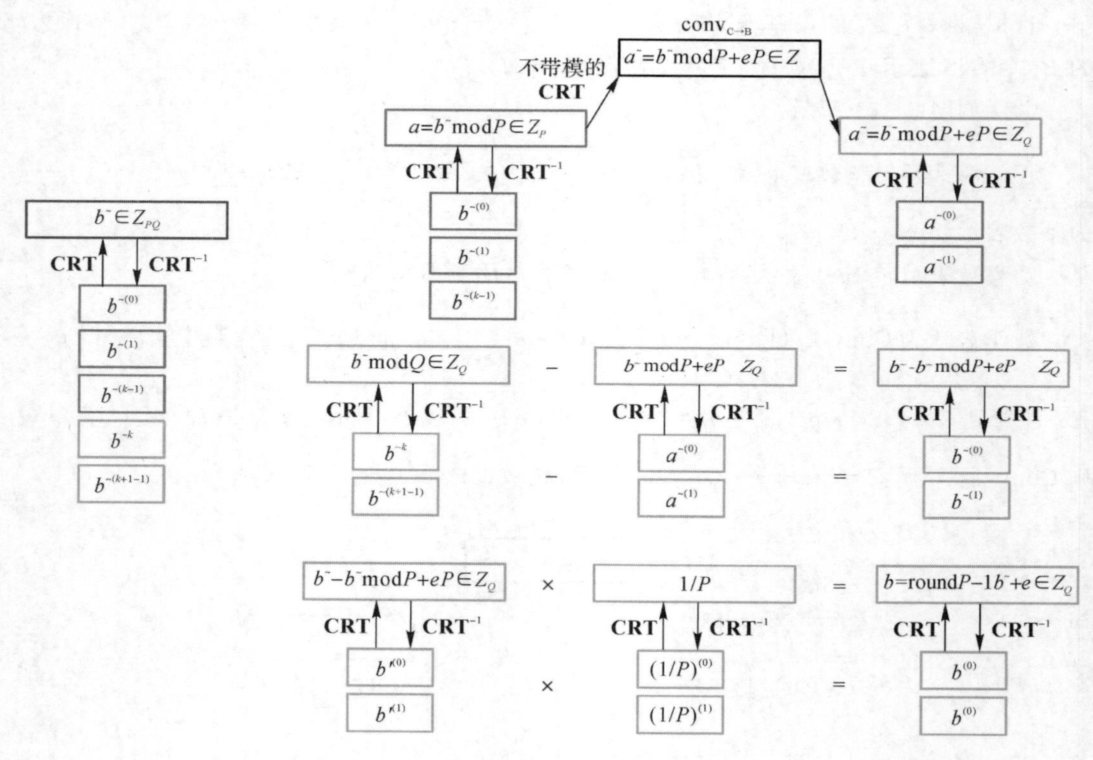

图 6-12　近似模约减过程

(3)近似模提升 ModUp：$\mathbb{Z}_Q \to \mathbb{Z}_{PQ}$。

目标：$\text{ModUp}_{C \to D}([a]_C) = [a + Q \cdot e]_D$。给定整数 $a \in \mathbb{Z}_Q$ 的 C 基 RNS 表示 $[a]_C$，输出整数 $\tilde{a} \in \mathbb{Z}_{PQ}$ 的 D 基 RNS 表示，满足 $\tilde{a} \equiv a\text{mod}Q$ 和 $|\tilde{a}| \ll P \cdot Q$。

分析：

1)给定的基 C 和输出的基 D 不互素,因此不能直接使用近似模数转化 Conv。

2) $\tilde{a}=a+Q\cdot e$ 的 D 基表示,就是 $\tilde{a}$ 的 B 基 $[\tilde{a}]_B$ 与 $\tilde{a}$ 的 C 基 $[\tilde{a}]_C$ 表示的级联;$[\tilde{a}]_C=[a]_C$, $[\tilde{a}]_B=\mathrm{Conv}_{C\to B}(\tilde{a})$。

方法见图 6-13：

1)计算 $\tilde{a}$ 的 B 基表示:计算 $\mathrm{Conv}_{C\to B}(a)=[\tilde{a}]_B$, $\tilde{a}:=a+Q\cdot e$, l 是 Q 中分量的个数。

2)级联 $\tilde{a}$ 的 B 基 $[\tilde{a}]_B$ 与 $\tilde{a}$ 的 C 基 $[\tilde{a}]_C$: $[\tilde{a}]_D=\{[a]_C \| [\tilde{a}]_B\}$。

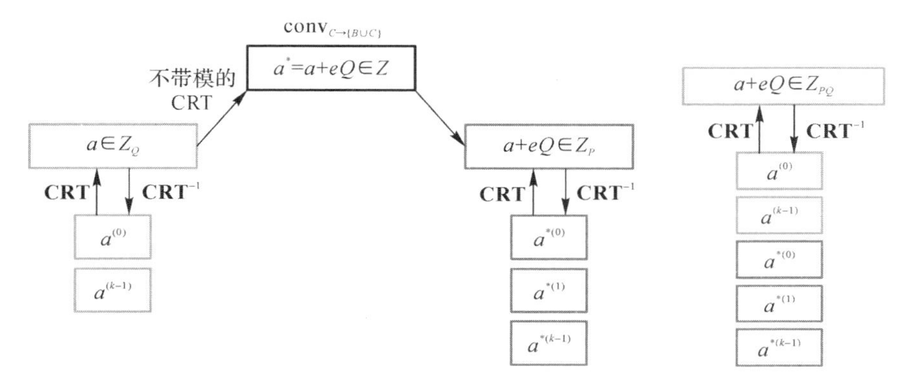

图 6-13　近似模提升过程

扩展到多项式环：

近似模数转化的算法,可以通过对多项式的每个系数进行运算(Coefficient-Wise),从而扩展到多项式环中。

$\mathrm{Conv}_{C\to D}(\cdot)$:

$$\prod_{j=0}^{l-1} R_{q_j} \to \prod_{i=0}^{k-1} R_{p_i} \times \prod_{j=0}^{l-1} R_{q_j}$$

$\mathrm{Conv}_{D\to C}(\cdot)$:

$$\prod_{i=0}^{k-1} R_{p_i} \times \prod_{j=0}^{l-1} R_{q_j} \to \prod_{j=0}^{l-1} R_{q_j}$$

3. 密文加法——近似模转化使明文的增量因子差异大,难以实现加法

问题:同一层的密文的 scaleΔ 可能不同,则两个密文同态加法会产生很大的误差。例如,一个是持续同态乘法产生的,另一个是第 L 层密文,直接使用 rescale 函数得到的。

目标:特殊设计常数加法、乘以常数中常数使用的 Δ,使同一层密文的 scale 相同。

案例:给定 d 次多项式 $p(t)$,密文 $\mathrm{Enc}[m(X)]$,计算 $\mathrm{Eval}\{p(t),\mathrm{Enc}[m(x)]\}$,使输入和输出的 scale 相同。

分析计算多项式的常见方法：

(1)最小深度:通过持续的二次方和乘法的方式,以最小深度 $\lceil\log_2(d+1)\rceil$ 计算 d 次多项式 $f(u)=a_0+a_1u+\cdots+a_{d-1}u^{d-1}$,具体方式如下：

1)先通过持续二次方的方式计算所有的 x^i，$i \in [0,d-1]$，计算深度为 degree $= \lceil \log_2(d+1) \rceil$。

2)通过乘法和加法的方式计算 $f(u)$ ：$a_0 + a_1 u$，$(a_0 + a_1 u) + a_2 u^2$，degree $= 0$。

(2)最小计算复杂性：利用小步大步法(Baby-Step Giant-Step，BSGS)计算多项式，需要 $O(\sqrt{n})$ 次非常量乘法(变量之间的相乘)。

令 $m \leftarrow \lceil \log_2(d+1) \rceil$，$l \leftarrow \lfloor \frac{m}{2} \rfloor$，计算 $\mathbf{gs} = [u^1 \quad u^2 \quad u^4 \quad \cdots \quad u^{2^{m-1}}]$。计算是递归过程如下：

$$
\begin{aligned}
f(u) &= a_n u^n + a_1 u + a_0 \\
&= (a_0 + a_1 u + \cdots + a_{2^{m-1}-1} u^{2^{m-1}-1}) + u^{2^{m-1}} (a_{2^{m-1}-1} + \cdots + a_n u^{n-2^{m-1}}) \\
&= [(a_0 + a_1 u + \cdots + a_{2^{m-2}-1} u^{2^{m-2}-1}) + u^{2^{m-2}} (a_{2^{m-2}} + \cdots + a_{2^{m-1}-1} u^{2^{m-2}-1})] + \\
&\quad u^{2^{m-1}} [a_{2^{m-1}-1} + \cdots + a_{3 \cdot 2^{m-2}-1} u^{2^{m-2}-1} + u^{2^{m-2}} (a_{3 \cdot 2^{m-2}-1} + \cdots + a_n u^{n-2^{m-1}})]
\end{aligned}
$$

(3)最低误差和最小深度：

目标：以最低误差和最小深度的计算方式。

分析：rescaling 算法，导致同一层的密文的增量(scaleΔ)可能不同，则两个密文同态加法会产生很大的误差。最低误差是指计算过程受 scaleΔ 不同影响最低的计算方式。实现最低误差的思路是：

计算过程中常数项的 scaleΔ 可以自由设定，将常数项的 scaleΔ 进行设定，使每次加法运算的密文都对应相同的 scaleΔ。

方法：最小深度计算方式中，是重复的计算模式 $c = a + bx^{2^i}$。最低误差的计算方式要求 a 和 bx^{2^i} 的 scale 相同，即 $\Delta_a = \Delta_{bx^{2^i}}$。记 Δ_x 为 x 对应的 scale，这是因为 $\Delta_{bx^{2^i}} = (\Delta_b \Delta_{x^{2^i}})/q_i$，则需要 $\Delta_b = (\Delta_a q_i)/\Delta_{x^{2^i}}$，可以得到 $\Delta_a = \Delta_{bx^{2^i}} = \Delta_c$，其中 q_i 是当前密文模数中最后的素数(在进行同态 $b \cdot x^{2^i}$ 时，要除以 q_i 来控制 scale)。为了保证多项式的输入和输出的 scale 相同，初始设定 $\Delta_a = \Delta_x$。

计算 $f(u)$ 的过程如下：

1)假设给定 x 的初始 scale 为 Δ_x；计算所有的 x^{2^i}，$i \in [0, [\log_2(d+1)]-1]$，对应的 scale 记为 $\Delta_{x^{2^i}}$；

2)递归计算 $c = a + bx^{2^i}$，$i \in [0, [\log_2(d+1)]-1]$。设定初始的 $\Delta_a = \Delta_x$，设定 $\Delta_b = (\Delta_a q_0)/\Delta_x$。

分析：第一次递归 $c = a + bx$ 中设定 $\Delta_b = (\Delta_a q_0)/\Delta_x$，则根据 $\Delta_a = \Delta_x$，可以得到 $\Delta_{bx^{2^i}} = \Delta_a = \Delta_c = \Delta_x$，则第一次递归输入输出的 scale 相同。依次递归执行 $c = a + bx$，则可以得到 $\Delta_{f(x)} = \Delta_x$。

6.5.3 RNS-CKKS 方案

根据上述分析，给出 RNS-CKKS 方案如下，

Setup$(q, L, \eta, 1^\lambda)$：输入安全参数 λ，电路深度 L，选择 2 的幂次整数 N。根据安全参数 λ，选择基整数 q，比特精度 η。

(1)选择一个基 $D=\{p_0,\cdots,p_{k-1},q_0,q_1,\cdots,q_L\}$ 使 $q_j/q\in(1-2^{-\eta},1+2^{-\eta})$，其中 $1\leqslant j\leqslant L$；记基 $B=p_0,\cdots,p_{k-1}$，基 $C_l=q_0,\cdots,q_l$，基 $D_l=B\cup C_l=\{p_0,\cdots,p_{k-1},q_0,\cdots,q_l\}$，$1\leqslant l\leqslant L$；令 $P=\prod_{i=0}^{k-1}p_i$ 与 $Q=\prod_{j=0}^{L}q_j$。

(2)选择私钥分布 $\chi_{\text{key}}=\text{HWT}(h)$，加密临时密钥分布 $\chi_{\text{enc}}=\mathcal{ZO}(0.5)$，与噪声分布 $\chi_{\text{err}}=\text{DG}_q(\sigma^2)$。

输出公共参数 $\text{pp}=(q,N,B,C_l,D_l,h,L,\sigma)$。

PSKeyGen(pp)：随机选择 $\leftarrow\chi_{\text{key}}$，$[a^{(0)},\cdots,a^{(L)}]\leftarrow U(\prod_{j=0}^{L}R_{q_j})$，$e\leftarrow\chi_{\text{err}}$，令私钥为 $\mathbf{sk}\leftarrow(1,s)$，公钥为 $\mathbf{pk}\leftarrow[\text{pk}^{(j)}=(b^{(j)},a^{(j)})\in R_{q_j}^2]_{0\leqslant j\leqslant L}$，其中 $b^{(j)}\leftarrow -a^{(j)}\cdot s+e\bmod q_j$，$0\leqslant j\leqslant L$。

KSGen(s_1,s_2)：输入密钥 $s_1,s_2\in R$，随机选择 $a'^{(0)},\cdots,a'^{(k+L)}\leftarrow U(\prod_{i=0}^{k-1}R_{p_i}\times\prod_{i=0}^{L}R_{q_j})$ 与噪声 $e'\leftarrow\chi_{\text{err}}$。计算转换密钥 **swk**，即

$$\{\mathbf{swk}^{(0)}=[b'^{(0)}\ a'^{(0)}\ \cdots\ \mathbf{swk}^{(k+L)}]=[b'^{(k+L)}\ a'^{(k+L)}]\}\in\prod_{i=0}^{k-1}R_{p_i}^2\times\prod_{j=0}^{L}R_{q_i}^2$$

其中，$b'^{(i)}\leftarrow -a'^{(i)}\cdot s_2+e'\bmod p_i$，$0\leqslant i<k$ 与 $b'^{(k+j)}\leftarrow -a'^{(k+j)}\cdot s_2+[P]_{q_j}\cdot s_1+e'\bmod q_j$，$0\leqslant j\leqslant L$。

输出转换密钥 $\mathbf{evk}\leftarrow\text{KSGen}(s^2,s)$。

(1) $\text{Enc}_{\mathbf{pk}}(m)$：输入明文 $m\in R$，随机选择 $v\leftarrow\chi_{\text{enc}}$ 与 $e_0,e_1\leftarrow\chi_{\text{err}}$。输出密文 $\mathbf{ct}=[\mathbf{ct}^{(j)}]_{0\leqslant j\leqslant L}\in\prod_{j=0}^{L}R_{q_j}^2$，其中 $\text{ct}^{(j)}\leftarrow v\cdot\mathbf{pk}^{(j)}+(m+e_0,e_1)\bmod q_j$，$0\leqslant j\leqslant L$。

(2) $\text{Des}_{\text{sk}}(ct)$：输入 l 层密文 $\mathbf{ct}=[\text{ct}^{(j)}]_{0\leqslant j\leqslant l}$，输出明文 $m'=\langle\text{ct}^{(0)},\mathbf{sk}\rangle\bmod q_0$。

(3) Add(**ct**,**ct**′)：输入 l 层密文 $\mathbf{ct}=(\text{ct}^{(0)},\cdots,\text{ct}^{(l)})$，$\mathbf{ct}'=[\text{ct}'(0),\cdots,\text{ct}'(l)]\in\prod_{j=0}^{l}R_{q_j}^2$，输出密文 $\mathbf{ct}_{\text{add}}=[\text{ct}_{\text{add}}^{(j)}]_{0\leqslant j\leqslant l}$，其中 $\mathbf{ct}_{\text{add}}^{(j)}\leftarrow\text{ct}^{(j)}+\text{ct}'^{(j)}\bmod q_j$，$0\leqslant j\leqslant l$。

(4) ReScale(**ct**)：输入 l 层密文 $\mathbf{ct}=\{\text{ct}^{(j)}=[c_0{}^{(j)},c_1{}^{(j)}]\}_{0\leqslant j\leqslant l}\in\prod_{j=0}^{l}R_{q_j}^2$。计算 $c_i{}'(j)\leftarrow q_l^{-1}\cdot[c_i{}^{(j)}-c_i{}^{(l)}]\bmod q_j$，其中 $i=0,1$ 与 $0\leqslant j\leqslant l-1$，输出密文 $\mathbf{ct}'\leftarrow\{\text{ct}'(j)=[c_0{}'(j),c_1{}'(j)]\}_{0\leqslant j\leqslant l-1}\in\prod_{j=0}^{l-1}R_{q_j}^2$。注意：ReScale 函数 ModDown 中被约减的集合 B 中只有一个元素的特殊形式。

(5) $\text{Mult}_{\mathbf{evk}}(\mathbf{ct},\mathbf{ct}')$：输入两个 l 层密文 $\mathbf{ct}=[\text{ct}^{(j)}=(c_0{}^{(j)},c_1{}^{(j)})]_{0\leqslant j\leqslant l}$ 与 $\mathbf{ct}'=\{\text{ct}'^{(j)}=[c_0{}'^{(j)},c_1{}'^{(j)}]\}_{0\leqslant j\leqslant l}$，运行如下步骤，输出密文 $\mathbf{ct}_{\text{mult}}\in\prod_{j=0}^{l}R_{q_j}^2$。

1)计算 $d_0{}^{(j)}\leftarrow c_0{}^{(j)}c_0{}'^{(j)}\bmod q_j$，$d_1{}^{(j)}\leftarrow c_0{}^{(j)}c_0{}'^{(j)}+c_1{}^{(j)}c_0{}'^{(j)}\bmod q_j$，$d_2{}^{(j)}\leftarrow c_1{}^{(j)}c_1{}'^{(j)}\bmod q_j$，其中 $0\leqslant j\leqslant l$。

2)计算 $\text{ModUp}_{C_l\to D_l}[d_2{}^{(0)},\cdots,d_2{}^{(l)}]=[\tilde{d}_2{}^{(0)},\cdots,\tilde{d}_2{}^{(k-1)},d_2{}^{(0)},\cdots,d_2{}^{(l)}]$。

3)计算 $\widetilde{\mathbf{ct}}=\{\widetilde{\mathbf{ct}}^{(0)}=[\widetilde{c_0}^{(0)},\widetilde{c_1}^{(0)}],\cdots,\widetilde{\mathbf{ct}}^{(k+l)}=[\widetilde{c_0}^{(k+l)},\widetilde{c_1}^{(k+l)}]\}\in\prod_{i=0}^{k-1}R_{Pi}{}^2\times\prod_{j=0}^{l}R_{qj}{}^2$,其中:$\widetilde{\mathbf{ct}}^{(i)}=\widetilde{d_2}^{(i)}\cdot\mathrm{evk}^{(i)}\ \mathrm{mod}p_i$ 与 $\widetilde{\mathbf{ct}}^{(k+j)}=\widetilde{d_2}^{(j)}\cdot\mathrm{evk}^{(k+j)}\ \mathrm{mod}q_j,0\leqslant i<k,0\leqslant j\leqslant l$。

4)计算。

$$[\widehat{c_0}^{(0)},\cdots,\widehat{c_0}^{(l)}]\leftarrow\mathrm{ModDown}_{D_l\to C_l}[\widetilde{c_0}^{(0)},\cdots,\widetilde{c_0}^{(k+l)}]$$

$$[\widehat{c_1}^{(0)},\cdots,\widehat{c_1}^{(l)}]\leftarrow\mathrm{ModDown}_{D_l\to C_l}[\widetilde{c_1}^{(0)},\cdots,\widetilde{c_1}^{(k+l)}]$$

5)输出密文 $\mathbf{ct}_{\mathrm{mult}}=[\mathrm{ct}_{\mathrm{mult}}{}^{(j)}]_{0\leqslant j\leqslant l}$,其中 $\mathrm{ct}_{\mathrm{mult}}{}^{(j)}\leftarrow(\widehat{c_0}^{(j)}+d_0{}^{(j)},\widehat{c_1}^{(j)}+\widehat{d_1}^{(j)})\ \mathrm{mod}q_j$,$0\leqslant j\leqslant l$。

RNS-CKKS 方案对比 CKKS 方案不同点在于:密文模数用 $q_l=q_0,\cdots,q_{l-1}$ 表示,计算密钥使用 P_kq_l,其中 $P_k=p_0,\cdots,p_{\{k-1\}}$;降模的幅度从 $\Delta=q$ 转为 q_i。改变的模数ReScale函数使用近似模交换技术,密文使用 RNS 表示。

6.5.4 RNS-CKKS 方案噪声分析

本节沿用 6.3.2 节中的表达,分析 RNS-CKKS 方案的噪声。

(1)Encryption 加密过程的噪声:加密过程没有使用近似模转换技术,只是密文的表达方式有所区别,因此密文噪声相对原始的 CKKS 方案是相同的。即给定 $m\in R$ 的新鲜密文 $\mathbf{ct}\leftarrow\mathbf{Enc}_{\mathrm{pk}}(m)\in R_{q_L}^2$,满足 $<\mathbf{ct},\mathbf{sk}>\equiv m+e\mathrm{mod}q_L$,则 $\|e\|_\infty^{\mathrm{can}}\leqslant 8\sqrt{2}\cdot\sigma N+6\sigma\sqrt{N}+16\sigma\sqrt{N}$,见引理 6-1。

(2)Addition 加密过程的噪声:加密过程输出密文满足 $<\mathbf{ct}_{\mathrm{add}},\mathbf{sk}>\equiv<\mathbf{ct},\mathbf{sk}>+<\mathbf{ct}',\mathbf{sk}>\mathrm{mod}q_l$,噪声满足 $\|e_{\mathrm{add}}\|_\infty^{\mathrm{can}}=\|e\|_\infty^{\mathrm{can}}+\|e'\|_\infty^{\mathrm{can}}$。

(3) ReScale(ct)。输入 l 层密文 $\mathbf{ct}=\{\mathrm{ct}^{(j)}=[c_0{}^{(j)},c_1{}^{(j)}]\}_{0\leqslant j\leqslant l}\in\prod_{j=0}^{l}R_{q_j}^2$。计算 $c_i{}'(j)\leftarrow q_l{}^{-1}\cdot[c_i{}^{(j)}-c_i{}^{(l)}]\mathrm{mod}q_j$,其中 $i=0,1$ 与 $0\leqslant j\leqslant l-1$,输出密文 $\mathbf{ct}'\leftarrow\{\mathrm{ct}'^{(j)}=[c_0{}'^{(j)},c_1{}'^{(j)}]\}_{0\leqslant j\leqslant l-1}\in\prod_{j=0}^{l-1}R_{q_j}^2$。

(4)Rescaling 重线性化噪声:给定 l 层密文 $\mathbf{ct}=(c_0,c_1)\in R_{Q_l}^2$,RNS 表示为 $[c_i]_{C_l}=[c_i^{(0)},\cdots,c_i^{(l)}]$,输出密文 $\mathbf{ct}'\leftarrow\mathrm{ReScale}(\mathrm{ct})$。ReScale 函数是 ModDown 的特例,则有 $\mathrm{Conv}_{C_l\to C_{l-1}}([c_i]_{C_l})=[\mathrm{round}(P^{-1}\cdot c_i)]_{C_{l-1}}=[\lfloor q_l^{-1}\cdot c_i\rceil]_{C_{l-1}}$。因此,$\mathbf{ct}'\leftarrow\mathrm{ReScale}(\mathbf{ct})$ 和原始 CKKS 方案输出相同的密文,满足 $[<\mathbf{ct},\mathbf{sk}>]_{Q_{l-1}}=q^{-1}\cdot[<\mathbf{ct},\mathbf{sk}>]_{Q_l}+e_{\mathrm{rs}}$,其中 $\|e_{\mathrm{rs}}\|_\infty^{\mathrm{can}}\leqslant\sqrt{\frac{N}{3}}\cdot(3+8\sqrt{h})$(见引理 6-2)。

(5)Multiplication 乘法噪声:给定两个 l 层密文 $\mathbf{ct}$ 与 $\mathbf{ct}'$,输出 $\mathbf{ct}_{\mathrm{mult}}\leftarrow\mathrm{Mult}_{\mathrm{evk}}(\mathbf{ct},\mathbf{ct}')$。按步骤分析噪声情况如下:

1)计算并输出 $(d_0,d_1,d_2)\in R_{Q_l}^3$ 的 RNS 表示,满足 $d_0+d_1\cdot s+d_2\cdot s^2\equiv<\mathbf{ct},\mathbf{sk}>\cdot<\mathbf{ct}',\mathbf{sk}>\mathrm{mod}Q_l$;

2)运行 $\mathrm{ModUp}_{C_l\to D_l}[d_2{}^{(0)},\cdots,d_2{}^{(l)}]$。ModUp 函数具有性质:$\mathrm{ModUp}_{C\to B}([d_2]_C)=[\widetilde{d_2}]_D$

$=[a+Q\cdot e]_D$，其中 $|e|\leqslant l/2$，$\|\tilde{d}_2\|_\infty\leqslant 1/2(l+1)\cdot Q$。根据 ModUp 中的 CRT 变换，可以假设 $\tilde{d}_2$ 是 R_{Q_l} 中 $(l+1)$ 个独立均匀变量的和，则对应方差为 $V=\frac{1}{2}(l+1)\cdot(Q_l^2\cdot N/12)$。

3）转换密钥 evk 的前 $k+l+1$ 个分量是 $P\cdot s^2\mathrm{mod}P\cdot Q_l$ 的密文，经过计算，输出密文 $\widetilde{\mathbf{ct}}$，满足 $\widetilde{\mathrm{ct}}^{(i)}=\tilde{d}_2{}^{(i)}\cdot\mathrm{evk}^{(i)}\ \mathrm{mod}p_i$ 与 $\widetilde{\mathrm{ct}}^{(k+j)}=\tilde{d}_2{}^{(j)}\cdot\mathrm{evk}^{(k+j)}\ \mathrm{mod}q_j$，$0\leqslant i<k$，$0\leqslant j\leqslant l$。则 $\widetilde{\mathbf{ct}}$ 是 $P\cdot\tilde{d}_2\cdot s^2\equiv P\cdot d_2\cdot s^2(\mathrm{mod}P\cdot Q_l)$ 的密文，噪声上限为 $16\cdot\sqrt{V}\cdot\sqrt{N\sigma^2}=8\sqrt{(l+1)/6}\cdot Q_l\cdot\sigma N=\sqrt{(l+1)/2}\cdot B_{\mathrm{ks}}\cdot Q_l$。

4）对密文 $\widetilde{\mathbf{ct}}$ 计算 ModDown 函数，函数满足 $\mathrm{ModDown}_{D\to C}([\tilde{b}]_D)=[\mathrm{round}(P^{-1}\cdot\tilde{b})]_C\mathrm{round}(P^{-1}\cdot\tilde{b})=(\tilde{b}-\tilde{b}\mathrm{mod}P)\cdot P^{-1}$，输出密文 $\widehat{\mathrm{ct}}\in R_{Q_l}^2$，满足 $P\cdot\widehat{\mathbf{ct}}\approx\widetilde{\mathbf{ct}}$。这里 round 函数是在 $\mathbb{Z}_P$ 中，则 $P\cdot\mathbf{ct}-\widetilde{\mathbf{ct}}$ 可以看成是 R_P 中 k 个独立均匀分布的求和，则误差的方差为 $k\cdot V_P=k\cdot P^2N/12$；根据下面不等式可以得到，$\|<P\cdot\widehat{\mathbf{ct}}-\widetilde{\mathbf{ct}},s>\|_\infty^{\mathrm{can}}$ 的误差上限 $P\sqrt{k}\cdot\sqrt{\frac{N}{3}}\cdot(3+8\sqrt{h})$，除以 P 得到最终的噪声上限。

$$\|<P\cdot\widehat{\mathbf{ct}}-\widetilde{\mathbf{ct}},s>\|_\infty^{\mathrm{can}}\leqslant\|\tau_0\|_\infty^{\mathrm{can}}+\|\tau_1\cdot s\|_\infty^{\mathrm{can}}\leqslant P\sqrt{k}\cdot 6\sqrt{\frac{N}{12}}+P\sqrt{k}\cdot 16\sqrt{hN/12}=\sqrt{\frac{N}{3}}\cdot(3+8\sqrt{h})$$

因此 $\widehat{\mathbf{ct}}$ 是明文为 $d_2\cdot s^2$，模数为 Q_l，噪声上限为 $\sqrt{(l+1)/2}\cdot P^{-1}B_{\mathrm{ks}}\cdot Q_l+\sqrt{k}\cdot B_{rs}$ 的密文，其中 $B_{\mathrm{rs}}=\sqrt{\frac{N}{3}}\cdot(3+8\sqrt{h})$。

6.6 CKKS型全同态加密方案自举算法

CKKS方案只能支持有限次的同态运算，在方案应用时要根据场景需求提前设定参数同态乘法深度，这影响了应用的灵活性。另外，CKKS方案的密文规模、计算效率随着电路深度增加急剧增大，运行深电路时效率不高。

6.6.1 CKKS方案中的自举思想

2009年，Gentry提供了一个支持无限次同态运算的通用方法：自举技术（Bootstrapping）。输入可自举的类同态加密方案，使用自举过程，可以得到全同态加密方案。可自举过程的定义为：假如一个方案可以同态地运行其自身的解密程序，则称这个方案是可以自举的。自举过程的目标是：可以将具有较大噪声的给定密文转换为具有较小噪声的密文，从而使得同态运算可以持续进行。

通常的同态方案都不能以自然的方式运行本身的解密电路实现这一要求。目前自举技术通常采用“双层方案”来实现：有内外两层方案，外层方案记为ENC，内层方案记为enc；自举过程的核心是利用外层方案同态地运行内层方案的解密过程。在CKKS方案中外层方案和内层方案形式相同，但外层方案使用更大的模数 Q，即使用大模数的密文运行小模数的密文的解密电路。

注意到 CKKS 方案在同态运算过程中噪声几乎保持不变，但密文模数会逐渐下降。如果自举算法能够将小模数的密文转换为大模数的密文，也可以使方案持续地进行同态计算。CKKS 方案中自举算法的主要功能是提升密文模数，如图 6-14 所示。

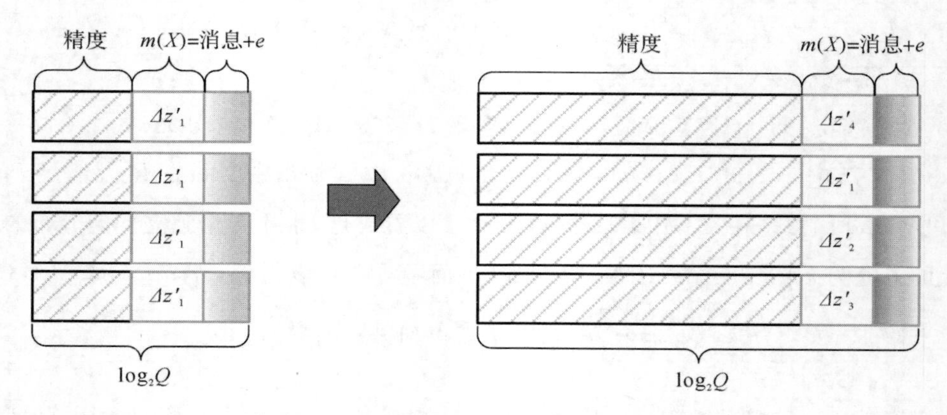

图 6-14　CKKS 方案中自举算法的主要功能

分析 CKKS 解密电路：$\text{CKKS.Dec}_{\text{sk}}(\mathbf{ct}): m(X) = <\mathbf{ct}, \mathbf{sk}> \bmod q$。整数表达为 $<\mathbf{ct}, \mathbf{sk}> = \mathrm{t}(\mathrm{X}) = \mathrm{m}(\mathrm{X}) + \mathrm{qI}(\mathrm{X})$，有 $[t(X)]_q = m(X)$，存在 K 使 $|I|_\infty < K$。

若选取足够大的模数 $Q > |t_\infty|$，可以将 ct 看成是 $m(X) + qI(X)$ 的密文，满足 $<\mathbf{ct}, \mathbf{sk}> = t \bmod Q$。在大密文模数 Q 上，对 **ct** 进行同态 mod$q$ 的操作，即可以得到 $m(X)$ 在更大模数上的密文（见图 6-15）。

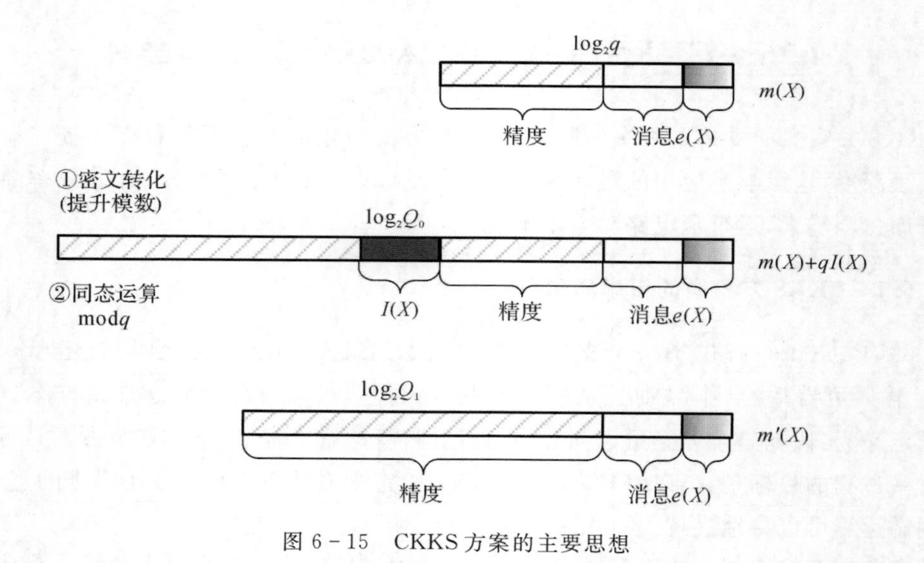

图 6-15　CKKS 方案的主要思想

总结：同态运行解密电路的核心是，在大密文模数 Q 上，对 **ct** 进行同态 mod$q$ 操作。

6.6.2　CKKS 方案中的自举过程

CKKS 方案中自举算法能够将小模数的密文转换为大模数的密文，也可以使方案持续地进行同态计算。CKKS 方案中自举过程分为 5 个步骤(见图 6 - 16)。自举过程每一个步骤中 slot 和 coefficient 的关系如图 6 - 17 所示。

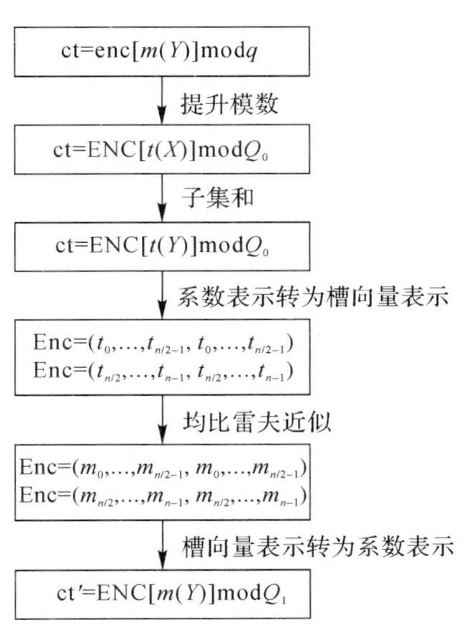

图 6 - 16　CKKS 方案自举流程

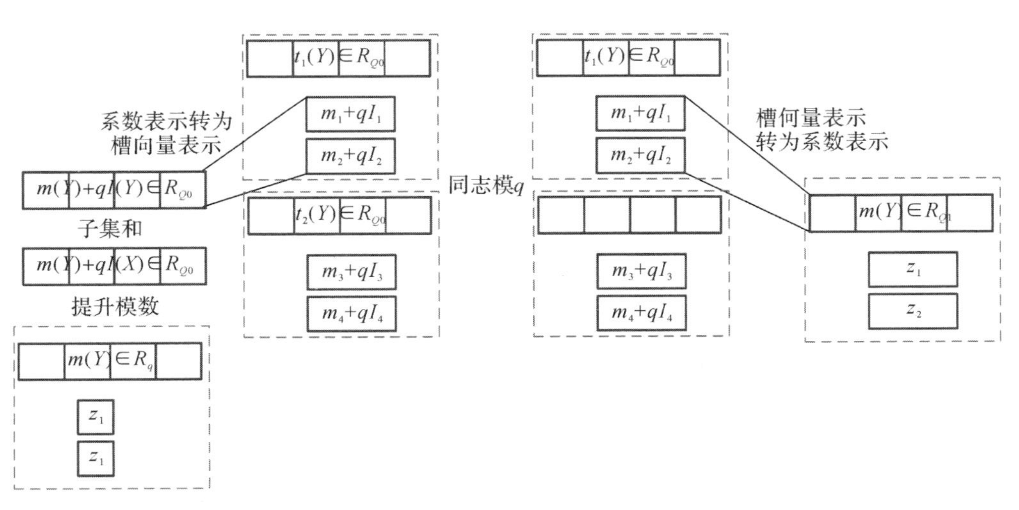

图 6 - 17　自举过程中 slot 和 coefficient 的关系

步骤 1:提升模数

目标:给定密文 $\mathbf{ct} \in R_q$，希望将模数从 q 提升到 Q，其中 $Q > Nq$，希望输出 $\mathbf{ct} \in R_Q$，

满足

$$<\mathbf{ct},\mathbf{sk}>=t=m+qI\bmod Q,\quad |I|\leqslant K<h$$

方法 1:强制令 $\mathbf{ct}\in R_Q$,则有 $<\mathbf{ct},\mathbf{sk}>=t=m+qI\bmod Q$,$|I|\leqslant K<h$,h 是私钥中 1 的个数。

问题:方法 1 可以对原始的 CKKS 方案运算,但对于 RNS-CKKS 方案,存在 mod$Q$ 的操作不好用 RNS 表示的问题。

方法 2:使用 ModRaise 函数,提升模数。RNS-CKKS 方案中,可以使用 ModRaise 函数提升模数。

缺陷:安全性和效率无法兼顾。为了提升方案安全性,Bossuat 等人使用了 dense 的密钥 s ;但 dense 的密钥 s 导致 qI 的规模很大,从而增大了自举过程的电路深度,降低自举效率。

方法 3:使用密钥转换技术+ModRaise 函数。

为了提升方案安全性,使用 Bossuat 等人在 BTH22 方案中的技术降低稠密的密钥情况下 K 的值从而提升安全性。内层方案用稠密的密钥 s(指密钥中非 0 分量的个数较多),外层方案用稀疏的密钥 $\tilde{s}$(指密钥中非 0 分量的个数较少)进行 ModRaise,既能使用稠密的密钥 s,又使得 qI 的规模很小保持高效。具体算法如下:

算法 6-1:Encapsulated ModRaise

Input:ct_q^s ,$\mathrm{swk}_{qp}^{s\to\tilde{s}}$,$\mathrm{swk}_{QP}^{\tilde{s}\to s}$ //分别是模数为 qp 与 QP 的转化密钥.

Output:ct_Q^s .

1:$\mathrm{ct}_q^{\tilde{s}}\leftarrow$ KeySwitch(ct_q^s,$\mathrm{swk}_{qp}^{s\to\tilde{s}}$) //稠密的密钥转化为稀疏的密钥.

2:$\mathrm{ct}_Q^{\tilde{s}}\leftarrow$ ModRaise($\mathrm{ct}_q^{\tilde{s}}$,$Q$) //对稀疏的密钥 $\tilde{s}$ 进行 ModRaise.

3:$\mathrm{ct}_Q^s\leftarrow$ KeySwitch($\mathrm{ct}_Q^{\tilde{s}}$,$\mathrm{swk}_{QP}^{\tilde{s}\to s}$) //稀疏的密钥转化为稠密的密钥.

4:**Return** ct_Q^s .

为了保证方案的安全性,$\mathrm{swk}_{QP}^{\tilde{s}\to s}$ 模数更大使用更 dense 的密钥 s ;为了提升方案的效率,$\mathrm{swk}_{qp}^{s\to\tilde{s}}$ 模数小,使用 sparse 的密钥 $\tilde{s}$。

步骤 2:SubSum

目标:将 $qI(X)+m(Y)$ 的密文转换为 $q\tilde{I}(Y)+m(Y)$ 的 密文,其中 $\tilde{I}(Y)\in\mathbb{Z}[Y]/(Y^n+1)$。

分析:有时密文的槽向量中元素个数小于 $N/2$,称为稀疏打包密文(Sparsely Packed Ciphertext)。因为有效向量比较短,稀疏打包密文计算过程可以更加高效。

令 $n\geqslant 2$ 是 N 的因子,$Y=X^{N/n}$,则 $\mathbb{Z}[X]/(X^N+1)$ 具有子集 $\mathbb{Z}[Y]/(Y^n+1)$。

如果把 $m(Y)\in\mathbb{Z}[Y]/(Y^n+1)$ 表达为 $m(X^{N/n})\in\mathbb{Z}[X]/(X^N+1)$,那么对应的 $\mathbb{Z}[X]/(X^N+1)$ 中的槽向量为 $\boldsymbol{z}=[m(\zeta_j^{\frac{N}{n}})]_{0\leqslant j<N}$,其中 $\zeta_j^N=-1$,$\zeta_j=\zeta^{5^j}$。若 ζ_j 的阶是 $2N(\zeta_j^{2N}=1)$,$\zeta_j^{\frac{N}{n}}$ 的阶是 $2n$,则 $\boldsymbol{z}=(z_j)_{0\leqslant j<\frac{N}{2}}$ 是 $\boldsymbol{w}=(m(\xi_j))_{0\leqslant j<\frac{n}{2}}$ 级联 (N/n) 次的结果。

给定 $m(Y)\in\mathbb{Z}[Y]/(Y^n+1)$ 的密文 ct,则密文满足 $<\mathbf{ct},\mathbf{sk}>=qI(X)+m(Y)$,其中 $I(X)=I_0+I_1\cdot X+\cdots+I_{N-1}\cdot X^{N-1}\in R$,则 ModRaise 方案将得到 $qI(X)+m(Y)$ 的密文,这

不是关于 Y 的多项式的密文。Y 的多项式比 X 的多项式系数更少，因此计算效率会更高。

SubSum 函数能将 $qI(X)+m(Y)$ 的密文转换为 $q\tilde{I}(Y)+m(Y)$ 的 密文，其中 $\tilde{I}(Y)\in\mathbb{Z}[Y]/(Y^n+1)$。思想如下：

分析映射 $X\to X-X^{n+1}+X^{2n+1}-\cdots-X^{N-n+1}$。当 k 是(N/n)的倍数，记 $k=u(N/n)$，则映射会使得 X^k 为变成 N/n 倍，即 $(X^k)-(X^k)^{n+1}+(X^k)^{2n+1}-\cdots-(X^k)^{N-n+1}=(N/n)(X^k)$。因为 $(X^k)^{in+1}=(X^{uN/n})^{in+1}=X^{uiN+k}=(-1)^{ui}X^k$。当 k 不是 N/n 的倍数时，记 $k=u(N/n)+l$，则映射 $X\to X-X^{n+1}+X^{2n+1}-\cdots-X^{N-n+1}$，会使得 X^k 为 0，即 $(X^k)-(X^k)^{n+1}+(X^k)^{2n+1}-\cdots-(X^k)^{N-n+1}=0$。

算法：同态运行 SubSum 的过程可以使用 PartialSum 算法实现，即明文中 $q\cdot I(X)+m(Y)$ 被映射为 $(N/n)\cdot[q\cdot\tilde{I}(Y)+m(Y)]$，其中 $\tilde{I}(Y)=I_0+I_{\frac{N}{n}}\cdot Y+\cdots+I_{N-(\frac{N}{n})}\cdot Y^{n-1}$。可以使用循环移位操作将明文槽向量在 $j\bmod(n/2)$ 位置填满相同的值，$j=0,\cdots,\frac{n}{2}-1$。算法如下：

算法 6-2：PartialSum($\mathrm{ct}\in R_q^2, n\mid N, n\geqslant 2$)

Input：$\mathbf{ct}=\mathrm{enc}(q\cdot I(X)+m(Y))\in R_q^2, n\mid N, n\geqslant 2$

Output：$\mathbf{ct}'=\mathrm{enc}\{\frac{N}{n}[q\cdot\tilde{I}(Y)+m(Y)]\}\in R_q^2$

1：$\mathbf{ct}'\leftarrow\mathbf{ct}\bmod q$
2：**for** $j=0$ **to** $\log_2(N/n)-1$ do
3：$\mathbf{ct}_j\leftarrow\mathrm{Rot}(\mathbf{ct}';2^j\cdot(n/2))\bmod q$
4：$\mathbf{ct}'\leftarrow\mathrm{Add}(\mathbf{ct}',ct_j)\bmod q$
5：**end for**
6：**Return ct**$'$

从槽向量的角度看 Partial Sum 的功能：将不是周期的槽向量[对应 $I(X)$)变成以 $n/2$ 为周期的槽向量(对应 $\tilde{I}(Y)$]。具体过程类似求和操作，图 6-18 中展示的是 $N=8$，$n=4$，是将 $I(X)$ 转换为 $\tilde{I}(Y)$ 的过程。

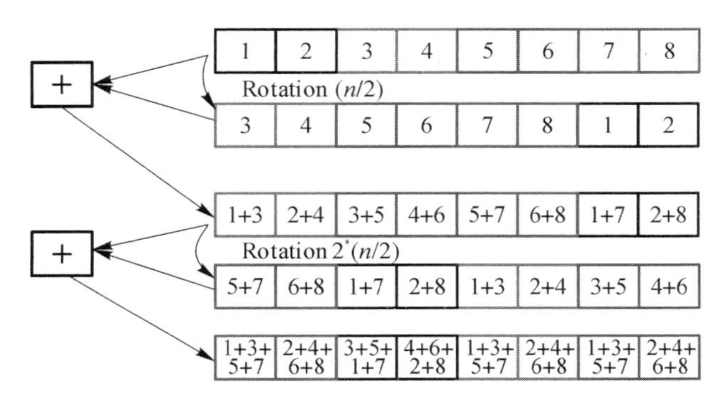

图 6-18　从 $I(X)$ 转换为 $\tilde{I}(Y)$ 的具体过程

步骤 3:CoeffToSlot

目标:CKKS 方案只支持整数或多项式的加法、乘法、循环移位、共轭等常规操作。如何使用这些操作对多项式系数求模,即计算 $[t(X)]_q = m(X)$?

分析 1(CoeffToSlot):对多项式系数逐个求模运算,很难直接使用多项式运算实现。因此考虑先将多项式系数转化到 slots 中,再进一步对单个元素(整数)进行求模。

使用线性变换实现 CoeffToSlot:将 $t(X)$ 的系数 $t_0,\cdots,t_{N-1}$ 放在明文槽 slots 中。由于每个密文最多可以存储 $N/2$ 个明文值,因此我们需要生成两个密文,分别加密 slot 向量 $\boldsymbol{z'}_0 = [t_0 \quad \cdots \quad t_{N/2-1}]$ 和 $\boldsymbol{z'}_1 = [t_{N/2},\cdots,t_{N-1}]$。设 $\boldsymbol{z'} = \tau(t) \in \mathbb{C}^{N/2}$ 为输入密文向量 **ct** 对应的明文槽,则可以使用如下线性变换实现:

$$\boldsymbol{z'}_k = \frac{1}{N}(\overline{\boldsymbol{U}}_k^{\mathrm{T}} \cdot \boldsymbol{z'} + \boldsymbol{U}_k^{\mathrm{T}} \cdot \overline{\boldsymbol{z'}}), k = 0,1$$

$$\boldsymbol{U}_0 = \begin{bmatrix} 1 & \zeta_0 & \zeta_0^2 & \cdots & \zeta_0^{N/2-1} \\ 1 & \zeta_1 & \zeta_1^2 & \cdots & \zeta_1^{N/2-1} \\ \vdots & \vdots & \vdots & & \vdots \\ 1 & \zeta_{N/2-1} & \zeta_{N/2-1}^2 & \cdots & \zeta_{N/2-1}^{N/2-1} \end{bmatrix}$$

$$\boldsymbol{U}_1 = \begin{bmatrix} \zeta_0^{N/2} & \zeta_0^{N/2+1} & \zeta_0^{N/2+2} & \cdots & \zeta_0^{N-1} \\ \zeta_1^{N/2} & \zeta_1^{N/2+1} & \zeta_1^{N/2+2} & \cdots & \zeta_1^{N-1} \\ \vdots & \vdots & \vdots & & \vdots \\ \zeta_{N/2-1}^{N/2} & \zeta_{N/2-1}^{N/2+1} & \zeta_{N/2-1}^{N/2+2} & \cdots & \zeta_{N/2-1}^{N-1} \end{bmatrix}$$

步骤 4:Evalsin(对每个 slots 上的复数进行求模)

小目标:利用加法、乘法表达 m 和 $t = m + qI$ 的关系,即 $[t]_q = m$。

分析(Integer-mod):对每个 slots 上的整数进行求模,即

(1)使用加法、乘法、循环移位、共轭等常规操作。我们需要使用这些操作对整数的求模 $[t_i]_q$。

(2)根据 SIMD 技术,对单个元素运算,就等于对所有 slots 进行运算。

(3)考虑到 $t = m + qI$, $|I| \leqslant K = \sqrt{h}$,$m$ 通常要远小于 q,则 m 和 t 的关系可以用图 6-19表示。

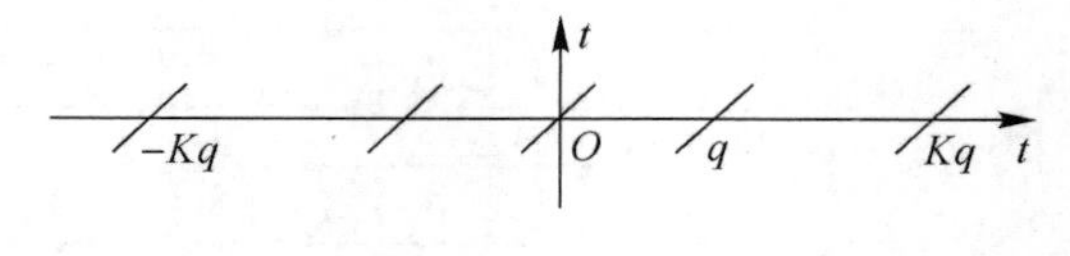

图 6-19 $[t]_q = m$ 和 t 的关系

(1)点是离散的,使用拉格朗日插值得到函数关系。

图中大约 poly(q)个点,则插值得到的多项式 degree=poly(q),通常 q 是几十到几百比特,计算量和乘法深度太大不适用。

(2)使用多项式近似逼近。函数具有周期性质,因此考虑用 sin 函数来表达:$m = [t]_q \approx \frac{q}{2\pi}\sin\left(\frac{2\pi}{q}t\right)$。

目标：任意选择函数 $f(x)$ 的一些点 $[x_i, f(x_i)]$，其中 $x_i \in [-1,1]$，$i \in [0, N-1]$，利用多项式 $p(x)$ 近似表达 $f(x)$，使得误差尽量小。

目前，自举算法中常用的是使用切比雪夫近似(Chebyshev Approximation)：$f(X) \approx \sum_{k=0}^{N-1} c_k T_k(X) - \frac{1}{2} c_0$，其中 $c_j = \frac{2}{N} \sum_{k=1}^{N-1} f(x_k) T_j(x_k)$，$j \in [0, N-1]$，$x_k = \cos \frac{\pi\left(k - \frac{1}{2}\right)}{N}$，$T_k(X) = \cos(\text{arccosx})$。

切比雪夫近似优良性质如下：

1)误差随着点数增加指数降低：能够实现误差的几乎最小 $\varepsilon_n = \|f - p\|_\infty$，$\lim\limits_{n} \varepsilon_n^{1/n} = eK/2$。

2)更方便地实现精度和计算量的平衡：阶段近似 $f(X) \approx \sum_{k=0}^{m-1} c_k T_k(X) - \frac{1}{2} c_0$。

3)实现高效：$f(x_k)$，$x_k = \cos \frac{\pi\left(k - \frac{1}{2}\right)}{N}$ 只需要取点；$T_k(X)$ 可以使用递推公式$[T_{a+b}(x) = 2x T_a(x) - T_{a-b}(x)$，$T_0(X) = 1]$

4)方便扩展定义域：若函数需要近似的范围为 $[a,b]$，则可以令 $y = \frac{1}{2}(b+a) + \frac{1}{2}(b-a)x$，从而实现范围为 $[a,b]$ 的近似。

(3)同态计算 $\frac{q}{2\pi}\sin\left(\frac{2\pi}{q}t\right)$ 函数的演变。

自举技术的效率受 $\frac{q}{2\pi}\sin\left(\frac{2\pi}{q}t\right)$ 函数的计算效率影响很大，因此近几年有了多种优化方法：

1)缩短插值的范围，降低乘法电路深度。

Cheon 等人先在小范围做插值近似三角函数($t' = \frac{t}{2^r}$，r 通常取 1 或 2)，之后用三角函数变换得到更大范围的三角函数。该方法可以降低乘法电路深度。

2)cos 函数代替 sin 函数。

考虑到 cos 函数可以更好地进行计算 $\cos(2x) = 2\cos^2(x) - 1$。Han 和 Ki 等人利用函数 $\cos\left[2\pi(\frac{1}{2^r})(x - 0.25)\right]$ 代替 $\sin(2\pi x)$。其中因子 $\frac{1}{2^r}$ 可以将近似值的范围减小到 $(-\frac{K}{2^r}, \frac{K}{2^r})$，从而允许使用较小 degree 的插值。

3)切比雪夫插值点优化。

将 cos 函数与专门设计的切比雪夫插值相结合，该插值节点放置在输入的预期范围附近，这降低了计算开销。学者给出了 cos 函数的新表达+缩短插值的范围，降低乘法电路深度。

使用递推关系进行计算 $g_0(x) = \frac{1}{\sqrt[2^r]{2\pi}}\cos\left[2\pi \frac{1}{2^r}\left(x - \frac{1}{4}\right)\right]$，$g_{i+1} = 2g_i^2 - \left(\frac{1}{\sqrt[2^r]{2\pi}}\right)^{2^i}$。

步骤 5:SlotToCoeff

SlotToCoeff 是 CoeffToSlot 的逆操作,可以将 slots 中的元素转化到多项式系数中。

目标:当给定两个加密 slot 向量 $\boldsymbol{z}_0 = [z_0 \quad \cdots \quad z_{\frac{N}{2}-1}]$ 和 $\boldsymbol{z}_1 = [z_{\frac{N}{2}} \quad \cdots \quad z_{N-1}]$ 的密文,我们的目标是生成 $z(X)$ 对应的密文。

分析:输入 slot 表示$\{\boldsymbol{z}_0, \boldsymbol{z}_1\}$,输出 $z(X)$ 对应的 slot $\{z(\zeta_i)\}_{i\in\{0,N/2-1\}}$。可以使用线性变换实现 SlotToCoeff,即

$$\boldsymbol{z} = \boldsymbol{U} \cdot \boldsymbol{m} = \boldsymbol{U}_0 \cdot \boldsymbol{z}_0 + \boldsymbol{U}_1 \cdot \boldsymbol{z}_1$$

6.7 Key-switch、Rotation、矩阵向量乘法的优化

6.7.1 Key-switch 的演变

密钥转化过程被应用于同态乘法、循环移位、共轭等操作,且在进行密钥转化时涉及 round 函数,因此要进行 $\mathbf{CRT}^{-1}$ 和 **CRT** 变换,此过程占据了同态运算过程的大部分时间开销。

目标:给定 $\boldsymbol{s}'$ 的密文 $\mathbf{ct} = (c_0, c_1) = (-as' + m + e, a)$,输出 $\boldsymbol{s}$ 的密文 $\mathbf{ct}'$,记为 $\mathbf{ct}_Q^s \leftarrow$ KeySwitch$(\mathbf{ct}_Q^{s'}, \mathbf{swk}_Q^{s'\to s})$。

尝试:令 $\boldsymbol{ct}' = (c_0, 0) + c_1 \cdot \mathbf{swk} = (-abs + ae' + m + e, ab)$,其中 $\mathbf{swk} = (-bs + \boldsymbol{s}' + e', b)$。

问题:噪声分量 ae' 太大了,导致无法解密。

为了解决这个问题,发展出了如下五种 Key-switch 技术,算法如下:

算法 6-3:密钥转换 Key-switch

Input: $\mathbf{ct} = (c_0, c_1) \in R_Q^2$, 对应私钥 $\boldsymbol{s}$,转换密钥 $\mathbf{swk}_{s\to s'}$.

Output: $(a, b) \in R_Q^2$, 对应私钥 $\boldsymbol{s}'$.

1: $d \leftarrow [[c_1]_{q_{\alpha_i}}]_{PQ}$, $0 \leqslant i < \beta$.

2: $(a,b) \leftarrow (\langle \boldsymbol{d}, \mathbf{swk}^0 \rangle, \langle \boldsymbol{d}, \mathbf{swk}^1 \rangle)$.

3: $(a,b) \leftarrow (c_0, 0) + ([P^{-1} \cdot a], [P^{-1} \cdot b])$.

4: **Return** (a, b).

---

(1)Type Ⅰ(分解密文):

通过对密文进行分解,来降低计算密钥乘以常数的噪声。使用转换密钥 $\mathbf{swk}^{(i)} = [-b_i s + w^{(i)} s' + e'_i, b_i]$,其中 $\boldsymbol{w}$ 是分解基;将 c_1 以 $\boldsymbol{w}$ 为基进行分解,通过公式 $c_1 = \sum c_w^{(i)}, 1\, w^{(i)}$ 进行重构。

计算 $(c_0, 0) + \sum c_{w,1}^{(i)}\, \mathbf{swk}^{(i)} = (-a's + \sum c_{w,1}^{(i)}\, e'_i + m + e, a')$。

为了使噪声足够低,需要使 $c_{w,1}^{(i)}$ 较小,进而使得分量个数 $c_{w,1}^{(i)}$、计算密钥个数 swk$^{(i)}$ 变多,计算效率较低。计算过程需要的计算密钥个数是 $Q/\|\boldsymbol{w}\|$。

(2) Type Ⅱ(大模数计算密钥):

为了提升计算效率,可以将计算密钥设定为 $\mathbf{swk}=(-bs+P\cdot s'+e',b)\mathrm{mod}(PQ)$,其中 P 是大整数,计算 $(c_0,0)+[(P^{-1}\cdot c_1\cdot \mathbf{swk}\mathrm{mod}(PQ)]=(-a's+[P^{-1}\cdot c_1\cdot e']+m+e,a')$。

如果有 $P\approx\|ae'\|$,那么增加的噪声就是可忽略的。这种使用大模数计算密钥的方式更加高效。计算密钥的模数增大了 P 倍,需要增加多项式 X^N+1 的 degree,从而保证计算密钥的安全性。

(3) Type Ⅲ(混合模式):

Han 和 Ki 结合上面两个模式,提出了混合模式的 Key-switch,使用转换密钥 $\mathbf{swk}^{(i)}=[-b_is+w^{(i)}Ps'+e'_i,b_i]\mathrm{mod}(PQ)$,分解 $c_1=\sum c_{w,1}^{(i)}\ w^{(i)}$。计算 $(c_0,0)+\sum[P^{-1}c_{w,1}^{(i)}\ \mathbf{swk}^{(i)}\mathrm{mod}(PQ)]=(-a's+\lfloor P^{-1}\cdot\sum c_{w,1}^{(i)}\ e'_i\rceil+e_{\mathrm{round}}+m+e,a')$。

其中舍入噪声 e_{round} 小于分解的分量个数可以忽略。类似 Type Ⅱ,如果 $\|\boldsymbol{w}\|\approx P$,那么增加的噪声就是可忽略的。混合模式可以在增加转换密钥数量和模数提升之间进行平衡。实验表明,该方式可以应用于大规模参数的场景,可以大幅度提升计算效率。

(4) Type Ⅳ(RNS 混合模式):

RNS 表示时,多项式系数分解 $a=\sum a_w^{(i)}\ w^{(i)}$ 很难使用加法、乘法等操作方式实现。因此,需要特殊设计 RNS 多项式系数分解。可以使用 $[a]_{q_i}$ 代替系数分解。

类似 Type Ⅱ 中使用基 $\boldsymbol{w}$ 对 a 进行分解,$a=\sum a_w^{(i)}\ w^{(i)}$。RNS 表示中也有类似的使用线性表示的方法进行表达:

$$a\equiv\sum[a]_{q_i}\frac{Q}{q_i}\left[\left(\frac{Q}{q_i}\right)^{-1}\right]_{q_i}\mathrm{mod}Q$$

$[x]_q\in\{0,q\}$,定义为 $[x]_q\equiv x\mathrm{mod}q$。定义 $w^{(i)}=\frac{Q}{q_i}\left[\left(\frac{Q}{q_i}\right)^{-1}\right]_{q_i}$,$Q=\sum_{j=0}^{L}q_j$,则可以得到类似 Type Ⅲ 中的结果:使用较小的系数 $[a]_{q_i}$ 实现对 a 分解,并且 $[a]_{q_i}$ 也便于 RNS 表示进行计算。具体过程为 $\mathbf{swk}_{Pq_i}^{(i)}=(-b_is+w^{(i)}Ps'+e'_i,b_i)\mathrm{mod}(PQ)$,分解 $c_1=\sum c_{w,1}^{(i)}\ w^{(i)}$。

计算 $(c_0,0)+\left[P^{-1}\sum[[a]_{q_i}\ \mathbf{swk}_{Pq_i}^{(i)}\mathrm{mod}(PQ)]\right]=(-a's+s'\cdot\left[P^{-1}\cdot\sum[a]_{q_i}\ e'_i\right]+e_{\mathrm{round}}+m+e,a')$。

其中舍入噪声 e_{round} 小于分解的分量个数可以忽略。在此基础上,还可以通过将 $[a]_{q_i}$ 在普通的幂次基上进行分解,进一步降低噪声规模。

(5) Type Ⅴ(改进的 RNS 混合模式):

Type Ⅳ 中的分量个数较多,导致效率低下,可以考虑改变基的大小,降低分解后分量个数,即将模数 $Q=\sum_{j=0}^{L}q_j$ 不分解为 q_j,而是分解为 α 个 q_j 的乘积 $q_{\alpha_i}=\prod_{j=\alpha i}^{\min(\alpha(i+1)-1,L)}q_j$,降低转换密钥和分量个数。给定密文模数 $Q=\sum_{j=0}^{L}q_j$,设定分解基 $w^{(i)}=\frac{Q}{q_{\alpha_i}}\left[\left(\frac{Q}{q_{\alpha_i}}\right)^{-1}\right]_{q_{\alpha_i}}$,其中 $q_{\alpha_i}=\prod_{j=\alpha i}^{\min(\alpha(i+1)-1,L)}q_j$,$0\leqslant i<\beta$,$\beta=\lceil\frac{L+1}{\alpha}\rceil$,$\alpha$ 是正整数,即把 Q 分解成 β 个相等规模,且互质

的合数 q_{α_i}，每个合数都有 α 个不同的素数。

设定计算密钥 $\mathbf{swk}_{q_{\alpha_i}}^{(i)}=(\mathbf{swk}_{q_{\alpha_i}}^{0},\mathbf{swk}_{q_{\alpha_i}}^{1})=([-a_is+s'\cdot Pw^{(i)}+e_i]_{PQ},[a_i]_{PQ})$，$(\mathbf{swk}_{q_{\alpha_i}}^{0},\mathbf{swk}_{q_{\alpha_i}}^{1})=([-a_is+s'\cdot Pw^{(i)}+e_i]_{PQ_L},[a_i]_{PQ_L})$。

设定 $P=\prod_{j=0}^{\alpha-1}p_j$，$\forall\ \alpha_i$ 使 $q_{\alpha_i}\leqslant P$，则密钥转换过程如下：

$(c_0,0)+\left[P^{-1}\sum[[a]_{q_{\alpha_i}}\ \mathbf{swk}_{q_{\alpha_i}}^{(i)}\bmod(PQ)]\right]=-a'(s)+(s')\cdot\left[P^{-1}\cdot\sum[a]_{q_{\alpha_i}}\ e'_i\right]+e_{\text{round}}+m+e,a'$

其中舍入噪声 e_{round} 小于分解的分量个数可以忽略，密钥转换过程增加的噪声是可忽略的。

6.7.2 Rotation 的演变

对槽向量之间操作通常都需要使用循环移位（rotation），例如，Slots 之间的累加计算需要使用循环移位。本节介绍如何提升 slots 分量累加的效率。

循环移位操作：自同构 $\varphi_k: X\to X^{5^k}(\bmod X^N+1)$ 可以实现对 slot 分量进行循环移位 k 个分量的效果，并需要使用密钥转换技术将私钥 $\varphi_k(s)$ 转化为 s（见 6.3.2 节）。

RNS 表示中有 $[\varphi_k(a)]_{q_{\alpha_i}}=\varphi_k\{[a]_{q_{\alpha_i}}\}$，即对多项式先循环移位再将大系数映射到小系数中，与先将多项式的大系数映射到小系数再进行循环移位。可以得到 RNS 表示的循环移位操作如下：

RNS-Rotatin：给定 RNS 表示的密文 $[c]_{q_i}=\{[c_0]_{q_{\alpha_i}},[c_1]_{q_{\alpha_i}}\},0\leqslant i<\beta,q_{\alpha_i}=\prod_{j=\alpha i}^{\min(\alpha(i+1)-1,L)}q_j,Q=\sum_{j=0}^{L}q_j$，其中 $\mathbf{c}=(c_0,c_1)\in R_Q^2$，对应的私钥为 $\mathbf{sk}=(1,s)$，RNS 表示的循环移位密钥 $\mathbf{swk}_{\varphi_k(s)\to s}=\{\mathbf{swk}_{\varphi_k(s)\to s}^{(i)}\}_{0\leqslant i<\beta}$，其中 $\mathbf{swk}_{\varphi_k(s)\to s}^{(i)}=([-a_is+P\cdot w^{(i)}\varphi_k(s)+e_i]_{PQ},[a_i]_{PQ})$，$a_i$ 是随机选择的多项式。输出 RNS 密文：

$(c'_0,c'_1)=(\varphi_k\{[c_0]_{q_{\alpha_i}}\},0)+\left[P^{-1}\sum[\varphi_k\{[c_1]_{q_{\alpha_i}}\}\mathbf{swk}_{\varphi_k(s)\to s}^{(i)}\bmod(PQ)]\right]$

为了方便表示，记 $\mathbf{w}^{-1}(c_1)=\{[c_1]_{q_{\alpha_i}}\}_{0\leqslant i<\beta}$，RNS-Rotation 输出的密文可以记为

$\text{RNS-Rotation}_k([\mathbf{c}]_{q_i}=\{\varphi_k([c_0]_{q_{\alpha_i}}\},0)+[P^{-1}<\varphi_k[\mathbf{w}^{-1}(c_1)],\mathbf{swk}_{\varphi_k(s)\to s}>]$

计算过程如图 6-20 所示。

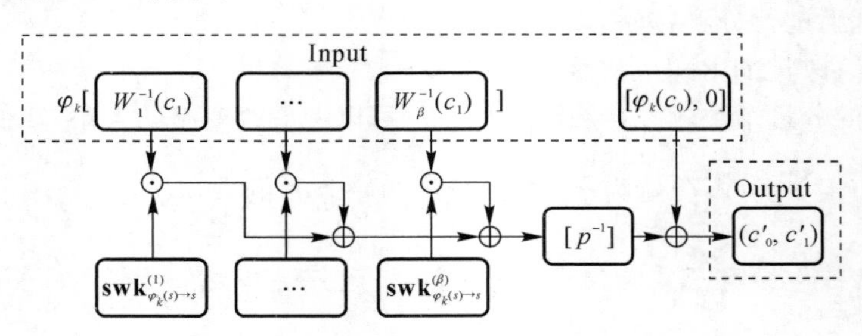

图 6-20 Rotation 的计算过程

1. hoisting 技术

当需要对 x 的密文进行 β 次循环移位 φ_k 时(例如,在 Key-switch 中要求对槽向量中各分量求和),可以使用 hoisting 技术进行优化。hoisting 技术是指,RNS-Rotation 中密文的分量 $\boldsymbol{w}^{-1}(c_1)=[\boldsymbol{w}_i^{-1}(c_1)]_{0\leqslant i<\beta}=\{[c_1]_{q_{\alpha_i}}\}_{0\leqslant i<\beta}$ 可以重复使用,从而计算

$$\sum\nolimits_k(\varphi_k\{[c_0]_{q_{\alpha_i}}\},0)+\left[P^{-1}\sum\nolimits_k\{<\varphi_k[\boldsymbol{w}^{-1}(c_1)],\mathbf{swk}_{\varphi_k(s)\to s}>\}\right]$$

2. 整体循环移位技术

在 RNS-Rotation 算法中,需要对 $w^{-1}(c_1)$ 的 β 个分量都进行循环移位 φ_k。为了降低循环移位次数,考虑将循环移位直接嵌入到循环移位密钥 $\mathbf{swk}_{\varphi_k(s)\to s}$。根据如下等式:

$$\begin{aligned}<\varphi_k[\boldsymbol{w}^{-1}(c_1)],\mathbf{swk}_{\varphi_k(s)\to s}>&=\varphi_k[<\boldsymbol{w}^{-1}(c_1),\varphi_k^{-1}(\mathbf{swk}_{\varphi_k(s)\to s}>]\\&=\varphi_k[<\boldsymbol{w}^{-1}(c_1),\mathbf{swk}_{s\to\varphi_k^{-1}(s)}>]\end{aligned}$$

通过设定计算密钥 $\mathbf{swk}_{s\to\varphi_k^{-1}(s)}$,可以将原本对 β 个分量都进行循环移位,可以转换为对内积的结果(整体)进行 1 次循环移位,具体如图 6-21 所示,从而提升计算效率。

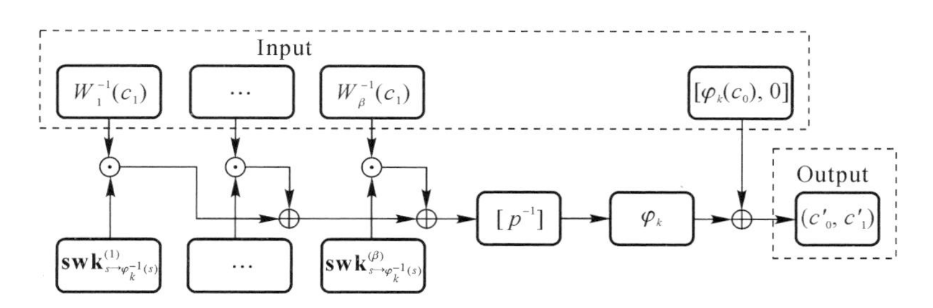

图 6-21　整体循环移位技术

3. Improved Hoisted 技术(混合模式)

如需要对密文进行多次循环移位,则可以混合使用上述两种优化技术,称为 Improved Hoisted 技术。即在整体循环移位技术的基础上,对于多次循环移位增加重用 $\boldsymbol{w}^{-1}(c_1)$。计算过程如图 6-22 所示,具体算法如下:

算法 6-4:Rotations

Input: $\mathbf{ct}=(c_0,c_1)\in R_Q^2$ 和 r 个循环移位密钥 $\mathbf{swk}_{s\to\varphi_{r_k}^{-1}(s)}$.

Output:对密文 **ct** 分别进行 r_k 循环移位组成的密文向量 v.

1: $\boldsymbol{d}\leftarrow[[c_1]_{q_{\alpha_i}}]_{PQ}$, $0\leqslant i<\beta$ //(Decompose),该步骤是重用的.

2: **for each** r_k **do**.

3: $(a,b)\leftarrow(<\boldsymbol{d},\mathbf{swk}^0_{s\to\varphi_{r_k}^{-1}(s)}>,<\boldsymbol{d},\mathbf{swk}^1_{s\to\varphi_{r_k}^{-1}(s)}>)$ // (MultSum).

4: $(a,b)\leftarrow([P^{-1}\cdot a],[P^{-1}\cdot b])$ // (ModDown).

5: $\boldsymbol{v}_{r_k}\leftarrow(\varphi_{r_k}(c_0+a),\varphi_{r_k}(b))$ // (Permute).

6: **end.**

7: **Return** $\boldsymbol{v}$.

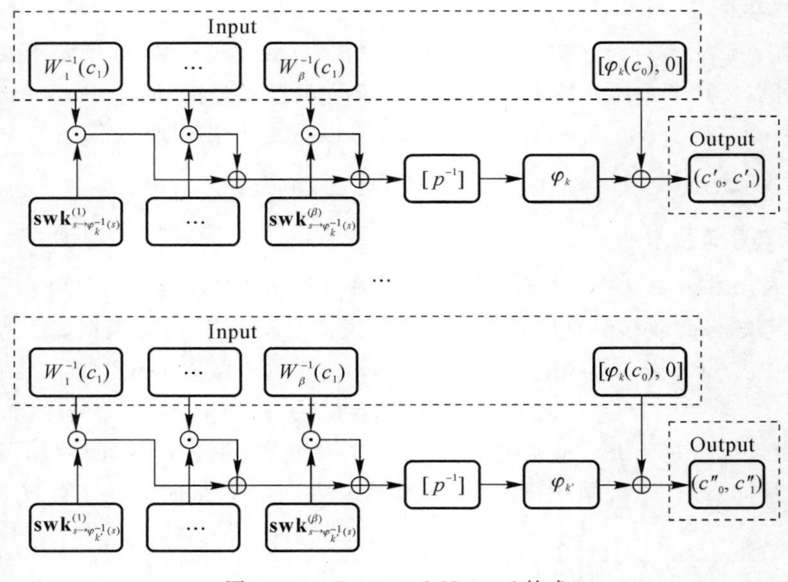

图 6-22 Improved Hoisted 技术

6.7.3 矩阵向量乘法的演变

在自举过程中，CoeffToSlot，SlotToCoeff 涉及矩阵和向量的乘法计算，如 $z'_k = \frac{1}{N}(\overline{\boldsymbol{U}}_k^{\mathrm{T}} \cdot \boldsymbol{z}' + \boldsymbol{U}_k^{\mathrm{T}} \cdot \overline{\boldsymbol{z}'})$，其中 $k=0,1$；$\boldsymbol{z} = U \cdot \boldsymbol{m} = U_0 \cdot \boldsymbol{z}_0 + U_1 \cdot \boldsymbol{z}_1$。向量通常以槽向量的形式被加密为密文，矩阵以明文形式给出。本节介绍矩阵向量乘法的演变过程。

1. 矩阵向量乘法形式的演变

目标：给定 n 维变量 $\boldsymbol{v}$，$m \times n$ 维常数矩阵 $\boldsymbol{A}$，计算 $\boldsymbol{w} \leftarrow \boldsymbol{A}\boldsymbol{v}$。

计算表达 1：矩阵用列向量表示。假设给定列向量表示的矩阵 $\boldsymbol{A} = (\boldsymbol{c}_0 \mid \cdots \mid \boldsymbol{c}_{n-1})$ 和列向量 $\boldsymbol{v}$，矩阵向量乘法为 $\boldsymbol{w} = \boldsymbol{A}\boldsymbol{v} = \sum_{i=0}^{n-1} \boldsymbol{v}[i] c_i$。

难点：上述表达方式是常用的表达方式，但 CKKS 方案中明文通常是以槽向量的方式表示。上述计算过程与槽向量的表达不太匹配：需要将槽向量为 $\boldsymbol{v}$ 的密文分解成多个槽向量为 $\{\boldsymbol{v}[i],\cdots,\boldsymbol{v}[i]\}$ 的密文，将分别 $\{\boldsymbol{v}[i],\cdots,\boldsymbol{v}[i]\}$ 的密文乘以 c_i 并求和。槽向量分解的过程效率低。

计算表达 2：矩阵以列向量形式表达。假设给定行向量 $\boldsymbol{r}_0,\cdots,\boldsymbol{r}_{n-1}$ 表示的矩阵 $\boldsymbol{A}$ 和列向量 $\boldsymbol{v}$，矩阵向量乘法为 $\boldsymbol{w} = \boldsymbol{A}\boldsymbol{v} = \{\sum_j \boldsymbol{v} \odot \boldsymbol{r}_0,\cdots,\sum_j \boldsymbol{v} \odot \boldsymbol{r}_{n-1}\}$，（$\odot$ 表示对应分量相乘），$j \in [m]$。

难点：需要将槽向量为 $\boldsymbol{v}$ 的密文分别乘以 $\boldsymbol{r}_i$ 得到，$i \in [n]$；之后对各个结果的槽向量各分量求和。对槽向量分量求和的步骤，需要大量的 rotation 操作，因此效率较低。

计算表达 3：矩阵以对角向量的方式表达。使用矩阵 $\boldsymbol{A}$ 的 n 个对角向量 $\boldsymbol{d}_0,\cdots,\boldsymbol{d}_{n-1}$ 表示矩阵 $\boldsymbol{A}$。其中 $\boldsymbol{d}_i=[A_{0,i}\quad A_{1,i+1}\quad\cdots\quad A_{n-1,i-1}]$，$d_i[j]=A_{j,j+i}$（所有的标号都模 n），则 $\boldsymbol{w}=\boldsymbol{A}\boldsymbol{v}$，可以表示为

$$\boldsymbol{w}=\sum_{i=0}^{n-1}\boldsymbol{d}_i\odot(\boldsymbol{v}<<<i),\quad \boldsymbol{d}_i=(A_{0,i},A_{1,i+1},\cdots,A_{n-1,i-1})$$

其中 $v<<<i$ 表示向量 $\boldsymbol{v}$ 进行循环左移 i 位。例如，一个 3×3 的矩阵乘以向量，表达为

$$\begin{bmatrix}1&0&3\\7&5&0\\3&1&1\end{bmatrix}\begin{bmatrix}v_1\\v_2\\v_3\end{bmatrix}=\begin{bmatrix}1\\5\\1\end{bmatrix}\odot\begin{bmatrix}v_1\\v_2\\v_3\end{bmatrix}+\begin{bmatrix}0\\0\\3\end{bmatrix}\odot\begin{bmatrix}v_2\\v_3\\v_1\end{bmatrix}+\begin{bmatrix}0\\0\\3\end{bmatrix}\odot\begin{bmatrix}v_3\\v_1\\v_2\end{bmatrix}$$

分析：上述计算过程可以充分利用槽向量中对应分量相乘（Coefficient Wise Multiplication）的优势，仅需要 n 次 rotations，n 次乘法，n 次加法运算；乘法深度为 1，效率较高。

2. Matrix-Vector Operations 的具体实现演变

上述计算表达 3，可以使用不同的方式进行实现。

（1）实现方式 1：平凡实现（矩阵使用对角向量表示）。

平凡实现的具体过程见算法 6－5。

算法 6－5：Trivial Algorithm of Matrix-Vector Operations

Input：以明文 $\boldsymbol{m}\in\mathbb{C}^n$ 为槽向量的密文 **ct**，$\boldsymbol{M}_{\text{diag}}=\{\boldsymbol{u}_0,\cdots,\boldsymbol{u}_{n-1}\}$ 是 $n\times n$ 维矩阵 $\boldsymbol{M}$ 的对角向量，其中 $n=n_1n_2$.

Output：$\mathbf{ct}'=\boldsymbol{M}\times\mathbf{ct}$.

1：$\mathbf{ct}'\leftarrow\lfloor\tau^{-1}(\boldsymbol{u}_0)\rceil\cdot\mathbf{ct}\bmod q$.

2：**for** $j=1$ to $N/2-1$ **do**.

3：$\mathbf{ct}_j\leftarrow\lfloor\tau^{-1}(\boldsymbol{u}_j)\rceil\cdot\mathbf{Rot}(\mathbf{ct},j)\bmod q$.

4：$\mathbf{ct}'\leftarrow\mathbf{Add}(\mathbf{ct}',\mathbf{ct}_j)\bmod q$.

5：**end for.**

6：**Return** $\mathbf{ct}'$.

其中，$\boldsymbol{u}_j$ 是 $\boldsymbol{M}$ 的第 j 个对角向量，$\lfloor\tau^{-1}(\boldsymbol{u}_j)\rceil$ 是将对角向量 $\boldsymbol{u}_j$ 编码得到的常数多项式，算法中“ • ”是密文与常数多项式之间的乘法运算 CMult。

分析：二次方方式实现，n 次密文的循环移位（可以使用 Improved Hoisted 技术加速实现），n 次密文与常数多项式的乘法（Non-scalar Multiplication），n 次加法运算；乘法深度为 1。

（2）实现方式 2：大步小步算法（Baby-Step Giant-Step Algorithm of Matrix-Vector Operations）。

循环移位的计算代价、乘法深度消耗都比较大，为了降低循环移位的次数，可以把 $\mathbf{Rot}(\mathbf{ct},j)$ 看成是 x^j，用 BSGS 算法减少 rotation 的数量。

$$w=\sum_{i=0}^{n-1}d_i\odot(v<<<i)$$

令 $n=km$，则有

$$\begin{aligned} w(v) &= d_{km-1}\, v^{\lll km-1} + d_1\, v^{\lll 1} + d_0 \\ &= d_0 + d_1\, v^{\lll 1} + \cdots + d_{k-1}\, v^{\lll k-1} + \\ &\quad v^{\lll k}(d_k + d_{k+1}\, v^{\lll 1} + \cdots + d_{2k-1}\, v^{\lll k-1} + \\ &\quad v^{\lll k}\{d_{2k} + d_{2k+1}\, v^{\lll 1} + \cdots + d_{3k-1}\, v^{\lll k-1} + \cdots + \\ &\quad v^{\lll k}[d_{(m-1)k} + d_{(m-1)k+1}\, v^{\lll 1} + \cdots + d_{mk-1}\, v^{\lll k-1})]\} \end{aligned}$$

分析:令 $k=\sqrt{n}$,则算法需要常数乘法 n 次,rotation $\sqrt{n}$ 次,乘法 $\sqrt{n}$ 次,乘法深度 $\sqrt{n}$。

结合 rotation 特点进一步优化:$x^{\lll j}$ 计算开销和 j 无关,可以算 j 比较大的情况,则可以将 $v \lll k$ 放到括号里面,减少乘法次数。

$$w = \sum_{i=0}^{n-1} d_i \times (v \lll i)$$

令 $n=km$,则有

$$\begin{aligned} w(v) &= d_{km-1}\, v^{\lll km-1} + d_1\, v^{\lll 1} + d_0 \\ &= d_0 + d_1\, v^{\lll 1} + \cdots + d_{k-1}\, v^{\lll k-1} + \\ &\quad v^{\lll k}(d_k + d_{k+1}\, v^{\lll 1} + \cdots + d_{2k-1}\, v^{\lll k-1}) + \cdots + \\ &\quad v^{\lll (m-1)k}[d_{(m-1)k} + d_{(m-1)k+1}\, v^{\lll 1} + \cdots + d_{mk-1}\, v^{\lll k-1}] \\ &= d_0 + d_1\, v^{\lll 1} + \cdots + d_{k-1}\, v^{\lll k-1} + \\ &\quad (d_k^{\lll -k} v + d_{k+1}^{\lll -k}\, v^{\lll 1} + \cdots + d_{2k-1}^{\lll -k}\, v^{\lll k-1})^{\lll k} + \cdots + \\ &\quad [d_{(m-1)k}^{\lll -(m-1)k} v + d_{(m-1)k+1}^{\lll -(m-1)k}\, v^{\lll 1} + \cdots + d_{mk-1}^{\lll -(m-1)k}\, v^{\lll k-1}]^{\lll (m-1)k} \end{aligned}$$

分析:令 $k=\sqrt{n}$,则算法需要常数乘法 n 次,循环移位 $\sqrt{n}+\sqrt{n}$ 次,乘法次数 0,深度 0。

算法结构如图 6-23 所示,具体见算法 6-5,其中无色框格表示变量,阴影框格表示计算过程。

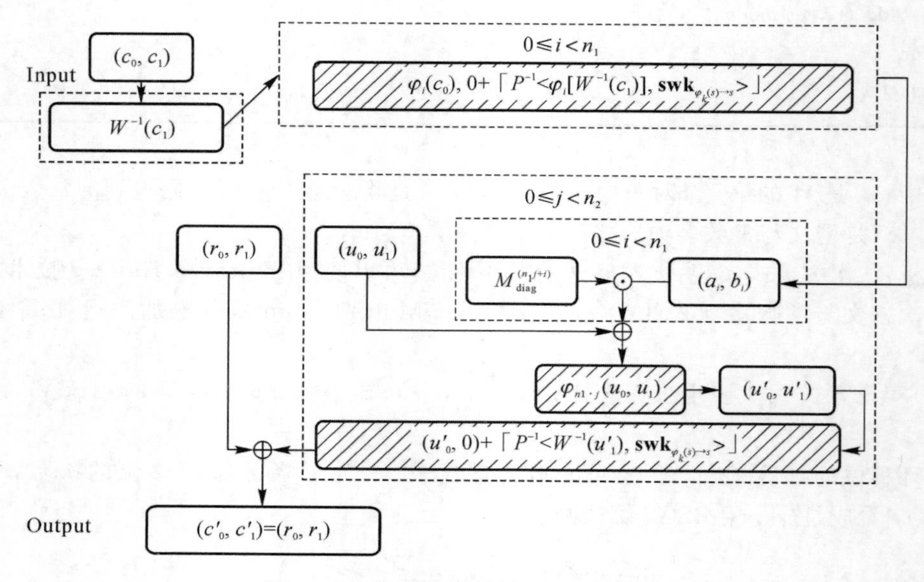

图 6-23 矩阵向量运算的 BSGS 算法

算法 6 - 5:BSGS Algorithm of Matrix-Vector Operations

Input:输入槽向量为 $\boldsymbol{m} \in \mathbb{C}^n$ 的密文 **ct**, $\boldsymbol{M}_{\text{diag}} = \{\boldsymbol{u}_0, \cdots, \boldsymbol{u}_{n-1}\}$ 是 $n \times n$ 维矩阵 **M** 的对角向量,其中 $n = n_1 n_2$.

Output: $\mathbf{ct}' = \boldsymbol{M} \times \mathbf{ct}$.

1 **for** $i = 0; i < n_1; i = i + 1$ **do**

2 $\mathbf{ct}_i \leftarrow$ **Rotat** $\mathbf{e}_i(\mathbf{ct})$.

3 **end.**

4 $\mathbf{ct}' \leftarrow (0,0)$.

5 **for** $j = 0; j < n_2; j = j + 1$ do

6 $\boldsymbol{r} \leftarrow (0,0)$.

7 **for** $i = 0; i < n_1; i = i + 1$ do

8 $\boldsymbol{r} \leftarrow$ **Add**$\{\boldsymbol{r}$, **Mul**$[\mathbf{ct}_i$, **Rotat** $\mathbf{e}_{-n_1 \cdot j}(\boldsymbol{M}_{\text{diag}}^{n_1 \cdot j+i})]\}$.

9 **end.**

10 $\mathbf{ct}' \leftarrow$ **Add**$[\mathbf{ct}'$, **Rotat** $\mathbf{e}_{n_1 \cdot j}(\boldsymbol{r})]$.

11 **end.**

12 $\mathbf{ct}' \leftarrow$ **Rescale**$(\mathbf{ct}')$.

13 **Return** $\mathbf{ct}'$.

(3)实现方式 3 :Faster(Hoisted-Rotation) Matrix-Vector Operations。

实现方式 2 中用到了大量的循环移位操作,可以使用 Improved Hoisted 技术加速计算过程。具体来说:一是使用 Improved Hoisted 技术优化 $< \varphi_i[\boldsymbol{w}^{-1}(c_1)], \mathbf{swk}_{\varphi_k(s) \to s} >$ 和 $< \boldsymbol{w}^{-1}(u'_1), \mathbf{swk}_{\varphi_k(s) \to s} >$ 的计算;二是在两个循环中,大量使用 $\lfloor P^{-1} \cdot () \rceil$ 操作,通过将操作后延的方法,实现 $\lfloor P^{-1} \cdot () \rceil$ 操作的共用,具体算法结构如图 6 - 24 所示,其中阴影框格表示变量,灰色框格表示计算过程。

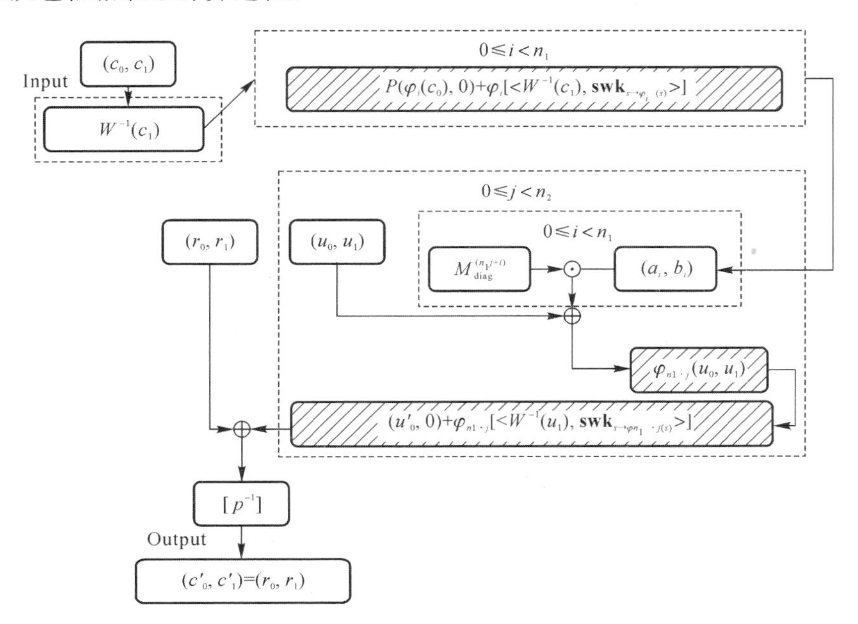

图 6 - 24　部分信息重用的快速矩阵-向量乘法运算

分析：相对实现方式 2，乘以 P^{-1} 的次数，由 n 次降低为 n_2+1 次；多项式运行映射 φ 的次数，由 $\beta(n_1+n_2)$ 次降低为 n_2+1 次。

6.8 本章小结

CKKS 方案是目前应用最广泛的全同态加密方案，本章系统介绍了 CKKS 方案本身的发展过程，特别是 CKKS 方案到 RNS-CKKS 方案的转换，CKKS 方案的自举设计，Key-switch、Rotation、矩阵向量乘法的优化等内容。其中，一些优化的思想也可以应用到 BGV 方案等其他全同态加密方案中。

第 7 章　BGV 型全同态加密方案

GSW 方案的安全性基于 LWE 问题，安全性分析更加充分，但其密文规模大的缺陷阻碍了其应用。CKKS 方案虽然能对浮点型数据进行计算，但对于整数型数据计算效率较低。密码学者借鉴格密码中利用 RLWE 问题提升效率的优点，提出了 BGV 型全同态加密方案（简称 BGV 方案），此方案是目前进行整数运算效率最高的方案，因此也是具有很大发展潜力和应用前景的方案。

7.1　模交换技术和密钥转化技术

模交换技术和密钥转化技术是 BGV 型 FHE 方案中不可或缺的两种技术，这两种技术在 NTRU 方案、CKKS 型 FHE 方案和 MKFHE 方案中也需要用到。这两种技术在第 3 章、第 6 章中也有介绍，它们在不同的方案中呈现形式略有不同。

7.1.1　换模函数

在 BGV 型 FHE 方案中，模数交换技术能够将密文 $\boldsymbol{c}_1 \in R_{q_l}^{n_1}$ 对应的模数 q_l 转化为另一个相对较小的模数 q_{l+1}，实现将密文 $\boldsymbol{c}_1 \in R_{q_l}^{n_1}$ 中的错误以近似比例 q_{l+1}/q_l 约减，且保持对应的明文不变，从而有效控制密文中的错误。该技术通常和密钥交换技术捆绑使用，虽然密钥交换技术能够约减 BGV 密文的维度，但是也会引起结果密文中错误的增长，而将密文中的错误控制在合理的范围内，是全同态加密方案始终需要考虑的问题。但是由于模数在不断地缩小，因此密文中错误上界会越来越被压缩，最终会到达一个能够正确解密的临界点，也就是层次型全同态加密方案中同态运算所能达到的最大层数。

换模函数可以在保证明文不变的情况下，将模数为 Q 的密文转化为模数为 q 的密文。

ε. ModulusSwitch($\boldsymbol{c}_1, q_{l+1}, q_l$)：输入 $l+1$ 层的密文 $\boldsymbol{c}_1 \in R_{q_{l+1}}^{n_1}$ 和另一个相对较小的模数 q_l，输出 $\boldsymbol{c}_2 = \lfloor (q_{l+1}/q_l) \cdot \boldsymbol{c}_1 \rceil \in R_{q_l}^{n_1}$，且满足 $\boldsymbol{c}_2 \equiv c_1 \bmod 2$。

引理 7-1（模转化技术）：令密文 $\boldsymbol{c}_1 \in R_{q_{l+1}}^{n_1}$（对应私钥为 $\boldsymbol{s}_1 \in RR_{q_{l+1}}^{n_1}$）中的错误 $e_{l+1} = [<\boldsymbol{c}_1, s_1>]_{q_{l+1}} \leqslant B$，对应的明文 $m = [e_{l+1}]_2$。令 $\boldsymbol{c}_2 \leftarrow \varepsilon$. ModulusSwitch($\boldsymbol{c}_1, q_{l+1}, q_l$) 为经过模数交换后的密文，令密文 $\boldsymbol{c}_2$ 中的错误 $e_l \leftarrow [<\boldsymbol{c}_2, s_1>]_{q_l}$，则 $e_l \leqslant (q_l/q_{l+1}) \cdot B + \sqrt{n} \cdot \gamma_R \cdot B_\chi$（假设 $e_l < q/2$），其中 γ_R 为多项式环 R 的膨胀系数，且 $m = [e_l]_2$。

7.1.2 密钥转化技术

密钥转化函数可以保证明文不变的情况下，将密钥 $\mathbf{z}$ 的密文 $\boldsymbol{c}=(a,b)\in\mathrm{LWE}_{\mathbf{z}}^{t/q}(m)$ 转换为密钥 $\mathbf{s}$ 的密文 $\boldsymbol{c}'\in\mathrm{LWE}_{\mathbf{s}}^{t/q}(m)$。密钥转化函数的运行过程类似于自举过程，需要同态计算部分解密过程 $b-a\cdot s$，即 $\mathrm{Enc}_{\mathbf{z}}(b-a\cdot s)$。根据 LWE 方案的性质，有 $\mathrm{Enc}_{\mathbf{z}}(b-a\cdot s)=b-\mathrm{Enc}_{\mathbf{z}}(a\cdot s)$。为了降低同态计算过程的噪声增长，FHEW 方案直接提供了转化密钥 $\mathbf{K}=\{k_{i,j,v}\}$，其中 $k_{i,j,v}\in\mathrm{LWE}_{\mathbf{s}}^{q/q}(v\cdot\mathbf{z}_i B_{\mathrm{ks}}^{j})$，其中，$B_k s$ 是一个固定的分解基，$i=1,\cdots,n$，n 是密钥的维度，$j=0,\cdots,d_{\mathrm{ks}}-1$，$d_{\mathrm{ks}}=\lceil\log_{2B_{\mathrm{ks}}}q\rceil$ 是分量的个数，每个分量的取值范围 $v\in\{0,\cdots,B_{\mathrm{ks}}\}$。转化密钥选取的整体思想类似于：为了求未知数 x 的 100 以内的倍数。公开 1，…，9 倍的未知数 x；10，20，…，90 倍的未知数 x，则只使用加法（同态加法操作噪声增长小）就可以完全表达。

对于一个 FHE 方案，令 $\beta=[\log_2 q]+1$，密钥交换技术可归纳总结为以下步骤。

1. 生成新密钥的密文

ε. SwitchKeyGen$(s_1\in R_q^{n_1},s_2\in R_q^{n_2})$：计算 $\bar{s}=\mathrm{Powersof2}(s_1)\in R_q^{n_1\cdot\beta}$，输出

$$\tau_{s_1\to s_2}:=\{K_i=\mathrm{Enc}_{s_2}(\bar{s}[i])\in R_q^{n_2}\}_{i=1,\cdots,n_1\beta}$$

2. 生成新密文

ε. SwitchKey$(\tau_{s_1\to s_2},c_1,q)$：计算 $\bar{c}_1=\mathrm{BitDecomp}(c_1)\in R_q^{n_1\cdot\beta}$，输出

$$\boldsymbol{c}_2=\sum_{i=1}^{n_1\beta}K_i\cdot\bar{\boldsymbol{c}}_1[i]\in R_q^{n_2}$$

引理 7-2（密钥交换技术）：令 BGV 密文 $\boldsymbol{c}_1\in R_q^{n_1}$（对应私钥为 $\boldsymbol{s}_1\in R_q^{n_1}$）中的错误 $e_1\leftarrow[<\boldsymbol{c}_1,s_1>]_q\leqslant B$，对应的明文 $m=[e_1]_2$。令 $\boldsymbol{c}_2\leftarrow\varepsilon.\mathrm{SwitchKey}(\tau_{s_1\to s_2},\boldsymbol{c}_1,q)$ 为经过密钥交换后的密文，对应的新私钥 $\boldsymbol{s}_2\in R_q^{n_2}$，令密文 $\boldsymbol{c}_2$ 中的错误 $e_2\leftarrow[<\boldsymbol{c}_2,\boldsymbol{s}_2>]_q$，则 $e_2\leqslant B+2\cdot\gamma_R\cdot B_\chi\cdot[\log_2 q]\cdot\sqrt{n}$（假设 $e_2<q/2$），其中 γ_R 为多项式环 R 的膨胀系数（Expansion Factor），且 $m=[e_2]_2$。

7.2 BV 型全同态加密方案

BV 型全同态加密方案简称 BV11 方案。早期基于理想格问题的 Gen09 方案理论上能够实现全同态加密，但其在安全性和效率方面都不高。2011 年，Brakerski 和 Vaikuntanathan 基于更加可靠的误差学习问题（Learning with Errors，LWE）假设构造了 BV11b 方案。BV11 方案作为第一个基于 LWE 问题的全同态加密方案具有重要的意义。该方案在一个类同态加密方案基础上，利用重新线性化（Re-Linearization）和降维降模（Dimension-Modulus Reduction）两种技术来构造全同态加密方案。方案的效率也得到明显提升，一次同态操作的运算量为 $\lambda\mathrm{polylog}_2(\lambda)+\log_2|DB|$，其中 λ 是安全参数。本节将介绍全同态加密方案 BV11，并分析其安全性和性能。①7.2.1 节介绍方案的设计思想。②7.2.2 节提出一个基于 LWE 的类同态方案（SH 方案），并将它作为我们构造的基本方案（该方案本身不足以实现全同态），使用的主要技术是重新线性化。③基于降维降模技术构造自举方案

(BTS 方案),并分析 BTS 方案的性质。④分析了 SH 方案和 BTS 方案的同态性质,这使笔者能够证明自举定理确实适用于 BTS 方案,并获得基于 LWE 的全同态方案。然后,讨论方案的参数和效率。主要贡献有 3 点:基于可靠的安全性假设 LWE/RLWE 假设;没有使用“压缩解密电路技术”,方案表达更加简洁;方案效率得到大幅度提升。

7.2.1　BV11 方案的构造思路

Gentry 等人首次构造了全同态加密方案,但他们的方案是基于理想格上的困难问题。理想格上的困难问题,作为特殊的格上的困难问题,其安全性还没有得到充分的论证。BV11 方案的目标是基于标准的格上困难问题构建全同态加密方案。BV11 方案的贡献是:提出了重新线性化技术;解决了同态乘法维度扩展的问题,从而构建了基于 LWE 问题类同态加密方案;提出了降维降模技术压缩了解密电路,从而可以使用自举技术将类同态加密方案转化为全同态加密方案。下面介绍本书实现基于 LWE 问题构建全同态加密面临的问题和解决思路。

1. 重线性化技术构造类同态加密

BV11 方案实现全同态加密的思路沿用了 Gentry09 方案,首先构造支持同态加法和乘法的类同态加密方案,然后利用类同态加密方案运行自身的解密电路,从而得到全同态加密方案。

BV11 方案是首个基于 LWE 问题构造的类同态加密方案。LWE 假设指出,如果 $\boldsymbol{s} \in \mathbb{Z}_q^n$ 是一个 n 维的“秘密”向量,则任意多项式各带有噪声的 $\boldsymbol{s}$ 的随机线性组合与均匀分布在计算上是不可区分的,即

$$\boldsymbol{a}_i, \langle \boldsymbol{a}_i, \boldsymbol{s} \rangle + e_i{}_{i=1}^{\mathrm{poly}(n)} \approx \boldsymbol{a}_i, u_i{}_{i=1}^{\mathrm{poly}(n)}$$

式中:$\boldsymbol{a}_i \in \mathbb{Z}_q^n$ 和 $u_i \in \mathbb{Z}_q$ 是随机均匀的;“噪声”e_i 从特定的噪声分布中选取,噪声分布输出的样本的尺寸远小于 q(通常取自 $\mathbb{Z}_q$ 上的具有低标准差的离散高斯分布)。

根据 Regev 等人的工作,构建一个其安全性基于 LWE 假设的(对称)加密方案是简单的。如果要使用密钥 $\boldsymbol{s} \in \mathbb{Z}_q^n$ 加密一比特的明文 $m \in \{0,1\}$,我们选择一个随机向量 $\boldsymbol{a} \in \mathbb{Z}_q^n$ 和一个“噪声”e,并输出密文

$$\boldsymbol{c} = (\boldsymbol{a}, b = \langle \boldsymbol{a}, \boldsymbol{s} \rangle + 2e + m) \in \mathbb{Z}_q^n \times \mathbb{Z}_q$$

密文之所以能够掩盖明文的信息,其中的关键是两个互不干扰的“掩码”,即秘密掩码 $\langle \boldsymbol{a}, \boldsymbol{s} \rangle$ 和“偶数掩码”$2e$。对应的我们就可以通过逐个解开两个掩码来解密此密文:首先,解密者根据密文 $\boldsymbol{c} = (\boldsymbol{a}, b)$ 和私钥 $\boldsymbol{s}$,重新计算掩码 $\langle \boldsymbol{a}, \boldsymbol{s} \rangle$,并将其从 b 中减去,得到 $b - \langle \boldsymbol{a}, \boldsymbol{s} \rangle = 2e + m \bmod q$。其次,因为 $e \ll q$,所以令 $2e + m \{\mathrm{mod q}\} = 2e + m$。最后,计算 $2e + m \bmod 2$ 就可以得到明文结果。

下面将分析方案的同态性质。为了更好地理解此方案的同态性质,让我们将注意力从加密算法转移到解密算法上。给定密文 $(\boldsymbol{a}, b)$,考虑一个抽象的线性函数 $f_{\boldsymbol{a},b}: \mathbb{Z}_q^n \to \mathbb{Z}_q$ 定义如下:

$$f_{\boldsymbol{a},b}(X) = b - \langle \boldsymbol{a}, \boldsymbol{x} \rangle \bmod q = b - \sum_{i=1}^{n} \boldsymbol{a}[i] \cdot x[i] \in \mathbb{Z}_q$$

式中:$\boldsymbol{x} = \{\boldsymbol{x}[1], \cdots, \boldsymbol{x}[n]\}$ 表示变量;$(\boldsymbol{a}, b)$ 作为线性方程的公共系数。

则解密密文 $(\boldsymbol{a},b)$ 只是在密钥 $\boldsymbol{s}$ 上计算此线性函数,然后取结果模数 2。

同态加法和乘法可以用函数 f 来描述。两个密文的相加对应于两个线性函数的相加,这可以得到另一个线性函数,即 $f_{(a+a',b+b')}(\boldsymbol{x})=f_{(a,b)}(\boldsymbol{x})+f_{(a',b')}(\boldsymbol{x})$ 对应于“同态加法”密文 $(\boldsymbol{a}+\boldsymbol{a}',b+b')$ 的线性函数。因此,同态将密文的对应分量相加就可以实现同态加法运算。同样地,将两个这样的密文相乘对应于线性函数的乘法,即

$$f_{(a,b)}(\boldsymbol{x})\cdot f_{(a',b')}(\boldsymbol{x})=\left\{b-\sum \boldsymbol{a}[i]x[i]\right\}\cdot\left\{b'-\sum \boldsymbol{a}'[i]x[i]\right\}=h_0+\sum h_i x[i]+\sum h_{i,j}\boldsymbol{x}[i]\boldsymbol{x}[j]$$

从乘法运算的等式来看,等式中涉及变量 $\boldsymbol{x}=[\boldsymbol{x}[1]\quad\cdots\quad\boldsymbol{x}[n]]$ 的二次项,显然无法通过将密文对应分量相乘得到上述等式。分析发现,变量 $\boldsymbol{x}=[\boldsymbol{x}[1]\quad\cdots\quad\boldsymbol{x}[n]]$ 的二次项系数 $h_{i,j}$ 可以通过 $(\boldsymbol{a},b)$ 和 $(\boldsymbol{a}',b')$ 计算得出。解密过程,涉及在密钥 $\boldsymbol{s}$ 上计算这个二次表达式(然后再模 2)。现在遇到了一个严重的问题——解密者必须知道这个二次多项式的所有系数,这意味着密文的大小刚刚从 $n+1$ 个元素增加到了 $\dfrac{(n+2)(n+1)}{2}$ 个元素。

针对该问题,BV11 方案提出了重线性化技术。重线性化技术是将密文的大小从 $\dfrac{(n+2)(n+1)}{2}$ 减少到 $n+1$ 的一种方法。主要思想如下:我们可以提前公布关于密钥 $\boldsymbol{s}$ 的所有线性和二次项的密文,即让所有元素 $\boldsymbol{s}[i]$ 以及 $\boldsymbol{s}[i]\boldsymbol{s}[j]$ 都使用新的密钥 $\boldsymbol{t}$ 加密,并作为公共参数给出。例如,二次项密文 $(\boldsymbol{a}_{i,j},b_{i,j})$ 的形式如下:

$$b_{i,j}=\langle \boldsymbol{a}_{i,j},\boldsymbol{t}\rangle+2e_{i,j}+\boldsymbol{s}[i]\cdot\boldsymbol{s}[j]\approx\langle \boldsymbol{a}_{i,j},\boldsymbol{t}\rangle+\boldsymbol{s}[i]\cdot\boldsymbol{s}[j]$$

则上述二次函数 $h_0+\sum h_i\cdot\boldsymbol{s}[i]+\sum h_{i,j}\cdot\boldsymbol{s}[i]\boldsymbol{s}[j]$ 可以(近似)写成

$$h_0+\sum h_i(b_i-\langle \boldsymbol{a}_i,\boldsymbol{t}\rangle)+\sum_{i,j} h_{i,j}\cdot(b_{i,j}-\langle \boldsymbol{a}_i,\boldsymbol{t}\rangle)$$

对式子合并同类项,发现该表达式是关于变量 $\boldsymbol{t}$ 的一次项。上面介绍了将 $\boldsymbol{s}$ 的二次项方程转化为 $\boldsymbol{t}$ 的一次项的方法。但在这个非正式的描述中,忽略了一个重要的细节,就是系数 $h_{i,j}$ 可能很大。因此,即使 $(b_{i,j}-\langle \boldsymbol{a}_{i,j},\boldsymbol{t}\rangle)\approx\boldsymbol{s}[i]\boldsymbol{s}[j]$,仍可能出现 $h_{i,j}\cdot(b_{i,j}-\langle \boldsymbol{a}_{i,j},\boldsymbol{t}\rangle)\not\approx h_{i,j}\cdot\boldsymbol{s}[i]\boldsymbol{s}[j]$ 的情况。对于大系数 $h_{i,j}$ 导致式子不成立的问题,可以通过将系数 $h_{i,j}$ 进行比特分解的方式来解决,即令 $h_{i,j}=\sum_{\tau=0}^{\lfloor\log_2 q\rfloor}2^\tau\cdot h_{i,j,\tau}$,如果,对于 τ 的每个值,有一对量 $(\boldsymbol{a}_{i,j,\tau},b_{i,j,\tau})$ 使得

$$b_{i,j,\tau}=\langle \boldsymbol{a}_{i,j,\tau},\boldsymbol{t}\rangle+2e_{i,j,\tau}+2^\tau\boldsymbol{s}[i]\boldsymbol{s}[j]\approx\langle \boldsymbol{a}_{i,j,\tau},\boldsymbol{t}\rangle+2^\tau\boldsymbol{s}[i]\boldsymbol{s}[j]$$

那么就有

$$h_{i,j}\cdot\boldsymbol{s}[i]\boldsymbol{s}[j]=\sum_{\tau=0}^{\lfloor\log_2 q\rfloor}h_{i,j,\tau}2^\tau\boldsymbol{s}[i]\boldsymbol{s}[j]\approx\sum_{\tau=0}^{\lfloor\log_2 q\rfloor}h_{i,j,\tau}(b_{i,j,\tau}-\langle \boldsymbol{a}_{i,j,\tau},\boldsymbol{t}]\rangle$$

重线性化的方法可以使基于 LWE 问题的加密方案,能够支持一次同态乘法运算。但也存在一些缺陷:因为 $h_{i,j,\tau}\in\{0,1\}$,所以需要公布更多的密文($|\log_2 q|+1$ 倍的密文)作为公共参数。这个缺陷至今还无法避免。

重现性化过程允许我们在不增加密文大小的情况下进行一次乘法,并在一个新的密钥下获得对明文加密的结果。但为什么要止步于 $\boldsymbol{s}$ 和 $\boldsymbol{t}$ 呢?实际上,可以发布 L 个密钥的“密

钥链”$\boldsymbol{s},\boldsymbol{t},\boldsymbol{u},\boldsymbol{v},\cdots$（以及使用下一个密钥对上一个密钥的二次项进行加密的密文），这允许在不破坏密文大小的情况下执行高达 L 层级的乘法。在合理的参数设置下，可以使乘法深度达到 $L=\in \log_2 n$（对应乘法电路的次数为 $D=n^{\varepsilon}$），其中常数 $\varepsilon<1$。在进行同态运算和重现性化时，密文中噪声的持续增长会破坏密文，使其无法正确解密。

综上所述，上述技术允许基于 LWE 问题构建类同态加密方案。该方案将是 BGV 方案的基础。

2. 降维降模技术构造全同态加密

实现全同态方案中的“自举”过程，需要类同态加密方案能够运行方案本身的解密电路。先前的类同态方案都不能以自然的方式实现这一要求。早期，Gentry 的方法是“压缩”解密电路：一种降低解密复杂性的方法的代价是做一个额外的、相当强的假设，即稀疏子集和假设。本节将展示如何不使用额外假设，将类同态方案转化为一个支持相同数量的同态运算，但解密电路要小得多的方案（小的解密电路，可以更方便地实现自举）。

实际上，也可以将自举过程简单理解为：我们有内外两层方案，外层方案 ENC，内层方案 enc；自举过程的核心是利用外层方案同态地运行内层方案的解密过程。图 7－1 简要说明了 BGV 方案利用自举过程同态运行函数 f 的流程：第一步，利用私钥 $\boldsymbol{s}$ 和外层方案加密生成外层密文 $\boldsymbol{C}'=\mathrm{ENC}(m)$，对外层密文运行同态运算 f（因为同态计算能力受限，通常只能执行一部分 f_1）得到 $\boldsymbol{C}=\mathrm{ENC}(f_1(m))$。第二步，在不改变明文的情况下，将外层方案的密文 $\boldsymbol{C}=\mathrm{ENC}(f_1(m))$ 转化为内层方案的密文 $\boldsymbol{c}=\mathrm{enc}[f_1(m)]$，对应私钥由 $\boldsymbol{s}$ 转化为 $\boldsymbol{t}$，例如，BV11 方案利用降维降模技术实现密文转化。第三步，自举过程。一方面，利用外层方案加密内层密文 $\boldsymbol{c}$ 和私钥 $\boldsymbol{t}$ 得到 $\mathrm{ENC}(\boldsymbol{c})$，$\mathrm{ENC}(\boldsymbol{t})$。考虑到内层密文 $\boldsymbol{c}$ 本身不会泄漏明文的信息，所以可以直接使用 $\boldsymbol{c}$ 或平凡的 $\mathrm{ENC}(\boldsymbol{c})$ 作为外层密文（平凡意味着它有外层密文的形式，但没有噪声）。另一方面，利用外层方案同态地运行内层方案的解密算法 Homdec，即执行 $\boldsymbol{C}^*=\mathrm{Homdec}[\mathrm{ENC}(\boldsymbol{c}),\mathrm{ENC}(\boldsymbol{s})]$。根据同态加密的性质，$\mathrm{Homdec}[\mathrm{ENC}(\boldsymbol{c}),\mathrm{ENC}(\boldsymbol{s})]$ 等价于 $\mathrm{ENC}[\mathrm{Dec}(\boldsymbol{c},\boldsymbol{s})]$，等价于 $\mathrm{ENC}(f_1(m))$。第四步，继续对 $\boldsymbol{C}^*$，循环上述操作，直至将 f 执行完成。

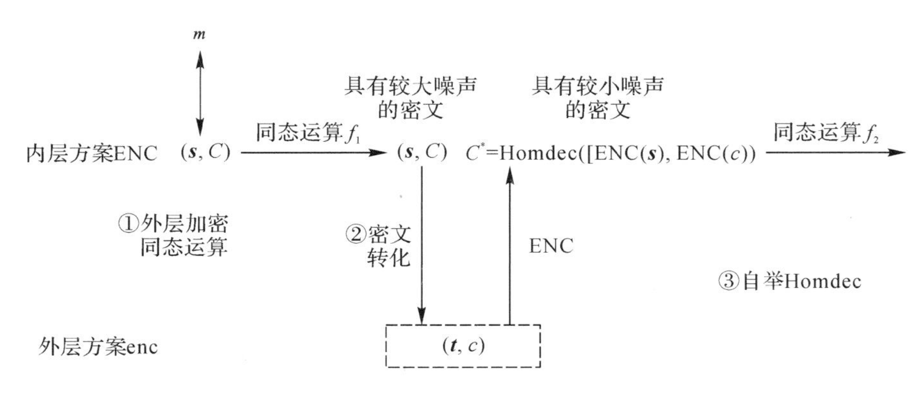

图 7－1 BGV 方案利用自举过程运行函数思路图

自举过程中的噪声分析：噪声产生于外层密文 $\mathrm{ENC}(\boldsymbol{s})$，并且在同态运算中增长，再经过自举后进行噪声刷新。但是只要最终的外层密文 ENC$[f_1(m)]$ 比最初的外层密文 $\boldsymbol{C}$ 有更小的误差，就达到了降低噪声的目的。

对于本节方案使用大维度和大模数的是外层的类同态加密方案，使用小维度小模数的是内层加密方案。在类同态方案中的密文形式为 $(\boldsymbol{a},b=\langle\boldsymbol{a},\boldsymbol{s}\rangle+2e+m)\in\mathbb{Z}_q^n\times\mathbb{Z}_q$，解密是通过计算 $(b-\langle\boldsymbol{a},\boldsymbol{s}\rangle\bmod q)\bmod 2$ 来完成的。解密电路的输入是 s 的比特长度的多项式级别，多项式次数至少有 $\max(n,\log_2 q)$，这超过了我们类同态加密方案可以同态计算的最大乘法次数 $D=n^{\varepsilon}$，$\varepsilon<1$。简单来说，解密的复杂性是由$(n,\log_2 q)$控制的，这对同态计算能力来说要求太高了。

BV11 方案提出了降维降模技术降低解密电路复杂度，其思想是：将使用上述参数$(n,\log_2 q)$的密文 $(\boldsymbol{a},b)\in\mathbb{Z}_q^n\times\mathbb{Z}_q$，转换为相同消息参数为$(k,\log_2 p)$更低的密文。如果$(k,\log_2 p)$比$(n,\log_2 q)$小得多，那么就可以大幅度降低解密电路复杂度。考虑到参数为$(n,\log_2 q)$方案的最大乘法次数大概为 $D=n^{\varepsilon}$。因此通常设定 $n=k^c$，模数设定为 $q=2^{n^{\varepsilon}}$，其中 c 设置为任意常数，$1>\in>0$；k 设置为安全参数，$p=\text{poly}(k)$。因此，类同态加密方案能够同态计算的最大乘法次数为 $D=n^{\in}=k^{c\cdot\varepsilon}$ 的函数，可以选择足够大的 c，从而使方案计算参数为$(k,\log_2 p)$的解密电路。

为了实现降维降模的目标，BV 方案提出了重线性化技术和缩放技术，具体方法如下。

(1)利用密钥转化技术，降低私钥维数：为了在技术上理解降模，回到重线性化。在①中展示了，发布适当的公共参数，就可以将密钥 $\boldsymbol{s}$ 对应的密文 $(\boldsymbol{a},b=\langle\boldsymbol{a},\boldsymbol{s}\rangle+2e+m)$，转换为密钥 $\boldsymbol{t}$ 对应的密文 $(\boldsymbol{a}',b'=\langle\boldsymbol{a}',\boldsymbol{t}\rangle+2e'+m)$。利用重线性化技术用户转化 $\boldsymbol{s}$ 的二次函数的多项式，而在这里将它应用于对应于 $\boldsymbol{s}$ 的线性函数的密文 $(\boldsymbol{a},b)$。注意到，$\boldsymbol{s}$ 和 $\boldsymbol{t}$ 不需要有相同的维数 n。具体来说，如果选择 $\boldsymbol{t}$ 作为维数 k，这个过程仍然可以工作。这将使$(n,\log_2 q)$下降到$(k,\log_2 q)$，这是一个很重要的步骤，但仍然不够。

(2)利用缩放技术，降低模数：考虑到上述观察结果，笔者望让 $\boldsymbol{t}$ 不仅具有低维数，而且具有小模数 p，从而完成从$(n,\log_2 q)$到$(k,\log_2 q)$的过渡。一个直观的想法是 $\mathbb{Z}_p$ 中的量可以通过简单地缩放来“近似” $\mathbb{Z}_q$ 的量，这最多会引入一些小误差(注意到加密方案中本身就有误差，因此引入的小误差不会改变密文形式和解密结果)。

令从 $\boldsymbol{s}$ 到 $\boldsymbol{t}$ 过渡(转化)的公共参数是 $(\boldsymbol{a}_{i,\tau},b_{i,\tau})\in\mathbb{Z}_p^k\times\mathbb{Z}_p$，满足

$$b_{i,\tau}=\langle\boldsymbol{a}_{i,\tau},\boldsymbol{t}\rangle+e+\left[\frac{p}{q}\cdot 2^{\tau}\cdot\boldsymbol{s}[i]\right]$$

通过缩放的方法，利用乘以 $\frac{p}{q}$ 和四舍五入，将 $2^{\tau}\cdot\boldsymbol{s}[i]\in\mathbb{Z}_q$ 缩放为 $\mathbb{Z}_p$ 中的一个元素。等式中有一个巧妙的技术点，式子中使用误差参数 e，而不是重新线性化中的 $2e$。原因是 $\frac{q}{p}\cdot 2$ 不是整数。因此，在降维前“除以 2”，在降后“乘以 2”，从而使四舍五入最多导致 1/2 的额外误差。由此可以得

$$2^{\tau}\cdot\boldsymbol{s}[i]\approx\frac{q}{p}\cdot(b_{i,\tau}-\langle\boldsymbol{a}_{i,\tau},\boldsymbol{t}\rangle)$$

它可以将关于 $\boldsymbol{s}$ 的线性方程转换为关于 $\boldsymbol{t}$ 的线性方程。因此，降维模数的输出是一个密文 $(\hat{\boldsymbol{a}},\hat{b})\in\mathbb{Z}_p^k\times\mathbb{Z}_p$，其中 $\hat{b}-\langle\hat{\boldsymbol{a}},\boldsymbol{t}\rangle=m+2\hat{e}$。

为了安全起见，参数 k，p 的设定需要满足 LWE 的安全性要求(LWE 假设如果需要使用较小的参数 k,p，可以使用较大的噪声，来保证困难性，因为它不需要支持同态，所以使用较大噪声是可行的)。通常会设定参数使两个 LWE 假设的困难性大致相同。

总之，降维模量允许我们仅基于 LWE 假设实现可自举的方案，并且全同态方案的密文变得非常短，密文规模从 $(n+1)\log_2 q$ 缩减为了 $(k+1)\log_2 p = O(k\log_2 k)$。

7.2.2　类同态加密方案——SH 方案

根据 7.2.1 节的思想，本节正式描述基于重新线性化技术的类同态公钥加密方案，其消息空间为 **GF**(2)。设 $\varepsilon \in \mathbb{N}$ 为安全参数。该方案中有维度 $n \in \mathbb{N}$、正整数 $m \in \mathbb{N}$、奇模数 $q \in \mathbb{N}$(注意模数 q 不需要是素数)和 $\mathbb{Z}_q$ 中的噪声分布 χ 作为参数，所有这些参数都是从 LWE 假设中继承而来的。该方案的另一个新参数是一个数字 $L \in \mathbb{N}$，它是方案可以同态计算的最大乘法电路深度的上限。

(1)初始化 SH. Setup(1^{ε})：选取安全参数 ε，设定维数 n 是安全参数 ε 的多项式，$m \leqslant n\log_2 q + 2\varepsilon$ 是 n 的多项式，模数 $q \in [2^{n^{\varepsilon}}, 2 \cdot 2^{n^{\varepsilon}})$是奇数并且是 n 的亚指数[其中 $\varepsilon \in (0,1)$ 是常数]，χ 是 $\mathbb{Z}_q$ 的噪声分布，噪声分布的样本的界比较小[例如，最大为 n，$\text{bound}(\chi) < n$]，电路深度上限为 $L \approx \varepsilon\log_2 n$。

(2)密钥生成算法 SH. Keygen(1^{κ})：密钥生成算法分为计算密钥生成算法和公私钥生成算法两部分：

1)计算密钥生成。随机选择短的密钥 $\boldsymbol{s}_0, \cdots, \boldsymbol{s}_L \xleftarrow{R} \mathbb{Z}_q^n$；对于 $l \in [L]$，$0 \leqslant i \leqslant j \leqslant n$；$\tau \in \{0, \cdots, \lfloor \log_2 q \rfloor\}$，计算 $\psi_{l,i,j,\tau} := (\boldsymbol{a}_{l,i,j,\tau}, b_{l,i,j,\tau} := \langle \boldsymbol{a}_{l,i,j,\tau}, \boldsymbol{s}_l \rangle + 2 \cdot e_{l,i,j,\tau} + 2^{\tau} \cdot \boldsymbol{s}_{l-1}[i] \cdot \boldsymbol{s}_{l-1}[j]) \in \mathbb{Z}_q^n \times \mathbb{Z}_q$，其中，随机选择 $\boldsymbol{a}_{l,i,j,\tau} \xleftarrow{R} \mathbb{Z}_q^n$，$e_{l,i,j,\tau} \xleftarrow{R} \chi$，定义计算密钥(重线性化密钥) $\boldsymbol{\Psi} = \{\psi_{l,i,j,\tau} = \text{Enc}(2^{\tau} \cdot \boldsymbol{s}_{l-1}[i] \cdot \boldsymbol{s}_{l-1}[j])\}_{l,i,j,\tau}$。

2)公私钥生成算法。随机选择 $\boldsymbol{A} \xleftarrow{R} \mathbb{Z}_q^{m \times n}$，$\boldsymbol{e} \xleftarrow{R} \chi^m$，计算 $\boldsymbol{b} := \boldsymbol{A}\boldsymbol{s}_0 + 2\boldsymbol{e}$。

输出私钥 $\mathbf{sk} = \{\boldsymbol{s}_0, \cdots, \boldsymbol{s}_L\} \in \mathbb{Z}_q^n$，计算密钥 $\mathbf{evk} = \{\psi_{l,i,j,\tau} = \text{Enc}_l(2^{\tau} \cdot \boldsymbol{s}_{l-1}[i] \cdot \boldsymbol{s}_{l-1}[j])\}_{l \in [L], i \in [n]}, j \in [n], \tau \in (\lfloor \log_2 q \rfloor + 1) \in (\mathbb{Z}_q^n \times \mathbb{Z}_q)^{(n+1)^2 \cdot (\lfloor \log_2 q \rfloor + 1)L}$，公钥 $\mathbf{pk} = (\boldsymbol{A}, \boldsymbol{b}) \in \mathbb{Z}_q^{m \times n} \times \mathbb{Z}_q^m$。

(1)加密算法 SH. Enc(μ)：输入明文 $\mu \in \text{GF}(2)$，公钥 $\mathbf{pk} = (\boldsymbol{A}, \boldsymbol{b}) \in \mathbb{Z}_q^{m \times n} \times \mathbb{Z}_q^m$，随机选择 $r \xleftarrow{R} \{0,1\}^m$，计算并输出密文 $\boldsymbol{c} = \{(\boldsymbol{v}, w), l\} = \{(\boldsymbol{A}^{\mathrm{T}} r, \boldsymbol{b}^{\mathrm{T}} \boldsymbol{r} + \mu), 0\}$。

注：输出密文包含两部分：第一部分是包含明文信息的部件 $(\boldsymbol{v}, w)$；第二部分是标注密文乘法深度的量 l，对于新鲜密文(未经过同态运算的密文)，密文乘法深度标注为 $l = 0$。

(2)同态运算 SH. $\text{Eval}_{\text{evl}}(f, \boldsymbol{c}_1, \cdots, \boldsymbol{c}_t)$：本方案的明文 $\mu \in$GF(2)，同态运算是对GF(2)的密文进行运算，即同态布尔电路(布尔电路也可以实现逻辑电路)。给定需要运行任意的布尔电路 $f: \{0,1\}^t \rightarrow \{0,1\}$，执行如下步骤：

首先，利用加法和乘法运算构建电路 f。异或 XOR 电路(二进制的加法 +)和与 AND 电路(二进制的乘法 ×)，可以组成完备集。因此，可以利用两个基本电路 + 和 × 构建电路 f。

其次，构建基本的同态加法和同态乘法电路，这一步是核心，也是影响同态加密方案的关键,后续我们将介绍具体细节。

最后,逐个门地同态运行基本电路实现同态运行函数 f。

注意,SH 方案是类同态加密方案,只能支持一定深度的同态乘法运算,因此我们要求电路的乘法深度("×"层的总数)正好是 $l \leqslant L$。下面将具体介绍同态加法和同态乘法运算。

(3) 同态加法 $\mathrm{HomADD}(\boldsymbol{c},\boldsymbol{c}')$:输入两个 l 层密文 $\boldsymbol{c} = \{(\boldsymbol{v},w),l\}$ 和 $\boldsymbol{c}' = \{(\boldsymbol{v}',w'),l\}$ 分别对应明文 m 和 m',计算并输出同态加法密文 $\boldsymbol{c}_{+} = \{(\boldsymbol{v}+\boldsymbol{v}',w+w'),l\}$。

(4) 同态乘法 $\mathrm{HomMULT}(\boldsymbol{c},\boldsymbol{c}')$:输入两个 l 层密文 $\boldsymbol{c} = \{(\boldsymbol{v},w),l\}$ 和 $\boldsymbol{c}' = \{(\boldsymbol{v}',w'),l\}$ 分别对应明文 m 和 m',运行如下步骤。

1) 计算多项式:给定变量 $\boldsymbol{x}$,计算多项式 $\varphi_{(v,w),(v',w')}(\boldsymbol{x}) = (w - \langle \boldsymbol{v},\boldsymbol{x} \rangle) \cdot (w' - \langle \boldsymbol{v}',\boldsymbol{x} \rangle) = \sum_{0\leqslant i\leqslant j\leqslant n} \lambda_{i,j}\boldsymbol{x}[i]\boldsymbol{x}[j]$。对系数进行比特分解 $h_{i,j} = \sum_{\tau=0}^{\lfloor \log_2 q \rfloor} h_{i,j,\tau}\, 2^{\tau}$ 可以得到 $\varphi_{(v,w),(v',w')}(\boldsymbol{x}) = \sum_{\tau\in\{0,\cdots,\lfloor \log_2 q \rfloor\}}^{0\leqslant i\leqslant j\leqslant n} h_{i,j,\tau}(2^{\tau}\boldsymbol{x}[i]\boldsymbol{x}[j])$。

2)代入重线性化密钥:将重线性化密钥 $\boldsymbol{\Psi} = \{\psi_{l,i,j,\tau} = (\boldsymbol{a}_{l,i,j,\tau},b_{l,i,j,\tau})\}_{l,i,j,\tau}$ 的分量分别代入多项式中,得到 $\boldsymbol{v}_{\times}: \overset{\psi_{l,i,j,\tau}=(a_{l,i,j,\tau},b_{l,i,j,\tau})}{=} \sum_{\tau\in\{0,\cdots,\lfloor \log_2 q \rfloor\}}^{0\leqslant i\leqslant j\leqslant n} h_{i,j,\tau}\ \boldsymbol{a}_{l+1,i,j,\tau}$,$w_{\times}: \overset{\psi_{l,i,j,\tau}=(a_{l,i,j,\tau},b_{l,i,j,\tau})}{=} \sum_{\tau\in\{0,\cdots,\lfloor \mathrm{lo}_2 gq \rfloor\}}^{0\leqslant i\leqslant j\leqslant n} h_{i,j,\tau}\, b_{l+1,i,j,\tau}$。

输出 $l+1$ 层的密文 $\boldsymbol{c}_{\times} = [(\boldsymbol{v}_{\times},w_{\times}),l+1]$。

(5)解密算法 $\mathrm{SH.Dec}_{\boldsymbol{s}_l}(\boldsymbol{c})$:输入 $l \leqslant L$ 层密文 $\boldsymbol{c} = \{(\boldsymbol{v},w),l\}$,计算并输出明文 $m = (w - \langle \boldsymbol{v},\boldsymbol{s}_l \rangle \bmod q) \bmod 2$。

7.2.3 全同态加密方案

7.2.2 节的 SH 方案可以支持有限次同态运算。本小节基于 SH 方案,并利用降维降模技术来实现 BTS 方案。BTS 方案可以继承 SH 方案的同态运算属性,且具有更短的密文和更低的解密复杂度,这将使我们能够应用自举定理来获得全同态性质。BTS 方案使用如下参数:自举方案继承了 SH 中的参数 (n,m,q,χ,L),并新增了附加参数 $(k,p,\hat{\chi})$,其中 $n,q \in \mathbb{N}$ 分别称为外层方案的"大"维数和模数,而 $k,p \in \mathbb{N}$ 是内层方案的"小"维数和模数。$\chi,\hat{\chi}$ 分别是 $\mathbb{Z}_q$ 和 $\mathbb{Z}_p$ 上的噪声分布。参数 $m \in \mathbb{N}$ 用于生成公钥。参数 L 是同态计算的乘法深度的上限。

(1)初始化 $\mathrm{BTS.Setup}(1^{\kappa})$:选取安全参数 κ,设定外层维度 $n = k^4$,内层维度 $k = \kappa$,外层模数 $q = 2^{\sqrt{n}}$,内层模数 $p = (n^2\log_2 q)\mathrm{poly}(k) = \mathrm{poly}(k)$,乘法深度上限 $L = \frac{1}{3\log_2 n} = \frac{4}{3\log_2 k}$,公钥中 LWE 样本个数 $m = O(n\log_2 q)$。外层噪声 χ 分布的 bound 为 n,内噪声 $\hat{\chi}$ 分布 bound 为 k。

(2)密钥生成算法 $\mathrm{BTS.Keygen}(1^{\kappa})$:密钥生成算法分为 SH 密钥生成和自举密钥生成两部分。

1)SH 密钥生成:运行 SH. Keygen(1^κ)生成私钥 $\mathbf{sk}=\{\boldsymbol{s}_0,\cdots,\boldsymbol{s}_L\}\in\mathbb{Z}_q^n$ 和对应的重线性化密钥 $\boldsymbol{\Psi}=\{\psi_{l,i,j,\tau}=\mathrm{Enc}_l(2^\tau\cdot\boldsymbol{s}_{l-1}[i]\cdot\boldsymbol{s}_{l-1}[j])\}_{l\in[L],i\in[n],j\in[n],\tau\in(\lfloor\log_2 q\rfloor+1)}\in(\mathbb{Z}_q^n\times\mathbb{Z}_q)^{(n+1)^2\cdot(\lfloor\log_2 q\rfloor+1)L}$,公钥 $\mathbf{pk}=(\boldsymbol{A},\boldsymbol{b})\in\mathbb{Z}_q^{m\times n}\times\mathbb{Z}_q^m$。

2)自举密钥生成:除了重线性化密钥,BTS 方案还需要增加自举过程作为计算密钥的一部分。随机产生短的私钥 $\hat{\boldsymbol{s}}\xleftarrow{R}\mathbb{Z}_p^k$,随机生成 $\hat{\boldsymbol{a}}_{i,\tau}\xleftarrow{R}\mathbb{Z}_p^k$,$\hat{e}_{i,\tau}\xleftarrow{R}\chi$,其中 $i\in[n]$,$\tau\in\{0,\cdots,\lfloor\log_2 q\rfloor\}$,计算 $\hat{\psi}_{i,\tau}:=\left(\hat{\boldsymbol{a}}_{i,\tau},\hat{b}_{i,\tau}:=<\hat{\boldsymbol{a}}_{i,\tau},\hat{\boldsymbol{s}}>+\hat{e}_{i,\tau}+\left[\frac{p}{q}(2^\tau\cdot s_L[i])\right]\bmod p\right)\in\mathbb{Z}_p^k\times\mathbb{Z}_p$。

输出:私钥 $\mathbf{sk}=\hat{\boldsymbol{s}}\in\mathbb{Z}_q^n$;计算密钥 $\mathbf{evk}=(\boldsymbol{\Psi},\hat{\boldsymbol{\Psi}})$,其中重线性化密钥 $\boldsymbol{\Psi}=\{\psi_{l,i,j,\tau}=\mathrm{Enc}_l(2^\tau\cdot\boldsymbol{s}_{l-1}[i]\cdot\boldsymbol{s}_{l-1}[j])\}_{i\in[n],\tau\in(\lfloor\log_2 q\rfloor+1)}$,自举密钥 $\hat{\boldsymbol{\Psi}}=\left\{\hat{\psi}_{i,\tau}:=\mathrm{Enc}_*\left(\left[\frac{p}{q}(2^\tau\cdot\boldsymbol{s}_L[i])\right]\right)\right\}_{i\in[n],\tau\in\{0,\cdots,\lfloor\log_2 q\rfloor\}}$,公钥 $\mathbf{pk}=(\boldsymbol{A},\boldsymbol{b})\in\mathbb{Z}_q^{m\times n}\times\mathbb{Z}_q^m$。

(2)加密算法 BTS. Enc(μ,**pk**):步骤和 SH. Enc(μ)方案相同,输入明文 $\mu\in\mathrm{GF}(2)$,公钥 $\mathbf{pk}=(\boldsymbol{A},\boldsymbol{b})\in\mathbb{Z}_q^{m\times n}\times\mathbb{Z}_q^m$,随机选择 $r\xleftarrow{R}\{0,1\}^m$,计算并输出密文 $\boldsymbol{c}=\{(\boldsymbol{v},w),l\}=\{(\boldsymbol{A}^{\mathrm{T}}\boldsymbol{r},\boldsymbol{b}^{\mathrm{T}}\boldsymbol{r}+\mu),0\}$。

(3)同态运算 BTS. $\mathrm{Eval}_{\mathbf{evl}}(f,\boldsymbol{c}_1,\cdots,\boldsymbol{c}_t)$:输入布尔电路 $f:\{0,1\}^t\rightarrow\{0,1\}$,执行如下步骤。

1)调用 SH. $\mathrm{Eval}_{\boldsymbol{\Psi}}$,得到第 L 层的密文:$\boldsymbol{c}_f\leftarrow\mathrm{SH.\,Eval}_{\boldsymbol{\Psi}}(f,\boldsymbol{c}_1,\cdots,\boldsymbol{c}_t)$。

2)使用降维降模技术密文的解密复杂度,步骤如下:

首先,对密文降模:$\varphi_{(v,w)}(\boldsymbol{x})=\frac{p}{q}\left[\frac{q+1}{2}(w-<\boldsymbol{v},\boldsymbol{x}>)\right]\bmod p=\sum_{0\leqslant i\leqslant n}h_i\left(\frac{p}{q}\boldsymbol{x}[i]\right)\overset{h_i=\sum_{\tau=0}^{\lfloor\log_2 q\rfloor}h_{i,\tau}2^\tau}{=}\sum_{\substack{0\leqslant i\leqslant n\\ \tau\in\{0,\cdots,\lfloor\lg_2 q\rfloor\}}}h_{i,\tau}\left(2^\tau\frac{p}{q}\boldsymbol{x}[i]\right)$。

其次,对密文降维(密钥转化):$\hat{\boldsymbol{v}}:\overset{\hat{\psi}_{*,i,\tau}=(a_{*,i,\tau},b_{*,i,\tau})}{=}2\sum_{\substack{0\leqslant i\leqslant n\\ \tau\in\{0,\cdots,\lfloor\log_2 q\rfloor\}}}h_{i,\tau}\hat{\boldsymbol{a}}_{*,i,\tau}$,$\hat{w}:\overset{\psi_{*,j,\tau}=(a_{*,i,\tau},b_{*,i,\tau})}{=}2\sum_{\substack{0\leqslant i\leqslant n\\ \tau\in\{0,\cdots,\lfloor\lg_2 q\rfloor\}}}h_{i,\tau}\hat{b}_{*,i,\tau}$。

最后,输出小维度的密文 $\hat{\boldsymbol{c}}=((\hat{\boldsymbol{v}},\hat{w}),*)\in\mathbb{Z}_p^k\times\mathbb{Z}_p$。

(4)解密算法 BTS. $\mathrm{Dec}_{\hat{s}}(\hat{\boldsymbol{c}})$:输入小维度小模数的密文 $\hat{\boldsymbol{c}}=\{(\hat{w},\hat{\boldsymbol{v}}),*\}$,计算并输出明文 $m=(\hat{w}-<\hat{\boldsymbol{v}},\hat{\boldsymbol{s}}>\bmod p)\bmod 2$。

7.2.4 方案分析

本节对 SH 方案和 BTS 方案的正确性、安全性进行分析。

1. 正确性分析

先分析 SH 方案和 BTS 方案的同态性质。两种方案同态运算过程基本相同,本质上具有相同的同态属性,但是 BTS 方案具有解密复杂度低、密文规模小的额外优势。因此,下面将主要分析 BTS 方案。其实 SH 方案也具有类似的性质。

下面将正式定义函数类 Arith[L,T]，并证明该函数类的同态性。本质上，函数类 Arith[L,T] 是 GF(2)上具有有界输入和有界深度的算术电路类，在最后一层是具有多输入的加法门。要求电路以规范的“分层”方式构建这类函数，如下文所述。

定义 7-1(Arith[L,T] 电路)：设 $L=L(\kappa)$，$T=T(\kappa)$ 是关于安全参数的函数。Arith[L,T] 类是 GF(2)上的具有 $\{+,\times\}$ 门算术电路类，具有以下结构：每个电路正好包含 $2L+1$ 层门(编号为 $1,\cdots,2L+1$ 从输入开始)，并且 $i+1$ 层门的输入仅由 i 层门的输出来提供。奇数层仅包含“+”门，偶数层仅包含“×”门。在 $1,\cdots,2L$ 层的门具有 2 输入，而在 $2L+1$ 层的最终加法门具有 T 个输入。

注意到 Arith[L,T] 符合 SH. Eval 和 BTS. Eval 对同态计算函数的要求。事实上，Arith[L,T] 中任何电路的乘法深度正好是 L。选择这类函数的原因如下：我们注意到任意 2 输入且深度 D 的算术电路都可以平凡地转换成 Arith[D,1] 中的电路。一种直接的转化方法是，将深度 D 的算术电路的每一层电路分为加法层电路和乘法层电路，在最后一层添加一个虚拟的单输入的加法门。这就得到了一个具有交替的加法和乘法电路的 $2D+1$ 层电路，即电路属于 Arith[D,1]。

现在的目标是证明在适当选择参数的情况下，SH 方案和 BTS 方案是 Arith[L,T]-同态的。

定理 7-1(SH 和 BTS 方案的同态能力)：设 $n=n(k)\geqslant 5$ 是任意多项式，设奇数模数 $q\geqslant 2^{n^{\varepsilon}}\geqslant 3$，其中 $\varepsilon\in(0,1)$，χ 是任意 n-bound 分布，$m=(n+1)\log_2 q+2\kappa$，$K=\kappa$，$p=16nk\log_2(2q)$ (是奇数)，$\hat{\chi}$ 是任意 k-bound 分布，那么 SH 方案和 BTS 方案都是 Arith[$L=\Omega(\varepsilon\log_2 n),T=\sqrt{q}$]-同态的。

为了更好地分析噪声的增长，为密文 $\boldsymbol{c}=[(\boldsymbol{v},w),l]$ 定义了如下噪声量 $\eta(c)\in\mathbb{Z}$。设 $e\in\mathbb{Z}$ 是最小的整数(绝对值)，使 $\mu+2e=\omega-\langle v,s_d\rangle \bmod q$，并定义 $\eta(c)=\mu+2e$ [注意 $\eta(c)$ 是在整数上定义的，而不是模 q]。注意到，只要 $|\eta(c)|<q/2$，密文就是可解密的。现在可以通过分析输出密文的量 $\eta(c_f)$ 来分析同态运算过程中的噪声增长情况。

引理 7-3(SH 方案同态计算噪声分析)：设 $n=n(k)\geqslant 5$，$q=q(k)\geqslant 3$，χ 是 B-bound 的，$L=L(k)$，$f\in$ Arith[L,T]，$f:\{0,1\}^t\to\{0,1\}$ (对某些 $t=t(\kappa)$ 来说)。那么对于任何输入 $\mu_1,\cdots,\mu_t\in\{0,1\}$，SH 方案运行 $(\mathbf{pk},\mathbf{evk},\mathbf{sk})\leftarrow$ SH. Keygen(1^{κ})，$c_i\leftarrow$ BTS. Enc$_{\mathbf{pk}}(\mu_i)=$ SH. Enc$_{\mathbf{pk}}(\mu_i)$，则新鲜密文的噪声上限 $|\eta(c)|\leqslant 2nB+1$，l 层同态乘法门的噪声 $E_l<(4nB\log_2 q)^{2^l}$，对于 $c_f=[(v,\omega),L]\leftarrow$ SH. Eval$_{\mathbf{evk}}(f,c_1,\cdots,c_t)$ 是 $f(\mu_1,\cdots,\mu_t)$ 加密的，并且有 $|\eta(c_f)|\leqslant T\cdot(16nB\log_2 q)^{2^L}$。

证明：方案的噪声起源于 χ 分布，为了保证正确解密需要将噪声控制在一定范围内。χ 中的所有样本的 bound 是 B，下面分析随着同态计算的进行，噪声的增长情况。

(1)新鲜密文的噪声：起点是由加密算法生成的 0 级密文 $[(v,\omega)\quad 0]$。根据加密算法的定义，有

$$\omega-\langle \boldsymbol{v},\boldsymbol{s}_0\rangle=\boldsymbol{r}^{\mathrm{T}}\cdot\boldsymbol{b}+\mu-\boldsymbol{r}^{\mathrm{T}}\cdot\boldsymbol{A}\cdot\boldsymbol{s}_0=\mu+\boldsymbol{r}^{\mathrm{T}}(\boldsymbol{b}-\boldsymbol{A}\boldsymbol{s}_0)=\mu+2\boldsymbol{r}^{\mathrm{T}}\cdot \boldsymbol{e}\bmod q$$

因为 $|\mu+2\boldsymbol{r}^{\mathrm{T}}\cdot\boldsymbol{e}|\leqslant 1+2nB$，所以有新鲜密文的噪声 $|\eta(\boldsymbol{c})|\leqslant 2nB+1$。

(2)两输入同态加法门的噪声：计算两个密文 $\boldsymbol{c}=\{(\boldsymbol{v},w),l\}$ 和 $\boldsymbol{c}'=\{(\boldsymbol{v}',w'),l\}$ 的

加法运算 $\boldsymbol{c}_{+}=\{(\boldsymbol{v}+\boldsymbol{v}',w+w'),l\}$，可以得到 $|\eta(\boldsymbol{c}_{+})|\leqslant|\eta(\boldsymbol{c})|+|\eta(\boldsymbol{c}')|$。

(3)多输入同态加法门的噪声：也可以将该运算和性质平凡地扩展到多个密文的同态加法运算，计算密文 $\boldsymbol{c}_1,\cdots,\boldsymbol{c}_t$ 上的"+"以获得密文 $\boldsymbol{c}_{\text{add}}$ 时，我们只是将它们的 $(\boldsymbol{v},\omega)$ 值相加。因此可以得到 $|\eta(\boldsymbol{c}_{\text{add}})|\leqslant\sum_i|\eta(\boldsymbol{c}_i)|$。

(4)两输入同态乘法门的噪声：计算两个密文 $\boldsymbol{c}=\{(\boldsymbol{v},w),l\}$ 和 $\boldsymbol{c}'=[(\boldsymbol{v}',w')\quad l]$ 的同态乘法运算，输出 $l+1$ 层的密文 $\boldsymbol{c}_{\times}=[(\boldsymbol{v}_{\times},w_{\times})\quad l+1]$。

定义 $L_c(\boldsymbol{x})=<\boldsymbol{c},\boldsymbol{s}>$，$Q_{c_1,c_2}(\boldsymbol{x})=L_{c_1}(\boldsymbol{x})L_{c_2}(\boldsymbol{x})$，则解密的过程可以简化表示为 $m=[[L_c(\boldsymbol{s})]_q]_2$。若 $\boldsymbol{c}_1$，$\boldsymbol{c}_2$ 分别是 m_1，m_2 对应的合法密文，且具有共同的私钥 $\boldsymbol{s}$，则对两个密文进行同态乘法操作，输出的密文可以用等式 $m_1m_2=[[Q_{c_1,c_2}(\boldsymbol{s})]_q]_2$ 来解密以得到对应明文进行乘法的结果，其中 $Q_{c_1,c_2}(\boldsymbol{x})$ 可以看成线性等式。对乘法密文进行解密可以得

$$\omega_{\times}-\langle\boldsymbol{v}_{\times},\boldsymbol{s}_{l+1}\rangle=\eta(\boldsymbol{c})\cdot\eta(\boldsymbol{c}')+2\sum_{\tau\in\{0,\cdots,\lfloor\log_2 q\rfloor\}}^{0\leqslant i\leqslant j\leqslant n}h_{i,j,\tau}\cdot e_{l+1,i,j,\tau}\bmod q$$

对噪声量进行分析，有 $|\eta(\boldsymbol{c}_{\text{mult}})|\leqslant|\eta(\boldsymbol{c})|\cdot|\eta(\boldsymbol{c}')|+2\dfrac{(n+1)(n+2)}{2}\cdot B(\log_2 q+1)$。

(1) l 层同态乘法门的噪声：根据同态乘法的性质，可以分析 l 层乘法电路的噪声上限。

为了方便描述，对同态乘法的噪声上界进行放大，定义 $E\triangleq\max\{|\eta(\boldsymbol{c})|,|n(\boldsymbol{c}')|,(n+2)\sqrt{B\log_2(2q)}\}$，则有 $|\eta(\boldsymbol{c}_{\text{mult}})|\leqslant 2e^2$。

为了方便描述，将新鲜密文的噪声上界也进行放大，定义 $E_0\triangleq\max\{2nB+1,(n+2)\sqrt{B\log_2(2q)}\}\leqslant 2nB\log_2 q$ 是新密文 $|\eta(\boldsymbol{c})|$ 的上界，定义第 l 层密文的噪声上限表示为 E_l，则 L 层乘法电路的噪声上限，满足递推关系，$E_l\leqslant 2e_{l-1}^2$，初始值为 $E_0\leqslant 2nB\lg q$，则第 L 层乘法电路的噪声上限为 $E_L<(2e_0)^{2^L}\leqslant(4nB\log_2 q)^{2^L}$。

(2) Arith$[L,T]$ 电路噪声分析：根据上述 Arith$[L,T]$ 电路的定义，偶数层包含2输入的乘法门，奇数层包含2输入加法门(除了最后第 $2L+1$ 层)，则电路噪声满足递推关系 $E_{2l}\leqslant 2[2E_{2(l-1)}]^2$，初始值为 $E_0\leqslant 2nB\log_2 q$，因此，可以得到第 $2L$ 层密文的上限为

$$E_{2L}\leqslant(8E_0)^{2^L}\leqslant(16nB\log_2 q)^{2^L}$$

第 $2L+1$ 层，包含 T 个加法门，则噪声上限为 $|\eta(c_f)|\leqslant T\cdot(16nB\log_2 q)^{2^L}$。证毕。

下面分析降维降模技术对噪声带来的影响。为了便于分析，我们针对小维度和小模数的密文定义函数 $\hat{\eta}(\hat{\boldsymbol{c}})$。对于 μ 的密文 $\hat{\boldsymbol{c}}=(\hat{\boldsymbol{v}},\hat{\omega})\in\mathbb{Z}_p^k\times\mathbb{Z}_p$，设 $\hat{e}\in\mathbb{Z}$ 是最小的整数(绝对值)，使 $\mu+2\hat{e}=\hat{\omega}-\langle\hat{\boldsymbol{v}},\hat{s}\rangle\bmod p$，定义整数上的量 $\hat{\eta}(\hat{\boldsymbol{c}})\triangleq\mu+2\hat{e}$，则只要 $|\hat{\eta}(\hat{\boldsymbol{c}})|<\dfrac{p}{2}$，BTS. Dec 将正确地解密 $\hat{c}$。下面定理分析 BTS 方案的噪声增长情况。

引理 7-4(BTS 方案中降维降模技术的噪声分析)：设 $n=n(k)\geqslant 5$，$q=q(k)\geqslant 3$，χ 设是 B-bound，$L=L(k)$，$p=p(\kappa)$，$k=k(\kappa)$，$\hat{\chi}$ 是 $\hat{b}$ 有界旋。考虑同态计算 $\hat{\boldsymbol{c}}\leftarrow$ BTS. Eval$_{\text{evk}}(f,\boldsymbol{c}_1,\cdots,\boldsymbol{c}_t)$。设 $\boldsymbol{c}_f\in\mathbb{Z}_q^n\times\mathbb{Z}_q\times\{L\}$ 是调用 SH. Eval 返回的中间值，则有 $|\hat{\eta}(\hat{\boldsymbol{c}})/2|\leqslant\dfrac{p}{2q}|\eta(\boldsymbol{c}_f)|+2n\hat{b}\log_2(2q)$。

证明：密文的噪声起源于 $\hat{\chi}$ 分布的噪声，其界为 $\hat{b}$，假设 $\boldsymbol{c}_f=(w,\boldsymbol{v})\leftarrow$

SH. $\mathrm{Eval}_{\Psi}(f, \boldsymbol{c}_1, \cdots, \boldsymbol{c}_t)$ 是 BTS 方案调用 SH. Eval 返回的中间值。下面分析 $\boldsymbol{c}_f$ 经过降维降模技术后 $\hat{\boldsymbol{c}}$，仍然具有可解密的性质，并分析其噪声变换情况。如果有 $\omega - \langle \boldsymbol{v}, \boldsymbol{s}_L \rangle = \mu + 2e \bmod q$，那么有 $\hat{\omega} - \langle \hat{\boldsymbol{v}}, \hat{\boldsymbol{s}} \rangle = \mu + 2\hat{e} \bmod p$。

(1)分析降维技术:要检验上述内容,请记住 $(p+1)/2$ 是 2 模 p 的倒数。密文 $\hat{\boldsymbol{c}} = (\hat{w}, \hat{\boldsymbol{v}})$，其中 $\hat{\boldsymbol{v}}$: $\overset{\hat{\varphi}_{*,i,\tau}=(\boldsymbol{a}_{*,i,\tau}, b_{*,i,\tau})}{=} 2\sum_{\tau \in \{0,\cdots,\lfloor \log_2 q \rfloor\}}^{0 \leqslant i \leqslant n} h_{i,\tau} \hat{\boldsymbol{a}}_{*,i,\tau}$，$\hat{w}$: $\overset{\varphi_{*,j,\tau}=(\boldsymbol{a}_{*,i,\tau}, b_{*,i,\tau})}{=} 2\sum_{\tau \in \{0,\cdots,\lfloor \log_2 q \rfloor\}}^{0 \leqslant i \leqslant n} h_{i,\tau} \hat{b}_{*,i,\tau}$

满足

$$
\begin{aligned}
\frac{p+1}{2}(\hat{\omega} - \langle \hat{\boldsymbol{v}}, \hat{\boldsymbol{s}} \rangle) &= \sum_{i=0}^{n} \sum_{\tau=0}^{\lfloor \log_2 q \rfloor} h_{i,\tau} \cdot (\hat{b}_{i,\tau} - \langle \hat{\boldsymbol{a}}_{i,\tau} - \hat{\boldsymbol{s}} \rangle) \bmod p \\
&= \sum_{i=0}^{n} \sum_{\tau=0}^{\lfloor \log_2 q \rfloor} h_{i,\tau} \left(e_{i,\tau} - \lfloor \frac{p}{q} \cdot \{2^{\tau} \cdot \boldsymbol{s}_L[i]\} \rceil \right) \bmod p \\
&= \varphi(\boldsymbol{s}_L) + \underbrace{\sum_{i=0}^{n} \sum_{\tau=0}^{\lfloor \log_2 q \rfloor} h_{i,\tau}(e_{i,\tau} + \hat{\omega}_{i,\tau})}_{\triangleq \delta_1} \bmod p
\end{aligned} \tag{7-1}
$$

这里定义降维带来的噪声为 $\delta_1 = \sum_{i=0}^{n} \sum_{\tau=0}^{\lfloor \log_2 q \rfloor} h_{i,\tau}(e_{i,\tau} + \hat{\omega}_{i,\tau})$，其中四舍五入导致的偏差定义为 $\hat{\omega}_{i,\tau} \triangleq \frac{p}{q} \cdot (2^{\tau} \cdot s_L[i]) - \frac{p}{q}(2^{\tau} \cdot \boldsymbol{s}_L[i])$，有 $|\hat{\omega}_{i,\tau}| \leqslant \frac{1}{2}$。由于 $h_{i,\tau} \in \{0,1\}$ 和 $\hat{e}_{i,\tau}$ 是小的,因此 δ_1 也是"小"的。

(2)分析降模技术:给定 $\omega = \langle \boldsymbol{v}, \boldsymbol{s}_L \rangle + 2e + \mu \bmod q$，分析 $\varphi(\boldsymbol{s}_L)$ 的性质。

$$
\begin{aligned}
\varphi(\boldsymbol{s}_L) &= \frac{p}{q} \cdot \left(\frac{q+1}{2} \cdot (\omega - \langle \boldsymbol{v}, \boldsymbol{s}_L \rangle)\right) \bmod p \\
&= \frac{p}{q} \cdot \left(\frac{q+1}{2} \cdot (2e + \mu + Mq)\right) \bmod p \ (\text{当式中 } M \in \mathbb{Z} \text{ 时}) \\
&= \frac{p}{q} \cdot \left(\frac{q+1}{2} \cdot \mu + e + M'q\right) \bmod p \ (\text{当式中 } M' \in \mathbb{Z} \text{ 时}) \\
&= \frac{p}{q} \cdot \frac{q+1}{2} \mu + \frac{p}{q} e \bmod p \\
&= \frac{p+1}{2} \cdot \mu + \underbrace{\left(\frac{p}{q} - 1\right) \cdot \frac{\mu}{2} + \frac{p}{q} \cdot e}_{\triangleq \delta_2} \bmod p \\
&= \frac{p+1}{2} \cdot \mu + \delta_2
\end{aligned} \tag{7-2}
$$

定义降模带来的噪声为 $\delta_2 = \left(\frac{p}{q} - 1\right) \cdot \frac{\mu}{2} + \frac{p}{q} \cdot e$。当 $p \leqslant q$ 时，有 $|\delta_2| \leqslant \frac{p}{q}|e| + \frac{1}{2}$，噪声将会降低。

将式(7-1)和式(7-2)结合,可得

$$
\frac{p+1}{2}(\hat{\omega} - \langle \hat{\boldsymbol{v}}, \hat{\boldsymbol{s}} \rangle) = \frac{p+1}{2} \cdot \mu + (\delta_1 + \delta_2) \tag{7-3}
$$

式(7-3)乘以 2,则有

$$\hat{\omega}-\langle\hat{\boldsymbol{v}},\hat{\boldsymbol{s}}\rangle=\mu+2(\delta_1+\delta_2)$$

定义降维降模的噪声为 $\hat{e}=\delta_1+\delta_2$，满足 $\hat{w}-<\hat{\boldsymbol{v}},\hat{\boldsymbol{x}}>=\mu+2\,\hat{e}\bmod p$，则密文 $\hat{c}$ 的可解密性得以证明。

值得注意的是，降维降模的噪声 $\hat{e}=\delta_1+\delta_2$ 是一个整数。因为它可以表示为两个整数之间的差异：

$$\delta_1+\delta_2=\frac{p+1}{2}(\hat{\omega}-\langle\hat{v},\hat{s}\rangle)-\frac{p+1}{2}\cdot\mu$$

（3）降维降模噪声上限：根据 δ_1，δ_2 的表达式 $\delta_1=\sum_{i=0}^{n}\sum_{\tau=0}^{\lfloor\log_2 q\rfloor}h_{i,\tau}\left(\hat{e}_{i,\tau}+\left[\frac{p}{q}\{2^{\tau}\boldsymbol{s}_L[i]\}\right]-\frac{p}{q}(2^{\tau}s_L[i])\right)$，$\delta_2=\left(\frac{p}{q}-1\right)\frac{\mu}{2}+\frac{p}{q}e$，有

$$|\delta_1|=\left|\sum_{i=0}^{n}\sum_{\tau=0}^{\lfloor\log_2 q\rfloor}h_{i,\tau}(\hat{e}_{i,\tau}+\hat{\omega}_{i,\tau})\right|\leqslant(n+1)\log_2(2q)(\hat{b}+\frac{1}{2})$$

$$|\delta_2|=\left|\left(\frac{p}{q}-1\right)\cdot\frac{\mu}{2}+\frac{p}{q}\cdot e\right|=\left|\frac{p}{q}\cdot\frac{\mu+2e}{2}-\frac{\mu}{2}\right|\leqslant\frac{p}{2q}|\eta(\boldsymbol{c}_f)|+\frac{1}{2}$$

可得

$$\left|\frac{\hat{\eta}(\hat{\boldsymbol{c}})}{2}\right|=|\hat{e}|=|\delta_1+\delta_2|\leqslant\frac{p}{2q}|\eta(\boldsymbol{c}_f)|+2n\hat{b}\log_2(2q)$$

证毕。

可解密的密文经过降维降模技术，也可以解密。现在可以证明定理 7－1 了。密文 $\hat{\boldsymbol{c}}=(\hat{\boldsymbol{v}},\hat{\omega})$ 正确解密的充分条件是 $\hat{e}<p/4$。为了保证正确解密，通过引理 7－4 分析，需要保证以下式子成立：

$$\frac{p}{4}>\frac{p}{2q}|\eta(\boldsymbol{c}_f)|+2n\hat{b}\log_2(2q)\geqslant\frac{p}{2q}|\eta(\boldsymbol{c}_f)|+\frac{p}{8}$$

为了保证上式成立，需要保证 $|\eta(\boldsymbol{c}_f)|<\frac{q}{4}$，即如果 c_f 本身能够正确解密，则经过降维降模技术后 $\hat{\boldsymbol{c}}$ 也能够正确解密。

代入引理 7－3 的界限后，得

$$T(16nB\log_2 q)^{2^L}<\frac{q}{4}$$

输入所有的参数和 $T=\sqrt{q}$，可以得到不等式 $(16n^{2+\varepsilon})^{2^L}<\frac{2^{\frac{n^{\varepsilon}}{2}}}{4}$，该不等式对于某些 $L=\Omega(\varepsilon\log_2 n)$ 显然是成立的。

2. 安全性分析

在本小节中，分析基于 DLWE 问题的 BTS 方案的安全性。以下定理证明基于两个 DLWE 问题的 BTS 方案的安全性：一个 DLWE 问题具有模数 q 、维度 n 和噪声 χ，另一个 DLWE 问题具有模量 p 、维度 k 和噪声 $\hat{\chi}$。

定理 7－2(安全性)：设 $n=n(\kappa)k=k(\kappa)$，$q=q(\kappa)$，$p=p(\kappa)$ 和 $L=L(\kappa)$ 为安全参数的函数。令 χ，$\hat{\chi}$ 成为整数上的一些分布，并定义 $m\triangleq n\log_2 q+2\kappa$。

BTS 方案在 $\mathrm{DLWE}_{n,q,\chi}$ 假设和 $\mathrm{DLWE}_{k,p,\hat{\chi}}$ 假设下是 CPA 安全的。特别是，如果

$\mathrm{DLWE}_{n,q,\chi}$ 和 $\mathrm{DLWE}_{k,p,\hat{\chi}}$ 问题是 (t,ε) - hard，那么对于一些多项式 poly(·) 是 $t-\mathrm{poly}(\kappa)$，$2(L+3)\cdot(2^{-\kappa}+\varepsilon)$ 语义安全的。

BTS 方案虽然同态运算的过程比较简单，但其加密、解密等过程和格密码中的经典方案——Reg05 方案非常相似。对于 CPA 的敌手，本方案和 Reg05 方案的不同在于，本方案的敌手可以额外地看到计算密钥(重线性化密钥和自举密钥)。但本方案中计算密钥是一系列 LWE 实例，根据 LWE 假设，这些实例与均匀实例不可区分。

安全性归约思路如下：逐步使用均匀实例代替计算密钥中的 LWE 实例，从而使用一组完全均匀的元素替换计算密钥 **evk**，即依次用 L 个 LWE 代替转化密钥 $\boldsymbol{\Psi}$，再逐步用 $n\lfloor\log_2 q\rfloor$ 个 LWE 实例代替自举密钥 $\hat{\boldsymbol{\Psi}}$；之后使用 Regev 的方案中的已知证明方法，证明本方案的安全性。正式的证明过程如下：

证明：令 A 是 BTS 方案的，在时间 t 内运行结束的 IND-CPA 敌手。我们考虑一系列混合(LWE 实例和计算密钥混合存在的状态)；在每个混合状态中，敌手 A 被给定公钥 **pk**，计算密钥 **evk**，密文 c，其中 **pk**，**evk** 根据特定于混合的分布生成，并且通过使用 **pk** 对消息 μ 进行加密生成 c。令 $\mathrm{Pr}_{H,\mu}[A]$ 表示敌手 A 在混合 H 定义的实验中输出 1 的概率，其中 μ 是被加密的消息。

(1) Hybrid $\widehat{H}_{L+1}$：(IND-CPA 攻击模式)：这与 IND-CPA 游戏相同，在 IND-CPA 游戏中，敌手获得由 BTS. Keygen 生成的密钥 **pk**，**evk**，并使用 BTS. Enc 对 0 或 1 进行加密。根据定义，

$$\mathrm{Adv}_{\mathrm{CPA}}[A]=\left|\mathrm{Pr}_{\widehat{H}_{L+1},0}[A]-\mathrm{Pr}_{\widehat{H}_{L+1},1}[A]\right| \tag{7-4}$$

(2) Hybrid H_{L+1}(均匀分布替换自举密钥)：除了在 $\hat{\boldsymbol{\Psi}}$ 的生成上，H_{L+1} 与 $\widehat{H}_{L+1}$ 相同。在这种混合中，$\hat{\boldsymbol{\Psi}}$ 不是用 BTS. Keygen 生成，而是均匀地采样。也就是说，对于所有 i，τ，设置 $\hat{\varphi}_{i,\tau}\stackrel{\$}{\leftarrow}\mathbb{Z}_p^k\times\mathbb{Z}_p$。

考虑 $\mathrm{DLWE}_{k,p,\hat{\chi}}$ 问题的攻击者 $\hat{b}_\mu(1^k)$，定义如下(对于 $\mu\in\{0,1\}$)。算法 $\hat{B}$ 将对所有向量 $\boldsymbol{s}_0,\cdots,\boldsymbol{s}_L$ 进行自身采样并生成 **pk**，$\boldsymbol{\Psi}$。注意给定 $\boldsymbol{s}_L$，可以使用分布 $A_{\hat{s},\hat{\chi}}$ [令 $A_{s,\chi}$ 指通过随机均匀选择向量 $\boldsymbol{a}\leftarrow\mathbb{Z}_q^n$ 和噪声项 $e\leftarrow\chi$ 并输出 $(\boldsymbol{a},<\boldsymbol{a},\boldsymbol{s}>+e)$ 获得的分布]中的多项式个样本，高效地生成 $\hat{\boldsymbol{\Psi}}$，其中包含 $\hat{\varphi}_{i,\tau}:=(\hat{\boldsymbol{a}}_{i,\tau},\hat{b}_{i,\tau}:=<\hat{\boldsymbol{a}}_{i,\tau},\hat{\boldsymbol{s}}>+\hat{e}_{i,\tau}+\left\lfloor\frac{p}{q}(2^\tau\cdot\boldsymbol{s}_L[i])\right\rceil \bmod p)\in\mathbb{Z}_p^k\times\mathbb{Z}_p$。此外，如果用随机均匀的预言机替换 $A_{\hat{s},\hat{\chi}}$ 分布，那么上述过程将产生完全均匀的 $\hat{\boldsymbol{\Psi}}$。

算法 $\hat{b}$ 将从其预言机中提取足够多的样本，并用样本生成自举密钥 $\hat{\boldsymbol{\Psi}}$(样本与 $A_{\hat{s},\hat{\chi}}$ 中的分布不可区分，即样本可能是 $A_{\hat{s},\hat{\chi}}$ 中的分布也可能是均匀分布)。随后，算法 $\hat{b}$ 调用 A，并返回 $A[\mathbf{pk},\mathbf{evk},\mathrm{BTS.Enc}_{\mathbf{pk}}(\mu)]$，则有

$$\mathrm{Pr}[\hat{b}_\mu^{A_{\hat{s},\hat{\chi}}}(1^k)]=\mathrm{Pr}_{\widehat{H}_{L+1},\mu}[A]$$
$$\mathrm{Pr}[\hat{b}_\mu^{U(\mathbb{Z}_p^k\times\mathbb{Z}_p)}(1^k)]=\mathrm{Pr}_{H_{L+1},\mu}[A] \tag{7-5}$$

(3) Hybrid H_l，其中 $l\in[L]$(均匀分布逐步替换重线性化密钥)：除了重线性化密钥 $\boldsymbol{\Psi}$ 发生了变化，混合 H_l 和 H_{l+1} 的其他部件相同。具体来说，混合 H_l 中对于所有的 i,j,τ，改变了 $\psi_{l,i,j,\tau}$：不是按照规定计算 $\psi_{l,i,j,\tau}$ [即 $(a_{l,i,j,\tau},\langle a_{l,i,j,\tau},s_l\rangle+2e_{l,i,j,\tau}+2^\tau\cdot s_{l-1}[i]\cdot$

$s_{l-1}[j]]$，而是均匀地对其进行采样。也就是说，设定 $\psi_{l,i,j,\tau} \xleftarrow{\$} \mathbb{Z}_q^n \times \mathbb{Z}_p$。

我们现在定义一个过程 $B_{l,\mu}$，对于 $l \in [L]$，$\mu \in \{0,1\}$，试图解决 $\mathrm{DLWE}_{n,q,\chi}$。该过程 $B_{l,\mu}$ 将按如下方式工作：根据规定的分布，对于所有适当的 $l' < l$，它将首先对向量 $\boldsymbol{s}_0, \cdots, \boldsymbol{s}_{l-1} \xleftarrow{\$} \mathbb{Z}_q^n$ 进行采样，并生成对应的 **pk** 和 $\psi_{l',i,j,\tau}$。对于 $l' > l$，则均匀地在 $\mathbb{Z}_q^n \times \mathbb{Z}_p$ 中采样得到 $\hat{\varphi}_{i,\tau}$，均匀地在 $\mathbb{Z}_p^k \times \mathbb{Z}_p$ 中采样得到 $\psi_{l',i,j,\tau}$。注意到，给定预言机访问 $A_{s_l,\chi}$ 和 $\boldsymbol{s}_{l-1}$ 的情况下，对于所有 i,j,τ 可以生成 $\psi_{l,i,j,\tau} := \{\boldsymbol{a}_{l,i,j,\tau}, b_{l,i,j,\tau} = \langle \boldsymbol{a}_{l,i,j,\tau}, \boldsymbol{s}_l \rangle + 2 \cdot e_{l,i,j,\tau} + 2^\tau \cdot \boldsymbol{s}_{l-1}[i] \cdot \boldsymbol{s}_{l-1}[j]\}$。

这里的替换要求 ψ 中的噪声元素是偶数，和原始的 $A_{s_l,\chi}$ 分布不同。注意到对于奇数 q，如果 $x \xleftarrow{\$} \mathbb{Z}_q$，那么 $2x$ 在 $\mathbb{Z}_q$ 中也是均匀的。因此，取一个样本 $(\boldsymbol{a},b) \xleftarrow{\$} A_{s_l,\chi}$，并考虑 $(2\boldsymbol{a},2b)\bmod q$，我们有 $2b = \langle 2\boldsymbol{a}, \boldsymbol{s}_l \rangle + 2e \bmod q$ 也可均匀分布不可区分。则给定 $A_{s_l,\chi}$ 中的样本 $(\boldsymbol{a},b)$ 和 s_{l-1}，可以生成重线性化密钥 $\psi_{l,i,j,\tau}$。此外，如果 $A_{s_l,\chi}$ 被一个均匀的预言机所取代，那么上述过程将产生均匀分布的元素 $\psi_{l,i,j,\tau}$。

该过程 $B_{l,\mu}$ 将从其预言机中提取样本（样本与 $A_{s_l,\chi}$ 中的分布不可区分，即样本可能是 $A_{s_l,\chi}$ 中的分布，也可能是均匀分布）并完成上述 $\boldsymbol{\Psi}$ 的生成一样。最后，给定生成的 **pk**，**evk**，该过程将返回 $A(\mathbf{pk}, \mathbf{evk}, \mathrm{BTS.Enc}_{\mathbf{pk}}(\mu))$，则有

$$\Pr[B_{l,\mu}^{A_{s_l,\chi}}(1^k)] = \Pr_{H_{l+1},\mu}[A]$$
$$\Pr[B_{l,\mu}^{U(\mathbb{Z}_q^k \times \mathbb{Z}_q)}(1^k)] = \Pr_{H_{l+1},\mu}[A] \tag{7-6}$$

注意，在混合 H_1 中，计算密钥 $\mathbf{evk} = (\boldsymbol{\Psi}, \hat{\boldsymbol{\Psi}})$ 是完全均匀的，因此敌手获得的信息与 Regev 的加密方案中的信息相同。

(3) $\mathrm{HybridH}_0$（均匀分布替换公钥）：混合 H_0 和 H_1 相同，只是在公钥中的向量 $\boldsymbol{b}$ 是从 $\mathbb{Z}_q^m$ 中随机均匀分布中选择的，而不是计算 $\mathbf{A} \cdot s_0 + 2\boldsymbol{e}$。

定义了针对 $\mathrm{DLWE}_{n,q,\chi}$ 问题的过程 $B_{0,\mu}$，其中 $\mu \in \{0,1\}$。此过程将通过均匀采样获得计算密钥 $\mathbf{evk} = (\boldsymbol{\Psi}, \hat{\boldsymbol{\Psi}})$。注意到给定一个预言机 $A_{s_0,\chi}$，可以有效地生成 **pk**（这需要像以前的混合一样将样本乘以 2）。此外，如果给出一个均匀的预言机，这将产生完全均匀的 $(\mathbf{A}, \boldsymbol{b}) \in \mathbb{Z}_q^{m\times n} \times \mathbb{Z}_q^m$。

该过程 $B_{0,\mu}$ 将从其预言机中提取样本（样本可能是 $A_{s_0,\chi}$ 中的分布也可能是均匀分布）来生成 **pk**。最后，给定生成的 **pk**，**evk**，该过程将返回 $A[\mathbf{pk}, \mathbf{evk}, \mathrm{BTS.Enc}_{\mathbf{pk}}(\mu)]$，则有

$$\Pr[B_{0,\mu}^{A_{s_l,\chi}}(1^k)] = \Pr_{H_1,\mu}[A]$$
$$\Pr[B_{0,\mu}^{U(\mathbb{Z}_q^k \times \mathbb{Z}_q)}(1^k)] = \Pr_{H_{0+1},\mu}[A] \tag{7-7}$$

(4)剩余哈希引理说明加密过程的随机性：由于 μ 的加密计算为$(\mathbf{A}^\mathrm{T} \cdot \boldsymbol{r}, \boldsymbol{b}^\mathrm{T} \cdot \boldsymbol{r} + \mu)$，并且 $m > (n+1)\log_2 q + 2\kappa$，可以应用剩余哈希引理，这意味着

$$\Pr_{H_0,0}[A] - \Pr_{H_0,1}[A] \leqslant 2^{-\kappa} \tag{7-8}$$

把式(7-5)～式(7-7)放在一起，得到对于任何 $\mu \in \{0,1\}$，有

$$\Pr_{\hat{H}_{L+1},\mu}[A] - \Pr_{H_0,\mu}[A] = \{\Pr[\hat{b}_\mu^{A_{\hat{s}},\hat{\chi}}(1^k)] - \Pr[\hat{b}_\mu^{U(\mathbb{Z}_p^k \times \mathbb{Z}_p)}(1^k)]\} + \sum_{l=0}^{L+1} \Pr[B_{l,\mu}^{A_{s_l},\chi}] - \Pr[B_{l,\mu}^{U(\mathbb{Z}_q^k \times \mathbb{Z}_q)}] \tag{7-9}$$

这引出了 $\mathrm{DLWE}_{k,p,\hat{\chi}}$ 的敌手 $\hat{b}$ 和 $\mathrm{DLWE}_{n,q,\chi}$ 的敌手 B 的定义：

$\mathrm{DLWE}_{k,p,\hat{\chi}}$ 的敌手 $\hat{b}$ 将采样 $\mu \xleftarrow{\$} \{0,1\}$ 并返回 $\mu \oplus \hat{b}_{\mu}^{(\cdot)}(1^{\kappa})$（即，它将运行 $\hat{b}$ 并返回相同的结果或根据 μ 的值改变它）。注意，运行时间是 $\mathrm{poly}(\kappa)$ 加上 A 的运行时间。

$\mathrm{DLWE}_{n,q,\chi}$ 的敌手 B 将采样 $\mu \xleftarrow{\$} \{0,1\}$ 和 $l \xleftarrow{\$} \{0,\cdots,L+1\}$ 并返回 $\mu \oplus B_{l,\mu}^{(\cdot)}(1^{\kappa})$。运行时间也是 $\mathrm{poly}(\kappa)$ 加上 A 的运行时间。

因此，有

$$|(\Pr_{\hat{H}_{L+1},0}[A] - \Pr_{\hat{H}_{L+1},1}[A]) - (\Pr_{H_0,0}[A] - \Pr_{H_0,1}[A])| \leqslant 2\mathrm{DLWE}_{k,p,\hat{\chi}}\mathrm{Adv}[\hat{b}] + 2(L+2)\mathrm{DLWE}_{n,q,\chi}\mathrm{Adv}[B] \tag{7-10}$$

另外，将式(7-4)和式(7-6)放在一起，得

$$|(\Pr_{\hat{H}_{L+1},0}[A] - \Pr_{\hat{H}_{L+1},1}[A]) - (\Pr_{H_0,0}[A] - \Pr_{H_0,1}[A])| \geqslant \mathrm{Adv}_{\mathrm{CPA}}[A] - 2^{-\kappa} \tag{7-11}$$

总之，$\mathrm{Adv}_{\mathrm{CPA}}[A] \leqslant 2\,\mathrm{DLWE}_{k,p,\hat{\chi}}\mathrm{Adv}[\hat{\mathrm{B}}] + 2(L+2)\mathrm{DLWE}_{n,q,\chi}\mathrm{Adv}[\mathrm{B}] + 2^{-\kappa}$。

证毕。

3. 自举和纯全同态的实现

由于方案的解密运算本质上是内积的计算，因此限制了此操作的复杂性。

引理 7-5(解密电路的复杂度)：令 $(\hat{\boldsymbol{v}},\hat{\omega}) \in \mathbb{Z}_p^k \times \mathbb{Z}_p$。存在一个由 2 输入的门电路组成的深度为 $O(\log_2 k + \log_2\log_2 p)$ 的算术电路，保证输入为 $\hat{\boldsymbol{s}} \in \mathbb{Z}_p^k$（二进制表示）时，计算$(\hat{\omega} - \langle\hat{\boldsymbol{v}},\hat{\boldsymbol{s}}\rangle \bmod p) \bmod 2$。

证明：令 $\hat{\boldsymbol{s}}[i](j)$ 表示 $\hat{\boldsymbol{s}}[i] \in \mathbb{Z}_p$ 的二进制表示的第 j 位，则有

$$\begin{aligned}\hat{\omega} - \langle\hat{\boldsymbol{v}},\hat{\boldsymbol{s}}\rangle &= \hat{\omega} - \sum_{i=1}^{k} \hat{\boldsymbol{s}}[i]\,\hat{\boldsymbol{v}}[i] \bmod p \\ &= \hat{\omega} - \sum_{i=1}^{k}\sum_{j=0}^{\lfloor \log_2 p \rfloor} \hat{\boldsymbol{s}}[i](j) \cdot \{2^j \cdot \hat{\boldsymbol{v}}[i]\} \bmod p\end{aligned}$$

因此，计算 $\hat{\omega} - \langle\hat{\boldsymbol{v}},\hat{\boldsymbol{s}}\rangle \bmod p$ 等效于在 $\mathbb{Z}_p$ 中的$k(1+\lfloor\log_2 p\rfloor)+1$个数相加，然后取结果模 p。在整数上的求和运算可以使用标准的“3 to 2”方法，使用深度为 $O(\log_2 k + \log_2\log_2 p)$ 的电路完成。为了实现取模 p 运算，需要并行减去所有可能的 p 的倍数，并检查结果是否在 $\mathbb{Z}_p$。内积运算共有 $k(1+\lfloor\log_2 p\rfloor)+1$ 个数相加，因此最多有 $O(k\log_2 p)$ 个可能的倍数，这需要的深度是深度 $O(\log_2 k + \log_2\log_2 p)$。检查结果是否在 $\mathbb{Z}_p$，可以使用深度 $O(\log_2 k + \log_2\log_2 p)$ 的选择树来实现。完成此操作后，输出最低有效位将实现最终的模数 2 运算。因此，需要的乘法电路的总深度是 $O(\log_2 k + \log_2\log_2 p)$。证毕。

下面可以应用自举定理来获得全同态加密方案。

定理 7-3(自举定理)：存在 $C \in \mathbb{N}$并设置 $n = k^{C/E}$，其余参数如定理 7-1，根据定义 3-7，BTS 方案是可自举的。

证明：一方面，引理 7-5 保证解密电路在 $\mathrm{Arith}[O(\log_2 k),1]$（注意 $\log_2\log_2 p = O(\log_2 k)$）中；由于增强解密电路仅增加 1 的深度，因此增强解密电路也在 $\mathrm{Arith}[O(\log_2 k),1]$。

另一方面，定理 7-1 保证了任意 $\mathrm{Arith}[\Omega(E\log_2 n),\sqrt{q}]$ 函数的同态。取一个足够大的

C，可以保证 $\text{Arith}[O(\log_2 k),1] \in \text{Arith}[\Omega(E\log_2 n),\sqrt{q}]$，则可以使解密电路在方案可运行的同态电路中，从而实现自举。

证毕。

(1)具体参数和最坏情况下的困难。为了实现定理7-1，设置参数如下：$q=2^{n^E}$，$\epsilon\in(0,1)$，χ 是 n-bounded，$p=16nk\log_2(2q)$，$\hat{\chi}$ 是 k-bounded。我们将选择 q 作为多项式有界的互素的数的乘积，可以将 $\text{DLWE}_{n,q,\chi}$ 转换为最坏情况下的 n 维格上近似因子为 $\widetilde{O}(\sqrt{n}\cdot 2^{n^E})$ 的SVP问题，而 $\text{DLWE}_{k,p,\hat{\chi}}$ 转换为最坏情况下的 k 维格上近似因子为 $\widetilde{O}(n^{1+E}\cdot k^{1.5})$ 的SVP问题。

n 和 k 之间的关系是根据所需的同态属性确定的。在本书中，笔者只证明存在一个常量 C，因此设 $n=k^{C/\epsilon}$ 意味着全同态加密。给定 C 的值，设 $\epsilon\approx 1-\dfrac{1}{C+1}$ 使得这两个问题大致同样困难。

(2)方案的效率：该全同态加密方案在加密、解密和密文大小方面与基于LWE的非同态方案（例如Regev的方案）相当。也就是说，只要一个人不使用方案的同态属性，他就不需要为此“付出代价”。

具体来说：方案的密钥长度 $k\log_2 p=O(\kappa\log_2\kappa)$，而密文长度是 $(k+1)\log_2 p=O(\kappa\log_2\kappa)$。解密算法本质上与Regev方案相同。SH方案中加密算法涉及在更大的模数、更高的维度上的公钥，因此效率会有所下降。但是BTS方案中会使用短的公钥，那么加密也变得与Regev方案相当。

同态计算是同态加密方案中最昂贵的。计算密钥的大小是 $O(Ln^2\log_2^2 q+n\log_2 q\log_2 p)=\hat{O}(n^{2+2E})$。考虑到 $n=\kappa^{C/E}$ 这一事实，计算密钥非常大。对于SH方案该尺寸随着待计算电路的深度线性增加。

7.3　BGV型全同态加密方案

BGV型全同态加密方案（简称BGV方案）是同态运行整数运算效率最高的全同态加密方案之一。BGV方案的主要贡献：提出了降模技术，提升了方案的同态计算效率；提出了并行化技术，降低了密文扩展率。本节介绍BGV方案的构造思路、BGV方案的典型构造。

7.3.1　BGV方案的构造思路

BV方案提出了重新线性化技术，解决了同态乘法维度扩展的问题；提出了降维降模技术，压缩了解密电路，将类同态加密方案转化为了全同态加密方案。BV方案的缺陷是同态乘法噪声增长太快，从而导致类同态加密方案效率太低，需要频繁使用烦琐的自举算法。

BGV方案的主要贡献有两点：一是提出了降模技术，该技术可以降低乘法运算中噪声增长幅度，从而提升同态加密方案的计算深度。BGV方案把降模技术从降维降模技术中抽离出来，在每次进行门运算之前先对输入的密文进行降模运算，从而得到一个新的噪声控制技术——换模技术。二是构造了“批处理”技术，提升了方案的同态计算效率。BGV 方案利用中国剩余定理对消息进行编码，将消息向量编码成明文多项式，大幅度提升了同态计算效率。BGV 方案的换模技术、批处理技术在第 3 章已经介绍，这里不赘述。

7.3.2 BGV 方案的构造

结合 BV 方案的描述，本书给出 BGV 方案的常规构造与简洁构造。

1. BGV 方案的常规构造

(1) E. Setup$(1^\lambda, 1^\mu)$：选择以下参数使方案可以达到 2^λ 安全。一个 μ(bit)的模数 q，其他参数 $d=d(\lambda,\mu)$，$n=n(\lambda,\mu)$，$N=\lceil(2n+1)\log_2 q\rceil$，$\chi=\chi(\lambda,\mu)$，环结构 $R=\mathbb{Z}[X]/(x^d+1)$。令 params $=(q,d,n,N,\chi)$。

(2) E. SecretKeyGen(params)：选择 $\boldsymbol{s}'\leftarrow\chi^n$，输出私钥 $\mathbf{sk}=\boldsymbol{s}\leftarrow\{1,\boldsymbol{s}'[1],\cdots,\boldsymbol{s}'[n]\}\in R_q^{n+1}$。

(3) E. PublicKeyGen(params,**sk**)：输入 $\mathbf{sk}=\boldsymbol{s}=(1,\boldsymbol{s}')$，$\boldsymbol{s}'\in R_q^n$ 和 params。生成矩阵 $\boldsymbol{A}'\overset{U}{\leftarrow}R_q^{N\times n}$ 和向量 $\boldsymbol{e}\leftarrow\chi^N$，令 $\boldsymbol{b}=\boldsymbol{A}'\boldsymbol{s}'+2\boldsymbol{e}\in R_q^N$，$A=(b\,|-\boldsymbol{A}')\in R_q^{N\times(n+1)}$，则有 $\boldsymbol{A}\cdot\boldsymbol{s}=2e$。输出公钥 $\mathbf{pk}=\boldsymbol{A}\in R_q^{N\times(n+1)}$。

(4) E. Enc(params,**pk**,m)：输入明文 $m\in R_2$，令 $\boldsymbol{m}=[m\quad 0\quad\cdots\quad 0]\in R_q^{n+1}$，选取 $\boldsymbol{r}\leftarrow R_2^N$。输出密文 $\boldsymbol{c}\leftarrow\boldsymbol{m}+\boldsymbol{A}^{\mathrm{T}}\boldsymbol{r}\in R_q^{n+1}$。

(5) E. Dec(params,**sk**,$\boldsymbol{c}$)：输出 $m\leftarrow[[<\boldsymbol{c},\boldsymbol{s}>]_q]_2$。

借鉴 BGV 方案中的表示方法，定义 $L_c(\boldsymbol{x})=<\boldsymbol{c},\boldsymbol{s}>$，$Q_{c_1,c_2}(\boldsymbol{x})=L_{c_1}(\boldsymbol{x})L_{c_2}(\boldsymbol{x})$。运用上述表示方法，解密的过程可以简化表示为 $m=[[L_c(\boldsymbol{s})]_q]_2$。若 $\boldsymbol{c}_1$，$\boldsymbol{c}_2$ 分别是 m_1，m_2 对应的合法密文，且具有共同的私钥 $\boldsymbol{s}$。对两个密文进行同态乘法操作，输出的密文可以用等式 $m_1m_2=[[Q_{c_1,c_2}(s)]_q]_2$ 来解密以得到对应明文进行乘法的结果，其中 $Q_{c_1,c_2}(\boldsymbol{x})$ 可以看成线性等式。

(6) FHE. Setup$(1^\lambda,1^\mu)$：输入安全参数 λ，层数 L 表示运算电路可以计算的算术电路的层数。令 $\mu=\mu(\lambda,L)=\theta(\log_2\lambda+\log_2 L)$ 是模数变化速度的一个参数。对于从 $j=L$（输入的电路层数）到 0（输出的电路层数），运行 params$_j\leftarrow$ E. Setup$(1^\lambda,1^{(j+1)\mu})$，得到一系列逐渐降低的模数，从 $(L+1)\mu$(bit)的 q_L 到 μ 比特的 q_0。维度 n_j 和噪声分布 χ_j 不需要随着层数的变化而变化。上述参数作为所有用户的公共参数。

(7) KeyGen({params$_j$})：对于从 $j=L$ 到 0，运行：

1)令 $\boldsymbol{s}_j\leftarrow$ E. SecretKeyGen(params$_j$)，$\boldsymbol{A}_j\leftarrow$ E. PublicKeyGen(params$_j$,$\boldsymbol{s}_j$)。

2)令 $\boldsymbol{s}'_j\leftarrow\boldsymbol{s}_j\otimes\boldsymbol{s}_j\in R_{q_j}^{\binom{n_j+1}{2}}$，其中 $\boldsymbol{s}'_j$ 是 $\boldsymbol{s}_j$ 的张量，系数在 R_{q_j} 中。

3) $\tau_{s'_{j+1}\to s_j}\leftarrow$ SwitchKeyGen$(\boldsymbol{s}'_{j+1},\boldsymbol{s}_j)$（当 $j=L$ 时省略这一步）。

输出 $\mathbf{sk}=\boldsymbol{s}_j$，$\mathbf{pk}=(\boldsymbol{A}_j,\tau_{s'_{j+1}\to s_j})$（$j$ 从 L 到 0）。

(8) Enc(paramas,**pk**,m)：输入 $m\in R_2$。输出 E. Enc(paramas$_L$,$\boldsymbol{A}_L$,m)。

(9) Dec(paramas,**pk**,$\boldsymbol{c}$)：假设密文对应的层数为 j。输出 E. Dec(paramas$_j$,$\boldsymbol{s}_j$,$\boldsymbol{c}$)。

(10) FHE. Add(**pk**,$\boldsymbol{c}_1$,$\boldsymbol{c}_2$)：输入私钥都为 s_j 的两个密文（假如不同，用 Refresh 操作使得私钥相同）。令 $\boldsymbol{c}_3\leftarrow\boldsymbol{c}_1+\boldsymbol{c}_2\bmod q_j$。把密文 $\boldsymbol{c}_3$ 的私钥看成是 $\boldsymbol{s}'_j=\boldsymbol{s}_j\otimes\boldsymbol{s}_j$。输出 $\boldsymbol{c}_4\leftarrow$FHE.

Refresh(c_3, $\tau_{s'_j \to s_{j-1}}$, q_j, q_{j-1})。

(11) FHE. Mult(**pk**, c_1, c_2)：输入私钥都为 s_j 的两个密文(假如不同,用 Refresh 操作使得私钥相同)。令 $s'_j = s_j \otimes s_j$，令密文 c_3 对应的私钥为 s'_j，系数是 $fc_1(x)fc_2(x)$ 的系数(j 从 L 到 1),参见 7.2.1 节。输出 $c_4 \leftarrow$ FHE. Refresh(c_3, $\tau_{s'_j \to s_{j-1}}$, q_j, q_{j-1})。

(12) FHE. Refresh(c, $\tau_{s'_j \to s_{j-1}}$, q_j, q_{j-1})：输入以 s'_j 为私钥的密文 c,私钥转化信息 $\tau_{s'_j \to s_{j-1}}$，当前和输出的模数 q_j 和 q_{j-1} (j 从 L 到 1)。执行:

1)密钥转化:令 $c_1 \leftarrow$ SwitchKey($\tau_{s'_j \to s_{j-1}}$, c, q_j)，私钥为 s_{j-1}，模数为 q_j。

2)换模:令 $c_2 \leftarrow$ Scale(c_1, q_j, q_{j-1}, 2)，其私钥为 s_{j-1}，模数为 q_{j-1}。

定理 3-1 分析了 BGV 方案的同态计算能力和计算效率,分析过程与 BV 方案的分析过程类似,这里不再赘述。

定理 7-4(FHE 是 L 层 FHE):对于 $\mu = \theta(\log_2\lambda + \log_2 L)$，FHE 方案是 L 层 FHE,即它能正确地计算 R_2 上深度为 L 的加法和乘法门操作,每次门计算的操作量为 $\tilde{O}(\lambda^3 \cdot L^5)$。

2. 简洁和狭义的 BGV 方案

在实际应用中,通常使用简洁和狭义的 BGV 方案,即使用基于 RLWE 问题的版本,令方案中参数 $n = 1$。结合 BV 方案的描述,本书给出 BGV 方案的具体构造。

(1) RBGV. Setup(1^λ, 1^L)：安全参数为 λ，电路层数 $l \in \{L, \cdots, 0\}$，每一层电路的模数 $q_L \gg q_{L-1} \gg \cdots \gg q_0$，$\beta_l = \lfloor \log_2 q_l \rfloor + 1$，用户数量的上界为 K，p 为一个小整数并与所有的模数互质。多项式环 $R = \mathbb{Z}[X]/\Phi_m(X)$ 和 $R_q = R/(qR)$，以及 R 上 bound 为 B_χ 的离散高斯分布 $\chi = \chi(\lambda)$ 定义如上。

(2) RBGV. KeyGen(1^n, 1^L)：对于用户层数 $l \in \{L, \cdots, 0\}$，有

1)选择 $z_l \leftarrow \chi$，定义私钥 $\mathbf{sk} = s_l := (1, -z_l) \in R_{q_l}^2$；

2)随机选取 $a_l \xleftarrow{\$} R_q$ 和 $e_l \xleftarrow{\$} \chi$，定义公钥

$$\mathrm{pk}_l := (b_l, a_l) = (a_l z_l + p e_l \bmod q_l, a_l) \in R_{q_l}^2$$

3)令 $s'_l = s_l \otimes s_l \in R_{q_l}^4$，定义计算密钥

$$\mathbf{evk}_l := \tau_{s'_l \to s_{l-1}} \leftarrow \mathrm{SwitchKeyGen}(s'_l, s_{l-1}) \quad (l = 0 \text{ 时忽略此步骤})$$

式中：$\mathbf{evk}_l = \{\mathbf{evk}_{l,i} = [-b_i s + w^{(i)} s' + e'_i, b_i]\}_{i \in |w|}$；$w$ 是分解基；$|w|$ 是分解基的维度；$w^{(i)}$ 是其第 i 个分量。

输出：私钥 $\mathbf{sk} = \{s_l\}_{l \in \{L, \cdots, 0\}}$，公钥 $\mathbf{pk} = \{\mathbf{pk}_l\}_{l \in \{L, \cdots, 0\}}$，计算密钥 $\mathbf{evk} = \{\mathbf{evk}_l\}_{l \in \{L, \cdots, 0\}}$。

(3) RBGV. Enc($\mathbf{pk}_{l,j}$, μ)：输入待加密的明文 $\mu \in R_p$，随机选取 $r, e \leftarrow \chi$，输出密文 $c = [c^{(0)}, c^{(1)}] = \{r b_{l,j} + pe + \mu, r a_{l,j} + p e'\} \in R_{q_l}^2$。

(4) RBGV. Dec(s_l, c_l)：输入第 l 层的密文 $c_l \in R_{q_l}^2$，以及对应的私钥 $s_l \in R_{q_l}^2$，输出明文 $\mu \leftarrow [[< c_l, s_l >]_{q_l}]_p$。

(5) RBGV. ModulusSwitch(c_1, q_{l+1}, q_l)：输入 $l+1$ 层的密文 $c_1 \in R_{q_{l+1}}^2$ 和另一个相对较小的模数 q_l，输出 $c_2 = \lfloor \left(\frac{q_{l+1}}{q_l}\right) \cdot c_1 \rceil \in R_{q_l}^2$，其中 $\lfloor \left(\frac{q_{l+1}}{q_l}\right) \cdot c_1 \rceil$ 表示将 $\left(\frac{q_{l+1}}{q_l}\right) \cdot c_1$ 映射到最近的整数,使 $c_2 \equiv c_1 \bmod 2$。

(6) RBGV. SwitchKey($\tau_{s_1 \to s_2}$, $\boldsymbol{c}_1$, q)：输入第 l 层的密文 $\boldsymbol{c}_1 = [c^{(0)}, c^{(1)}] \in R_{q_l}^2$，计算密钥 $\mathbf{evk}_l$。

1)将 $c^{(1)}$ 利用分解基 $\boldsymbol{w}$,分解为 $c_{w,i}^{(1)}$。

2)计算并输出密文 $\boldsymbol{c}_2 = [c^{(0)}, 0] + \sum c_{w,i}^{(1)} \mathbf{evk}_{l,i} = (-a's + \sum c_{w,i}^{(1)} e'_i + m + e, a')$。

(7) RBGV. Add($\boldsymbol{c}_1$, $\boldsymbol{c}_2$)：输入第 l 层的密文 $\{\boldsymbol{c}_1, \boldsymbol{c}_2\} \in R_{q_l}^2$，输出密文 $\boldsymbol{c}_{\text{add}} \triangleq \boldsymbol{c}_1 + \boldsymbol{c}_2 \bmod q_l$。

(8) RBGV. Mult($\mathbf{evk}_l$, $\boldsymbol{c}_1$, $\boldsymbol{c}_2$)：输入第 l 层的密文 $\{\boldsymbol{c}_1, \boldsymbol{c}_2\} \in R_{q_l}^2$，以及对应的计算密钥 $\mathbf{evk}_l$，计算 $\boldsymbol{c}'_3 \triangleq \text{SwitchKey}(\tau_{s_l \to s_{l-1}}, \boldsymbol{c}_1 \otimes \boldsymbol{c}_2, q_l)$，对应私钥 $\boldsymbol{s}_{l-1} \in R_{q_l}^2$。输出密文 $\boldsymbol{c}_{\text{mult}} \triangleq \text{ModulusSwitch}(\boldsymbol{c}'_3, q_{l-1})$。

借鉴 BGV12 方案中的表示方法，定义 $L_c(\boldsymbol{x}) = \langle \boldsymbol{c}, \boldsymbol{s} \rangle$，$Q_{c_1, c_2}(\boldsymbol{x}) = L_{c_1}(\boldsymbol{x}) L_{c_2}(\boldsymbol{x})$。运用上述表示方法，解密的过程可以简化表示为 $m = [[L_c(\boldsymbol{s})]_q]_2$。若 $\boldsymbol{c}_1$，$\boldsymbol{c}_2$ 分别是 m_1，m_2 对应的合法密文，且具有共同的私钥 $\boldsymbol{s}$，则对两个密文进行同态乘法操作，输出的密文可以用等式 $m_1 m_2 = [[Q_{c_1, c_2}(\boldsymbol{s})]_q]_2$ 来解密以得到对应明文进行乘法的结果，其中 $Q_{c_1, c_2}(\boldsymbol{x})$ 可以看成线性等式。

定理 7-5(BGV 方案是 L 层 FHE)：对于 $\mu = \theta(\log_2 \lambda + \log_2 L)$，BGV 方案是 L 层 FHE，即它能正确地计算深度为 L 的加法和乘法门操作。每次门计算的操作量为 $\tilde{O}(\lambda^3 \cdot L^5)$。证明过程略。

7.4 Bra 型全同态加密和 BFV 型全同态加密方案

Bra 型全同态加密和 BFV 型全同态加密方案分别简称 Bra 方案和 BFV 方案。BGV 全同态加密方案使用模交换技术控制同态乘法过程的噪声增长，增大了方案同态乘法的深度。但模交换技术也存在一些问题，同态运算的效率受模数影响很大，因此 BGV 全同态加密方案的同态运算效率通常会随深度的增加快速增加。2012 年，Crypto 会议(美国密码学年会)上，Brakerski 通过对明文乘以增量的方式构造了乘法噪声线性增长的全同态加密方案——Bra 方案。该方案中密文模数与初始化噪声上限的比例能够保持不变，一定程度上提升了同态运算的效率；方案没有使用模交换技术，从而方案的计算效率与模数独立。原始的 Bra 方案是基于 LWE 问题构造的方案效率较低。2012 年，Fan 等人将 Bra 方案迁移到 RLWE 问题上，从而构造了更加高效的 FHE 方案，该方案通常被称为 FV 方案或者 BFV 方案。

7.4.1 Bra 方案的构造思路

Bra 方案中注意到模交换技术可能会影响同态运算的效率，于是方案尝试通过给明文乘以增量的方法去除换模函数。Bra 方案与 BGV 方案最大的区别在于方案中噪声与消息的大小关系不同，6.3 节分析了它们的不同(见图 6-4)，这里更详细地对 Bra 方案中同态乘法过程的噪声进行分析。

为了保证方案的安全性，同态加密方案中需要引入噪声。BGV 方案和 Bra 方案为了明确地区分噪声(误差)和消息采取了不同的方式(见图 6-4)。BGV 方案明文放在数的最高位(Most Significant Bits, MSBs)，把消息放在数的最低位(Least Significant Bits, LSBs)，把噪声放在数的最高位。Bra 方案使用了另一种方式：把明文放在数的最高位，把噪声放在数的最低位。

Bra 方案的解密结构是 $<\boldsymbol{c}_i, \boldsymbol{s}> = qI_i + \left(\frac{q}{t}\right)m_i + e_i$，其中 q 是模数，$[-t, t]$ 是明文消息取值范围，e 是噪声，I_i 是整数，I_i 的系数上界满足 $|I_i| \leqslant \|\boldsymbol{s}\|_1$；两个密文 $\boldsymbol{c}_1$，$\boldsymbol{c}_2$ 的同态乘法 $\boldsymbol{c}_1 \otimes \boldsymbol{c}_2$，解密过程满足 $<\frac{t}{q}\boldsymbol{c}_1 \otimes \boldsymbol{c}_2, \boldsymbol{s} \otimes \boldsymbol{s}> = qI^* + \left(\frac{q}{t}\right)m_1 m_2 + e^*$，其中 $I^* = tI_1 I_2 + I_1 m_2 + I_2 m_1$，$e^* \approx t(I_1 e_2 + I_2 e_1)$，$e^*$ 的系数上界满足 $|e^*| \leqslant 2t\|\boldsymbol{s}\|_1 |e_i| \approx tnq|e_i|$。$e^*$ 的系数上界增长幅度较快，因此我们还需要使用重线性化中的比特分解技术对噪声进行控制：将密文分解为 $\boldsymbol{g}\left(\frac{t}{q}\boldsymbol{c}_1 \otimes \boldsymbol{c}_2\right)$，并给定计算密钥 $\boldsymbol{g}^{-1}(s)$ 的密文，可以将 $<\boldsymbol{g}\left(\frac{t}{q}\boldsymbol{c}_1 \otimes \boldsymbol{c}_2\right), \boldsymbol{g}^{-1}(s \otimes s)>$ 中的噪声控制在 $O[tn\log_2 q|e_i|]$。

7.4.2　BFV 方案的构造

本节给出 Bra 方案的 RLWE 版本（BFV 方案）的具体构造，本方案采用 APA+19 方案的表达，方案内容如下：

(1) Setup$(1^\lambda, 1^\mu)$：选择以下参数使方案可以达到 2^λ 安全。一个分解基 ω，用于以 $\omega \in \mathbb{Z}$ 为基的 $l+1$ 个多项式来表示 R_q 中的多项式，其中 $l = [\log_2 \frac{q}{\omega}]$；零均值离散高斯分布 χ_{err}，用于对误差多项式进行采样，该分布由标准偏差 σ 和误差界限 β_{err} 参数化；明文的模数 $t \geqslant 2$；密文的模数 $q \gg t$。

(2) Keygen(λ, ω)：私钥(sk)是一个三元多项式 $\mathbf{sk} \overset{u}{\leftarrow} R_2$，它从集合 $\{-1, 0, 1\}$ 中取值。公钥(**pk**)是一对多项式 $(\mathbf{pk}_0, \mathbf{pk}_1) = (-[a \cdot \mathbf{sk} + e]_q, a)$，其中 $a \overset{u}{\leftarrow} R_q$，$e \leftarrow \chi_{\text{err}}$。计算密钥(**evk**)是一组 $l+1$ 组多项式，生成如下：对于 $0 \leqslant i \leqslant l$，取 $a_i \overset{u}{\leftarrow} R_q$，$e_i \leftarrow \chi_{\text{err}}$。$\mathbf{evk}[i] = \{[\omega^i s^2 - (a_i \cdot \mathbf{sk} + e_i)]_q, a_i\}$。该步骤输出元组：$(\mathbf{sk}, \mathbf{pk}, \mathbf{evk})$。

(3) Enc$(m, \mathbf{pk})$：接受明文消息 $m \in R_t$，取 $u \overset{u}{\leftarrow} R_2$ 和 $e_1, e_2 \leftarrow \chi_{\text{err}}$。生成密文 $\mathbf{ct} = ([\Delta m + \mathbf{pk}[0]u + e_1]_q, [\mathbf{pk}[1]u + e_2]_q)$，其中 $\Delta = [q/t]$。

(4) Dec$(\mathbf{ct}, \mathbf{sk})$：计算 $m = \left[\left[\frac{t}{q}\{\text{ct}[0] + \text{ct}[1]\mathbf{sk}\}_q\right]\right]_t$。

(5) EvalAdd$(\text{ct}_0, \text{ct}_1)$：同态加法接受两个密文并生成 $\mathbf{ct}_{\text{add}} = ([\text{ct}_0[0] + \text{ct}_1[0]]_q, [\text{ct}_0[1] + \text{ct}_1[1]]_q)$。

(6) EvalMul$(\text{ct}_0, \text{ct}_1, \mathbf{evk})$：同态乘法接受两个密文并执行以下操作。

1)张量：

计算 $\boldsymbol{c}_\tau$，其中 $\tau \in \{0, 1, 2\}$，因此

$$\begin{cases} c_0 = \left\{\left[\frac{t}{q}[\text{ct}_0[0] \cdot \text{ct}_1[0]]\right]\right\}_q \\ c_1 = \left\{\left[\frac{t}{q}[\text{ct}_0[0] \cdot \text{ct}_1[1] + \text{ct}_0[1] \cdot \text{ct}_1[0]]\right]\right\}_q \\ c_2 = \left\{\left[\frac{t}{q}\text{ct}_0[1] \cdot \text{ct}_1[1]\right]\right\}_q \end{cases}$$

2)重线性化：

a. 用基 ω 分解 c_2，那么 $c_2 = \sum_{i=0}^{l} c_2^{(i)} \omega^i$。

b. 返回 $\mathbf{ct}_{\mathrm{mul}}[j]$，其中 $j \in \{0,1\}$，因此 $\mathbf{ct}_{\mathrm{mul}}[j] = \left\{ c_j + \sum_{i=0}^{l} \mathrm{evk}[i][j]\, c_2^{(i)} \right\}_q$。

7.5 BGV 型全同态加密方案的自举

BGV 型全同态加密方案只能支持有限次的同态运算，在方案应用时要根据场景对同态乘法深度的应用需求，提前设定参数。2009 年，Gentry 提供了一个支持无限次同态运算的通用方法：自举(Bootstrapping)。输入可自举的类同态加密方案，使用自举过程，可以得到全同态加密方案。可自举过程的定义为：假如一个方案可以同态地运行其自身的解密程序，则称这个方案是可以自举的。自举过程的目标是：可以将具有较大噪声的给定密文转换为具有较小噪声的密文，从而使得同态运算可以持续进行。

在解释内容前，先说明一些符号的表示。

1. 整数的对称模 M

给定整数 a，定义整数对称模 M 为 $a \bmod M$，有时也记为 $[a]_M$。

如果 M 是奇数，那么 a 映射到 $(-M/2, +M/2)$ 中的唯一整数 $b \equiv a \bmod M$。

如果 M 是偶数，且 $a \neq M/2 \bmod M$，那么 a 映射到 $(-M/2, +M/2)$ 中的唯一整数 $b \equiv a \bmod M$；否则，从集合 $\{\pm M/2\}$ 中随机均匀选择。

例如，$[11]_5 = 1$，$[11]_3 = -1$，$[10]_4 = 2$ 或 $[10]_4 = -2$。

2. 整数的 p 基数表示

分析整数 z 的 p 基数表示，并用 $z\langle 0\rangle_p, z\langle 1\rangle_p, \cdots$ 表示其系数。当在上下文中清楚时，我们省略下标 p，只写 $z\langle 0\rangle, z\langle 1\rangle, \cdots$。当 $p=2$ 时，将整数 z 用 2 的补码表示(即顶部位为 1 表示负数)。

例如：整数 $z=-11$ 的 $p=3$ 基表示为 102，即 $z\langle 2\rangle_p = -1, z\langle 1\rangle_p = 0, z\langle 0\rangle_p = 2$；整数 $z=-11$ 的 $p=2$ 基表示为 10101(补码表示)，即 $z\langle 4\rangle_p = 1$(符号位)，$z\langle 3\rangle_p = 0$，$z\langle 2\rangle_p = 1, z\langle 1\rangle_p = 0, z\langle 0\rangle_p = 1$。

3. p 基表示的性质

为了方便，使用 $z\langle j,\cdots,i\rangle_p$ 表示 $z\langle j\rangle\cdots z\langle i\rangle$，其中 $z\langle i\rangle$ 具有最小有效数字。

对于奇数 p，有 $z\langle j,\cdots,i\rangle_p = \sum_{k=i}^{j} z\langle k\rangle\, p^{k-i}$；对于 $p=2$，有 $z\langle j,\cdots,i\rangle_2 = \sum_{k=i}^{j-1} z\langle k\rangle\, 2^{k-i} - z\langle j\rangle\, 2^{j-i}$，其中 $z\langle j\rangle\, 2^{j-i}$ 是符号位。

p 基表示的数 z，有如下性质：

(1)对于整数 $r \geqslant 1$，p 基表示的数 z，满足 $z = z\langle r-1,\cdots,1,0\rangle_p \bmod p^r$。

(2)若 z 的 p 基表示为 $d_{r-1},\cdots,d_0$，则 $z \cdot p^r$ 的 p 基表示为 $d_{r-1},\cdots,d_0,0,\cdots,0$(末尾有 r 个零)。

(3)若 p 是奇数且 $|z| < \frac{p^e}{2}$,则 z 的 p 基表示在位置 e 和向上的位置均为零。

(4)若 $p = 2$ 且 $|z| < 2^{e-1}$,则 z 的 p 基表示在位置 $e-1$ 和向上的位置要么全部为零(当 $z \geqslant 0$ 时),要么全部为 1(当 $z < 0$ 时)。

例如:当 $z\langle 5\rangle_3 = 1$, $z\langle 4\rangle_3 = 0$, $z\langle 3\rangle_3 = 2$ 时,$z\langle 5,\cdots,3\rangle_3 = 1\times 9 + 2\times 1 = 11$;当 $z\langle 6\rangle_2 = 1$, $z\langle 5\rangle_2 = 0$, $z\langle 4\rangle_2 = 1$, $z\langle 3\rangle_2 = 0$, $z\langle 2\rangle_2 = 1$ 时,$z\langle 6,\cdots,2\rangle_2 = -1\times 2^4 + 1\times 2^2 + 1\times 1 = -11$。

7.5.1　BGV 方案中的自举思想

自举过程需要同态运行方案的解密电路,先对解密电路进行分析。解密电路:

$\text{BGV.Dec}_{\mathbf{sk}}(\boldsymbol{c})$: $m(X) = (<\boldsymbol{c},\mathbf{sk}> \bmod q) \bmod P$

为方便分析,将上述解密电路进行分解表达:

$u(X) = <\boldsymbol{c},\mathbf{sk}>$, $m(X) + Pe(X) \equiv u(X) \bmod q$, 其中 $\|m(X) + Pe(X)\| < q/100$, $\|P\cdot e(X)\| \ll q$。

通过分解表达,可以将解密电路分为 3 步:内积运算 $u(X) = <\boldsymbol{c},\mathbf{sk}>$、模 q 运算 $u(X) \bmod q$、模 P 运算 $m(X) + Pe(X) \bmod P$。自举过程需要依次同态运行上述 3 个步骤。

第一步:内积运算 $u(X) = <\boldsymbol{c},\mathbf{sk}>$, BGV 方案直接提供了对应的同态运算。

第二步:模 q 运算 $u(X) \bmod q$:很难用加法、乘法表达;但分析发现,对于模数 $\tilde{q} = P^e + 1$ 接近 P 的幂次时,同态 $\bmod \tilde{q}$ 则可以转换为低位数字移除操作(低位数字移除是将输入按照二进制表达,并进行右移操作,后续将进行详细解释)。

第三步:模 P 运算 $m(X) + Pe(X) \bmod P$:外层密文在解密时本身就需要进行 $\bmod P$ 运算,因此无须对外层密文进行同态 $\bmod P$ 运算。

第三步的分析:假设给定以 $u(X) \bmod q$ 为明文的外层密文 $\boldsymbol{C}$, $m(X) \equiv u(X) \bmod q \bmod P$ 为明文的外层密文 $\boldsymbol{C}'$,满足

$$<\boldsymbol{C},\mathbf{sk}> = u(X) \bmod q + Pe(X) \bmod Q$$

$$<\boldsymbol{C}',\mathbf{sk}> = u(X) \bmod q \bmod P + Pe'(X) \bmod Q$$

两个外层密文 $\boldsymbol{C}$ 与 $\boldsymbol{C}'$ 解密结果是相同的,都可以得到 $m(X)$,即

$<\boldsymbol{C},\mathbf{sk}> \bmod Q \bmod P = <\boldsymbol{C}',\mathbf{sk}> \bmod Q \bmod P = u(X) \bmod q \bmod P = m(X)$

注:外层密文在解密时本身也需要进行 $\bmod Q$ 运算,但还要对外层密文进行同态 $\bmod q$ 运算。因为密文上的 $\bmod Q$ 与明文上的 $\bmod q$ 模数不一样,但上述的 $\bmod P$ 运算密文和明文都是一样的。

总结:一是自举电路的实现,即同态运算解密算法 $m(X) = <\boldsymbol{c},\mathbf{sk}> \bmod q \bmod P$ 的 3 个步骤:内积运算 $u(X) = <\boldsymbol{c},\mathbf{sk}>$;模 q 运算 $u(X) \bmod q$;模 P 运算 $m(X) + Pe(X) \bmod P$。因为模 P 运算无须具体操作,有时也把第二步模 q 运算看成是模 q 模 P 运算的组合。二是自举电路实现难点在于模 q 运算 $u(X) \bmod q$, 以及相应的"同态低位数字移除"技术。

7.5.2　BGV 方案中的自举实现

本节先分析 BGV 方案中的自举整体流程,再介绍具体实现方式。

1. 自举的整体流程

自举过程的目标是在大密文模数上，对模数为 q 的密文 c 运行同态解密操作。难点在于模 q 运算 $u(X)\bmod q$。计算流程分为 5 个步骤，如图 7-2 所示，其中 enc，ENC 都是 BGV 加密算法，但 ENC 使用更大的模数。明文 $m(X)$ 对应的 slot 记为 $\boldsymbol{z}=[z_1 \quad \cdots \quad z_n]$，记 $N=\varphi(m)$，$m(X)$ 有两种表达：多项式系数表示 $m(X)$；槽向量表示 $[z_1 \quad \cdots \quad z_n]$。后续章节将逐步解释该流程的具体过程。

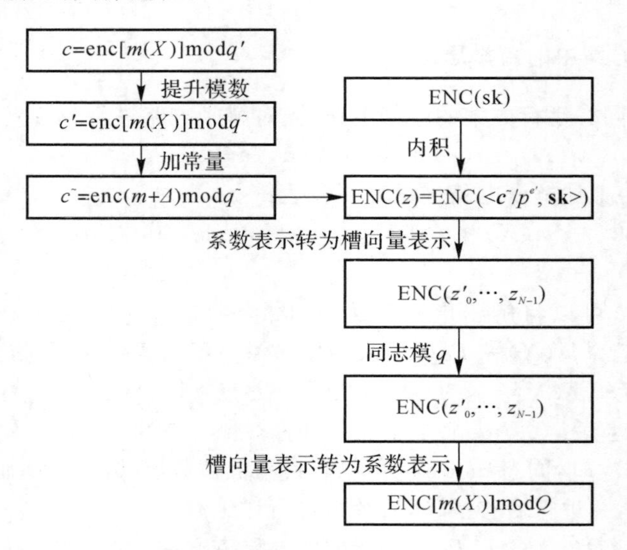

图 7-2　自举过程的计算流程

实现自举的方式可以有如下两种。

(1)平凡运行同态解密电路。

同态加密方案支持对函数进行同态计算，解密电路也是特殊的电路。利用 Gentry 蓝图的思想，可以将解密电路表达为二进制电路的形式，同态运行二进制电路，实现自举过程。其缺陷：解密电路表达为二进制电路，二进制电路非常庞大，因此效率较低。

(2)优化解密电路：多项式系数 mod$q$ 转化为整数 mod$q$。

自举电路实现难点在于多项式系数模 q 运算 $u(X)\bmod q$，模 q 运算 $u(X)\bmod q$ 的运行方式会影响其他步骤的执行，因此我们先分析该过程。

1)目标：给定明文为 $u(X)\in A$ 的密文 $c\in R_Q$，输出 $u(X)\bmod q\in A$ 的密文。

2)整体思想：多项式加法、多项式乘法等运算很难实现对系数的 mod$q$ 操作。但整数上的模 q 运算相对简单，有两种方法可以将多项式的求模转化为整数的求模。

a. 方法 1：使用整数上的运算，实现多项式的运算。将多项式的系数(整数)编码到整数上，利用整数上的运算实现多项式的加法和乘法运算。缺陷是整数实现多项式运算效率很低。因此，该方法只在最早的方案 GHS12 方案中被使用。

b. 方法 2：将多项式系数转化到槽向量 Slots 中，对 Slots 中的整数进行运算。利用 CoeffiToSlot，SlotToCoeffi 的技术，将多项式系数转化到 Slots 中，之后对 Slots 中的整数，按分量进行运算。该方法计算效率高、内存消耗低，因此被大多数自举算法采用。

下面重点分析方法 2，其思想如图 7-3 所示

首先，多项式系数转化到 Slots 中；

其次，对 Slots 中的整数按分量进行 mod$q$ 操作；

最后，将 Slots 中的分量还原成多项式的系数。

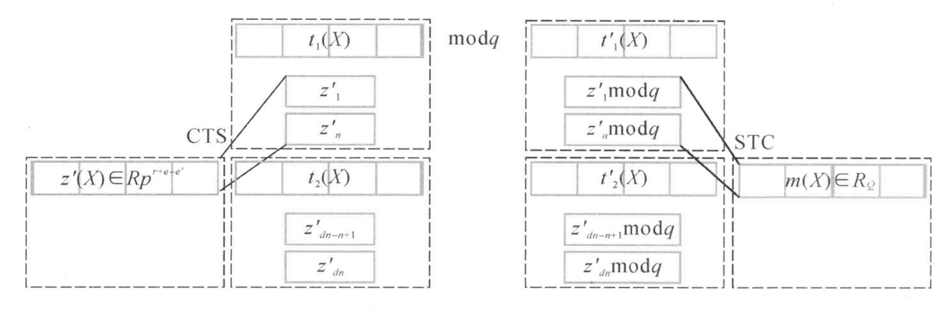

图 7-3　基于槽向量与系数转化的自举过程

2. 自举算法实现的具体步骤

自举算法的实现具体分为 5 个步骤。

步骤 1：同态模 q 运算的预处理（Modswitching、加增量）

同态模 q 运算（低位数字移除运算）对于特殊的模数等参数可以更加高效地实现，因此在低位数字移除之前需要对其进行预处理。结合低位数字移除的具体过程，分析预处理过程。

对于整数上的 mod$q$mod2 的情况相对简单，先分析明文模 2 的情况，之后再将其扩展到明文 mod$q$ 模 P 的情况。

目标：给定 slot 向量为 $\boldsymbol{z}$ 的密文，输出 slot 为 $\boldsymbol{z}$mod$q$mod2 的密文。

对多项式的加法、乘法等运算，对应整个 slot 向量的加法、乘法运算。为了方便表达，后续我们将以 slot 向量中的一个分量 z 为例分析 mod$q$mod2 运算过程，即计算 $z$mod$q$mod2。BGV 方案中的 slot 元素是 d 次多项式，为了方便表示整数，将 z 设定为常数项多项式，即 $z \in \mathbb{Z}$。

分析：整数上的 mod$q$ 很难用整数加法、整数乘法表达；但对于特殊模数 $\tilde{q}=2^r+1$ 接近 2 的幂次时，同态 mod$\tilde{q}$ 可以转换为低位数字移除操作。

思路：密文使用模数 $q=2^r+1$，同态 mod$q$ 转换为低位数字移除操作。

a. 方法一：特殊模数下，同态 mod$q$ 转换为低位数字移除操作，具体过程如图 7-4 所示。

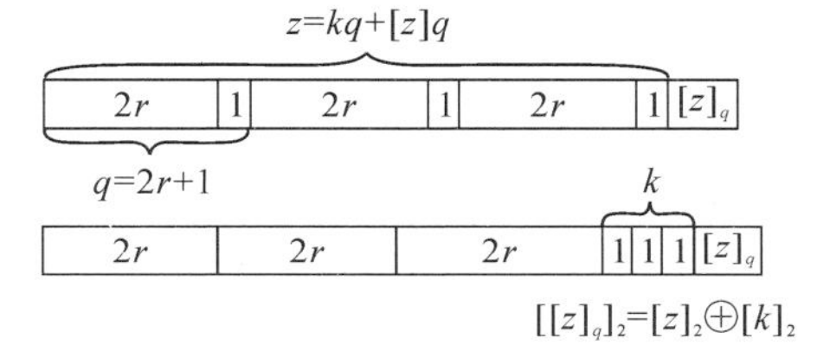

图 7-4　同态 mod$q$ 转换为低位数字移除操作

引理 7-6(模运算转换低位数字移除):设 $q=2^r+1$,r 为正整数,并设整数 $0<z<q^2/2-q$,并使整数 $[z]_q\in[0,q/2]$,则有 $\{[z]_q\}_2=z\langle 0\rangle+z\langle r\rangle$。

证明:对整数 $0<z$ 进行带余除法,有

$$z=[z]_q+kq=[z]_q+k(2^r+1)=([z]_q+k)+k\,2^r$$

为了防止 $[z]_q+k$ 会在第 r 数字进位,我们进行如下设定:$0<z<q^2/2-q$,则 $k=\lfloor \frac{z}{q}\rceil<q/2-1$;设定 $[z]_q\in[-\frac{q}{2},\frac{q}{2})$,则有 $0\leqslant[z]_q+k<q-1=2^r$。

因为,$[z]_q+k$ 不会产生在第 r 数字的进位,则有 $\{[z]_q\}_2=[z\}_2+[k]_2$。

根据 $z=([z]_q+k)+k\,2^r$,且 $[z]_q+k<2^r$,可以得到 $k=\left[\frac{z}{q}\right]=\lfloor\frac{z}{2^r}\rceil$,因此 $z\langle r\rangle=[k]_2$。

根据 $\{[z]_q\}_2=[z]_2+[k]_2$,$z\langle r\rangle=[k]_2$ 得到 $\{[z]_q\}_2=z\langle 0\rangle+z\langle r\rangle$。

证毕。

例 7-1:给定 $q=2^3+1=9$,$r=3$,$z=13$,假设 z 是 e 位的数,计算 $[[z]_q]_2$ 的过程如图 7-5 所示。

移除低 $r-1$ 位,得到 $z\langle e-1,\cdots,r\rangle$。对于 $z=13=(1101)_b$,移除低位的 2 位,可以得到 $z\langle 3,2\rangle=(11)_b=3$。

计算 $z+z\langle e-1,\cdots,r\rangle\text{mod}2$:$\{[z]_q\}_2=z\langle 0\rangle+z\langle r\rangle\text{mod}2=z+z\langle 3,2\rangle\text{mod}2=0$。

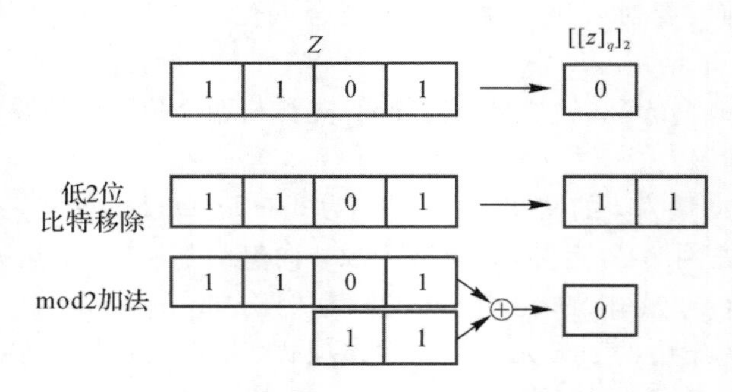

图 7-5　模运算转换为低位数字移除操作

称为低位数字移除而不是数字抽取的原因是,从整数 z 中直接抽取特定数字 $z\langle r\rangle$,计算复杂度较大。我们发现解密算法中本身就有 mod2 的运算,对于某个整数 Z,如果其最低数字为 $z\langle r\rangle$,即 $Z\langle 0\rangle=z\langle r\rangle$,那么对 z 的密文解密后可以得到 $z\langle r\rangle$。

因此,只需要将数字 $z\langle r\rangle$ 移动到最低位,即移除原有的 $r-1$ 数字,就能得到 $z\langle r\rangle$ 的密文。

引理 7-7:能够实现 $\{[z]_q\}_2$ 的计算,但也存在一定的问题:同态加密方案中,通常使用表达 $[z]_q\in[-\frac{p}{2},\frac{p}{2})$,因此引理 1 中的要求 $[z]_q\in[0,q/2]$,很难达到。

b. 方法二:适用性推广。为了解决 $[z]_q\in[-\frac{p}{2},\frac{p}{2})$ 与要求 $[z]_q\in[0,q/2]$ 的矛盾,将引理推广得到以下推论。

推论 7-1(扩展模运算转换低位数字移除):设指数 $r \geqslant 3$,模数 $q = 2^r + 1$,整数 z,满足 $|z| < q^2/4 - q$, $[z]_q \in (-\frac{q}{4}, \frac{q}{4})$。定义 $z + \frac{q^2-1}{4}$,则有

$$\{[z]_q\}_2 = \left\{\left[z + \frac{q^2-1}{4}\right]_q\right\}_2 = (z + \frac{q^2-1}{4})\langle 0\rangle + (z + \frac{q^2-1}{4})\langle r\rangle$$

证明过程略。

(2)整数上的 mod$q$mod$P$ 运算。

整数上的 mod$q$mod 2 转化到低位数字移除操作的方法,可以扩展到 mod$q$mod$P$ 运算中,其中 $P = p^r$。

引理 7-8(mod$q$mod$P$ 运算转化低位数字移除):令 $p > 1$, $r \geqslant 1$, $e \geqslant r+2$, $q = p^e + 1$ 是整数,令整数 z 满足 $|z| \leqslant \frac{q^2}{4} - q$, $|[z]_q| \leqslant \frac{q}{4}$。

1)如 p 是奇数,则有

$$\{[z]_q\}_{p^r} \equiv z\langle r-1,\cdots,0\rangle_p - z\langle e+r-1,\cdots,e\rangle_p \bmod p^r$$

2)如 $p = 2$,则有

$$\{[z]_q\}_{2^r} \equiv z\langle r-1,\cdots,0\rangle - z\langle e+r-1,\cdots,e\rangle - z\langle e-1\rangle \bmod 2^r$$

证明过程略。

引理 7-8 中: $z\langle r-1,\cdots,0\rangle_p$ 等于 $[z]_{p^r}$; $z\langle e+r-1,\cdots,e\rangle_p$ 是 $[z]_{p^{e+r}} = z\langle e+r-1,\cdots,0\rangle_p$ 移除低 e 位的结果; $z\langle e-1\rangle$ 是 $[z]_{2^e} = z\langle e-1,\cdots,0\rangle_2$ 移除低 $e-1$ 位的结果。

例 7-2:给定 $q = 3^4 + 1 = 82$, $P = 3^2 = 9$(即 $e = 4$, $r = 2$), $z = 92$,计算 $\{[z]_q\}_P$。

1)移除低 e 位得到 $z\langle e+r-1,\cdots,e\rangle_p$:对于 $z = 92 = \langle 10102\rangle_3$,移除低位的 4 位,可以得到 $z\langle 4\rangle = 1$。

2)计算 $z - z\langle e+r-1,\cdots,e\rangle_p \bmod p^r$: $\{[z]_q\}_{p^r} \equiv z\langle r-1,\cdots,0\rangle_p - z\langle e+r-1,\cdots,e\rangle_p \bmod p^r = z - z\langle 4\rangle \bmod p^r = \langle 10102\rangle_3 - \langle 1\rangle_3 \bmod 9 = 1$。

总结:整数上的 mod$q$mod$P$ 运算可以转化为低 e、$e-1$ 位数字移除操作。

(3)同态 mod$q$mod$P$ 运算。

根据引理 7-8 可以构造同态 mod$q$mod$P$ 运算。

目标:给定明文 $m \in R_{p^r}$ 的密文 $\boldsymbol{c} \in R_{q'}$,对应槽向量 slots 为 $\boldsymbol{z}$,满足 $<\boldsymbol{c}, \mathbf{sk}> = m + p^r \cdot e \bmod q$,利用特殊模数优化解密电路 $[[<\boldsymbol{c}, \mathbf{sk}>]_{q'}]_{p^r}$ 表达。

步骤:BGV 方案提供了对密文模数转化函数,可以将 mod q' 转化为特殊 mod $\tilde{q} = p^e + 1$。便于后续进行高效的同态模运算。该步骤称为预处理。

1)使用特殊密文 mod $\tilde{q} = p^e + 1$:将 $\boldsymbol{c} \in R_{q'}$ 转换为 $\boldsymbol{c}' = (c'_0, c'_1) \in R_{\tilde{q}}$, $\tilde{q} = p^e + 1$。

分析:定义 $z = <\boldsymbol{c}', \mathbf{sk}>$,则根据模数转化的性质以及引理 7-8 有

$$m = z(\bmod p^e + 1) \bmod p^r = z\langle r-1,\cdots,0\rangle_p - z\langle e+r-1,\cdots,e\rangle_p \bmod p^r$$

2)实现优化:计算空间转换到 modp^{r+e}。

本方案解密过程只取决于 z 的低 $r+e$ 数字。因此可以将同态计算空间限定到 modp^{r+e} 中。例如,将内积计算、CTS、STC 等操作的计算空间从整数,转换到 modp^{r+e} 中。

预处理效果：优化后的解密电路如下。

a. 计算 $z = [< \boldsymbol{c}', \mathbf{sk} >]_{p^{r+e}}$ ；

b. 还原明文：

$$m = \{[z]_{p^{r+e}}\}_p = z\langle r-1,\cdots,0\rangle_p - z\langle e+r-1,\cdots,e\rangle_p \bmod p^r$$

整数上的 modqmod$P$ 运算对预处理的要求如下：

a. 使用特定模数 $\tilde{q} = p^e + 1$，e 是用来限定密文模数的；

b. 同态计算空间限定到 modp^{r+e} 中，其中 p^r 是明文空间。

(4)整数的 p 基低位移除。

除了低位比特移除，我们还需要使用低位比特消除函数，先介绍其定义 DigitRemove(p,e,v)。

DigitRemove(p,e,v)：对于素数 p，整数 $v < e$，输入整数 $z$modp^e，令 $z = \sum z_i p^i$，其中 $|z_i| \leqslant p/2$，p 是奇数（当 $p = 2$ 时，有 $z_i = 0,1$），输出整数：

$$\text{DigitRemove}(p,e,v) = \sum_{i=v}^{e-1} z_i p^i$$

DigitRemove(p,e,v) 可以理解为，给定 $a \in \mathbb{Z}_{p^e}$，输出 $b = a - [a]_{p^v} \in \mathbb{Z}_{p^e}$。

注意：低位数字消除函数中，消除了低位数字，转变为了 0；低位数字移除中，消除了低位数字，并将高位数字移位到低位。

例 7-3：给定 $P = 3^2 = 9$（即 $r = 2$），$z = 38 = \langle 1102\rangle_3$，低位比特消除 DigitRemove(3,3,2) $= \langle 1100\rangle_3 = 36$。移除低 2 位数字得到 $\langle 11\rangle_3 = 12$。效果如图 7-6 所示。

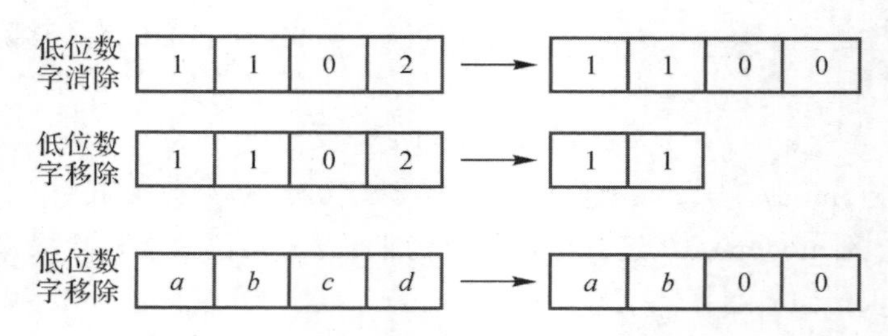

图 7-6　低位数字消除与低位数字移除

1)方法一：利用多项式函数实现 DigitRemove。

a. 基本函数：多项式提升技术、特殊乘法、特殊除法。

实现低位比特消除，需要一些基本函数，其中最重要的是多项式提升技术（Lifting Polynomial）。

推论 7-2(多项式提升技术，Lifting Polynomial) Lift$_{e,e'}(\cdot)$：对于素数 p，整数 $e \geqslant 1$，存在一个 p 次多项式 $F_e(X)$，对于任意的整数 $z_0 \in [p]$，z_1，$1 \leqslant e' \leqslant e$，满足 $F_e(z_0 + p^{e'} z_1) = z_0 \bmod p^{e'+1}$.

分析：给定 p 基表示的数 $z = z_0 + p^{e'} z_1$，多项式提升 Lift$_{e,e'}(z_0 + p^{e'} z_1)$ 技术可以保留 z 的最低位，并使次低的 e' 位为 0。

如图 7 - 7 中所示：当 $e=2$，$e'=1$ 时，给定 $I=d+cp+bp^2+ap^3$，$\mathrm{Lift}_{2,1}(I)$ 输出的值，满足 $\mathrm{Lift}_{2,1}(I)\langle 1,0\rangle_p=0d$。

当 $e=2$，$e'=2$ 时，给定 $I=d+bp^2+ap^3$，$\mathrm{Lift}_{2,2}(I)$ 输出的值，满足 $\mathrm{Lift}_{2,2}(I)\langle 2,1,0\rangle_p=00d$。

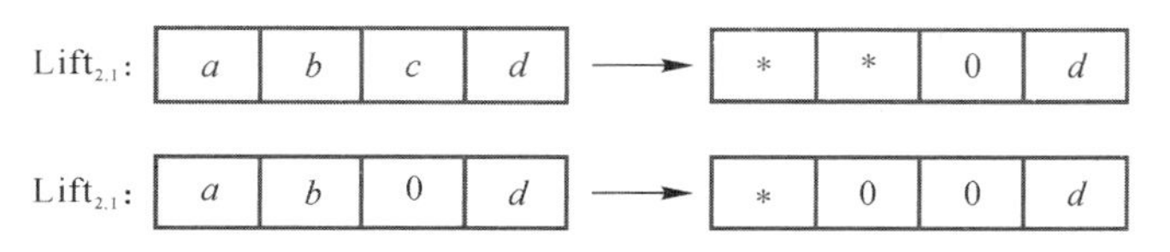

图 7 - 7　多项式提升技术实例

特殊乘法：整数乘以 p。对于 $z\in\mathbb{Z}_{p^e}$ 的密文 $\boldsymbol{c}$，特殊乘法 MultByP($\boldsymbol{c}$) 输出 $pz\in\mathbb{Z}_{p^{e+1}}$ 的密文(明文、明文空间都增大，密文空间不变)。

整数表达解密：给定明文为 $z\in\mathbb{Z}_{p^e}$，假设密文模数为 q_0 的密文 $\tilde{c}$，则满足

$$[<\tilde{\mathbf{c}},\mathbf{sk}>]_{q_0}\equiv z\bmod p^e$$

存在 S 和 T，使 $<\tilde{\mathbf{c}},\mathbf{sk}>=z+p^eS+q_0T$。

对密文直接乘以 $p\bmod q_0$，则有

$$<p\cdot\tilde{\mathbf{c}},\mathbf{sk}>=pz+p^{e+1}S+q_0T'$$

即

$$[<p\cdot\tilde{\mathbf{c}},\mathbf{sk}>]_{q_0}\equiv pz\bmod p^{e+1}$$

效果：直接对密文进行乘法，使明文和明文空间同时提升 p 倍，密文空间不变(见图 7 - 8)。

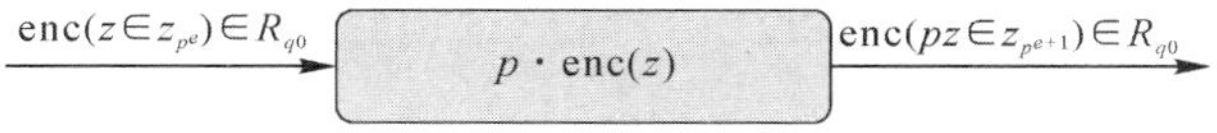

$\mathrm{enc}(z\in z_{p^e})\in R_{q_0}$ → $p\cdot\mathrm{enc}(z)$ → $\mathrm{enc}(pz\in z_{p^{e+1}})\in R_{q_0}$

图 7 - 8　特殊乘法功能示意图

特殊除法：整数除以 p（乘以 $\frac{1}{p}$）。对于 $pz\in\mathbb{Z}_{p^e}$ 的密文 $\boldsymbol{c}$，特殊除法 DivideByP($\boldsymbol{c}$)输出 $z\in\mathbb{Z}_{p^{e-1}}$ 的密文(明文、明文空间都缩小，密文空间不变)。

整数表达解密：给定明文为 $z\in\mathbb{Z}_{p^e}$，假设密文模数为 q_0 的密文 $\tilde{\mathbf{c}}$，则满足

$$[<\tilde{\mathbf{c}},\mathbf{sk}>]_{q_0}\equiv z\bmod p^e$$

存在 S 和 T，使 $<\tilde{\mathbf{c}},\mathbf{sk}>=z+p^eS+q_0T$。

除以 p，可以看成是乘以 $\frac{1}{p}\bmod q_0=\frac{q_0+1}{p}$，则有

$$<\frac{q_0+1}{p}\cdot\tilde{\mathbf{c}},\mathbf{sk}>=\frac{z}{p}+p^{e-1}S+q_0T'$$

即

$$\left[<\frac{q_0+1}{p}\cdot\tilde{\mathbf{c}},\mathbf{sk}>\right]_{q_0}\equiv\frac{z}{p}\bmod p^{e-1}\text{。}$$

效果：通过乘逆元的形式，实现了同态除以 p。明文和明文空间同时降低 p 倍，密文空间不变(见图 7 - 9)。

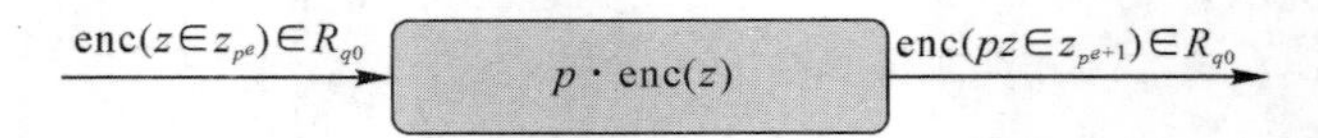

图 7-9　特殊除法功能示意图

给定整数 $I=d+cp+bp^2+ap^3$，3 个基本函数功能如图 7-10 所示。

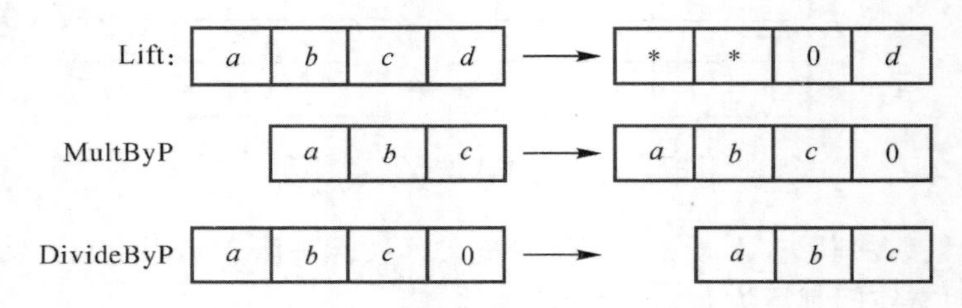

图 7-10　3 个基本函数功能对比图

效率：3 个基本函数中，Lift 函数需要 $O(\sqrt{p})$ 次乘法运算，因此计算代价较大；其他两个函数只需要一次常数乘法运算，效率很高。

b. 利用 Lift 函数实现 DigitRemove。

实现 1：给定 $I\in\mathbb{Z}_{p^e}$ 的密文 $\boldsymbol{c}$，如果要同态计算 DigitRemove(p,e,v)，即去除 I 中的低的 v 个数，具体过程如图 7-11 所示。

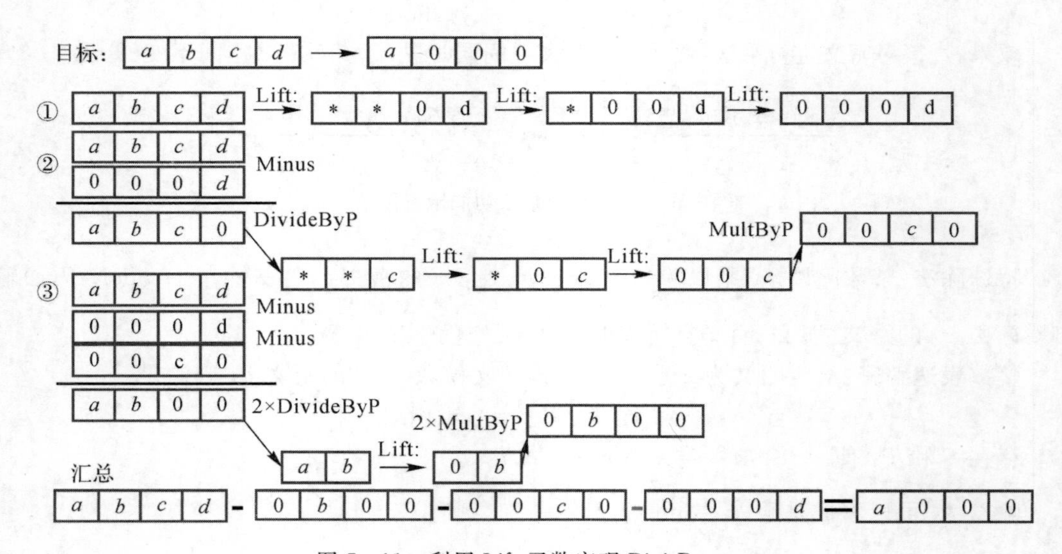

图 7-11　利用 Lift 函数实现 DigitRemove

首先，连续对 $\boldsymbol{c}$ 进行 $e-1$ 次 Lift 函数，可以保留明文中的最低位的元素（其他分量为 0），得到密文 $\boldsymbol{c}_0$。

其次，对于 $i\in[0,v-2]$，执行

对 $\boldsymbol{c}-\sum_{j=0}^{i}\boldsymbol{c}_i$ 依次运行，$i+1$ 次 DivideByP，$e-2(i+1)$ 次 Lift，$i+1$ 次 MultByP，可

以保留明文中的次低位，得到密文 $\boldsymbol{c}_{i+1}$。

最后，计算并输出 $\boldsymbol{c}-\sum_{j=0}^{v-1}\boldsymbol{c}_i$。

效率：计算过程的深度是 $e\log_2 p$，需要运行 $\frac{1}{2}e^2\sqrt{2p}$ 次同态乘法运算。

c. 利用 LDE 函数实现 DigitRemove。

方法一为了保留最低位的元素，大量使用 Lift 函数，导致效率不高。为了克服这个缺陷，需要引入新工具：消除最低位多项式(Lowest Digit Removal Polynomial，LDR)、保留最低位多项式(Lowest Digit Extraction，LDE)。

消除最低位多项式 LDR：给定整数 p，e，$0\leqslant a<p^e$，存在一个最高为 $(e-1)(p-1)+1$ 次的多项式 $F(X)$，使 $F(a)=a-[a]_p\bmod p^e$。

保留最低位多项式 LDE：给定整数 p，e，$0\leqslant a<p^e$，存在一个最高为 $(e-1)(p-1)+1$ 次的多项式 $F'(X)$，使 $F'(a)=[a]_p\bmod p^e$。

根据定义可以得到 $F'(X)=X-F(X)$。给定 $I=d+cp+bp^2+ap^3$ 的密文，LDR，LDE 的功能如图 7-12 所示。

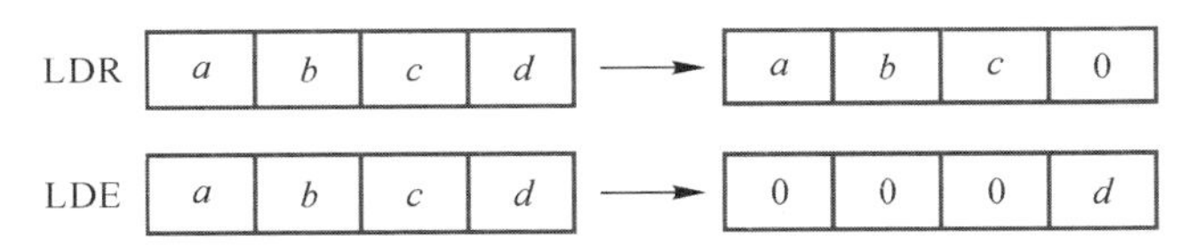

图 7-12 消除最低位多项式与保留最低位多项式

LDR 与 LDE 的功能分析：LDR 函数的功能是保留除最低位的其他元素，LDE 函数的功能是保留最低位元素。LDE 函数具有多次 Lift 函数的功能，可以实现保留最低位元素的功能，且效率得到大幅度提升。

例 7-4：对于 $p=2$，$e=4$，如果使用 Lift 函数实现保留最低位的元素，那么 Lift 的多项式 $F_0(X)=X-X^8$。但使用 LDR 函数，对应的多项式为 $F(X)=11X^4+8X^3+12X^2+X$，多项式次数大幅度降低。

LDE 函数具有多次 Lift 函数的功能，因此可以使用 LDE 代替方法一中的多次 Lift 函数，得到如下实现 2。

实现 2：给定 $I\in\mathbb{Z}_{p^e}$ 的密文 $\boldsymbol{c}$，如果要同态计算 DigitRemove(p,e,v)，即去除 I 中的低的 v 个数。

首先，对 $\boldsymbol{c}$ 进行 1 次 LDE 函数，可以保留明文中的最低位的元素(其他分量为 0)，得到密文 $\boldsymbol{c}_0$。

其次，对于 $i\in[0,v-2]$，对 $\boldsymbol{c}-\sum_{j=0}^{i}\boldsymbol{c}_i$ 依次运行，$i+1$ 次 DivideByP，1 次 LDE 函数，$i+1$ 次 MultByP，可以保留明文中的次低位，得到密文 c_{i+1}。

最后，计算并输出 $\boldsymbol{c}-\sum_{j=0}^{v-1}\boldsymbol{c}_i$。

d. 混合使用 LDE 函数、Lift 函数实现 DigitRemove。

问题：利用 LDE 函数实现 DigitRemove 的问题是循环使用 LDE 函数导致乘法深度大。每 $i \in [0, v-1]$ 行都需要运行 $(e-i-1)(p-1)$ 次的 LDE 函数，并且下一行需要使用上一行的结果。这导致实现过程乘法深度太大。

思想：考虑到 Lift 函数的次数仅为 p，但可能需要使用多次，因此，当生成下一行密文时，如果需要用到上一行的结果，考虑混合使用 Lift 函数与 LDE 函数(使用层数低的函数)。

分析：通常 $p^2 > (e-i-1)(p-1)$，则当需要两次或更多次的 Lift 函数才能实现功能时，选择 LDE 函数；当只需要一次 Lift 函数就能实现功能时，选择 Lift 函数。

例如，在生成第二行、第一列数据 $\{**c0\}$ 时，既可以使用 $\{abcd\}$ 减去绿色的元素 $\{**0d\}$，也可以减去红色元素 $\{000d\}$。考虑到生成 $\{**0d\}$ 时仅用了 1 次 Lift 函数，生成的多项式次数 p 小于生成 $\{000d\}$ 的 $(e-1)(p-1)$ 次，因此，我们选择使用 $\{**0d\}$。

在生成第三行、第一列数据 $\{**c0\}$ 时，既可以使用 $\{abcd\}-\{*00d\}$ 生成 $\{**c0\}$，也使用 $\{abcd\}-\{000d\}$ 生成 $\{**c0\}$。考虑到生成 $\{*00d\}$ 时需要用 2 次 Lift 函数，生成的多项式次数 p^2 大于生成 $\{000d\}$ 的 $(e-1)(p-1)$ 次，因此，我们选择使用 $\{000d\}$，具体实现过程如图 7-13 所示。

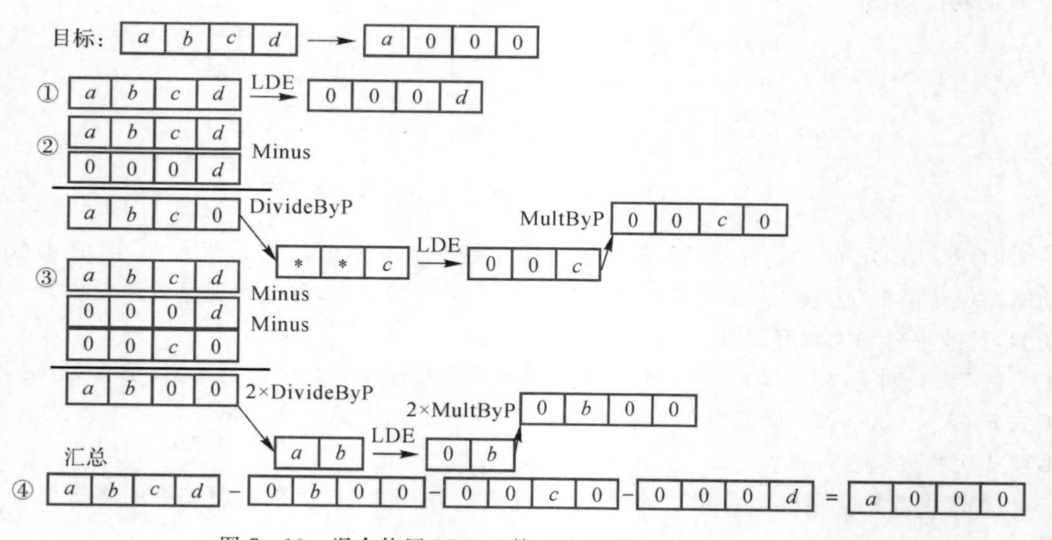

图 7-13 混合使用 LDE 函数、Lift 函数实现 DigitRemove

2)方法二：利用特殊密文的直接除法实现 DigitRemove。

分析：如果内积运算 $<\tilde{\mathbf{c}}, \mathbf{sk}> \bmod F(X) \equiv z$ 的结果 z 正好是 $p^{e'}$ 的倍数，则可以直接使用特殊除法运算，同态计算 $z' = z/p^{e'}$，可以实现对 z 移除低位 e' 元素。

操作：让密文$\mathbf{c}'$加上密文 $\bmod \tilde{q} = p^e + 1$ 或者 p^r 的倍数成为 $p^{e'}$ 的倍数，得到$\tilde{\mathbf{c}}$。其中，加 p^r 的倍数的阶段，需要保证加法结果不能超出密文 $\bmod \tilde{q} = p^e + 1$。

正确性分析：

加密文 $\bmod \tilde{q} = p^e + 1$ 的倍数(假设不超过 l_1 倍)，会使内积运算结果增大，即存在 $l'_1 \leqslant \mathrm{HW}(s)\, l_1$，使 $<\tilde{\mathbf{c}}, \mathbf{sk}> = <\mathbf{c}', \mathbf{sk}> + l'_1 \tilde{q}$，其中，其中 HW($s$) 指私钥多项式 s 的汉明重量；内积运算结果 $\bmod \tilde{q}$ 不变，即 $[<\mathbf{c}', \mathbf{sk}>]_{\tilde{q}} = [<\tilde{\mathbf{c}}, \mathbf{sk}>]_{\tilde{q}}$；解密结果不变，

$\{[<\boldsymbol{c}',\mathbf{sk}>]_{\tilde{q}}\}_P=\{[<\tilde{\boldsymbol{c}},\mathbf{sk}>]_{\tilde{q}}\}_P$。

加明文 $\mathrm{mod}p^r$ 的倍数(加法结果不能超出密文 $\mathrm{mod}\,\tilde{q}$，假设不超过 l_2 倍)，会使内积运算结果增大，即存在 $l'_2\leqslant \mathrm{HW}(s)l_2$，使 $<\tilde{\boldsymbol{c}},\mathbf{sk}>=<\boldsymbol{c}',\mathbf{sk}>+l'_2P$；内积运算结果 $\mathrm{mod}\tilde{q}$ 增大 l'_2P 即，$[<\tilde{\boldsymbol{c}},\mathbf{sk}>]_{\tilde{q}}=[<\boldsymbol{c}',\mathbf{sk}>]_{\tilde{q}}+l'_2P$；解密结果不变，$\{[<\boldsymbol{c}',\mathbf{sk}>]_{\tilde{q}}\}_P=\{[<\tilde{\boldsymbol{c}},\mathbf{sk}>]_{\tilde{q}}\}_P$。

效果：计算效率高，但移除的低位个数受限。

a. 可以优化解密电路。已知解密电路 $\{[z]_q\}_{p^r}\equiv z\langle r-1,\cdots,0\rangle_p-z\langle e+r-1,\cdots,e\rangle_p \mathrm{mod}p^r$，如果 z 正好是 $p^{e'}$ 的倍数(z 的低 e' 位为0)，且 $e'>r$，那么 $z\langle r-1,\cdots,0\rangle_p$，解密电路可以优化为

$\{[z]_q\}_{p^r}\equiv z\langle r-1,\cdots,0\rangle_p-z\langle e+r-1,\cdots,e\rangle_p\equiv -z\langle e+r-1,\cdots,e\rangle_p\equiv -z'\langle e-e'+r-1,\cdots,e-e'\rangle_p \mathrm{mod}p^r$

b. 计算效率高。本方法中只涉及对密文的加法、特殊除法运算，计算效率很高。

c. 移除的低位个数受限。等式 $\{[z]_q\}_{p^r}\equiv z\langle r-1,\cdots,0\rangle_p-z\langle e+r-1,\cdots,e\rangle_p \mathrm{mod}p^r$ 成立，需要满足条件 $|z|\leqslant \frac{q^2}{4}-q$，$|[z]_q|\leqslant \frac{q}{4}$。

加密文 $\mathrm{mod}\tilde{q}=p^e+1$ 会导致 z 变大，因此条件 $|z|\leqslant \frac{q^2}{4}-q$ 限制了 l_1 不能太大。加明文 $\mathrm{mod}p^r$ 会导致 $[z]_q$ 变大，因此条件 $|[z]_q|\leqslant \frac{q}{4}$ 限制了 l_2 不能太大。

3)方法三：混合使用优化的多项式函数、特殊密文的直接除法实现 DigitRemove。

思路：方法一利用优化的多项式函数实现 p 基低位移除。计算效率低，乘法层数消耗大。方法二利用特殊密文的直接除法实现 p 基低位移除，计算效率高，乘法层数消耗低，但能够移除的位数有限。因此，可以混合使用两种方法移除低的 e 位元素。先使用特殊密文的直接除法消除低 e' 位；再用优化的多项式函数消除 $e-e'$ 位。

p 基低位移除中方法一到三对预处理的要求如下：

a. 方法一利用多项式实现 p 基低位移除的具体方法，对预处理没有新增要求。低位移除的正确性条件是整数上的 $\mathrm{mod}q\mathrm{mod}P$ 运算的正确性，其对预处理的要求是：

使用特定 $\mathrm{mod}\,\tilde{q}=p^e+1$，$e$ 是用来限定密文模数的；

同态计算空间限定到 $\mathrm{mod}p^{r+e}$ 中，其中 p^r 是明文空间。

b. 方法二、方法三涉及利用特殊密文的直接除法实现低位数字移除，对预处理的要求是：密文系数变成 $p^{e'}$ 的整数倍：对 $\boldsymbol{c}'=(c'_0,c'_1)\in R_{p^e+1}$ 的系数加 p^e+1 或者 p^r，使系数变为 $p^{e'}$ 的倍数，$e'\geqslant r$，得到 $\tilde{\boldsymbol{c}}\in R_{p^e+1}$。

(5)预处理的实现。

目标：给定明文空间为 p^r 的密文 $\boldsymbol{c}\in R_q$，$<\boldsymbol{c},\mathbf{sk}>=m+p^r\cdot \mathrm{err}(\mathrm{mod}q)$，优化解密电路表达。

思想：混合使用优化的多项式函数、特殊密文的直接除法实现 DigitRemove，优化同态运行 $\{[z]_{p^e+1}\}_{p^r}$。

步骤1：模数运算 $\mathrm{mod}p^{r+e-e}$

具体步骤如下：

1)使用特殊密文 mod $\tilde{q} = p^e + 1$。

利用 Modulus-switching 转换为 $\boldsymbol{c}' = (c'_0, c'_1) \in R_{\tilde{q}}$，$\tilde{q} = p^e + 1$，则有 $z = [< \boldsymbol{c}', \mathbf{sk} >]_{p^{e+r}}$，$m = z(\bmod p^e + 1) \bmod p^r = z\langle r-1, \cdots, 0\rangle_p - z\langle e+r-1, \cdots, e\rangle_p \bmod p^r$。

2)密文系数变成 $p^{e'}$ 的整数倍。

对 $\boldsymbol{c}' = (c'_0, c'_1) \in R_{p^e+1}$ 的系数加 $p^e + 1$ 或者 p^r，使系数变为 $p^{e'}$ 的倍数，$e' \geqslant r$，得到 $\tilde{\boldsymbol{c}} \in R_{p^e+1}$。

效果如下：

解密电路可以优化为 $m = z'(\bmod p^e + 1) \bmod p^r = z'\langle e+r-1-e', \cdots, e-e'\rangle_p \bmod p^r$，$z' = [< \tilde{\boldsymbol{c}} / p^{e'}, \mathbf{sk} >]_{p^{e-e'+r}}$。

会使内积运算结果增大，但内积运算结果 $(\bmod p^e + 1) \bmod p^r$ 不变，即明文不变。

步骤 2：内积运算 $< \tilde{\boldsymbol{c}}, \mathbf{sk} >$

目标：给定密钥为 $\mathbf{sk} = (1, s)$ 的密文 $\tilde{\boldsymbol{c}} = (\tilde{c}_0, \tilde{c}_1) \in R_{p^{e+1}}$，输出 $z' = [< (\tilde{c}_0, \tilde{c}_1) / p^{e'}, (1, s) >]_{p^{e-e'+r}}$ 的密文。

分析：使用同态多项式的乘法运算。

操作：同态计算多项式的运算：$z' = [< (\tilde{c}_0, \tilde{c}_1) / p^{e'}, (1, s) >]_{p^{e-e'+r}}$，$e' \geqslant r$。

步骤 3：CoeffToSlot

目标：给定多项式 $z'(X) \in R_{p^{e-e'+r}}$ 的密文，将多项式的系数 z'_i，$i \in [0, \varphi(m) - 1]$ 转化到槽向量中。

分析：$z'(X) \in R_{p^{e-e'+r}}$，有 $\varphi(m)$ 个系数，slots 中每个多项式是 d 阶的。因此，每个密文共有 $l = \varphi(m)/d$ 个多项式，即需要使用 d 个密文，才能表达多项式系数。

BGV 方案、CKKS 自举中 CTS 方案的区别：这里和 CKKS 方案的关键都在保证转化后的多项式系数不是复数；CKKS 方案使用共轭的 slots 分量+round 实现；BGV 方案使用代数结构的性质。

步骤 4：低位数字移除

步骤 4 分为整数上的 mod$q$mod 2 运算，整数上的 mod$q$mod$P$ 运算两种情况。

情况 1：整数上的 mod$q$mod 2 运算。

经过步骤 1(同态 mod$q$ 运算的预处理)，解密电路可以优化为

$$m = [[z']_{2^{r+1}}]_2 = z'\langle 0\rangle + z'\langle r\rangle,\ z'' = [< \boldsymbol{c}'' / 2^k, \mathbf{sk} >]_{2^{r+1}}$$

目标：给定明文为 $z' \in \mathbb{Z}^1_{2^{r+1}}$ 的密文，输出明文为 $\{[z']_q\}_2 \in \mathbb{Z}^1_{p^r}$ 的密文。

思路：$\{[z']_q\}_2 = z'\langle r\rangle \bmod 2$。

分析：使用方法三(混合使用多项式函数、特殊密文的直接除法实现 DigitRemove)，特殊密文的直接除法已经消除低 k 位，则需要使用优化的多项式函数消除剩余的低 r 位。

步骤：用优化的多项式函数消除 z'' 的低 r 位元素。

情况 2：整数上的 mod$q$mod$P$ 运算。

经过步骤 1(同态 mod$q$ 运算的预处理)，解密电路可以优化为

$m = z'(\bmod p^e + 1) \bmod p^r = z'\langle e+r-1-e', \cdots, e-e'\rangle_p \bmod p^r$，$z' = [< \tilde{\boldsymbol{c}} / p^{e'}, sk >]_{p^{e-e'+r}}$

目标：给定明文为 $z' \in \mathbb{Z}_{p^{e+r}}^{1}$ 的密文，输出明文为 $\{[z']_q\}_{p^r} \in \mathbb{Z}_{p^r}^{1}$ 的密文。

思路：对于 $z'\langle e-e'+r-1,\cdots,e-e'\rangle_p \bmod p^r$，使用多项式函数实现 DigitRemove；对于 $z'\langle e-e'-1\rangle$，其是多项式函数实现过程中的第 $e-e'-1$ 行的输出，同样可以使用多项式函数实现。

操作：用多项式函数消除 z' 的低 $e-e'$ 位元素得到 $z'\langle e-e'+r-1,\cdots,e-e'\rangle_p \bmod p^r$，用多项式函数生成第 $e-e'-1$ 行的输出 $z'\langle e-e'-1\rangle$。

步骤 5：SlotToCoeff

SlotToCoeff 是 CoeffToSlot 的逆操作。

目标：将 slots 中的元素还原到多项式中。具体而言，将 d 个密文，每个密文对应的明文有 l 个 slots，要把这些 slots 映射为多项式的系数。

方法：使用“矩阵向量乘法”Mv 实现。

综合上述 5 个步骤，可以得到自举过程的整体流程图(见图 7－14)。

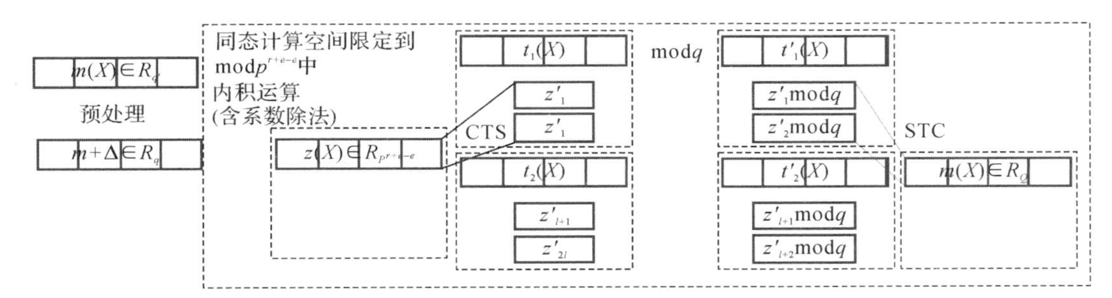

图 7－14　自举过程的整体流程图

7.6　本章小结

BGV 方案是目前同态整数运算效率最高的方案，因此具有很大发展潜力和应用前景。本章系统介绍了模交换和密钥转化等关键技术、BGV 方案中 BV 方案等经典构造及 BGV 方案的自举算法设计思路与具体构造。

第 8 章　多密钥全同态加密方案

多密钥全同态加密(MKFHE)方案从全同态加密(FHE)方案发展而来,它支持对多个不同用户的密态数据进行同态运算,具有强大的密态计算能力,这使 MKFHE 方案在涉及多方敏感数据的大量场景中有着重要的应用前景,例如基因数据分析、联邦学习等。本章介绍一些典型的 MKFHE 方案的构造、分析、优化等技术。

8.1　NTRU 型 MKFHE 方案的典型构造

作为首个被提出的多密钥全同态加密方案,LTV12 方案无论是在方案架构,还是设计思路上都给了 MKFHE 方案研究者很大的启示。LTV12 方案是基于 NTRU 型 FHE 方案构造的,具有 NTRU 方案的基本明文结构和加密过程。

8.1.1　方案思路

NTRU 型 MKFHE 方案基于 NTRU 型 FHE 方案构造,新鲜密文具有相同的形式,参见第 3 章。MKFHE 方案需要对不同用户的密文进行运算,为了方便描述,本节以两个用户的两个密文进行同态运算为例:

给定两个用户的公钥和私钥为 $\{\mathbf{sk}:=f,\mathbf{pk}:=h=[2gf^{-1}]_q\}$,$\{\mathbf{sk}':=f',\mathbf{pk}':=h'=[2gf'^{-1}]_q\}$。两个用户对应的密文为 $\boldsymbol{c}:=[hs+2e+m]_q\in R_q$,$\boldsymbol{c}':=[h's'+2e'+m']_q\in R_q$,满足 $fc \bmod q=2(gs+fe)+fm\in R_q$,$f'c' \bmod q=2(gs'+f'e')+f'm'\in R_q$。

(1)不同用户密文的同态乘法:直接对两个密文进行同态乘法运算 $\boldsymbol{c}_\times=\boldsymbol{c}\times\boldsymbol{c}'\in R_q$,则需要使用 ff' 对 密文 $\boldsymbol{c}_\times$ 执行解密运算 $[ff'\cdot c_1c_2]_q$。可以恢复明文 mm',其中:

$$
\begin{aligned}
ff'\cdot\boldsymbol{cc}' &\overset{fc=2(gs+fe)+fm}{=} [2(gs+fe)+fm][2(gs'+f'e')+f'm'] \\
&= 4(gs+fe)(gs'+f'e')+2(gs+fe)f'm'+2(gs'+f'e')fm+ff'mm'
\end{aligned}
$$

(2)不同用户密文的同态加法:直接对两个密文进行同态加法运算 $\boldsymbol{c}_+=\boldsymbol{c}+\boldsymbol{c}'\in R_q$,则需要使用 ff' 对密文$\boldsymbol{c}_+$ 执行解密运算 $[ff'\cdot(\boldsymbol{c}+\boldsymbol{c}')]_q$。可以得到明文 $m+m'$,其中,

$$
\begin{aligned}
ff'\cdot(\boldsymbol{c}+\boldsymbol{c}') &\overset{fc=2(gs+fe)+fm}{=} [2f'(gs+fe)+f'fm]+[2f(gs'+f'e')+ff'm'] \\
&= 2f'(gs+fe)+2f(gs'+f'e')+f'f(m+m')
\end{aligned}
$$

从上述分析过程发现,NTRU 型 MKFHE 方案也可以天然地支持不同用户密文的同态乘法运算、同态加法运算。

(3)重线性化(密钥转换)技术：NTRU型FHE方案中对于同一用户的多个密文的乘法运算，需要使用密钥转化技术。对于MKFHE方案也有类似的性质。例如，对于用户**pk**的两个密文c_1,c_2，用户**pk**$'$的密文c'_1之间的同态乘法运算，则需要使用f^2f'对密文$\mathbf{c}_\times = c_1c_2c'_1$执行解密运算$[f^2f'\cdot c_1c_2c'_1]_q$。这时需要对$c_\times$进行密钥转化，将解密密钥从$f^2f'$转化为$ff'$，线性化解密密钥的次数；否则解密密钥会随着密文同态计算深度的增加呈现指数级膨胀，导致无法解密。具体的转化过程与NTRU型FHE方案类似。

8.1.2 方案构造

根据上述分析，本小节对NTRU型MKFHE方案——LTV12方案进行简要的概述。

1. 初始化算法 LTV12. Setup(1^λ)

(1)对于安全参数λ，选择整数$n=n(\lambda)$，定义分圆多项式环$R=Z(x)/x^n+1$，其中x^n+1是2的幂次阶分圆多项式，n是2的幂次，定义多项式环$R_{q_l}=R/q_lR$(环中多项式的系数取自Z_q)。定义同态计算电路的深度为L，选择一组素模数$q_0\gg q_1\gg\cdots\gg q_L$。定义多项式环$R$上bound为$B(\lambda)$的错误分布$\chi=\chi(\lambda)$($B\ll q_L$)，即对于$a\leftarrow\chi$，满足$||a||_\infty\leqslant B$。

(2) 输出公共参数params $=[n,R,R_q,L,\{q_l\}_{l\in(0,\cdots,L)},\chi,B]$。

2. 密钥生成算法 LTV12. KeyGen(params)

(1)对于$l\in(0,\cdots,L)$，均匀选取$f'_l,g_l\leftarrow\chi$，令$f_l=2f'_l+1$，使得$f_l\equiv 1\bmod 2, h_l=2g_l/f_l\in R_{q_l}$，其中多项式$f_l$必须可逆，否则就对$f'_l$重新进行选取。

(2)随机选取$s_{l+1,\tau},e_{l+1,\tau}\leftarrow\chi,\tau=0,\cdots,\lfloor\log_2 q_l\rfloor$，定义同态计算密钥：

$$\begin{cases}\gamma_{l+1,\tau}:=h_{l+1}s_{l+1,\tau}+2e_{l+1,\tau}+2^\tau(f_l)\in R_{q_l}\\ \zeta_{l+1,\tau}:=h_{l+1}s_{l+1,\tau}+2e_{l+1,\tau}+2^\tau(f_l^2)\in R_{q_l}\end{cases}$$

(3)输出**pk**$:=h_l\in R_{q_l}$，私钥**sk**$:=f_l\in R_{q_l}$，计算密钥**evk**$:=(\gamma_{l,\tau},\zeta_{l,\tau}),l\in[L]$，$\tau=0,\cdots,\lfloor\log_2 q_l\rfloor$。

3. 加密算法 LTV12. Enc(pk, m)

(1)输入待加密的明文m，随机选取$s,e\leftarrow\chi$。

(2)输出密文$\mathbf{c}:=h_0s+2e+m\in R_{q_0}$。

4. 解密算法 LTV12. Dec($f_{1,L},\cdots,f_{N,L},c_L$)

(1)输入密文$\mathbf{c}_L\in R_{q_L}$，以及参与到该密文生成过程的N个用户的私钥序列$f_{1,L},\cdots,f_{N,L}$。

(2)计算$f_{1,L}\cdots f_{N,L}\cdot c_L\bmod q_L\bmod 2$，输出解密后的明文结果。

下面以同态乘法为例，介绍其同态运算过程。

同态乘法 LTV12. EvalMult[$(c_1,K_1,\mathbf{evk}_1),(c_2,K_2,\mathbf{evk}_2)$]：输入密文$c_1,c_2\in R_{q_l}$，其对应的公钥集合分别为$K_1$和$K_2$，令$K_1\cup K_2=\{\mathbf{pk}_{j_1},\cdots,\mathbf{pk}_{j_r}\}(r\in[N,2N])$，以及对应的计算密钥$\mathbf{evk}_{j_i}=\{\gamma_{l+1,j_i,\tau},\zeta_{l+1,j_i,\tau}\}_{i\in[r],\tau=\{0,\cdots,\lfloor\log_2 q_l\rfloor\}}$，计算$\tilde{c}_0=c_1\cdot c_2$。

不同用户NTRU密文间的同态乘法虽然不会引起维度的膨胀，但是会使得新密文对应的私钥中重叠用户对应的项次数增高。为了维持解密形式的一致性，抑制密文中的错误增长速度，同时尽可能保护同态运算电路的隐私，需要通过重线性化过程将密文进行转化。

(1)重线性化(密钥交换)：对于 $i=1,\cdots,r$，定义 $\tilde{c}_i=\sum_{\tau=0}^{\lfloor\log_2 q_l\rfloor}\tilde{c}_{i,\tau}\cdot 2^{\tau}$(即对 $\tilde{c}_i$ 进行比特分解)。

1)如果 $\mathbf{pk}_{j_i}\in K_1\cap K_2$，计算

$$\tilde{c}_i:=\sum_{\tau=0}^{\lfloor\log_2 q_l\rfloor}\tilde{c}_{i-1}\cdot\zeta_{l+1,j_i,\tau}\in R_{q_l}$$

2)如果 $\mathbf{pk}_{ji}\notin K_1\cap K_2$，计算

$$\tilde{c}_i:=\sum_{\tau=0}^{\lfloor\log_2 q_l\rfloor}\tilde{c}_{i-1}\cdot\gamma_{l+1,j_i,\tau}\in R_{q_l}$$

经过迭代计算，最终得到密文 $\tilde{c}_r$。

(2)模数交换：计算 $c_{\mathrm{mult}}=\lfloor(\frac{q_{l+1}}{q_l})\cdot\tilde{c}_r\rceil$，且满足 $c_{\mathrm{mult}}\equiv\tilde{c}_r\bmod 2$，输出密文 $c_{\mathrm{mult}}\in R_{q_{l+1}}$，其对应的公钥集合 $K_{\mathrm{mult}}:=K_1\cup K_2=\{\mathbf{pk}_{j_1},\cdots,\mathbf{pk}_{j_r}\}$。

上述方案存在密文规模小，同态计算效率高的优点。但 ABD16 方案指出此类方案容易受到子域攻击，攻击者可以利用公钥破解用户的私钥。因此，我们不再对该方案进行正确性分析。

8.2 基于素数阶分圆多项式环的高效 NTRU 型 MKFHE 方案

当前的 NTRU 型 MKFHE 方案大多基于 2 的幂次阶分圆多项式环构造，ABD16 方案指出此类方案容易受到子域攻击，因此安全性可能会受到影响。针对这个问题，2017 年王小云院士团队提出了 YXW17 方案。该方案将 NTRU 方案的安全性扩展到素数阶分圆多项式环，使得 NTRU 方案中环的选择更加灵活，并且能够抵抗大多数子域攻击，但是要求一些参数的尺寸相对较大。针对以上缺陷，本节设计一个重线性化次数更少的基于素数阶分圆多项式环的高效 NTRU 型 MKFHE 方案。设计思路与 3.4 节类似。一方面，将现有 NTRU 型 MKFHE 方案的计算空间由 2 的幂次阶分圆多项式环，替换为安全性更高的素数阶分圆多项式环，并在新的环结构上对同态运算基本函数的上界进行分析；另一方面，通过分离同态乘法和重线性化过程(这两个过程在当前的层次型 FHE 方案中通常是捆绑操作的)，大幅度缩减了同态计算过程中较为耗时的重线性化过程的次数。重线性化次数更少的 NTRU 密文同态运算过程如图 8-1 所示。

8.2.1 方案构造

初始化 Setup(1^{λ})：给定安全参数 λ，素数 $n=n(\lambda)$，$p=p(\lambda)$，素模数 $\bmod q=q(\lambda)$，素数阶分圆多项式环 $R=Z[x]/\Phi_n(x)$ 和 $R_q=R/(qR)$，以及环 R 上 bound 为 $B=B(\lambda)$ 的离散高斯分布 χ 定义如上。电路深度为 L，定义一系列递减的模数 $q_0>q_1>\cdots>q_{L-1}$，其中 $q_i=p^{L-i}$，$i=0,\cdots,L-1$。

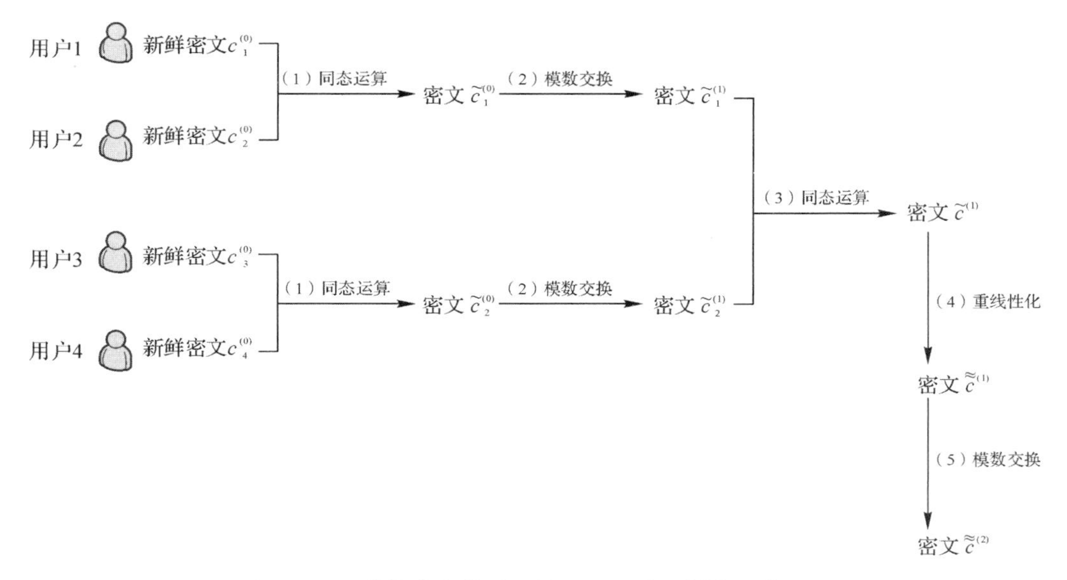

图 8-1 重线性化次数更少的 NTRU 密文同态运算过程

(1)密钥生成 KeyGen(1^λ):选取 $f',g \leftarrow \chi$,令 $f=2f'+1$,使得 $f\equiv 1\bmod 2$。若 f 在 R_q 中不可逆,则重新选取 f',直到 f 在 R_q 中可逆。令 $h^{(i)}=2g(f^{-1})^{(i)}\in R_{q_i}$,定义私钥 $\mathbf{sk}:=f\in R_{q_0}$,公钥 $\mathbf{pk}:=h^{(i)}\in R_{q_i}, i=0,\cdots,L-1$。所有电路层共用一个私钥 f,$(f^{-1})^{(0)}=f^{-1}$。

选取 $s_\tau^{(0)},e_\tau^{(0)}\leftarrow\chi$,计算 $\zeta_{j,\tau}^{(0)}:=h^{(0)}s_\tau^{(0)}+2e_\tau^{(0)}+2^\tau f^j\in R_{q_0}$,定义同态计算密钥

$$\mathbf{evk}:=\{\zeta_{j,\tau}^{(i-2\to i)}\}_{i\in\{2,\cdots,L-1\},\tau\in\{0,\cdots,\lfloor\log_2 q_i\rfloor\}}$$

由文献 LTV12 可得 $\zeta_{j,\tau}^{(i-2\to i)}\triangleq\zeta_{j,\tau}^{(0)}\bmod q_i$。

(2)加密 Enc($\mathbf{pk},m$):输入待加密的明文 m,选取 $s^{(0)},e^{(0)}\leftarrow\chi$,生成密文

$$c^{(0)}:=h^{(0)}s^{(0)}+2e^{(0)}+m\in R_{q_0}$$

(3)解密 Dec[$\mathbf{sk},c^{(L-1)}$]:输入密文 $c^{(L-1)}\in R_{q_{L-1}}$,以及对应的解密私钥 $\mathbf{sk}=\{f_1,\cdots,f_N\}$,计算

$$\mu:=(f_1\cdots f_N)\cdot c^{(L-1)}\bmod q_L\in R_{q_{L-1}}$$

输出明文 $m':=\mu\bmod 2$。

(4)同态加法 Eval. Add[$c_1^{(i-1)},c_2^{(i-1)}$]:输入两个 $i-1$ 层的密文 $c_1^{(i-1)}$ 和 $c_2^{(i-1)}$,其对应用户的公钥集合分别为 K_1 和 K_2,令 $K_1\cup K_2=\{\mathbf{pk}_1,\cdots,\mathbf{pk}_r\}, i=1,\cdots,L-1$。

1)密文相加:$\tilde{c}_{\text{add}}^{(i-1)}=c_1^{(i-1)}+c_2^{(i-1)}$;

2)模数交换:$\tilde{c}_{\text{add}}^{(i)}=\lfloor(q_i/q_{i-1})\cdot\tilde{c}_{\text{add}}^{(i-1)}\rceil_2$,"$\lfloor\cdot\rceil_2$"表示 $\tilde{c}_{\text{add}}^{(i)}=\tilde{c}_{\text{add}}^{(i-1)}\bmod 2$。

输出同态运算后的密文 $\tilde{c}_{\text{add}}^{(i)}$,其对应用户的公钥集合 $K_{\text{add}}:=K_1\cup K_2$。

(5)同态乘法 Eval. Mult[$c_1^{(i-2)},c_2^{(i-2)},c_3^{(i-2)},c_4^{(i-2)}$]:输入 $i-2$ 层的密文 $c_1^{(i-2)},c_2^{(i-2)},c_3^{(i-2)},c_4^{(i-2)}$ ($i=2,\cdots,L-1$),对应明文分别为 m_1,m_2,m_3,m_4,对应用户的公钥集合分别为 K_1,K_2,K_3,K_4。令 $K_1\cup K_2\cup K_3\cup K_4=\{\mathbf{pk}_1,\cdots,\mathbf{pk}_r\}$。

1)密文相乘：$\tilde{c}_1^{(i-2)} = c_1^{(i-2)} \times c_2^{(i-2)} \bmod q_{i-2}$，$\tilde{c}_2^{(i-2)} = c_3^{(i-2)} \times c_4^{(i-2)} \bmod q_{i-2}$。

2)模数交换：$\tilde{c}_1^{(i-1)} = \lfloor (q_{i-1}/q_{i-2}) \cdot \tilde{c}_1^{(i-2)} \rceil_2$，$\tilde{c}_2^{(i-1)} = \lfloor (q_{i-1}/q_{i-2}) \cdot \tilde{c}_2^{(i-2)} \rceil_2$，“$\lfloor \cdot \rceil_2$”表示 $\tilde{c}_1^{(i-1)} = \tilde{c}_1^{(i-2)} \bmod 2$，$\tilde{c}_2^{(i-1)} = \tilde{c}_2^{(i-2)} \bmod 2$。

3)密文相乘：$\tilde{\tilde{c}}_0^{(i-1)} = \tilde{c}_1^{(i-1)} \cdot \tilde{c}_2^{(i-1)} \bmod q_{i-1}$。

4)重线性化：对于 $v = 1, \cdots, r$，定义 $\tilde{\tilde{c}}_{v-1}^{(i-1)} = \sum_{\tau=0}^{\lfloor \log_2 q_{i-1} \rfloor} 2^\tau \cdot \tilde{\tilde{c}}_{v-1,\tau}^{(i-1)}$。

a. 若 $\mathbf{pk}_v \in \{K_1 \cap K_2 \cap K_3 \cap K_4\}$，计算 $\tilde{\tilde{c}}_v^{(i-1)} = \sum_{\tau=0}^{\lfloor \log_2 q_{i-1} \rfloor} \tilde{\tilde{c}}_{v-1,\tau}^{(i-1)} \zeta_{j_v=3,\tau}^{(i-2\to i)}$。

b. 若 $\mathbf{pk}_v \notin \{K_1 \cap K_2 \cap K_3 \cap K_4\}$，且 K_1, K_2, K_3, K_4 4 个集合中任意 3 个集合存在交集 $\mathbf{pk}_v$，计算 $\tilde{\tilde{c}}_v^{(i-1)} = \sum_{\tau=0}^{\lfloor \log_2 q_{i-1} \rfloor} \tilde{\tilde{c}}_{v-1,\tau}^{(i-1)} \zeta_{j_v=2,\tau}^{(i-2\to i)}$。

c. 若 $\mathbf{pk}_v \notin \{K_1 \cap K_2 \cap K_3 \cap K_4\}$，且 K_1, K_2, K_3, K_4 4 个集合中任意两个集合存在交集 $\mathbf{pk}_v$，计算 $\tilde{\tilde{c}}_v^{(i-1)} = \sum_{\tau=0}^{\lfloor \log_2 q_{i-1} \rfloor} \tilde{\tilde{c}}_{v-1,\tau}^{(i-1)} \zeta_{j_v=1,\tau}^{(i-2\to i)}$。

d. 经过迭代计算，输出最终密文 $\tilde{\tilde{c}}_r^{(i-1)}$。

5)模数交换：$\tilde{c}^{(i)} = \lfloor (q_i/q_{i-1}) \cdot \tilde{\tilde{c}}_r^{(i-1)} \rceil_2$，“$\lfloor \cdot \rceil_2$”表示 $\tilde{c}^{(i)} = \tilde{c}^{(i-1)} \bmod 2$。输出同态运算后的密文 $\tilde{c}^{(i)}$，其对应的解密密钥为 $f_1 \times f_2 \times \cdots \times f_r$。

8.2.2 方案分析

本节方案解密正确性的分析过程与 3.4 节相关内容类似，因此本节主要对重线性化过程的形式正确性进行分析，分析过程如下：

假设第 v 个用户的计算密钥 $\zeta_{j_v,\tau}^{(i-2\to i)} = h^{(i-1)} s_{v,\tau} + 2e_{v,\tau} + 2^\tau (f_v)^{j_v}$，$\tau \in \{0, \cdots, \lfloor \log_2 q_{i-1} \rfloor\}$，因此 $\tilde{\tilde{c}}_{v-1}^{(i-1)}$ 对应的私钥可以表示为 $f' \cdot (f_v)^{j_v+1}$，f' 表示其余参与计算用户解密私钥的乘积。下面证明利用计算密钥 $\zeta_{j_v,\tau}^{(i-2\to i)}$ 来进行一轮重线性化过程之后，新的密文 $\tilde{\tilde{c}}_v^{(i-1)}$ 对应的私钥被转换为 $f' \cdot f_v$。

新的密文 $\tilde{\tilde{c}}_v^{(i-1)} = \sum_{\tau=0}^{\lfloor \log_2 q_{i-1} \rfloor} \tilde{\tilde{c}}_{v-1,\tau}^{(i-1)} \zeta_{j_v,\tau}^{(i-2\to i)}$，其解密过程如下：

$$
\begin{aligned}
(f' \cdot f_v) \cdot \tilde{\tilde{c}}_v^{(i-1)} &= (f' \cdot f_v) \sum_{\tau=0}^{\lfloor \log_2 q_{i-1} \rfloor} \tilde{\tilde{c}}_{v-1,\tau}^{(i-1)} \zeta_{j_v,\tau}^{(i-2\to i)} \bmod q_{i-1} \\
&= f' \cdot \sum_{\tau=0}^{\lfloor \log_2 q_{i-1} \rfloor} \tilde{\tilde{c}}_{v-1,\tau}^{(i-1)} (2E_\zeta + 2^\tau (f_v)^{j_v+1}) \\
&= 2f' \sum_{\tau=0}^{\lfloor \log_2 q_{i-1} \rfloor} \tilde{\tilde{c}}_{v-1,\tau}^{(i-1)} E_\zeta + f' \cdot (f_v)^{j_v+1} \sum_{\tau=0}^{\lfloor \log_2 q_{i-1} \rfloor} \tilde{\tilde{c}}_{v-1,\tau}^{(i-1)} 2^\tau \\
&= 2f' \sum_{\tau=0}^{\lfloor \log_2 q_{i-1} \rfloor} \tilde{\tilde{c}}_{v-1,\tau}^{(i-1)} E_\zeta + \tilde{\tilde{c}}_{v-1}^{(i-1)} (f' \cdot (f_v)^{j_v+1}) \bmod q_{i-1} \\
&= 2f' \sum^{\lfloor \log_2 q_{i-1} \rfloor \tau=0} \tilde{\tilde{c}}_{v-1,\tau}^{(i-1)} E_\zeta + (2\,\tilde{\tilde{E}}_{v-1}^{(i-1)} + f' \cdot (f_v)^{j_v+1} \cdot C(m_1, \cdots, m_r)) \bmod q_{i-1} \\
&= 2\,\tilde{\tilde{E}}'^{(i-1)}_{v-1} + f' \cdot (f_v)^{j_v+1} \cdot C(m_1, \cdots, m_r) \bmod q_{i-1}
\end{aligned}
$$

$$= C(m_1, \cdots, m_r) \bmod 2$$

即利用计算密钥 $\zeta_{j_v,\tau}^{(i-2\to i)}$ 可以将密文 $\tilde{\tilde{c}}_{v-1}^{(i-1)}$ 对应私钥中的 f_v 项的次数降为一次，以此为例，通过一轮的迭代，可以得到最终的密文 $\tilde{\tilde{c}}_r^{(i-1)}$，其对应的解密私钥为 $\prod_{v=1}^{r} f_v$。

相比较于 LTV12 方案和 DHS16 方案，本节提出的 NTRU 型方案通过分离同态乘法和重线性化过程，将同态运算过程中复杂耗时的重线性化次数减少一半，从而提升了方案同态运算的效率。

8.2.3　方案对比

本节将从安全性、参数优化、同态运算复杂度三个方面，将构造的高效 NTRU 型 MKFHE 方案与 LTV12 方案、DHS16 方案进行对比。

1. 安全性

本节方案底层的基础加密方案和 LTV12 方案、DHS16 方案相同，加密方案的安全性基于多项式环上的 RLWE 困难假设和 DSPR 困难假设，且方案没有改变密文的结构，只是通过“两层一块”(两次同态乘法运算后进行一次重线性化操作)的运算方式，将重线性化过程的次数减少一半，从而提高了方案同态运算的效率，因此方案的安全性和 LTV12 方案、DHS16 方案保持一致。此外，根据 YXW17 方案中利用素数阶分圆多项式环来抵御子域攻击，本节构造了基于素数阶分圆多项式环的 NTRU 型 MKFHE 方案。该方案与 YXW17 方案有两点不同：密钥和噪声选了一个相对较窄的高斯分布，这个设定在当前的 FHE 方案中是比较常见的；由于重线性化和模数交换技术都是在密文上进行的运算，用它们来构造层次型的全同态方案，不会影响方案的安全性。

2. 参数优化

本节方案和 DHS16 方案通过引入特殊模数、各电路层共用一个私钥等方式，有效降低了方案公共参数的数量，大幅度降低了计算密钥的数量(只需计算初始电路层对应的计算密钥)，因此在计算复杂度和存储成本上都优于 LTV12 方案。此外，由表 3-1 可得，由于素数阶分圆多项式环的引入，本节方案和 DHS16 方案在相同的参数设置条件下，能够支持更深层次的同态运算。

3. 同态运算复杂度

本节方案的同态运算模式为“两层一块”，即密文经过两次同态乘法之后，再运行一次重线性化，相比于 LTV12 方案和 DHS16 方案“一层一块”(每一次同态乘法运算过后都要运行一次重线性化)的运算模式，在同态运行相同深度的运算电路条件下，本节方案所需的重线性化次数更少(减少一半)，因此同态运算的复杂度大幅度降低，方案同态运算的效率更高。

8.3　GSW 型 MKFHE 方案的典型构造

2015 年，Clear 和 McGoldrick 提出了首个基于 LWE 问题的 GSW 型 MKFHE 方案——CM15 方案。CM15 方案提出了从 FHE 到 MKFHE 的一个转化模式：首先，将单个用户的 FHE 密文进行密文扩展(Ciphertext extension),使扩展密文(参与计算的用户集合对应的密文,也称用户集密文)对应的私钥为所有参与计算的用户私钥的级联;其次,对用户集密文进行同态计算;最后,利用所有参与计算用户的密钥对密文进行解密。GSW 型 MKFHE 方案的构造思想被广泛应用到后续的 BGV 型、CKKS 型 MKFHE 方案的构造过程中。

8.3.1 GSW 型 FHE 方案简介

在介绍 GSW 型 MKFHE 方案的基本框架之前,首先介绍 GSW 方案的构造,这里给出的是 Alperin - Sheriff 和 Peikert 提出的简化版本,本节所有的向量均表示为行向量。

(1)初始化算法 GSW. Setup$(1^\lambda, 1^L)$:令 λ 为安全参数,模数 $q=q(\lambda)$,参数 $n=n(\lambda)\in Z$, $m=O(n\log_2 q)\in Z$,以及 Z 上 bound 为 B_χ 的噪声分布 $\chi=\chi(\lambda)$,令 $l=\lfloor \log_2 q\rfloor+1$,$N=nl$,输出参数 params $=(q,n,m,\chi,B_\chi,N)$。

(2)密钥生成算法 GSW. KeyGen(params):输入公共参数 params。

1)随机均匀选取 $\boldsymbol{s}'\leftarrow Z_q^{n-1}$,随机的公共矩阵 $\boldsymbol{B}\leftarrow Z_q^{(n-1)\times m}$,以及 $\boldsymbol{e}\leftarrow \chi^m$,计算 $\boldsymbol{b}=\boldsymbol{s}'\boldsymbol{B}+\boldsymbol{e}\in Z_q^m$,定义 $\boldsymbol{A}=\begin{bmatrix}\boldsymbol{B}\\ \boldsymbol{b}\end{bmatrix}\in \mathbb{Z}_q^{n\times m}$, $s=(-s',1)\in \mathbb{Z}_q^n$,则有 $\boldsymbol{sA}=\boldsymbol{e}$;

2)输出私钥 $\mathbf{sk}:=\boldsymbol{s}$,公钥 $\mathbf{pk}:=\boldsymbol{A}$。

(3)加密算法 GSW. Enc$(\mathbf{pk},\mu)$:输入待加密的单比特信息 $\mu\in\{0,1\}$。

1)定义 $\boldsymbol{G}=\boldsymbol{I}_n\otimes \boldsymbol{g}\in \mathbb{Z}_q^{n\times N}$,其中 $\boldsymbol{I}_n$ 为 $n\times n$ 单位矩阵,$\boldsymbol{g}=(2^0,2^1,\cdots,2^{\lfloor \log q\rfloor})\in Z_q^l$,并均匀选取一个随机矩阵 $\boldsymbol{R}\leftarrow \mathbb{Z}_2^{m\times N}$;

2)生成密文 $\boldsymbol{C}=\boldsymbol{AR}+\mu\boldsymbol{G}\in \mathbb{Z}_q^{n\times N}$。

(4)解密算法 GSW. Dec$(\mathbf{sk},\boldsymbol{C})$:输入密文 $\boldsymbol{C}$,私钥 $\mathbf{sk}=\boldsymbol{s}\in \mathbb{Z}_q^n$,则有

$$\boldsymbol{sC}=\boldsymbol{eR}+\mu\boldsymbol{sG}\approx\mu\boldsymbol{sG}$$

令 $\boldsymbol{c}_I$ 为 $\boldsymbol{C}$ 的倒数第二列,且 $q/4<2^{l-2}\leqslant q/2$,计算 $x=\boldsymbol{sc}_I=\boldsymbol{er}_I+\mu\cdot 2^{l-2}$,如果 x 接近于 2^{l-2},那么返回解密结果 $\mu=1$;如果 x 接近于 0,那么返回解密结果 $\mu=0$。

(5)同态运算算法 GSW. Eval$(\boldsymbol{C}_1,\boldsymbol{C}_2)$:输入两个密文 $\boldsymbol{C}_1,\boldsymbol{C}_2\in \mathbb{Z}_q^{n\times N}$。

1)同态加法运算 GSW. EvalAdd$(\boldsymbol{C}_1,\boldsymbol{C}_2)$:输出 $\boldsymbol{C}_1+\boldsymbol{C}_2\in \mathbb{Z}_q^{n\times N}$。

2)同态乘法运算 GSW. EvalMult$(\boldsymbol{C}_1,\boldsymbol{C}_2)$:定义运算 $\boldsymbol{G}^{-1}(\boldsymbol{C}_2)\in(0,1)^{N\times N}$,即对矩阵 $\boldsymbol{C}_2$ 进行比特分解,满足 $\boldsymbol{G}\cdot\boldsymbol{G}^{-1}(\boldsymbol{C}_2)=\boldsymbol{C}_2$,输出 $\boldsymbol{C}_1\boldsymbol{G}^{-1}(\boldsymbol{C}_2)\in \mathbb{Z}_q^{n\times N}$。

8.3.2 GSW 型 MKFHE 方案的一般流程

与 BGV 型 MKFHE 方案的实现模式类似,GSW 型 MKFHE 方案在对不同用户的密文进行同态运算之前,也需要通过密文扩展算法将单用户密文扩展为参与用户集的密文。此外,GSW 型 MKFHE 方案的密文形式为多个 LWE 实例组成的矩阵,因此也继承了 GSW 型 FHE 方案不需要计算密钥的特点,更加适合运算逻辑电路。这里归纳总结云环境下 GSW 型 MKFHE 方案的一般流程,其中云端同态运算的过程在图 8-2 中进行形式化表示(以两个用户为例)。

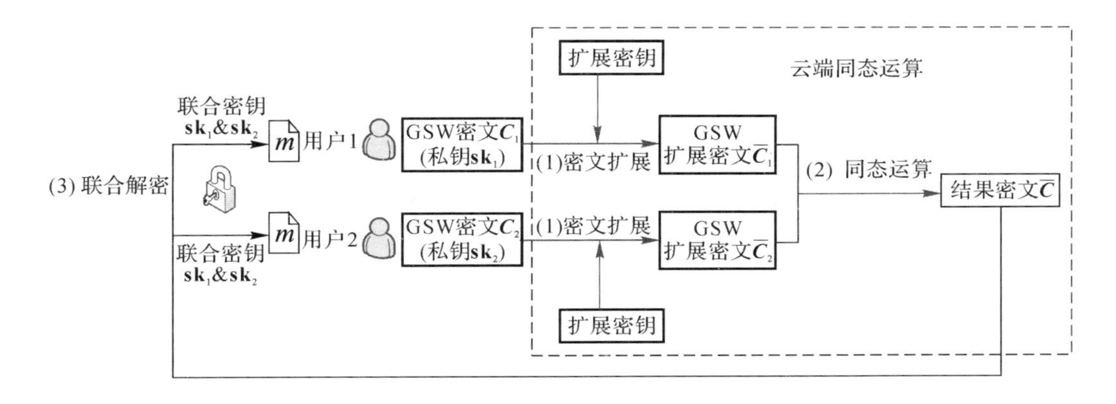

图 8-2　GSW 型 MKFHE 方案中云端同态运算过程

(1)密文生成：参与同态运算的用户利用初始化阶段提供的一些公共参数，生成各自的密钥，密钥包含私钥、公钥，以及用来进行密文扩展所需的扩展密钥。每个用户对各自的明文进行加密，并将生成的密文、公钥和扩展密钥上传到云端。

(2)密文扩展：云端利用接收到的密文和密钥信息，将参与同态运算的用户的密文进行扩展，使其对应相同的私钥和用户集。

(3)同态运算：云端根据所需要实现的运算电路，对相关用户的扩展密文进行同态运算，最终生成结果密文。

(4)返回结果密文：云端对密文进行一系列的同态运算，最终生成结果密文，并将结果密文返回给所有参与计算的用户。

(5)联合解密：所有参与计算的用户接收到结果密文之后，利用各自的私钥对密文进行联合解密，最终得到所需要的信息。

8.3.3　GSW 型 MKFHE 方案构造方法

相比较于 NTRU 方案的密文，GSW 方案的新鲜密文(简称 GSW 密文)并不具备支持多密钥运算的功能，因此不同用户的 GSW 密文在进行同态运算之前，需要对其进行预处理，即进行密文扩展。以两个用户 1 和 2 为例，MW16 方案中 GSW 密文扩展的基本思路如下：

假定用户 1 的密文 $\boldsymbol{C}_1 \in \mathbb{Z}_q^{n\times N}$，其对应的明文为 μ_1，公钥 $\boldsymbol{A}_1 = \begin{bmatrix} \boldsymbol{B} \\ \boldsymbol{b}_1 \end{bmatrix} \in \mathbb{Z}_q^{n\times m}$，私钥 $\boldsymbol{s}_1 = (-\boldsymbol{s}'_1, 1) \in \mathbb{Z}_q^n$。用户 2 的密文 $\boldsymbol{C}_2 \in \mathbb{Z}_q^{n\times N}$，其对应的明文为 μ_2，对应的公钥 $\boldsymbol{A}_2 = \begin{bmatrix} \boldsymbol{B} \\ \boldsymbol{b}_2 \end{bmatrix} \in \mathbb{Z}_q^{n\times m}$，私钥 $\boldsymbol{s}_2 = (-\boldsymbol{s}'_2, 1) \in \mathbb{Z}_q^n$(这里假设所有用户共用一个 $\boldsymbol{B}$)。目的：用户 1 和用户 2 分别得到各自的扩展密文 $\bar{\boldsymbol{C}}_1$ 和 $\bar{\boldsymbol{C}}_2$，使其对应着相同的私钥 $\bar{\boldsymbol{s}} = (\boldsymbol{s}_1, \boldsymbol{s}_2)$(该私钥通常由两个用户的私钥级联组成，且先后顺序事先确定)，即满足：

$$\bar{\boldsymbol{s}} \cdot \bar{\boldsymbol{C}}_1 = (\boldsymbol{s}_1, \boldsymbol{s}_2)\bar{\boldsymbol{C}}_1 \approx (\mu_1 \boldsymbol{s}_1 \boldsymbol{G}, \mu_1 \boldsymbol{s}_2 \boldsymbol{G})$$
$$\bar{\boldsymbol{s}} \cdot \bar{\boldsymbol{C}}_2 = (\boldsymbol{s}_1, \boldsymbol{s}_2)\bar{\boldsymbol{C}}_2 \approx (\mu_2 \boldsymbol{s}_1 \boldsymbol{G}, \mu_2 \boldsymbol{s}_2 \boldsymbol{G})$$

以用户 1 为例(用户 2 与其类似),可以将扩展密文 $\bar{C}_1$ 的结构抽象为 4 个子块 $\begin{bmatrix}\bar{C}_{1,1} & \bar{C}_{1,3}\\ \bar{C}_{1,2} & \bar{C}_{1,4}\end{bmatrix}$,使得 $\bar{s}\cdot\bar{C}_1=(s_1,s_2)\begin{bmatrix}\bar{C}_{1,1} & \bar{C}_{1,3}\\ \bar{C}_{1,2} & \bar{C}_{1,4}\end{bmatrix}\approx(\mu_1 s_1 G,\mu_1 s_2 G)$,即

$$s_1\cdot\bar{C}_{1,1}+s_2\cdot\bar{C}_{1,2}\approx\mu_1 s_1 G \tag{8-1}$$

$$s_1\cdot\bar{C}_{1,3}+s_2\cdot\bar{C}_{1,4}\approx\mu_1 s_2 G \tag{8-2}$$

由于 $s_1C_1\approx\mu_1 sG$,因此可以令 $\bar{C}_{1,1}=C_1\in\mathbb{Z}_q^{n\times N}$,$\bar{C}_{1,2}=\mathbf{0}\in\mathbb{Z}_q^{n\times N}$,则式(8-1)得到满足。此外,由于

$$s_2C_1=s_2(A_1R_1+\mu_1G)=(b_1-b_2+e_2)R_1+\mu_1s_2G\approx(b_1-b_2)R_1+\mu_1s_2G$$

其中,包含式(8-2)等式右边的 μ_1s_2G 这一项,因此令 $\bar{C}_{1,4}=C_1$,$\bar{C}_{1,3}=X_2$,为使式(8-2)成立,需要构造合适的辅助密文 X_2,使得 $s_1X_2\approx(b_2-b_1)R_1$ 成立。

下面以 MW16 方案为例,介绍构造辅助密文 $X_2\in\mathbb{Z}_q^{n\times N}$ 的思路。

1. 生成密文扩展所需的部件

用户 1 对随机矩阵 $R_1\in\mathbb{Z}_2^{m\times m}$ 中的每个元素进行加密:

$$V_{i,j}\leftarrow \text{GSW.Enc}(\mathbf{pk}_1,R_1[i,j]),\quad i\in[m],\quad j\in[N]$$

定义矩阵 $Z_{i,j}\in\mathbb{Z}_q^{n\times N}$ 如下:

$$Z_{i,j}[a,b]=\begin{cases}(b_2-b_1)[i], & a=n,b=j\\ 0, & \text{其他}\end{cases}$$

即 $Z_{i,j}=\begin{bmatrix}0 & \cdots & 0\\ \vdots & & \vdots\\ 0 & (b_2-b_1)[i] & 0\end{bmatrix}$(即矩阵 $Z_{i,j}$ 只有第 n 行、第 j 列有非零值)。

令 $\zeta=(V_{1,1},\cdots,V_{m,N})$,$\delta=(Z_{1,1},\cdots,Z_{m,N})$。

2. 生成辅助密文

GSW.Extend$(\zeta,\delta,\mathbf{pk}_2)$:输入 $\zeta=(V_{1,1},\cdots,V_{m,m})$,$\zeta=(Z_{1,1},\cdots,Z_{m,m})$,以及用户 2 的公钥 $\mathbf{pk}_2$,计算

$$X_2=\sum_{i=1,j=1}^{i=m,j=N}V_{i,j}G^{-1}(Z_{i,j})$$

正确性分析,即证 $s_1X_2\approx(b_2-b_1)R_1$。

$$\begin{aligned}s_1X_2&=s_1\sum_{i=1,j=1}^{i=m,j=N}V_{i,j}G^{-1}(Z_{i,j})\\&=\sum_{i=1,j=1}^{i=m,j=N}(R_1[i,j]s_1G+e_{i,j})G^{-1}(Z_{i,j})\\&=\sum_{i=1,j=1}^{i=m,j=N}(R_1[i,j]s_1Z_{i,j}+e'_{i,j})\\&=(-s_1,1)\begin{bmatrix}\mathbf{0}^{n-1}\\(b_2-b_1)R_1\end{bmatrix}+e''\approx(b_2-b_1)R_1\end{aligned}$$

因此,正确性得以验证。

同理,对于 k 个用户参与同态计算的情况而言,以用户 i 为例,其扩展密文结构为

$$\bar{\boldsymbol{C}}_i = \begin{bmatrix} \boldsymbol{C}_i & & & & \\ & \ddots & & & \\ \boldsymbol{X}_1 & \cdots & \boldsymbol{C}_i & \cdots & \boldsymbol{X}_k \\ & & & \ddots & \\ & & & & \boldsymbol{C}_i \end{bmatrix}$$

满足

$$(\boldsymbol{s}_1,\cdots,\boldsymbol{s}_k)\cdot\bar{\boldsymbol{C}}_i \approx (\mu_i\boldsymbol{s}_1\boldsymbol{G},\cdots,\mu_i\boldsymbol{s}_k\boldsymbol{G})$$

经过扩展之后的密文之间可以进行同态运算，假设经过同态运算后的密文为 $\widehat{\boldsymbol{C}} \in \mathbb{Z}_q^{nk\times mk}$，对应的公钥序列为 $(\mathbf{pk}_1,\cdots,\mathbf{pk}_k)$，用户的私钥序列 $\{\mathbf{sk}_i = s_i\}_{i\in[k]}$。多用户联合解密的过程如下：

(1)所有参与用户接收到最终的联合密文 $\widehat{\boldsymbol{C}}$ 后，首先将密文 $\widehat{\boldsymbol{C}}$ 分解为 k 个子矩阵 $\widehat{\boldsymbol{C}}^{(i)} \in \mathbb{Z}_q^{n\times mN}$ 的级联：

$$\widehat{\boldsymbol{C}} = \begin{bmatrix} \widehat{\boldsymbol{C}}^{(1)} \\ \vdots \\ \widehat{\boldsymbol{C}}^{(k)} \end{bmatrix}$$

定义 $\widehat{\boldsymbol{w}} = [0 \ \cdots \ 0 \ \ \lceil q/2 \rceil] \in Z_q^{nk}$，每个用户计算各自的部分解密结果 $p_i = \boldsymbol{s}_i\widehat{\boldsymbol{C}}^{(i)} \ \bar{\boldsymbol{G}}^{-1}(\widehat{\boldsymbol{w}}^{\mathrm{T}}) + e_i^{sm} \in Z_q$，其中 $|e_i^{sm}| \leqslant 2^{\lambda}\tilde{O}(\lambda K)$，$K$ 为参与方数量的上界。

(2)将所有用户的部分解密结果进行汇总后，计算 $p = \sum_{i=1}^{k} p_i$，并最终计算得到解密结果，即

$$\mu: = |\lceil p/(q/2) \rfloor|$$

8.4　具有高效密文扩展过程的 GSW 型 MKFHE 方案

自 Clear 和 McGoldrick 提出了第一个 GSW 型 MKFHE 方案——CM15 方案之后，许多密码学家对该类型的 MKFHE 方案开展了研究。GSW 型 MKFHE 方案继承了 GSW 型 FHE 方案不需要计算密钥、更适合运算逻辑电路等优点，但也存在密文扩展过程所需的密钥规模较大、效率不高等缺陷。针对以上缺陷，本节设计了一种密文扩展更加高效的 GSW 方案。该方案对 GSW 密文扩展算法进行优化，大幅度降低了扩展密钥生成过程中的冗余，并根据实际情况中是否有新用户加入，灵活选取不同的密文扩展算法，提高密文扩展的效率。相比较于 MW16 方案，本节方案较大程度地降低了扩展密钥的存储成本，减小了扩展密钥生成过程的计算开销，提高了密文扩展过程的效率，同时能够支持更深层次的同态运算。除此之外，本节还设计了可由指定用户获得解密结果的 GSW 型定向解密协议，提高了数据拥有者对于解密结果的控制能力，具备更广泛的适用范围。

8.4.1　GSW 型 MKFHE 方案的优化思路

本节方案针对 GSW 型 MKFHE 方案——MW16 方案进行优化，通过对 MW16 方案密

文扩展算法进行分析，发现有以下优化思路：

在 MW16 方案的密文扩展算法中，辅助密文 $\boldsymbol{X}=\sum_{i=1,j=1}^{i=m,j=N}\boldsymbol{V}_{i,j}\boldsymbol{G}^{-1}(\boldsymbol{Z}_{i,j})$，由于 $\boldsymbol{Z}_{i,j}$ 中存在着大量的 0 元素，实际上参与运算的只用到了 $\boldsymbol{V}_{i,j}$ 的后 l 列和 $\boldsymbol{Z}_{i,j}$ 的最后一行，因此在生成辅助密文 $\boldsymbol{X}$ 的过程中，存在着大量的冗余。可以通过去除一定冗余的方式，缩减扩展密钥的尺寸，从而减小方案的存储开销。其缺点是不能降低扩展密钥的数量，仍需要对随机矩阵 $\boldsymbol{R}\leftarrow\mathbb{Z}_2^{m\times m}$ 中的每个元素进行加密。

8.4.2 方案构造

(1)初始化算法 E_2. Setup$(1^\lambda,1^L)$：输入安全参数 λ，令模数 $q=q(\lambda)$，参数 $n=n(\lambda)$，$m=O(n\log_2 q)$ 整数上的 Bound 为 B 的噪声分布 $\chi=\chi(\lambda)$，最大深度 L，参与计算最大用户数 l，随机生成公共矩阵 $B\in Z_q^{(n-1)\times m}$，输出参数 params $=(q,n,m,\chi,B_\chi,K,\boldsymbol{B})$。

(2)密钥生成算法 E_2. KeyGen(params)：输入公共参数 params，

1)随机均匀选取 $\boldsymbol{s}'\leftarrow Z_q^{n-1}$，以及 $\boldsymbol{e}\leftarrow\chi^m$，计算 $\boldsymbol{b}=\boldsymbol{s}'\boldsymbol{B}+\boldsymbol{e}\in Z_q^m$，定义 $\boldsymbol{A}=\begin{bmatrix}\boldsymbol{B}\\ \boldsymbol{b}\end{bmatrix}\in\mathbb{Z}_q^{n\times m}$，$\boldsymbol{s}=(-\boldsymbol{s}',1)\in Z_q^n$，则有 $\boldsymbol{sA}=\boldsymbol{e}$；

2)输出私钥 $\mathbf{sk}:=\boldsymbol{s}$，公钥 $\mathbf{pk}:=\boldsymbol{A}$。

(3)加密算法 E_2. Enc$(\mathbf{pk},\mu)$：输入待加密明文 $\mu\in\{0,1\}$，公钥 $\mathbf{pk}$。

1)定义 $\boldsymbol{G}=\boldsymbol{I}_n\otimes\boldsymbol{g}\in\mathbb{Z}_q^{n\times m}$，其中 $\boldsymbol{I}_n$ 为 $n\times n$ 单位矩阵，$\boldsymbol{g}=[2^0\quad 2^1\quad\cdots\quad 2^{\lfloor\log_2 q\rfloor}]\in\mathbb{Z}_q^l$；

2)均匀选取随机矩阵 $\boldsymbol{R}\leftarrow\mathbb{Z}_2^{m\times m}$，生成密文 $\boldsymbol{C}=\boldsymbol{AR}+\mu\boldsymbol{G}\in\mathbb{Z}_q^{n\times m}$；

3)均匀选取随机矩阵 $\overleftarrow{\boldsymbol{R}}_{i,j}\leftarrow\mathbb{Z}_2^{m\times l}$，定义 $\overleftarrow{\boldsymbol{G}}\triangleq\begin{bmatrix}\mathbf{0}\\ \vdots\\ \boldsymbol{g}\end{bmatrix}\in Z_q^{n\times l}$（$\overleftarrow{\boldsymbol{G}}$ 为 $\boldsymbol{G}$ 的后 l 列)，计算 $\overleftarrow{\boldsymbol{C}}_{i,j}=\boldsymbol{A}\overleftarrow{\boldsymbol{R}}_{i,j}+\boldsymbol{R}[i,j]\overleftarrow{\boldsymbol{G}}\in\mathbb{Z}_q^{n\times l}$，$i,j\in[m]$，生成扩展密钥 $\mathbf{ek}:=\{\overleftarrow{C}_{i,j}\}_{i\in[m],j\in[m]}$。

(4)将 $\{\mathbf{pk},\mathbf{ek},\boldsymbol{C}\}$ 上传到云端。

(5)解密算法 E_2. Dec$(\mathbf{sk},C)$：输入密文 $\boldsymbol{C}$，私钥 $\mathbf{sk}=\boldsymbol{s}\in Z_q^n$，定义 $\mathbf{w}=[0,\cdots,0,\lceil q/2\rceil]\in\mathbb{Z}_q^n$，计算

$$v=\boldsymbol{sCG}^{-1}(\boldsymbol{w}^{\mathrm{T}})$$

式中：$\boldsymbol{G}^{-1}(\cdot)$ 表示对矩阵中的元素按列方向进行比特分解，输出解密结果 $\mu'=|\lfloor v/(q/2)\rceil|$。

(6)密文扩展 E_2. Extend$(\boldsymbol{C}_1,\mathbf{ek}_1,\mathbf{pk}_1,\mathbf{pk}_2)$：以用户 1 为例，参与计算的用户为 1 和 2，输入用户 1 的密文 $\boldsymbol{C}_1$ 和扩展密钥 $\mathbf{ek}_1$，以及两个用户的公钥 $\mathbf{pk}_1,\mathbf{pk}_2$。

1)定义 $z_{1,i}:=(\boldsymbol{b}_2-\boldsymbol{b}_1)[i]$，令 $\xi_{1\to2}:=\{z_{1,i}\}_{i\in[m]}$。

2)生成辅助密文 $\boldsymbol{X}_2\in\mathbb{Z}_q^{n\times m}$：

输入 $\xi_{1\to2}:=\{z_{1,i}\}_{i\in[m]}$，以及扩展密钥 $\mathbf{ek}_1:=\{\overleftarrow{\boldsymbol{C}}_{1,i,j}\}_{i\in[m],j\in[m]}$，计算

$$\boldsymbol{X}_2=\left[\sum_{i=1}^{m}\overleftarrow{\boldsymbol{C}}_{1,i,1}\,\boldsymbol{g}^{-1}(z_{1,i})\quad\cdots\quad\sum_{i=1}^{m}\overleftarrow{\boldsymbol{C}}_{1,i,m}\,\boldsymbol{g}^{-1}(z_{1,i})\right]$$

$$= \left[\sum_{i=1}^{m} \overleftarrow{C}_{1,i,1}\ \boldsymbol{g}^{-1}((\boldsymbol{b}_2 - \boldsymbol{b}_1)[i]) \quad \cdots \quad \sum_{i=1}^{m} \overleftarrow{C}_{1,i,m}\ \boldsymbol{g}^{-1}((\boldsymbol{b}_2 - \boldsymbol{b}_1)[i]) \right]$$

式中：$\boldsymbol{g}^{-1}(\cdot)$ 表示对元素按列方向进行比特分解。

构造扩展密文 $\bar{\boldsymbol{C}}_1 = \begin{bmatrix} \boldsymbol{C}_1 & \boldsymbol{X}_2 \\ \boldsymbol{0} & \boldsymbol{C}_1 \end{bmatrix} \in \mathbb{Z}_q^{2n\times 2m}$，其对应的解密密钥 $\bar{\boldsymbol{s}} = (\boldsymbol{s}_1, \boldsymbol{s}_2)$。

同理，对于 K 个用户参与同态计算的情况而言，以用户 k 为例，其扩展密文 $\bar{\boldsymbol{C}}_k \in \mathbb{Z}_q^{Kn\times Km}$ 结构为

$$\bar{\boldsymbol{C}}_k = \begin{bmatrix} \boldsymbol{C}_k & & & & \\ & \ddots & & & \\ \boldsymbol{X}_1 & \cdots & \boldsymbol{C}_k & \cdots & \boldsymbol{X}_K \\ & & & \ddots & \\ & & & & \boldsymbol{C}_k \end{bmatrix} \xleftarrow{\text{第}i\text{行}}$$

在扩展密文 $\bar{\boldsymbol{C}}_i$ 的结构图中，以 $n\times m$ 维度的矩阵为基本单元，“第 i 行”表示在以 $n\times m$ 维度的矩阵为基本单元的矩阵中的第 i 行，$\bar{\boldsymbol{C}}_k$ 对应的私钥 $\bar{\boldsymbol{s}} = (\boldsymbol{s}_1, \cdots, \boldsymbol{s}_K)$，定义 $\bar{\boldsymbol{G}} \in \mathbb{Z}_q^{nK\times mK}$ 如下：

$$\bar{\boldsymbol{G}} = \begin{bmatrix} \boldsymbol{G} & \boldsymbol{0} & \cdots & \boldsymbol{0} \\ \boldsymbol{0} & \boldsymbol{G} & \boldsymbol{0} & \vdots \\ \vdots & \boldsymbol{0} & \boldsymbol{G} & \vdots \\ \boldsymbol{0} & \cdots & \cdots & \boldsymbol{G} \end{bmatrix} \in \mathbb{Z}_q^{nK\times mK}$$

满足：$(\boldsymbol{s}_1, \cdots, \boldsymbol{s}_K) \cdot \bar{\boldsymbol{C}}_k \approx (\mu_k \boldsymbol{s}_1 \boldsymbol{G}, \cdots, \mu_k \boldsymbol{s}_K \boldsymbol{G}) = \mu_k \bar{\boldsymbol{s}} \bar{\boldsymbol{G}}$。

(7)同态运算 $\mathrm{E}_2.\mathrm{Eval}(\boldsymbol{C}_1, \boldsymbol{C}_2)$：输入两个密文 $\boldsymbol{C}_1, \boldsymbol{C}_2 \in \mathbb{Z}_q^{kn\times km}$，$k \in [K]$，同态运算方式与 $\mathrm{E}_1.\mathrm{Eval}(\boldsymbol{C}_1, \boldsymbol{C}_2)$ 方式相同。

8.4.3 方案分析

本小节主要分析密文扩展算法的正确性与扩展密文解密和同态运算的正确性。

1. 密文扩展算法的正确性分析

与 MW16 方案相比，本节方案主要是对密文扩展算法进行了优化改进，因此主要对密文扩展算法的正确性进行分析。

如 8.4.2 节所述，以两个用户为例，用户 1 的原始密文 $\boldsymbol{C}_1 \in \mathbb{Z}_q^{n\times m}$（对应私钥为 $\boldsymbol{s}_1$），满足：$\boldsymbol{s}_1 \boldsymbol{C}_1 = \mu_1 \boldsymbol{s}_1 \boldsymbol{G} + \boldsymbol{e}_1 \boldsymbol{R}_1 \approx \mu_1 \boldsymbol{s}_1 \boldsymbol{G}$。原始密文 $\boldsymbol{C}_1$ 经过扩展后的密文 $\bar{\boldsymbol{C}}_1 = \begin{bmatrix} \boldsymbol{C}_1 & \boldsymbol{X}_2 \\ \boldsymbol{0} & \boldsymbol{C}_1 \end{bmatrix} \in \mathbb{Z}_q^{2n\times 2m}$，其中 $\boldsymbol{X}_2 = \sum_{i=1}^{m} \sum_{j=1}^{m} \overleftarrow{C}_{1,i,j}\, \boldsymbol{G}^{-1}(z_{1,i,j}) \in \mathbb{Z}_q^{n\times m}$，扩展密文对应的联合私钥 $\bar{\boldsymbol{s}} = (\boldsymbol{s}_1, \boldsymbol{s}_2)$，证明扩展密文的正确性即需验证：

$$\bar{\boldsymbol{s}} \bar{\boldsymbol{C}}_1 = (\boldsymbol{s}_1 \boldsymbol{C}_1, \boldsymbol{s}_1 \boldsymbol{X}_2 + \boldsymbol{s}_2 \boldsymbol{C}_1) \approx (\mu_1 \boldsymbol{s}_1 \boldsymbol{G}, \mu_1 \boldsymbol{s}_2 \boldsymbol{G})$$

由于 $\boldsymbol{s}_2 \boldsymbol{C}_1 = \boldsymbol{s}_2 (\boldsymbol{A}_1 \boldsymbol{R}_1 + \mu_1 \boldsymbol{G}) = (\boldsymbol{b}_1 - \boldsymbol{b}_2 + \boldsymbol{e}_2) \boldsymbol{R}_1 + \mu_1 \boldsymbol{s}_2 \boldsymbol{G} \approx (\boldsymbol{b}_1 - \boldsymbol{b}_2) \boldsymbol{R}_1 + \mu_1 \boldsymbol{s}_2 \boldsymbol{G}$，因此需证明 $\boldsymbol{s}_1 \boldsymbol{X}_2 \approx (\boldsymbol{b}_2 - \boldsymbol{b}_1) \boldsymbol{R}_1$。由于 $\overleftarrow{\boldsymbol{G}} \cdot \boldsymbol{G}^{-1}(x) = [0 \quad \cdots \quad 0 \quad x]^{\mathrm{T}} \in \mathbb{Z}_q^{n\times 1}$，$x \in Z_q$，可得

$$\begin{aligned}
s_1 X_2 &= s_1 \left[\sum_{i=1}^{m} \bar{C}_{1,i,1} G^{-1}\{(b_2-b_1)[i]\} \quad \cdots \quad \sum_{i=1}^{m} \bar{C}_{1,i,m} G^{-1}\{(b_2-b_1)[i]\} \right] \\
&= \left[\sum_{i=1}^{m} \{R_1[i,1]\, s_1 \bar{G} + e_1 \bar{R}_{1,i,1}\}\, G^{-1}\{(b_2-b_1)[i]\} \cdots \right. \\
&\quad \left. \sum_{i=1}^{m} \{R_1[i,m]\, s_1 \bar{G} + e_1 \bar{R}_{1,i,m}\} G^{-1}\{(b_2-b_1)[i]\} \right] \\
&= \begin{bmatrix} \sum_{i=1}^{m} R_1[i,1]\, s_1 \begin{bmatrix} 0 \\ \vdots \\ 0 \\ (b_2-b_1)[i] \end{bmatrix} & \cdots & \sum_{i=1}^{m} R_1[i,m]\, s_1 \begin{bmatrix} 0 \\ \vdots \\ 0 \\ (b_2-b_1)[i] \end{bmatrix} \\ + \sum_{i=1}^{m} e_1 \bar{R}_{1,i,1} G^{-1}\{(b_2-b_1)[i]\} & & + \sum_{i=1}^{m} e_1 \bar{R}_{1,i,m} G^{-1}((b_2-b_1)[i]) \end{bmatrix} \\
&= \begin{bmatrix} \sum_{i=1}^{m} R_1[i,1](b_2-b_1)[i] & \cdots & \sum_{i=1}^{m} R_1[i,m](b_2-b_1)[i] \\ + \sum_{i=1}^{m} e_1 \bar{R}_{1,i,1} G^{-1}((b_2-b_1)[i]) & & + \sum_{i=1}^{m} e_1 \bar{R}_{1,i,m} G^{-1}\{(b_2-b_1)[i]\} \end{bmatrix} \\
&= \left[\sum_{i=1}^{m} R_1[i,1](b_2-b_1)[i] \quad \cdots \quad \sum_{i=1}^{m} R_1[i,m](b_2-b_1)[i] \right] \\
&\quad + \left[\sum_{i=1}^{m} e_1 \bar{R}_{1,i,1} G^{-1}\{(b_2-b_1)[i]\} \quad \cdots \quad \sum_{i=1}^{m} e_1 \bar{R}_{1,i,m} G^{-1}\{(b_2-b_1)[i]\} \right] \\
&= (b_2-b_1) R_1 + \left[\sum_{i=1}^{m} e_1 \bar{R}_{1,i,1} G^{-1}\{(b_2-b_1)[i]\} \quad \cdots \quad \sum_{i=1}^{m} e_1 \bar{R}_{1,i,m} G^{-1}\{b_2-b_1)[i]\} \right] \\
&= (b_2-b_1) R_1 + \bar{e}_1 \approx (b_2-b_1) R_1
\end{aligned}$$

即证 $s_1 X_2 = (b_2-b_1) R_1$。当参与方的数量为 K 时，用户 k 的扩展密文 $\bar{C}_k$ 形式为

$$\bar{C}_k = \begin{bmatrix} C_k & & & & \\ & \ddots & & & \\ X_1 & \cdots & C_k & \cdots & X_K \\ & & & \ddots & \\ & & & & C_k \end{bmatrix} \in \mathbb{Z}_q^{Kn \times Km}$$

此外，本节方案中在生成扩展密钥 $\bar{C}_{i,j}$ 时，虽然缩减了 $\bar{R}_{i,j}$ 和 $\bar{G}$ 的尺寸，但实际上 $\bar{C}_{i,j}$ 也是由很多个 LWE 实例组成的矩阵，因此并不会对明文加密过程中使用到的随机矩阵 R 产生安全影响。综上所述，本节方案密文扩展算法的正确性得以验证。

2. 扩展密文解密和同态运算的正确性分析

(1)扩展密文解密正确性分析。

引理 8-1:给定用户 1 和用户 2 的公钥 $\mathbf{pk}_1 = \boldsymbol{A}_1, \mathbf{pk}_2 = \boldsymbol{A}_2$，以及对应私钥 $\mathbf{sk}_1 = \boldsymbol{s}_1$ 和 $\mathbf{sk}_2 = \boldsymbol{s}_2$，用户 1 的新鲜密文 $\boldsymbol{C}_1 \leftarrow \mathrm{E}_2.\mathrm{Enc}(\mathbf{pk}_1, \mu_1)$，用户 1 生成关于用户 2 的辅助密文 $\boldsymbol{X}_2$（构造方式见 8.4.2 节），则 $\|(\boldsymbol{s}_1\boldsymbol{X}_2 + \boldsymbol{s}_2\boldsymbol{C}_1)_{\text{error}}\|_\infty \leqslant mlB_\chi$。

证明:根据密文扩展算法的正确性分析计算,可知

$$(\boldsymbol{s}_1\boldsymbol{X}_2 + \boldsymbol{s}_2\boldsymbol{C}_1)_{\text{error}} = \boldsymbol{e}_2\boldsymbol{R}_1 + \left[\sum_{i=1}^{m} \boldsymbol{e}_1\overleftarrow{\boldsymbol{R}}_{1,i,1}\boldsymbol{g}^{-1}\{(\boldsymbol{b}_2 - \boldsymbol{b}_1)[i]\} \quad \cdots \quad \sum_{i=1}^{m} \boldsymbol{e}_1\overleftarrow{\boldsymbol{R}}_{1,i,m}\boldsymbol{g}^{-1}\{(\boldsymbol{b}_2 - \boldsymbol{b}_1)[i]\}\right]$$

令 $\bar{\boldsymbol{e}}_2 = \boldsymbol{e}_2\boldsymbol{R}_1 + \left[\sum_{i=1}^{m} \boldsymbol{e}_1\overleftarrow{\boldsymbol{R}}_{1,i,1}\boldsymbol{G}^{-1}\{(\boldsymbol{b}_2 - \boldsymbol{b}_1)[i]\} \quad \cdots \quad \sum_{i=1}^{m} \boldsymbol{e}_1\overleftarrow{\boldsymbol{R}}_{1,i,m}\boldsymbol{G}^{-1}\{(\boldsymbol{b}_2 - \boldsymbol{b}_1)[i]\}\right]$，

已知 $\|\boldsymbol{e}_2\boldsymbol{R}_1\|_\infty \leqslant mB_\chi$，$\|\boldsymbol{e}_1\|_\infty \leqslant B_\chi$，且 $\overleftarrow{\boldsymbol{R}}_{1,i,j} \in \mathbb{Z}_2^{m\times l}$，$\boldsymbol{G}^{-1}((\boldsymbol{b}_2 - \boldsymbol{b}_1)[i]) \in \mathbb{Z}_2^l$，$i,j \in [m]$，则 $\left\|\sum_{i=1}^{m} \boldsymbol{e}_1\overleftarrow{\boldsymbol{R}}_{1,i,j}\boldsymbol{G}^{-1}\{(\boldsymbol{b}_2 - \boldsymbol{b}_1)[i]\}\right\|_\infty \leqslant mlB_\chi$，因此可证 $\|(\boldsymbol{s}_1\boldsymbol{X}_2 + \boldsymbol{s}_2\boldsymbol{C}_1)_{\text{error}}\|_\infty \leqslant ml\,B_\chi$。

证毕。

当参与方的数量为 K 时，用户 k 的扩展密文为 $\bar{\boldsymbol{C}}_k$，$\bar{\boldsymbol{C}}_k$ 对应的解密私钥 $\bar{\boldsymbol{s}} = (\boldsymbol{s}_1, \cdots, \boldsymbol{s}_K)$，满足

$$(\boldsymbol{s}_1, \cdots, \boldsymbol{s}_K) \cdot \bar{\boldsymbol{C}}_k = (\mu_k\boldsymbol{s}_1\boldsymbol{G} + \bar{\boldsymbol{e}}_1, \cdots, \mu_k\boldsymbol{s}_K\boldsymbol{G} + \bar{\boldsymbol{e}}_K)$$

则 $||(\bar{\boldsymbol{C}}_k)_{\text{error}}||_\infty \leqslant ml\,B_\chi$。为保证扩展密文的解密正确,需要使得 $||(\bar{\boldsymbol{C}}_k)_{\text{error}} \cdot \boldsymbol{G}^{-1}(\widehat{\boldsymbol{w}}^{\mathrm{T}})||_\infty \leqslant ml^2B_\chi < q/4$，即 $q > 4ml^2B_\chi$。

(2)同态运算正确性分析。

令 $\bar{\boldsymbol{C}}_1, \bar{\boldsymbol{C}}_2, \cdots, \bar{\boldsymbol{C}}_K$ 为明文 $\mu_1, \mu_2, \cdots, \mu_K$ 对应的扩展密文,对应的用户集为 $\{1, 2, \cdots, K\}$，对应的解密私钥 $\bar{\boldsymbol{s}} = (\boldsymbol{s}_1, \cdots, \boldsymbol{s}_K)$，满足 $\bar{\boldsymbol{s}}\bar{\boldsymbol{C}}_k = \bar{\boldsymbol{e}}_k + \mu_k\bar{\boldsymbol{s}}\bar{\boldsymbol{G}}$。由引理 8-1 可得 $||\bar{\boldsymbol{e}}_k||_\infty \leqslant ml\,B_\chi$。假设 $\bar{\boldsymbol{C}}$ 为 $\bar{\boldsymbol{C}}_1, \bar{\boldsymbol{C}}_2, \cdots, \bar{\boldsymbol{C}}_K$ 经过同态运算电路 C（电路深度为 L）之后的结果密文,对应的明文 $\mu = C(\mu_1, \mu_2, \cdots, \mu_K)$，可得 $\bar{\boldsymbol{s}}\bar{\boldsymbol{C}} = \bar{\boldsymbol{e}}_{\text{Eval}} + \mu\bar{\boldsymbol{s}}\bar{\boldsymbol{G}}$，则根据 MW16 方案可得 $||\bar{\boldsymbol{e}}_{\text{Eval}}||_\infty \leqslant ml\,B_\chi(mK+1)^L$。为保证最终的解密正确,需要使得

$$\|\bar{\boldsymbol{e}}_{\text{Eval}} \cdot \boldsymbol{G}^{-1}(\widehat{\boldsymbol{w}}^{\mathrm{T}})\|_\infty \leqslant ml^2\,B_\chi(mK+1)^L < q/4$$

式中：$\widehat{\boldsymbol{w}} = [0, \cdots, 0, \lceil q/2 \rceil] \in \mathbb{Z}_q^{nK}$，即 $q > 4ml^2(mK+1)^L B_\chi$。

根据前节分析,本节方案中的模数 q 设置能够满足正确解密的要求。

8.4.4　方案对比

下面从密文扩展算法的输入规模、计算开销、错误扩展率三方面,将本节方案与 MW16 方案进行对比。

1. 密文扩展算法的输入规模对比

在本节方案中,假设一共有 K 个参与方,每个参与方需要生成 m^2 个 $n \times l$ 维的扩展密钥 $\overleftarrow{\boldsymbol{C}}_{i,j}$，$i,j \in [m]$，云端需要根据用户上传的公钥,生成 m^2 个 $z_{i,j}$，因此密文扩展过程的总体输入规模为 $O(n^3l^4K)$。

在 MW16 方案中,由 4.2.3 节分析可知,密文扩展过程的输入规模为 $O(n^4l^4K)$。

2. 计算开销对比

本节方案与 MW16 方案的主要区别在于扩展密钥和辅助密文的生成过程，因此这里主要分析生成扩展密钥和辅助密文的计算开销。以乘法为基本单位，本节方案的计算开销为 $O(n^4 l^4 Kq)$，MW16 方案的计算开销为 $O(n^5 l^4 Kq)$。

3. 错误扩展率对比

假设错误扩展率为扩展密文对应的错误上界与初始密文(新鲜密文)对应的错误上界的比率，则由 8.4.2 节分析可知，本节方案的错误扩展率为 $mlB_\chi / mB_\chi = l$，而 MW16 方案的错误扩展率为 $(m^4 + m) B_\chi / mB_\chi = m^3 + 1$。

综上所述，本节方案和 MW16 方案效率对比见表 8-1。

表 8-1　本节方案与 MW16 方案效率对比

方案	密文扩展算法输入规模	计算开销	错误扩展率
MW16 方案	$O(n^4 l^4 K)$	$O(n^5 l^4 Kq)$	$m^3 + 1$
本节方案	$O(n^3 l^4 K)$	$O(n^4 l^4 Kq)$	l

由以上分析可以看出，本节方案相较于 MW16 方案，密文扩展算法所需的输入密钥和相关部件数量相对较少，计算开销相对较小，同时密文扩展之后的错误扩展率也相对较低，因此能够支持更深层次的同态运算。

8.5　BGV 型 MKFHE 方案的典型构造

相对于 GSW 方案，BGV 方案具有密文扩展率低、计算效率高的优势。同样地，BGV 型 MKFHE 方案也继承了相关的效率优势，具有加解密速度快、支持并行加速、支持高效同态算术运算的特点。目前，BGV 型 MKFHE 方案是研究的热点。

2017 年，陈隆等人提出了第一个 BGV 型 MKFHE 方案——CZW17 方案。由于 BGV 密文特殊的结构，其密文扩展方式相对简洁，且密文扩展过程不需要计算密钥的加入，因此较容易满足多跳的性质。2019 年，Li，Zhou 等人基于 CZW17 方案，通过合并私钥公共信息的方式，构造了嵌套式密文扩展算法和对应的方案——LZY+19 方案，将用户集密文规模缩减一半。后续的 BGV 型、CKKS 型 MKFHE 方案大多采用类似的密文扩展算法。

8.5.1　方案思路

BGV 型 MKFHE 方案基于 BGV 型 FHE 方案构造，新鲜密文具有相同的形式，参见第 7 章。多密钥全同态加密需要对不同用户的密文进行运算，为了方便描述，本节以两个用户的两个密文进行同态运算为例进行分析。

CZW17 的思路如下：

(1)级联式密文扩展：两个用户对应私钥 $\boldsymbol{s}_l, \boldsymbol{s}'_l \in R_{q_l}^2$ 的 BGV 密文 $\boldsymbol{c}_l, \boldsymbol{c}'_l \in R_{q_l}^2$，如果需

要进行同态运算，那么需要使不同密文对应相同的私钥。一个基本的思路是将私钥进行级联，私钥扩展为级联私钥 $\bar{\boldsymbol{s}}_l=(\boldsymbol{s}_l,\boldsymbol{s}'_l)\in R_{q_l}^4$，密文扩展为 $\bar{\boldsymbol{c}}_l=(\boldsymbol{c}_l,\boldsymbol{0})\in R_{q_l}^4$ 和 $\bar{\boldsymbol{c}}_l'=(\boldsymbol{0},\boldsymbol{c}_l')\in R_{q_l}^4$。显然，扩展后的密文可以使用级联私钥进行解密，得到对应的明文。

$$\langle(\boldsymbol{s}_l,\boldsymbol{s}'_l),(\boldsymbol{c}_l,0)\rangle=\langle\boldsymbol{s}_l,\boldsymbol{c}_l\rangle,\ \langle(\boldsymbol{s}_l,\boldsymbol{s}'_l),(0,\boldsymbol{c}'_l)\rangle=\langle\boldsymbol{s}'_l,\boldsymbol{c}'_l\rangle$$

(2)同态运算：本小节从同态加法、同态乘法两个方面分析扩展密文的同态性质。扩展后的密文天然地支持同态加法运算，同态加法密文 $\bar{\boldsymbol{c}}_l+\bar{\boldsymbol{c}}_l'$ 满足 $\langle(\boldsymbol{s}_l,\boldsymbol{s}'_l),(\boldsymbol{c}_l,\boldsymbol{c}'_l)\rangle=\langle\boldsymbol{s}_l,\boldsymbol{c}_l\rangle+\langle\boldsymbol{s}'_l,\boldsymbol{c}'_l\rangle$。

同态乘法相对比较复杂，因为涉及重线性化密钥。按照 FHE 方案中同态乘法运算的性质，乘法密文需要计算张量积 $\bar{\boldsymbol{c}}_l\otimes\bar{\boldsymbol{c}}_l'$，并且需要使用重线性化密钥，实现密文的重线性化，从而控制密文维度。

(3)重线性化密钥的生成：重线性化密钥满足形式 $\mathrm{Enc}_{\bar{s}_l}(\widehat{\bar{s}_l})$，其中 $\widehat{\bar{s}_l}=\bar{\boldsymbol{s}}_l\otimes\bar{\boldsymbol{s}}_l$。但在现实世界中，没有任何一个用户拥有完整的联合私钥 $\bar{\boldsymbol{s}}_l=(\boldsymbol{s}_l,\boldsymbol{s}'_l)\in R_{q_l}^4$。如何在双方分别只知道一个私钥分量的基础上计算 $\mathrm{Enc}_{\bar{s}_l}(\widehat{\bar{s}_l})$ 是一个需要解决的问题。

1)解决思路 1：CZW17 方案分析发现 BGV 密文可以看成是 GSW 密文矩阵的特定行，为了构造密文 $\mathrm{BGV.Enc}_{\bar{s}_l}(\widehat{\bar{s}_l})$，可以先构造 $\mathrm{GSW.Enc}_{\bar{s}_l}(\widehat{\bar{s}_l})$。首先，两方分别公布 $\mathrm{GSW.Enc}_{s_{l-1}}(\boldsymbol{s}_l)$ 和 $\mathrm{GSW.Enc}_{s'_{l-1}}(\boldsymbol{s}'_l)$；其次，利用 CM15 方案的密文扩展技术得到 $\mathrm{GSW.Enc}_{\bar{s}_{l-1}}(\boldsymbol{s}_l)$ 和 $\mathrm{GSW.Enc}_{\bar{s}_{l-1}}(\boldsymbol{s}'_l)$；最后，通过同态计算得到 $\mathrm{GSW.Enc}_{\bar{s}_{l-1}}(\widehat{\bar{s}_l}[i])$，并从中抽取特定的行。

2)解决思路 2：解决思路 1 的缺陷是 GSW 密文存在扩展率大、计算效率低的缺陷；并且实际计算过程没有使用 GSW 密文的全部信息，大部分信息都是不需要的。因此解决思路 1 的效率较低。针对这个问题，LZY+19 方案的办法是同时使用 GSW 方案和 BGV 方案，使用它们之间的混合同态乘法生成重线性化密钥，计算思路如图 8-3 所示。首先，双方分别公布密文 $\mathrm{GSW.Enc}_{s_{l-1}}(\boldsymbol{s}_l)$ 和 $\mathrm{BGV.Enc}_{s'_{l-1}}(\boldsymbol{s}'_l)$；其次，利用 CM15 方案的密文扩展技术得到 $\mathrm{GSW.Enc}_{\bar{s}_{l-1}}(\boldsymbol{s}_l)$，CZW17 方案的级联式密文扩展得到 $\mathrm{BGV.Enc}_{\bar{s}_{l-1}}(\boldsymbol{s}'_l)$；最后，通过同态计算得到 $\mathrm{BGV.Enc}_{\bar{s}_{l-1}}(\widehat{\bar{s}_l}[i])$。这种生成重线性化密钥的方法计算效率高，因此也被后续 CCS19 等方案采纳。

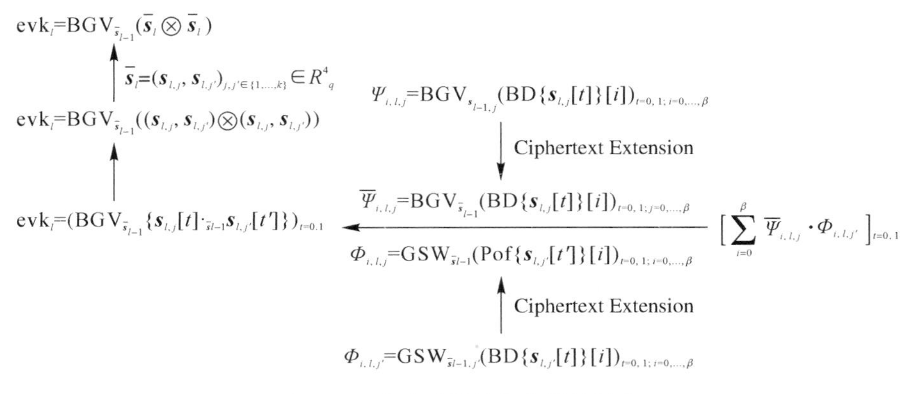

图 8-3　生成重线性化密钥的思路

(4)效率优化——嵌套式密文扩展:CZW17 方案、MW16 方案等方案均使用级联式密文扩展。例如,两个用户扩展后对应的私钥 $(\boldsymbol{s}_l,\boldsymbol{s}'_l)=(1,-z_l,1,-z'_l)\in R_{q_l}^4$,对应的扩展密文 $\bar{\boldsymbol{c}}_l=(\boldsymbol{c}_l,\boldsymbol{0})\in R_{q_l}^4$ 和 $\bar{\boldsymbol{c}}_l{}'=(\boldsymbol{0},\boldsymbol{c}_l{}')\in R_{q_l}^4$ 也具有 4 个分量。如果是 k 个用户,那么对应的密文为 $2k$ 个多项式。密文的规模很大程度上影响了方案的效率。LZY+19 方案提出了嵌套式密文扩展的方式,将私钥中的分量 1 进行共用,则扩展后的私钥为 $(1,-z_l,-z'_l)\in R_{q_l}^4$,对应的扩展密文具有形式 $\bar{\boldsymbol{c}}_l=(b_l,a_l,0)\in R_{q_l}^3$,$\bar{\boldsymbol{c}}'_l=(b_l{}',0,a_l{}')\in R_{q_l}^3$。如果是 k 个用户,那么对应的密文从 $2k$ 个多项式可以降低为 $k+1$ 个多项式,即嵌套式密文扩展算法可以将密文规模大约降低一半。

8.5.2 BGV 型 MKFHE 方案的一般流程

在 BGV 型 MKFHE 方案中,由于每个用户拥有的私钥不同,因此不同用户的密文之间不能直接进行同态运算,为了解决这个问题,需要首先将单个用户或用户集的密文进行密文扩展,扩展为参与同态运算的所有用户生成的集合对应的密文,使得扩展后的密文对应着相同的密钥(密钥由所有参与同态运算的用户的密钥联合生成),从而能够进行同态运算。

本节归纳总结云环境下 BGV 型 MKFHE 方案的一般流程,其中云端同态运算的过程在图 8-4 中进行形式化表示(以两个用户为例)。

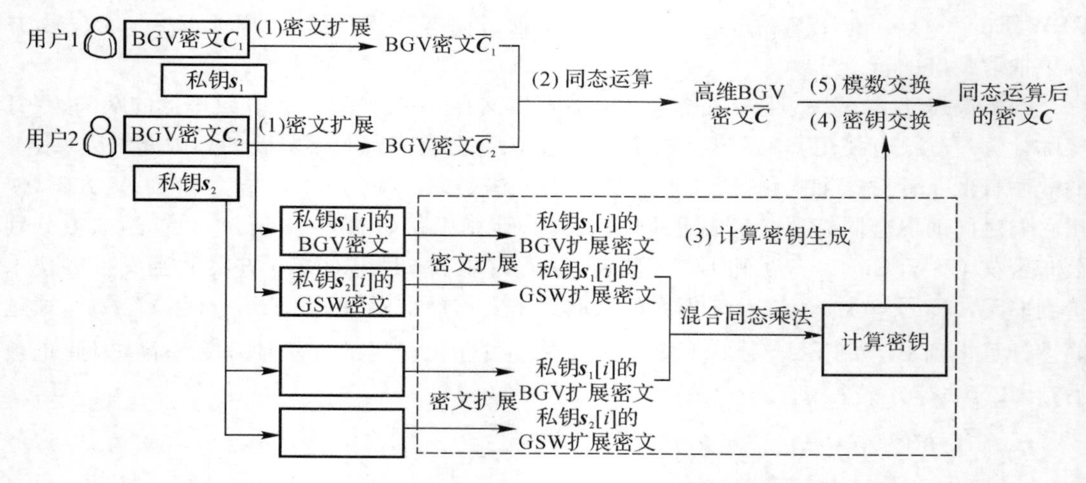

图 8-4 本节 BGV 型 MKFHE 方案中的云端同态运算过程

(1)密文生成:参与同态运算的用户利用初始化阶段提供的一些公共参数,生成各自的密钥,密钥包含私钥、公钥,以及用来生成同态计算密钥所需的相关密文。每个用户对各自的明文进行加密,并将生成的密文、公钥和生成计算密钥所需的相关密文上传到云端。

(2)密文扩展:云端利用接收到的密文和密钥信息,将参与同态运算的用户的密文进行扩展,使其对应相同的私钥和用户集。

(3)同态运算:云端对相应用户的扩展密文进行同态运算。

(4)生成计算密钥:云端利用事先上传的生成同态计算密钥所需的相关密文,生成密钥交换过程所需的计算密钥[步骤(3)(4)可同步进行]。

(5)密钥交换:云端利用计算密钥,将同态运算过程中维度发生膨胀的密文进行维度约减,使其恢复到正常水平。

(6)模数转化:云端对经过密钥交换后的密文进行模数转化,从而对密文中的错误进行控制,并将其转化到下一个电路层,以便于进一步地同态运算。

(7)生成最终密文:云端对密文进行一系列的同态运算[运算模式为步骤(2)～(6)],最终生成结果密文,并将结果密文返回给所有参与计算的用户。

(8)联合解密:所有参与计算的用户接收到结果密文之后,利用各自的私钥对密文进行联合解密,最终得到所需要的信息。

8.5.3　高效 BGV 型 MKFHE 方案的组成部件

本节内容包含本节方案所需要的一些部件,包括两种经过优化的密文扩展算法(BGV 密文扩展算法和 GSW 密文扩展算法),以及计算密钥的生成过程。

1. 嵌套式 BGV 密文扩展算法

(1) RBGV. Setup$(1^\lambda, 1^L)$:安全参数为 λ,电路层数 $l \in \{L, \cdots, 0\}$,每一层电路的模数 $q_L \gg q_{L-1} \gg \cdots \gg q_0$,$\beta_l = \lfloor \log_{2ql} \rfloor + 1$,用户数量的上界为 K,p 为一个小整数并与所有的模数互质。多项式环 $R = Z[X]/\Phi_m$ 和 $R_q = R/(qR)$,以及 R 上 bound 为 B_χ 的离散高斯分布 $\chi = \chi(\lambda)$ 定义如上。

(2) RBGV. KeyGen$(1^n, 1^L)$:对于用户 $j \in [K]$,$l \in \{L, \cdots, 0\}$。

1)选择 $z_l \xleftarrow{\$} \{-1, 0, 1\}$,定义私钥 $\mathbf{sk} = \boldsymbol{s}_l := (1, -z_l) \in R^2$。

2)随机选取 $a_{l,j} \xleftarrow{\$} R_q$ 和 $e_{l,j} \xleftarrow{\$} \chi$,定义公钥

$$\mathbf{pk}_{l,j} = \boldsymbol{p}_{l,j} := (a_{l,j} z_{l,j} + p e_{l,j} \bmod q_l, a_{l,j}) = (b_{l,j}, a_{l,j}) \in R_{q_l}^2$$

(3) RBGV. Enc$(\mathbf{pk}_{l,j}, \mu)$:输入待加密的明文 $\mu \in R_p$,随机选取 $r \leftarrow R_2$,$\boldsymbol{e}_{L,j} = (\boldsymbol{e}_{L,j}, e'_{L,j}) \xleftarrow{\$} \chi^2$,生成密文

$$\boldsymbol{c} = [c^{(0)}, c^{(1)}] = (r b_{l,j} + p e_{L,j} + \mu, r a_{l,j} + p e'_{L,j}) \in R_{q_l}^2$$

定义密文组 ct $= \{\boldsymbol{c}, S, l\}$,其中 S 表示密文 $\boldsymbol{c}$ 对应的用户集合,l 表示密文 $\boldsymbol{c}$ 对应的电路层级信息。

(4) RBGV. Dec$[\mathbf{sk}_S, \mathbf{ct} = (\boldsymbol{c}, S, l)]$:输入密文组 $\mathbf{ct} = \{\boldsymbol{c}, S, l\}$,$S = \{j_1, \cdots, j_k\}$,以及对应的私钥 $\{\boldsymbol{s}_{j_1,l}, \cdots, \boldsymbol{s}_{j_k,l}\} \in R_3^{2k}$,输出明文 $\mu \leftarrow \langle \boldsymbol{c}, \bar{\boldsymbol{s}}_{S,l} \rangle \bmod q_l \bmod p$。

(5) RBGV. CTExt$(\boldsymbol{c}_l, S')$:输入密文组 $\mathbf{ct} = (\boldsymbol{c} \in R_{q_l}^{k+1}, S = \{i_1, \cdots, i_k\}, l)$,以及另一个用户集 $S' = \{j_1, \cdots, j_{k'}\}$,$S \in S'$。

1)将密文 $\boldsymbol{c}$ 分解为 $k+1$ 部分:$\boldsymbol{c} = [c_S^{(0)} \mid c_{i_1}^{(1)} \mid \cdots \mid c_{i_k}^{(1)}] \in R_{q_l}^{k+1}$,其对应私钥 $\boldsymbol{s}_{S,l} = (1, -z_{l,i_1}, \cdots, -z_{l,i_k})$,用户集 $S = \{i_1, \cdots, i_k\}$。

2)生成扩展密文 $\bar{\boldsymbol{c}} = (c'^{(0)}_{S'} \mid c'^{(1)}_{j_1} \mid \cdots \mid c'^{(1)}_{j_{k'}}) \in R_{q_l}^{k'+1}$。

令 $c'^{(0)}_{S'} = c_S^{(0)}$,密文 $\bar{\boldsymbol{c}}$ 对应的用户集 $S' = \{j_1, \cdots, j_{k'}\}$,若 S' 中的用户 j 也在用户集 S 中,则令 $c'^{(1)}_j = c_j^{(1)}$;反之,则令 $c'^{(1)}_j = 0$。密文 $\bar{\boldsymbol{c}}$ 对应的私钥 $\bar{\boldsymbol{s}}_{S',l} = (1, -z_{l,j_1}, \cdots, -z_{l,j_{k'}}) \in R_3^{k'+1}$,容易验证 $\langle \boldsymbol{c}, \boldsymbol{s}_{S,l} \rangle = \langle \bar{\boldsymbol{c}}, \bar{\boldsymbol{s}}_{S',l} \rangle \bmod q_l$。

2. 拆分式 GSW 密文扩展算法

本节方案在生成计算密钥的过程中，需要用到多项式环上的 GSW 加密算法，并需对 GSW 密文进行扩展，因此本节相应地设计了拆分式的 GSW 型密文扩展算法，算法如下（本节所有的向量均表示列向量）：

(1) RGSW. Setup(1^λ)：安全参数为 λ，电路层数 $l \in \{L,\cdots,0\}$，每一层电路的模数 $q_L \gg q_{L-1} \gg \cdots \gg q_0$，$\beta_l = \lfloor \log_2 q_l \rfloor + 1$，用户数量的上界为 K，p 为一个小整数并与所有的模数互质。多项式环 $R = Z[X]/\Phi_m$ 和 $R_q = R/(qR)$，以及 R 上 bound 为 B_χ 的错误分布 $\chi = \chi(\lambda)$ 定义如上。

(2) RGSW. KeyGen(1^n)：随机均匀选择 $z \leftarrow R_3$，$\boldsymbol{a} \leftarrow R_{q_l}^{\beta_l}$ 以及 $\boldsymbol{e} \leftarrow \chi^{\beta_l}$，输出私钥 $\boldsymbol{s} := [1 \quad -z]^{\mathrm{T}} \in R_3^2$，公钥 $\boldsymbol{P} := [\boldsymbol{a}z + p\boldsymbol{e}, \boldsymbol{a}] = [\boldsymbol{b}, \boldsymbol{a}] \in R_{q_l}^{\beta_l \times 2}$。

(3) RGSW. EncRand($r, \boldsymbol{P}$)：这里用来生成密文扩展过程中所需用到的随机数的密文。输入 $r \leftarrow R_{q_l}$，随机选择 $r_i \leftarrow \chi (i = 1,\cdots,\beta_l)$，$\boldsymbol{e}'_1, \boldsymbol{e}'_2 \leftarrow \chi^{\beta_l}$，输出加密结果：

$$\text{RGSW. EncRand}_s(r) = \boldsymbol{F} = [\boldsymbol{f}_1, \boldsymbol{f}_2] \in R_{q_l}^{\beta_l \times 2}$$

式中：$\boldsymbol{f}_1[i] = \boldsymbol{b}[i] r_i + p\boldsymbol{e}'_1[i] + \text{Powerof2}(r)[i] \in R_{q_l}$，$\boldsymbol{f}_2[i] = \boldsymbol{a}[i] r_i + p\boldsymbol{e}'_2[i] \in R_{q_l}$。注意到 $\boldsymbol{Fs} = [p\tilde{\boldsymbol{e}} + \text{Powerof2}(r)] \in R_{q_l}^{\beta_l}$，$\tilde{\boldsymbol{e}} = \boldsymbol{e}[i] r_i + \boldsymbol{e}'_1[i] - \boldsymbol{e}'_2[i] z$。

(4) RGSW. Enc($\mu, \boldsymbol{P}$)：输入 $\mu \in R_q$，公钥 $\boldsymbol{P} = [\boldsymbol{b}, \boldsymbol{a}] \in R_q^{\beta_l \times 2}$，随机选择 $r \leftarrow \chi$ 和错误矩阵 $\boldsymbol{E} = [\boldsymbol{e}_1, \boldsymbol{e}_2] \leftarrow \chi^{\beta_l \times 2}$，生成密文：

$$\boldsymbol{C} = (\boldsymbol{C}_0, \boldsymbol{C}_1) = [r\boldsymbol{b} + \mu\boldsymbol{g}, r\boldsymbol{a}] + p\boldsymbol{E} \in R_{q_l}^{\beta_l \times 2}$$

式中：$\boldsymbol{g} = [1 \quad 2 \quad \cdots \quad 2^{\beta_l - 1}] \in R_{q_l}^{\beta_l}$。注意到 $\boldsymbol{C} \cdot \boldsymbol{s} = p\tilde{\boldsymbol{e}} + \mu\boldsymbol{g} \in R_{q_l}^{\beta_l}$，$\tilde{\boldsymbol{e}}$ 为小的错误向量。

此外，构造辅助密文 $\boldsymbol{C}^* = (\boldsymbol{C}_0^*, \boldsymbol{C}_1^*) = [r\boldsymbol{b}, r\boldsymbol{a} - \mu\boldsymbol{g}] + p\boldsymbol{E} \in R_{q_l}^{\beta_l \times 2}$。

(5) RGSW. CTExt($\boldsymbol{C}_i, \boldsymbol{F}_i, \{\boldsymbol{P}_j, j = 1,\cdots,k\}$)：输入第 i 个用户的密文 $\boldsymbol{C}_i = [\boldsymbol{C}_{i,0}, \boldsymbol{C}_{i,1}]$，随机数 $r_i \in R_{q_l}$ 的加密结果 $\boldsymbol{F}_i$，以及等待加入计算的所有参与方的公钥 $\boldsymbol{P}_j = [\boldsymbol{b}_j, \boldsymbol{a}_j]$，$j = 1,\cdots,i-1,i+1,\cdots k$，生成扩展密文

$$\bar{\boldsymbol{C}}_i = \begin{bmatrix} \boldsymbol{C}_{i,0} & \boldsymbol{0} & \cdots & \boldsymbol{C}_{i,1} & \cdots & \boldsymbol{0} \\ \boldsymbol{X}_{1,0} + \boldsymbol{C}_{i,0}^* & \boldsymbol{C}_{i,1}^* & \cdots & \boldsymbol{X}_{1,1} & \cdots & \boldsymbol{0} \\ \boldsymbol{X}_{2,0} + \boldsymbol{C}_{i,0}^* & \boldsymbol{0} & \vdots & \vdots & \vdots & \vdots \\ \vdots & \vdots & \vdots & \boldsymbol{C}_{i,1}^* & \vdots & \vdots \\ \boldsymbol{X}_{k-1,0} + \boldsymbol{C}_{i,0}^* & & & \vdots & & \vdots \\ \boldsymbol{X}_{k,0} + \boldsymbol{C}_{i,0}^* & \boldsymbol{0} & \cdots & \boldsymbol{X}_{k,1} & \cdots & \boldsymbol{C}_{i,1}^* \end{bmatrix} \in R_{q_l}^{(k+1)\beta_l \times (k+1)}$$

式中：$\boldsymbol{X}_j = [\boldsymbol{X}_{j,0}, \boldsymbol{X}_{j,1}] = [\text{BitDecomp}(\tilde{\boldsymbol{b}}_j[u]) \cdot \boldsymbol{F}_i] \in R_{q_l}^{\beta_l \times 2}$，$\tilde{\boldsymbol{b}}_j[u] = \boldsymbol{b}_j[u] - \boldsymbol{b}_i[u]$，$\boldsymbol{F}_i \leftarrow$ RGSW. EncRand($r_i, \boldsymbol{P}_i$)，$u = 1,\cdots,\beta_l$，对应的私钥 $\bar{\boldsymbol{s}} = (1, -z_1, \cdots -z_k) \in R_3^{k+1}$。扩展密文 $\bar{\boldsymbol{C}}_i$ 满足：$\bar{\boldsymbol{C}}_i \cdot \bar{\boldsymbol{s}} = \mu_i \boldsymbol{G}_{k+1} \bar{\boldsymbol{s}} + \bar{\boldsymbol{e}}$。

正确性验证：为了验证上述 GSW 密文扩展算法的正确性，需要使得 $\bar{\boldsymbol{C}}_i$ 中的第 j 行满足：$(\boldsymbol{X}_{j,0} + \boldsymbol{C}_{i,0}^*) - \boldsymbol{C}_{i,1}^* z_j - \boldsymbol{X}_{j,1} z_i = \boldsymbol{C}_i^* \boldsymbol{s}_j + \boldsymbol{X}_j \boldsymbol{s}_i = p\tilde{\boldsymbol{e}}'_j + \mu_i z_j \boldsymbol{g} \in R_{q_l}^{\beta_l}$，$1 < j \leqslant k+1$，其中 $\tilde{\boldsymbol{e}}'_j \in R^{\beta_l}$ 是一个小的错误向量。

$$\begin{aligned} \boldsymbol{C}_i^* \boldsymbol{s}_j &= r_i(\boldsymbol{b}_i - \boldsymbol{a}z_j) + \mu_i z_j \boldsymbol{g} + p\boldsymbol{s}_j \boldsymbol{E}_i \\ &= r_i(\boldsymbol{b}_i - \boldsymbol{b}_j + p\boldsymbol{e}_j) + \mu_i z_j \boldsymbol{g} + p\boldsymbol{E}_i \boldsymbol{s}_j \end{aligned}$$

$$= r_i(\boldsymbol{b}_i - \boldsymbol{b}_j) + p\tilde{\boldsymbol{e}}'_j + \mu_i z_j \boldsymbol{g} \tag{8-3}$$

$$\begin{aligned} \boldsymbol{X}_j \boldsymbol{s}_i &= \text{BitDecomp}(\tilde{\boldsymbol{e}}_j)\, \boldsymbol{F}_i \cdot \boldsymbol{s}_i \\ &= \text{BitDecomp}(\tilde{\boldsymbol{b}}_j)[p\tilde{\boldsymbol{e}} + \text{Powerof2}(r_i)] \\ &= p\tilde{\boldsymbol{e}}''_j + r_i(\boldsymbol{b}_j - \boldsymbol{b}_i) \end{aligned} \tag{8-4}$$

由式(8-3)和式(8-4)可得

$$\boldsymbol{C}_i^* \boldsymbol{s}_j + \boldsymbol{X}_j \boldsymbol{s}_i = \mu_i z_j \boldsymbol{g} + p\tilde{\boldsymbol{e}}_j \in R_{q_l}^{\beta_l} \tag{8-5}$$

此外，$\bar{\boldsymbol{C}}_i$ 的第一行 $\bar{\boldsymbol{C}}_i^{(1)}$ 满足

$$\bar{\boldsymbol{C}}_i^{(1)} \cdot \bar{\boldsymbol{s}} = \boldsymbol{C}_{i,0} - \boldsymbol{C}_{i,1} \cdot z_i = \mu_i \boldsymbol{g} + p\tilde{\boldsymbol{e}}_i \tag{8-6}$$

由式(8-5)和式(8-6)可得，扩展密文 $\bar{\boldsymbol{C}}_i$ 满足：$\bar{\boldsymbol{C}}_i \cdot \bar{\boldsymbol{s}} = \mu_i \boldsymbol{G}_{k+1} \bar{\boldsymbol{s}} + \boldsymbol{e}$，其中 $\boldsymbol{G}_{k+1}$ 的结构如下：

$$\boldsymbol{G}_{k+1} := \boldsymbol{I}_{k+1} \otimes \boldsymbol{g} = \begin{bmatrix} \boldsymbol{g} & & & \\ & \boldsymbol{g} & & \\ & & \ddots & \\ & & & \boldsymbol{g} \end{bmatrix} \in R_{q_l}^{(k+1)\beta \times (k+1)}$$

3. 计算密钥生成

本节方案对 CZW17 方案中的计算密钥生成过程进行了改进，用多项式环上的 BGV 密文和 GSW 密文之间的混合同态乘法替换原有的 RGSW 密文乘法，减小了扩展密钥的尺寸。同时设定用户私钥 $\boldsymbol{s} \in \{-1,0,1\}^n$，因此在生成计算密钥的过程中不再需要引入 BitDecomp(·) 和 Powerof2(·) 技术，减少了计算密钥生成过程中的密文数量。为方便表达，本节用 RGSW. $\text{Enc}_s(\mu)$（RBGV. $\text{Enc}_s(\mu)$）表示 μ 在密钥 $\boldsymbol{s}$ 下的 RGSW 密文、RBGV 密文。下面介绍计算密钥 **evk** 的生成过程。

MKFHE. EVKGen($\bar{\boldsymbol{s}}_{l,j}, \mathbf{pk}_S$)：以用户 j 为例，其对应用户集 $S=\{j_1,\cdots,j_k\}$，扩展私钥 $\bar{\boldsymbol{s}}_l = (1,-z_{l,j_1},\cdots,-z_{l,j_k}) \in R_3^{(k+1)}$，对应的公钥集合为 $\mathbf{pk}_S = [\boldsymbol{b}_{l-1,j}, \boldsymbol{a}_{l-1,j}]_{j\in\{j_1,\cdots,j_k\}}$。对于 $j\in\{j_1,\cdots,j_k\}$，$m\in\{0,\cdots,\beta_l-1\}$，$\zeta,\zeta'\in\{0,\cdots,k\}$，计算

$$\begin{cases} \Psi_{l,j}[\zeta] = \begin{cases} \text{RGSW. Enc}_{s_{l-1,j}}(1), & \zeta = 0 \\ \text{RGSW. Enc}_{s_{l-1,j}}(z_{l,j_\zeta}), & \text{其他} \end{cases} \\ \Phi_{l,j,m}[\zeta'] = \begin{cases} \text{RBGV. Enc}_{s_{l-1,j}}(1), & \zeta' = 0 \\ \text{RBGV. Enc}_{s_{l-1,j}}(2^m \cdot z_{l,j_{\zeta'}}), & \text{其他} \end{cases} \\ \boldsymbol{F}_{l,j} = \text{RGSW. EncRand}(r_{l,j}, \mathbf{pk}_{l-1,j}) \end{cases}$$

输出计算密钥 $\mathbf{evk} = \{K_{m,\xi} \in R_{q_l}^2\}$，具体过程见算法 8-1。

算法 8-1：计算密钥 evk $= \{\boldsymbol{K}_{m,\xi}\}$ 的生成

Input：$\Psi_{l,j}[\zeta], \Phi_{l,j,m}[\zeta'], \boldsymbol{F}_{l,j}, \zeta, \zeta' \in \{0,\cdots,k\}$.

Output：**evk** $= \{K_{l,m,\xi}\}_{m\in\{0,\cdots,\beta_l-1\};\xi\in\{1,\cdots,(k+1)^2\}}$.

1：**for** $\zeta \in \{0,\cdots,k\}$

do $\bar{\Psi}_l[\zeta]$ = RGSW. $\text{CTExt}_{s_{l-1}}(\Psi_{l,j}[\zeta], \boldsymbol{F}_{l,j}, \{\boldsymbol{P}_{l,j}, j\in S\})$.

2: **for** $\zeta' \in \{0,\cdots,k\}$

  for $m \in \{0,\cdots,\beta_l - 1\}$

   do $\overline{\Phi}_{l,m}[\zeta'] = \text{RBGV.CTExt}_{s_{l-1}}(\Phi_{l,j,m}[\zeta'], S)$.

3: **for** $\zeta = \{0,\cdots,k\}$

  for $\zeta' = \{0,\cdots,k\}$

   for $m = \{0,\cdots,\beta_l - 1\}$

    do $K_{l,m} = \overline{\Psi}_l[\zeta] \cdot \overline{\Phi}_{l,m}[\zeta']$

4: **end for.**

其中"$\boxdot$"表示 RBGV 密文和 RGSW 密文之间的混合同态乘法，其运算形式如下：

$$\boxdot: \text{RBGV} \times \text{RGSW} \rightarrow \text{RBGV}$$

$$\boldsymbol{c}_1 \boxdot \boldsymbol{C}_2 = \text{BitDecomp}(\boldsymbol{c}_1) \cdot \boldsymbol{C}_2$$

此处定义的混合同态乘法是文献 CGGI16 中 TLWE 密文外积(External Product)的一个变种，可以用于减少同态运算过程中的密文数量和错误，从而提高同态运算的效率。

推论 8-1: 令 $\boldsymbol{c}_1$ 是明文 μ_1 对应的合法 RBGV 密文，$\boldsymbol{C}_2$ 是明文 μ_2 对应的合法 RGSW 密文，则 $\boldsymbol{c}_1 \boxdot \boldsymbol{C}_2$ 的结果是 $\mu_1\mu_2$ 对应的 RBGV 密文，且

$$\|\text{Err}(\boldsymbol{C}_2 \boxdot \boldsymbol{c}_1)\|_\infty \leqslant (2\beta)n \cdot 2\sigma \,||\, \text{Err}(\boldsymbol{C}_2) \,\|_\infty + \|\mu_2\|_\infty \,\|\, \text{Err}(\boldsymbol{c}_1) \,\|_\infty$$

$$\text{Var}[\text{Err}(\boldsymbol{C}_2 \boxdot \boldsymbol{c}_1)] \leqslant 2p\beta(2n+1)\text{Var}(\boldsymbol{e}) + pn\text{Var}(\boldsymbol{e}_1)$$

式中：n 是多项式的阶；p 是一个整数；β 是错误系数的上界；σ 是错误分布 χ 的标准差；$p\boldsymbol{e}_1$ 是 $\boldsymbol{c}_1$ 中的错误；$\boldsymbol{e} \xleftarrow{\$} \chi$ 是 $\boldsymbol{C}_2$ 中的错误。

8.5.4 高效的 BGV 型 MKFHE 方案

1. 方案构造

(1) MKFHE.Setup$(1^\lambda, 1^K, 1^L)$：安全参数为 λ，电路层数 $l \in \{L,\cdots,0\}$，密钥上界(参与方的数量上界)为 K，每一层电路的模数 $q_L \gg q_{L-1} \gg \cdots \gg q_0$，一个小整数 p 并与所有的模数互质，$\beta_l = \lfloor \log_2 q_l \rfloor + 1$。多项式环 $R = Z[X]/\Phi_m$ 和 $R_q = R/(qR)$，以及 R 上 bound 为 B_χ 的错误分布 $\chi = \chi(\lambda)$ 定义如上。选择 $L+1$ 个随机公共向量 $\boldsymbol{a}_l \in R_{q_l}^{2\beta_l}$。输出公共参数 pp $= (R, B, \chi, \{q_l, \boldsymbol{a}_l\}_{l=0,\cdots,L}, p)$。定义 S 为一个有序集合，其中包含了该密文所涉及的所有参与方的标签(标签带有顺序，且其中没有重复元素)。定义密文元组 ct $= \{\boldsymbol{c}, S, l\}$，其中包含了用户集 S 的密文 $\boldsymbol{c}$，用户集 S 和相应的电路层级 l 三部分信息。

(2) MKFHE.KeyGen$(j \in K)$：输入公共参数 pp，$m \in \{0,\cdots,\beta_l - 1\}$，生成第 j 个参与方所需要的密钥($j \in [K]$)。

1)选择 $z_{l,j} \leftarrow \chi$，定义私钥。

$$\mathbf{sk}_{l,j} = \boldsymbol{s}_{l,j} := (1, -z_{l,j}) \in R_3^2$$

2)随机选择 $\boldsymbol{e}_{l,j} \xleftarrow{\$} \chi^{\beta_l}$，定义公钥。

$$\mathbf{pk}_{l,j} = \boldsymbol{p}_{l,j} := [\boldsymbol{a}_{l,j} z_{l,j} + p\boldsymbol{e}_{l,j}, \boldsymbol{a}_{l,j}] = [\boldsymbol{b}_{l,j}, \boldsymbol{a}_{l,j}] \in R_q^{\beta_l \times 2}$$

3)随机选择 $r_{l,j} \overset{\$}{\leftarrow} \chi$，生成计算密钥的所需的相关密文。

$$\mathrm{em}_j = \{(\Phi_{l,j,m} \in R_{q_l}^2), (\Psi_{l,j} \in R_{q_l}^{\beta_l \times 2}, \boldsymbol{F}_{l,j} \in R_{q_l}^{\beta_l \times 2})\}_{m \in \{0,\cdots,\beta_l - 1\}, l = \{L,\cdots,0\}}$$

(3) MKFHE. Enc($\mathbf{pk}_{L,j}, \mu_j$)：输入明文 $\mu_j \in R_p$ 和公钥 $\mathbf{pk}_{L,j}$，选择 $r, e, e' \overset{\$}{\leftarrow} \chi$，计算密文

$$\boldsymbol{c} = (c_{j,0}, c_{j,1}) = (r\boldsymbol{b}_{L,j}[1] + pe + \mu_j, r\boldsymbol{a}_L[1] + pe') \in R_{q_L}^2$$

输出密文组 $\mathrm{ct} = \{\boldsymbol{c}, \{j\}, L\}$。

(4) MKFHE. Dec[$\mathbf{sk}_S, \mathbf{ct} = (\boldsymbol{c}, S, l)$]：输入密文组 $\mathbf{ct} = (\boldsymbol{c}, S, l)$，$S = \{j_1, \cdots, j_k\}$，对应的私钥 $\{\boldsymbol{s}_{j_1,l}, \cdots, \boldsymbol{s}_{j_k,l}\} \in R_3^{2k}$，令 $\bar{\boldsymbol{s}}_{S,l} = (1, -z_{j_1,l}, \cdots, -z_{j_k,l}) \in R_3^{k+1}$，计算明文

$$\mu \leftarrow \langle \boldsymbol{c}, \bar{\boldsymbol{s}}_{S,l} \rangle \bmod q_l \bmod p$$

(5) MKFHE. Eval[($\mathbf{pk}_{l,j_1}, \cdots, \mathbf{pk}_{l,j_k}$), em_S, C, ($\mathbf{ct}_1, \cdots \mathbf{ct}_t$)]：假设输入同一电路层 l 的密文组集合 $ct_i = \{c_i, S_i, l\}_{i \in \{1,\cdots,t\}}$（可利用密钥交换技术和模数交换技术使其符合对应同一电路层的条件）。令 $S = \bigcup_{i=1}^{t} S_i = (j_1, \cdots, j_k)$，则同态运算布尔电路 C 的过程如下：

1)对于 $i \in \{1, \cdots, t\}$，进行密文扩展：$\bar{\boldsymbol{c}}_i \leftarrow$ RBGV. CTExt($\boldsymbol{c}_i, S$)，其对应的私钥 $\bar{\boldsymbol{s}}_l := (1, -z_{l,j_1}, \cdots, -z_{l,j_k})$；

2)生成计算密钥 $\mathbf{evk}_S = \tau_{\widehat{s_l} \to s_{l-1}}$ = MKFHE. EVKGen($\mathrm{em}_S, \mathbf{pk}_{l,S}$)。

(6)借助 MKFHE. EvalAdd($\mathbf{evk}_S, \bar{\boldsymbol{c}}_{i_1}, \bar{\boldsymbol{c}}_{i_2}$) 和 MKFHE. EvalMult($\mathbf{evk}_S, \bar{\boldsymbol{c}}_{i_1}, \bar{\boldsymbol{c}}_{i_2}$) 两个基本同态运算函数，对密文同态运算电路。

2. 同态运算

本节将具体介绍如何对密文运算同态加法 MKFHE. EvalAdd($\mathbf{evk}_S, \bar{c}_{i_1}, \bar{c}_{i_2}$) 和同态乘法 MKFHE. EvalMult($\mathbf{evk}_S, \bar{\boldsymbol{c}}_{i_1}, \bar{\boldsymbol{c}}_{i_2}$) 这两个最基本的函数。

输入两个密文 $\bar{\boldsymbol{c}}_1, \bar{\boldsymbol{c}}_2 \in R_{q_l}^{k+1}$，其对应的用户集 $S = \{j_1, \cdots, j_k\}$，计算密钥

$$\mathbf{evk}_S = \tau_{\widehat{s_l} \to \bar{s}_{l-1}} = \{K_{m,\xi}\}_{m=1,\cdots,\beta_l, \xi=1,\cdots,(k+1)^2}$$

式中：$\widehat{\boldsymbol{s}_l} = \bar{s}_l \otimes \bar{\boldsymbol{s}}_l$，$\bar{\boldsymbol{s}}_l = (1, -z_{l,j_1}, \cdots, -z_{l,j_k}) \in R_3^{k+1}$，$\bar{\boldsymbol{s}}_{l-1} = (1, -z_{l-1,j_1}, \cdots, -z_{l-1,j_k}) \in R_3^{k+1}$，且满足 $\langle K_{m,\xi}, \bar{s}_{l-1} \rangle = p e_{m,\xi} + 2^{m-1} \widehat{\boldsymbol{s}_l}[\xi] \in R_3$（$e_{m,\xi}$ 较小）。

(1) MKFHE. EvalAdd($\mathbf{evk}_S, \bar{\boldsymbol{c}}_1, \bar{\boldsymbol{c}}_2$)：输入对应同一电路层 l 的密文 $\bar{\boldsymbol{c}}_1, \bar{\boldsymbol{c}}_2 \in R_{q_l}^{k+1}$（可利用密钥交换技术和模数交换技术使其符合对应同一电路层的条件），对应的私钥 $\bar{\boldsymbol{s}}_l \in R_3^{k+1}$。

1)计算 $\bar{\boldsymbol{c}}_3 = \bar{\boldsymbol{c}}_1 + \bar{\boldsymbol{c}}_2 \bmod q_l$，对应私钥 $\bar{\boldsymbol{s}}_l \in R_3^{k+1}$；

2)计算 $\bar{\boldsymbol{c}}'_3$ = SwitchKey($\tau_{\widehat{s_l} \to \bar{s}_{l-1}}, \bar{\boldsymbol{c}}_3, q_l$)，对应私钥 $\bar{\boldsymbol{s}}_{l-1} \in R_3^{k+1}$；

3)计算 $\bar{\boldsymbol{c}}''_3$ = ModulusSwitch($\bar{\boldsymbol{c}}'_3, q_l, q_{l-1}$)。

(2) MKFHE. EvalMult($\mathrm{evk}_S, \bar{\boldsymbol{c}}_1, \bar{\boldsymbol{c}}_2$)：输入对应同一电路层 l 的密文 $\bar{\boldsymbol{c}}_1, \bar{\boldsymbol{c}}_2 \in R_{q_l}^{k+1}$（可利用密钥交换技术和模数交换技术使其符合对应同一电路层的条件），对应的私钥 $\bar{\boldsymbol{s}}_l \in R_3^{k+1}$。

1)计算 $\bar{\boldsymbol{c}}_3 = \bar{\boldsymbol{c}}_1 \otimes \bar{c}_2 \bmod q_l$，对应私钥 $\widehat{\boldsymbol{s}_l} = \bar{\boldsymbol{s}}_l \otimes \bar{\boldsymbol{s}}_l \in R_3^{(k+1)^2}$；

2)计算 $\bar{\boldsymbol{c}}'_3$ = SwitchKey($\tau_{\widehat{s_l} \to \bar{s}_{l-1}}, \bar{\boldsymbol{c}}_3, q_l$)，对应私钥 $\bar{\boldsymbol{s}}_{l-1} \in R_3^{k+1}$；

3)计算 $\bar{\boldsymbol{c}}_3''$ = ModulusSwitch($\bar{\boldsymbol{c}}'_3, q_l, q_{l-1}$)。

3. 定向解密协议

多密钥全同态加密方案可以实现多方的安全计算，运算后的密文由所有参与方共同完成解密，解密过程需要遵循安全的协议。LZY＋19 方案提出了一种定向的解密协议，实现了用户对自身数据的控制。本书所设计的方案在解密时，可以遵循此协议。所谓定向解密协议，即是参与计算的用户可以指定最终的解密者，并由最终解密者进行解密，以实现用户对自身数据的控制。

核心思想是：通过对参与解密用户的中间解密结果加上目标用户“0”的密文的方式，实现了针对目标用户的定向解密功能，从而增强了明文数据拥有者对自身数据的控制能力。具体过程如下：

假设最终需要解密的 level$-l$ 密文 $\boldsymbol{c}=(b_l,a_{l,j_1},a_{l,j_2},\cdots,a_{l,j_k})\in R_{q_l}^{k+1}$，其对应的用户集 $S=(j_1,\cdots,j_k)$，对应的明文为 $\mu=C(\mu_1,\cdots,\mu_k)$（$C$ 为运算电路），假设最终解密的目标用户为 i，定向解密的步骤如下：

(1)中间解密：集合 S 所对应的用户对各自的密钥进行扩展，并对密文 $\boldsymbol{c}$ 分别进行解密，以用户 j_1 为例，将其私钥 $\boldsymbol{s}_{l,j_1}=(1,-z_{l,j_1})$ 扩展为 $\boldsymbol{s}'_{l,j_1}=(1,-z_{l,j_1},0,\cdots,0)$，然后对密文 $\boldsymbol{c}$ 进行解密操作，得到半解密结果

$$\boldsymbol{c}'_{j_1}=(\boldsymbol{c}_{j_1},0)=(<\boldsymbol{c},\boldsymbol{s}'_{l,j_1}>,0)=(b_l-a_{l,j_1}\cdot z_{l,j_1},0)$$

其余参与同态运算的用户也执行相应的操作。

(2)加入目标用户的“0”密文：用户利用 i 的公钥，对“0”加密得到 $\boldsymbol{c}_i=\text{RBGV.Enc}(\mathbf{pk}_{l,i},0)=(b_{l,i_1},a_{l,i_1})\in R_{q_l}^2$，其对应的私钥为 $\boldsymbol{s}_{l,i}=(1,-z_{l,i})$。以用户 j_1 为例，将其中间解密结果与用户 i 的“0”密文相加，得到 $\boldsymbol{c}''_{j_1}=(b_l-a_{l,j_1}\cdot z_{l,j_1}+b_{l,i_1},a_{l,i_1})$，其他用户以此类推，得到 $\{\boldsymbol{c}''_{j_1},\boldsymbol{c}''_{j_2},\cdots,\boldsymbol{c}''_{j_k}\}$。各用户将计算结果传送给目标用户 i。

(3)最终解密：用户 i 接收到 $\{\boldsymbol{c}''_{j_1},\boldsymbol{c}''_{j_2},\cdots,\boldsymbol{c}''_{j_k}\}$ 后，计算

$$\boldsymbol{c}_{\text{sum}}=\boldsymbol{c}''_{j_1}+\boldsymbol{c}''_{j_2}+\cdots+\boldsymbol{c}''_{j_k}$$

并进行最终解密：

$$\begin{aligned}
\mu&=[\boldsymbol{c}_{sum}-(k-1)\,b_l]\cdot\boldsymbol{s}_{l,i}\\
&=[\boldsymbol{c}''_{j_1}+\cdots+\boldsymbol{c}''_{j_k}-(k-1)\,b_l]\cdot(1,-z_{l,i})\\
&=kb_l-\sum_{m=1}^{k}a_{l,j_m}\cdot z_{l,j_m}-(k-1)\,b_l+\sum_{m=1}^{k}(b_{l,i_m}-a_{l,i_m}\cdot z_{l,i})\\
&=b_l-\sum_{m=1}^{k}a_{l,j_m}\cdot z_{l,j_m}+\sum_{m=1}^{k}(b_{l,i_m}-a_{l,i_m}\cdot z_{l,i})\\
&=C(\mu_1,\cdots,\mu_k)+e_{j_1}+\cdots+e_{j_k}+e_{i_1}\cdots+e_{i_k}\\
&=C(\mu_1,\cdots,\mu_k)\bmod q_l\bmod p
\end{aligned}$$

引理 8－2：令 B 表示新鲜 RBGV 密文中错误的上界，B_l 表示 l 层 RBGV 密文中错误的上界，则当下面的条件成立时，定向解密正确：

$$|e_{j_1}+\cdots+e_{j_k}+e_{i_1}\cdots+e_{i_k}|\leqslant|e_{j_1}+\cdots+e_{j_k}|+kB\leqslant kB_l+kB<q/4$$

需要注意的是，现有 MKFHE 方案同态计算的结果只能由参与计算的用户最终解密，而本节设计的定向解密过程可以实现任意用户进行最终解密。定向解密过程中没有涉及同

态乘法运算，因此不需要对解密过程中的错误进行额外的控制。

4. 方案分析

(1)安全性分析。

本节方案和 CZW17 方案采用相同的底层加密方案，区别主要有两点：①本节构造了多项式环上针对 BGV 密文的嵌套式扩展函数，以及针对 GSW 密文的拆分式扩展函数；②在计算密钥的生成方面，采用多项式环上的 BGV 密文和 GSW 密文间的混合同态乘法，代替 GSW 密文间的同态乘法。这 3 个函数的输入和输出都是密文，并且所有的同态运算过程都是在密文上进行，所以在安全性方面和 CZW17 方案是相同的。

(2)效率分析。

本节方案和 CZW17 方案的存储开销对比见表 8-2。从表中可以看出，本节方案扩展密文的尺寸缩小近一半，生成计算密钥的密文存储开销减小近 1/3，计算密钥的存储开销缩减近 1/8。此外，由于本节方案中私钥的取值范围被限定在 $\{-1,0,1\}$，因此加密私钥产生的密文的规模将被降低 β_B，从而可以提升同态运算的效率，这个过程可以弥补随着多项式维度 n 的增加而导致运算量激增的问题。

表 8-2　本书方案与 CZW17 方案的存储开销对比

	CZW17 方案	本书方案
扩展密文（k 个用户）	$2k\beta_l n$	$(k+1)\beta_l n$
生成计算密钥的密文	$\sum_{l=0}^{L} 24\beta_l^2 n$	$\sum_{l=0}^{L}(8\beta_l+4)\beta_l n$
计算密钥	$8k^3\beta_l n$	$(k+1)^3\beta_l n$

本小节设计了一个具有短扩展密文的高效 BGV 方案。方案通过构造多项式环上的嵌套式 BGV 密文扩展算法和拆分式 GSW 密文扩展算法，降低了扩展密文的规模；通过 RBGV 密文和 RGSW 密文间的混合同态乘法，减少了公共参数和计算密钥的数量，从而提高了方案同态运算的效率。此外，本节设计了基于 BGV 型 MKFHE 方案的定向解密协议，协议能够允许指定的合法用户来获得最终的解密结果，从而加强数据拥有者对于解密结果的可控性，扩展了多密钥全同态加密的应用场景。

8.6　CKKS 型 MKFHE 方案的典型构造

CDKS19 方案是目前最高效的全同态加密方案之一，它是在 CKKS17 方案的基础上构建的多密钥同态加密方案，支持对多用户近似数的同态运算。

8.6.1　方案思路

CKKS 型 MKFHE 方案基于 CKKS17 方案构造，新鲜密文具有相同的形式，参见第 6

章。多密钥全同态加密需要对不同用户的密文进行运算，为了方便描述，本章以两个用户的两个密文进行同态运算为例：

借鉴 CKKS17 方案的基本函数、LZY+19 方案中的密文扩展方法，可以得到 CKKS 型 MKFHE 方案的基本结构。

(1)密钥生成：密钥 $\boldsymbol{s} \in R$，随机向量 $\boldsymbol{a} \in R_q$，噪声 $\boldsymbol{e} \leftarrow \psi$，公钥 $\boldsymbol{b} = -s \cdot \boldsymbol{a} + e \bmod q \in R_q$，明文 $m \in R$。

(2)加密：计算 $\boldsymbol{c} \in R_q^2$，密文 $\boldsymbol{c} = (vb + m + e_0, va + e_1)$。

(3)密文扩展：$\boldsymbol{c} \rightarrow \bar{\boldsymbol{c}} = (\boldsymbol{c}_0, \boldsymbol{c}_1, 0), \boldsymbol{c}' \rightarrow \bar{\boldsymbol{c}}' = (\boldsymbol{c}'_0, 0, \boldsymbol{c}'_1)$。

(4)计算密钥生成。

计算密钥的一些分量难生成：所需计算密钥 $\boldsymbol{K}$ 为私钥 $\bar{\boldsymbol{s}} = (1, s, s')$ “加密”的 $\bar{\boldsymbol{c}} \otimes \bar{\boldsymbol{c}}'$ 对应密钥，即 $\boldsymbol{K} = \mathrm{Enc}_{\bar{s}}(\widehat{\boldsymbol{s}})$，其中 $\boldsymbol{K}_i = \mathrm{Enc}_{\bar{s}}(\widehat{\boldsymbol{s}_i}), i \in [8]$。

$$\widehat{\boldsymbol{s}} = \bar{\boldsymbol{s}} \otimes \bar{\boldsymbol{s}} = (1, s, s'; s, s^2, ss'; s', ss', s'^2) \in R_q^9$$

计算密钥 $\boldsymbol{K}$ 中的大部分分量都是容易得到的。例如，给定密文 $\mathrm{Enc}_{(1,s)}(s)$，可以通过密文扩展得到 $\boldsymbol{K}_1 = \mathrm{Enc}_{\bar{s}}(\boldsymbol{s})$，类似地可以得到 $\boldsymbol{K}_0, \boldsymbol{K}_2, \boldsymbol{K}_3 = \boldsymbol{K}_1, \boldsymbol{K}_4, \boldsymbol{K}_6, \boldsymbol{K}_8$。

计算密钥 $\boldsymbol{K}$ 中的一些分量是容易得到的，例如，$\boldsymbol{K}_5 = \boldsymbol{K}_7 = \mathrm{Enc}_{\bar{s}}(ss')$ 中，该分量需要加密 ss'，但没有任何一个用户同时拥有分量 ss'。

生成计算密钥 $\boldsymbol{K}_5 = \mathrm{Enc}_{\bar{s}}(ss')$ 的思路如下：

CDKS19 方案利用强制解密的思想构造 $\boldsymbol{K}_5 = \mathrm{Enc}_{\bar{s}}(ss')$，具体分为 3 步：首先，给定公共参数 $a \in R_q$，每个用户生成公钥 $b = -s \cdot a + e \bmod q \in R_q$；其次，给定 s 的 RLWE 密文 $d_2 = -r \cdot a + e_2 + s \bmod q, e_2 \leftarrow \psi, a \in R_q$；最后，用 s' 强制解密 $s'd_2 = -r \cdot s'a + s'e_2 + s's \bmod q \approx r \cdot b' + s's$，并利用 $(d_0 + sd_1) \cdot b'$ 来填补 $r \cdot b', d_0 = -s \cdot d_1 + e_1 - r \bmod q$，$d_1 \leftarrow R_q, e_1 \leftarrow \psi$。

如果使用矩阵表达，那么对于 $\boldsymbol{D} = [d_0 \mid d_1 \mid d_2]$，令 $\boldsymbol{K}_5 = \boldsymbol{K}_7 = \begin{bmatrix} b'd_0 \\ b'd_1 \\ d_2 \end{bmatrix}$，有 $(1, s, s') .$ $\boldsymbol{K}_5 \approx ss'$。

细化计算密钥 $\boldsymbol{K}_5 = \mathrm{Enc}_{\bar{s}}(ss')$ 的生成：所需计算密钥 $\boldsymbol{K}$ 为下一层私钥 $\bar{\boldsymbol{s}} = [1 \quad s \quad s']$ “加密”的 $\bar{\boldsymbol{c}} \otimes \bar{\boldsymbol{c}}'$ 对应密钥 $\widehat{\boldsymbol{s}} = \bar{\boldsymbol{s}} \otimes \bar{\boldsymbol{s}} \in R_q^9$。密钥转换过程为：$c = \sum_{i=0}^{8} \boldsymbol{c}_i \boldsymbol{K}_i = \sum_{i=0}^{8} \boldsymbol{c}_i \mathrm{Enc}_{\bar{s}}(\widehat{\boldsymbol{s}_i})$。

需要比特分解：$\boldsymbol{K}$ 本身也是密文，不能乘大系数 $\boldsymbol{c}_i$；$(d_0 + sd_1) \cdot b'$ 算式中 $d_0 + sd_1$ 中也有误差，也不能乘大系数 b'。因此，需要使用比特分解进行优化：

得到密钥转换过程 $\boldsymbol{c} = \sum_{i=0}^{8} \boldsymbol{g}^{-1}(c_i) \mathrm{Enc}_{\bar{s}}(\widehat{\boldsymbol{s}_i}\boldsymbol{g})$。得到 $(d_0 + sd_1) \cdot \boldsymbol{g}^{-1}(b')$ 来填补 $r \cdot b'$，$\boldsymbol{d}_0 = -s \cdot \boldsymbol{d}_1 + \boldsymbol{e}_1 - r\boldsymbol{g} \bmod q, \boldsymbol{d}_1 \leftarrow R_q^d, \boldsymbol{e}_1 \leftarrow \psi^d$。

综上，可以得到新的密钥生成算法：对于 $\boldsymbol{D} = [d_0 \mid d_1 \mid d_2]$，令 $\boldsymbol{K}_5 = \boldsymbol{K}_7 = \begin{bmatrix} \langle \boldsymbol{g}^{-1}(b'), \boldsymbol{d}_0 \rangle \\ \langle \boldsymbol{g}^{-1}(b'), \boldsymbol{d}_1 \rangle \\ d_2 \end{bmatrix}$，有 $[1 \quad s \quad s'] \boldsymbol{K}_5 \approx ss'$。

8.6.2　方案构造

CDKS19 方案主要包括 7 个 PPT 算法：MK=(Setup，KeyGen，Enc，Extend，Eval，Rescaling，Dec)。令 M 是明文消息空间，$T=\{\mathbf{id}_1,\cdots,\mathbf{id}_k\}$ 是多用户密文向量所关联的用户集。下面对 CDKS19 方案每个算法的主要功能进行介绍。

(1) $\mathrm{pp}\leftarrow$MK. Setup(1^λ)：输入安全参数，返回公共参数 pp。

(2) $(\mathbf{sk}_i,\mathbf{pk}_i,\boldsymbol{D}_i)\leftarrow$MK. KeyGen(pp)：输入公共参数 pp，输出用户 i 的私钥$\mathbf{sk}_i$、公钥 $\mathbf{pk}_i$，而后根据用户的私钥生成计算密钥$\boldsymbol{D}_i$。

(3) $\mathbf{ct}_i\leftarrow$ MK. Enc($\mu_i;\mathbf{pk}_i$)：输入用户的公钥 $\mathbf{pk}_i$，明文 $\mu_i\in M$，执行加密算法输出密文向量 $\mathbf{ct}_i\in\{0,1\}^*$。

(4) $\overline{\mathbf{ct}}^*\leftarrow$ MK. Extend($\overline{\mathbf{ct}_i},T_i$)：输入密文 $\overline{\mathbf{ct}_i}$ 及其对应的关联用户集 T_i，运行密文拓展算法，生成拓展密文 $\overline{\mathbf{ct}}^*$。在进行密文间的同态运算时，关联不同参与用户集的密文若需要进行运算，则首先要进行预处理。预处理步骤将两个密文扩展为对应于同一个联合用户集(密钥)密文的形式，新密钥是同态运算中所涉及的所有密钥的并集。

(5) $\overline{\mathbf{ct}}\leftarrow$ MK. Eval$[C,(\overline{\mathbf{ct}_1},\cdots,\overline{\mathbf{ct}_l}),\{\mathbf{pk}_{\mathrm{id}},\boldsymbol{D}_i\}_{\mathrm{id}\in T}]$：输入密文 $\overline{\mathbf{ct}_i}$、关联用户集 T、公钥 $\mathbf{pk}_{\mathrm{id}}$ 及计算密钥 $\boldsymbol{D}_i$，C 为运算电路。输出同态运算的结果密文。当进行同态加法运算时只需要先将密文进行扩展，而后对应的密文项相加，而进行同态乘法运算时，需要对乘法结果密文进行重线性化，以解决密文膨胀，使得新密文的尺寸与原有密文保持一致。

(6) $\overline{\mathbf{ct}}'\leftarrow$ MK. Rescale($\overline{\mathbf{ct}}$)：对于给定的 l 层密文 $\overline{\mathbf{ct}}\in R_{q_l}^{k+1}$，计算 $\overline{\mathbf{ct}_i}'=\lceil p_l^{-1}\cdot\overline{\mathbf{ct}_i}\rfloor$，$0\leqslant i\leqslant k$。输出新密文 $\overline{\mathbf{ct}}'\in R_{q_{l-1}}^{k+1}$。重缩放步骤通过将密文向量除以 p_l，实现密文向量向下一层级的转换。在这个过程中，由于密文向量除以 p_l，因此密文向量中的噪声也同样除以 p_l，实现了缩减。值得注意的是，除以 p_l 的操作也改变(减小)了密文模数，因此在方案中各相邻层之间模数大小需要提前进行设置。

(7) $\mu\leftarrow$ MK. Dec$[\overline{\mathbf{ct}};\{\mathbf{sk}_{\mathrm{id}}\}_{\mathrm{id}\in T}]$：输入密文 $\overline{\mathbf{ct}}$ 及对应用户集的私钥向量，运行解密算法输出最终的明文结果 μ。然而，在实践应用中，假设一方持有多个用户的私钥是不合理的，会造成安全性威胁。因此，方案构造了一种分布式解密的算法：第一阶段，各个参与方在接收到结果密文后各自对其中与自身相关的部分密文进行解密，部分解密的结果中含有噪声；第二阶段，将各个用户的部分解密结果及 c_0 合并恢复出消息。

正确性及紧凑性如下：

对于 $1\leqslant i\leqslant l$，密文 $\overline{\mathbf{ct}_j}$(关联用户集为 T_j)满足 MK. Dec$[\overline{\mathbf{ct}_j},\{\mathbf{sk}_{\mathrm{id}}\}_{\mathrm{id}\in T_j}]=\mu_j$。令电路 $C:M^l\rightarrow M$、$\overline{\mathbf{ct}}\leftarrow$ MK. Eval$[C,(\overline{\mathbf{ct}_1},\cdots,\overline{\mathbf{ct}_l}),\{\mathbf{pk}\}_{\mathrm{id}\in T}]$、$T=T_1\cup\cdots\cup T_l$。若下列等式以极大的概率成立，则该多密钥同态加密方案是正确的：

$$\text{MK. Dec}[\overline{\mathbf{ct}},\{\mathbf{sk}_{\mathrm{id}}\}_{\mathrm{id}\in T}]=C(\mu_1,\cdots,\mu_l)$$

若一个 MKHE 方案与 K 个用户相关的密文尺寸最大不超过一个确定的多项式 poly(λ,k)，则该 MKHE 方案是紧凑的。

在同态乘法运算后，乘法密文的维数膨胀，需要在乘法后对密文进行“昂贵”的重线性化操作。为了降低重线性化过程中噪声的大小，普遍的方法是引入工具向量 $\mathbf{g}$，将每一密文多

项式 $\boldsymbol{c}_i$ 展开成向量 $\boldsymbol{g}^{-1}(c_i)$。$\boldsymbol{g}^{-1}(c_i)$ 中元素的取值往往较小，而密文大小是重线性化之后新密文噪声的主要依赖项。因此，通过将密文表示为一个系数较小的多项式的乘积，可以较好地降低最后的噪声规模，提高同态运算电路的深度。

下面对 CDKS19 方案的重线性化过程进行阐述：

(1)KeyGen(pp)：随机选取 $\boldsymbol{a} \leftarrow U(R_q^d)$，私钥 $s \leftarrow \chi, \boldsymbol{e}_0 \leftarrow \psi^d$。计算密钥 $\boldsymbol{b} = -s \cdot \boldsymbol{a} + \boldsymbol{e}_0 \bmod q \in R_q^d$。

(2) UniEnc(μ, s)：随机选取 $r \leftarrow \chi, \boldsymbol{d}_1 \leftarrow U(R_q^d), \boldsymbol{e}_1, \boldsymbol{e}_2 \leftarrow \psi^d$。计算 $\boldsymbol{d}_0 = -s \cdot \boldsymbol{d}_1 + \boldsymbol{e}_1 + r \cdot \boldsymbol{g} \bmod q, \boldsymbol{d}_2 = r \cdot \boldsymbol{a} + \boldsymbol{e}_2 + \mu \cdot \boldsymbol{g} \bmod q$，输出 $\boldsymbol{D} = [\boldsymbol{d}_0 \mid \boldsymbol{d}_1 \mid \boldsymbol{d}_2] \in R_q^{d \times 3}$。

因为云端拥有所有用户的公钥信息和计算密钥信息，所以根据这些信息，云端生成重线性化所需的重线性化密钥。对于用户 i，使用用户 j 的公钥信息 $\boldsymbol{b}_j$ 生成重线性化密钥算法如下：

(3) Convert$(\boldsymbol{D}_i, \boldsymbol{b}_j)$：输入用户 i 的计算密钥信息 $\boldsymbol{D}_i = [\boldsymbol{d}_{i,0} \mid \boldsymbol{d}_{i,1} \mid \boldsymbol{d}_{i,2}] \in R_q^{d \times 3}$ 和用户 j 的公钥信息 $\boldsymbol{b}_j \in R_q^d$。令 $\boldsymbol{k}_{i,j,0}$ 和 $\boldsymbol{k}_{i,j,1}$ 为 R_q^d 中的多项式向量，且满足 $\boldsymbol{k}_{i,j,0}[\zeta] = \langle \boldsymbol{g}^{-1}(\boldsymbol{b}_j[\zeta]), \boldsymbol{d}_{i,0} \rangle, \boldsymbol{k}_{i,j,1}[\zeta] = \langle \boldsymbol{g}^{-1}(\boldsymbol{b}_j[\zeta]), \boldsymbol{d}_{i,1} \rangle$，其中 $1 \leqslant \zeta \leqslant d$。即 $[\boldsymbol{k}_{i,j,0} \mid \boldsymbol{k}_{i,j,1}] = \boldsymbol{M}_j \cdot [\boldsymbol{d}_{i,0} \mid \boldsymbol{d}_{i,1}]$，其中 $\boldsymbol{M}_j \in R_q^d$ 为矩阵，其第 ζ 行为 $\boldsymbol{g}^{-1}(\boldsymbol{b}_j[\zeta]) \in R^d$。令 $\boldsymbol{k}_{i,j,2} = \boldsymbol{d}_{i,2}$，输出重线性化密钥 $\boldsymbol{K}_{i,j} = [\boldsymbol{k}_{i,j,0} \mid \boldsymbol{k}_{i,j,1} \mid \boldsymbol{k}_{i,j,2}] \in R_q^{d \times 3}$。

$$[\boldsymbol{k}_{i,j,0} \mid \boldsymbol{k}_{i,j,1}] = \begin{bmatrix} \boldsymbol{g}^{-1}(\boldsymbol{b}_j[1]) \\ \vdots \\ \boldsymbol{g}^{-1}(\boldsymbol{b}_j[d]) \end{bmatrix} [\boldsymbol{d}_{i,0} \mid \boldsymbol{d}_{i,1}] \in R_q^{d \times 2}$$

$$[\boldsymbol{k}_{i,j,2}] = [\boldsymbol{d}_{i,2}] \in R_q^d$$

(4)重线性化算法 Relin$[\overline{\mathbf{ct}}, \{(\boldsymbol{D}_i, \boldsymbol{b}_i)\}_{1 \leqslant i \leqslant k}]$：对于用户 i 和用户 j，按照 LZY+19 方案的密文扩展算法将密文扩展为 $\boldsymbol{c}_i = (c_{i_0} \mid c_{i_l} \mid \cdots \mid c_{i_k}) \in R_q^{k+1}$ 和 $\boldsymbol{c}_j = (c_{j_0} \mid c_{j_1} \mid \cdots \mid c_{j_k}) \in R_q^{k+1}$，使其对应的解密私钥为 $\boldsymbol{s} = [1 \quad z_1 \quad \cdots \quad z_k] \in R_3^{k+1}$。解密密文的乘积可得

$$< \overline{\mathbf{ct}}, \boldsymbol{s} \otimes \boldsymbol{s} > = c_{0,0} + \sum\nolimits_{i=1}^{k} (c_{0,i} + c_{i,0}) z_i + \sum_{i,j=1}^{k} \boldsymbol{g}^{-1}(c_{i,j}) \cdot \boldsymbol{K}_{i,j} \cdot (1, z_i, z_j) \in R_q^{k+1}$$

重线性化的作用就是对于重线性化后的密文 $\overline{\mathbf{ct}'} = (\boldsymbol{c}'_0, \boldsymbol{c}'_1, \cdots, \boldsymbol{c}'_k) \in R_q^{k+1}$（其对应的解密私钥仍为 $\boldsymbol{s} = [1 \quad z_1 \quad \cdots \quad z_k] \in R_3^{k+1}$）使得式 $< \overline{\mathbf{ct}}, \boldsymbol{s} \otimes \boldsymbol{s} > = < \overline{\mathbf{ct}'}, \boldsymbol{s} >$ 成立。所以 CDKS19 方案具体的重线性化过程简述为

---

1. $c'_0 \leftarrow c_{0,0}$;

2: **for** $1 \leqslant i \leqslant k$ **do**

  $c'_i \leftarrow c_{i,0} + c_{0,i} \bmod q$

3: **for** $1 \leqslant i, j \leqslant k$ **do**

  $(c'_0, c'_i, c'_j) \leftarrow (c'_0, c'_i, c'_j) + \boldsymbol{g}^{-1}(c_{i,j}) \cdot \boldsymbol{K}_{i,j} \bmod q$

8.7　基于 MKFHE 方案的 MPC 方案

多密钥全同态加密支持不同用户(密钥)的密文之间的同态运算,且同态运算之后的结果由所有参与计算的用户联合解密,这一特性能够很好地应用于云环境下多用户数据之间的安全计算,具有一定的理论研究价值和广阔的应用前景。本节给出利用 MKFHE 方案来构造 MPC 方案的一般过程。本节给出的构造过程只能在 1 个诚实用户和 $N-1$ 个腐败用户的情况下与理想 MPC 方案不可区分,如果需要针对任意多个腐败用户的情况则需要更复杂的运算,具体参见 MW16 方案。

假设参与同态运算的 N 个用户为 $\{P_k\}_{k\in[N]}$,令 $f:(\boldsymbol{x})^N\rightarrow\boldsymbol{x}$ 为所需实现的运算函数,d 为运算电路 f 的深度,安全参数为 λ,协议过程如图 8-5 所示。

Preprocessing(预处理):参与计算的所有用户运行 pp ← MKFHE. Setup(1^λ,1^d),得到方案所需的一些参数 pp。

Input:每个参与方 P_k 的输入明文 $\boldsymbol{x}_k$,$k\in[N]$。协议运行流程如下:

Round Ⅰ. 每个参与用户 P_k 执行如下步骤:

- 输入公共参数 pp,生成用户的公钥 $\mathbf{pk}_k$、私钥 $\mathbf{sk}_k$、扩展密钥 $\mathbf{ek}_k$、同态计算密钥 $\mathbf{evk}_k$:

$$(\mathbf{sk}_k,\mathbf{pk}_k,\mathbf{ek}_k,\mathbf{evk}_k)\leftarrow \text{MKFHE. KeyGen(Setup)};$$

- 对明文进行加密,得到密文

$$\{c_k\leftarrow \text{MKFHE. Encrypt}(\mathbf{pk}_k,\boldsymbol{x}_k)\}_{k\in[N]};$$

- 每个用户将 $(\mathbf{pk}_k,\mathbf{ek}_k,\mathbf{evk}_k,c_k)_{k\in[N]}$ 上传到云端。

Round Ⅱ. 云端接收到 $(\boldsymbol{pk}_k,\boldsymbol{ek}_k,\boldsymbol{evk}_k,c_k)_{k\in[N]}$ 之后,执行如下步骤:

- 依次对密文 $\{c_k\}_{k\in[N]}$ 进行扩展:

$$\{\hat{c}_k\leftarrow \text{MKFHE. Extend}[(\mathbf{pk}_1,\cdots,\mathbf{pk}_N),c_k,\mathbf{ek}_k]\}_{k\in[N]};$$

- 云端对密文同态进行函数 f,产生同态运算后的密文:

$$\hat{c}\leftarrow \text{MKFHE. Eval}(f_j,\{\hat{c}_k\},\{\mathbf{evk}_k\})_{k\in[N]};$$

- 云端将同态运算后的密文结果 $\hat{c}$ 发送给所有参与计算的用户。

Round Ⅲ. 所有参与计算的用户接收到 $\hat{c}$ 后,通过运行门限解密协议,得到最终所需的解密结果,步骤如下:

(1)每个参与方 P_k 计算各自的部分解密结果:

$$\{p_k\leftarrow \text{MKFHE. PartDec}(\hat{c},\mathbf{sk}_k)\};$$

(2)将各自的部分解密结果 p_k 对其他用户广播。

Ouput:参与方 P_k 接收到其他用户的部分解密结果 $\{p_i\}_{i\in[N]\setminus\{k\}}$ 后,运行最终的解密过程,输出最终的解密结果:

$$\mu\leftarrow \text{MKFHE. FinDec}(p_1,\cdots,p_N)$$

图 8-5　利用 MKFHE 方案来构造 MPC 协议

值得注意的是,基于 NTRU 型 MKFHE 方案的 MPC 方案在执行 **Round** Ⅱ时,并不需要对用户上传到云端的密文进行扩展,但是其解密阶段目前尚无有效的门限解密协议。基于 GSW 型 MKFHE 方案的 MPC 方案在 **Round** Ⅰ的密钥生成阶段无须生成计算密钥 $\{\mathbf{evk}_k\}_{k\in[N]}$。

8.8 本章小结

MKFHE 方案是同态加密领域一个重要的研究方向,也是解决多方数据密态计算的一个重要方法。本章梳理总结了 NTRU 型、GSW 型、BGV 型、CKKS 型等 4 个类型的 MKFHE 方案构造思想和构造过程,并对基于 MKFHE 方案的 MPC 方案进行了介绍。

第 9 章　同态加密的应用

同态加密方案因为强大的密态计算能力，在很多隐私计算场景具有重要的应用前景。本章从单密钥全同态加密和多密钥全同态加密出发，分别介绍它们在流数据隐私搜索协议与致病基因安全定位方面的应用。

9.1　基于 FHE 方案的流数据隐私搜索协议

流数据的隐私搜索是云计算应用中的一个重要场景，而高效、细粒度隐私搜索协议的构建则需要依赖 FHE 方案。基于 FHE 方案的流数据隐私搜索协议存在大量的同态乘法运算，并具有较深的乘法电路深度。由于同态乘法的效率较低，因此通过降低乘法运算次数与电路深度可以较好地提升基于 FHE 方案的流数据隐私搜索协议的效率。

本节在 Yi 等人 YPB14 方案的基础上，通过改进其搜索算法中关键的指针向量更新与数据存储过程，完成对存储单元的并行处理，从而降低同态乘法的次数与乘法电路深度，提高了算法整体的效率。此外，本节还设计能够提取和输出数据相对存储位置的函数，增强协议的适用性以满足用户的多样化需求。

9.1.1　流数据隐私搜索协议研究背景及定义

如何对云端存储的密态流数据进行特定搜索是一个重要的问题，这一问题最早由 Ostrovsky与 Skeith 等人在 OS05 方案中提出。其要求首先在公共数据服务器获取信息，而后根据加密的规则对数据进行筛选以获取有用的数据。2007 年，Ostrovsky 与 Skeith 在 OS07 方案中证明了在阿贝尔群的基础构造下，不增加字典大小则只能构造不连续的查询。而若要求支持更加细粒度的搜索规则，则需要引用全同态加密。2009 年，针对进行匹配时出现的文档存储冲突问题，Bethencourt 等人在 BSW09 方案中通过求解线性方程组的方法来重新处置匹配文件，以避免数据缓存区的冲突。2012 年，Yi 等人构造了支持搜索满足在 n 个关键字的集合内，包含 t 个以上条件的文档的协议 YX12。其后，2014 年 Yi 等人又在筛选文档的条件中考虑了关键字出现的频率，从而构造了基于关键字频率的隐私搜索协议 YBV14。2019 年 Aishwarya 等人构造了面向私有信息所有者，支持修改云端存储的信息及关键字间的关联的协议 AH19。

下面给出流数据隐私搜索协议的相关定义：

定义 9－1： 设 Q_k 为用户提交的搜索需求，F 为存储在云端的加密文档，对于隐私搜索

协议 P，若 $Q_k(P)=1$，则称文档 F 与搜索规则 Q_k 相匹配；若 $Q_k(P)=0$，则称文档 F 与搜索规则 Q_k 不匹配。

定义 9-2(隐私搜索协议定义)：设 Q_k 为搜索规则，一个隐私搜索协议 P 由以下 4 个算法组成，即

(1)密钥生成算法 KenGen(k)：对于安全参数 k，输出公私钥对($\mathbf{pk}$,$\mathbf{sk}$)。

(2)筛选程序生成算法 FilterGen(D,Q_k,$\mathbf{pk}$)：输入字典 D、搜索规则 Q_k 与公钥 $\mathbf{pk}$，输出筛选程序 W。

(3)筛选算法 FilterExec(S,W,$\mathbf{pk}$,m)：输入流数据 S、筛选程序 W、公钥 $\mathbf{pk}$ 以及缓存器 B 的存储上限 m。此算法将筛选出符合规则的(即 $Q_k=1$ 的)文档，而后 W 将筛选出的文档存储至缓存器 $\boldsymbol{B}$ 中。

(4)解密算法 BufferDec($\boldsymbol{B}$, $\mathbf{sk}$)：得到筛选之后的文档后，用户利用私钥 $\mathbf{sk}$ 解密缓存器中的文档。

9.1.2 流数据隐私搜索协议基本构造

在流数据上进行隐私信息搜索，要求用户(或者机构)能够将存储在云端的加密信息进行特定函数的搜索。同时，在搜索的过程中不会泄漏有关用户存储的数据及提供的匹配规则的任何有效信息。这种情况下，即使云服务器受到了第三方恶意攻击者的控制，也无法获取用户搜索关键字、匹配算法等信息。这在现实生活中具有十分重要的意义。例如，现代社会，民众都非常注重自身的医疗健康信息，而医学研究通常希望能够在各个机构之间实现数据的共享，因此无法避免将各个机构拥有的用户数据加密后上传至云端，而后各自进行特定要求的处理。当某一患者在进行疾病诊断与治疗需要搜索云端的信息而不愿为他人所知时，一个能保障个人隐私信息安全的可靠加密方案与协议就显得尤为重要。对流数据进行隐私搜索的具体应用场景如图 9-1 所示。

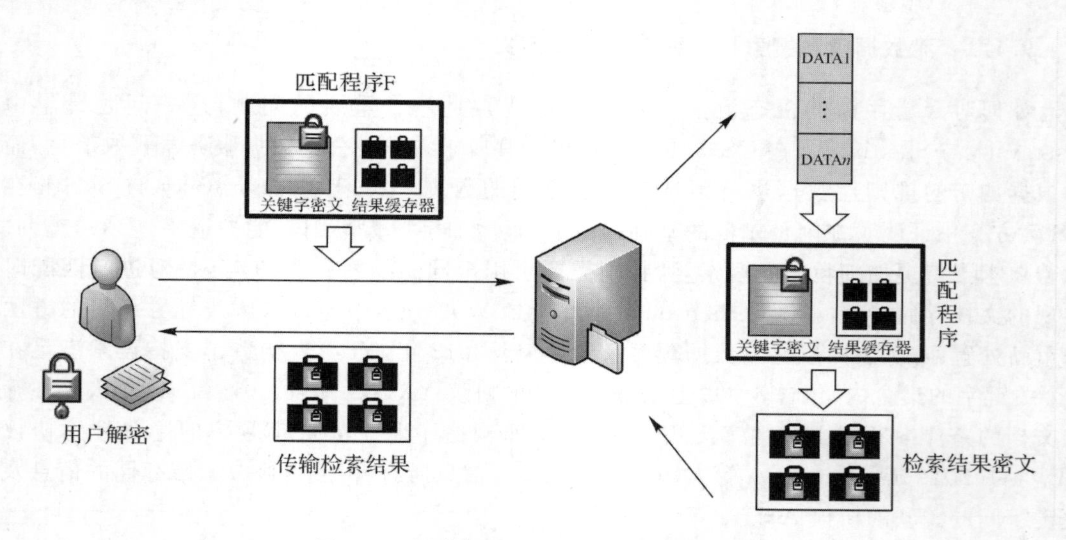

图 9-1　流数据隐私搜索协议的应用场景图

Yi 等人提出了一种服务于这一需求的流数据上的隐私搜索协议(后文用 Yi 协议代替)。该协议可以根据用户提交的搜索请求,从云端的服务器存储的流数据中输出前 n 个匹配结果:设云端的密态数据 $\text{Data} = \{\varepsilon(x_1), \varepsilon(x_2), \cdots, \varepsilon(x_n)\}$,根据用户提交的匹配规则而生成的匹配结果向量为 $\boldsymbol{r} = [r_1 \quad r_2 \quad \cdots \quad r_n]$, $r_i \in \{0,1\}$, $0 \leqslant i \leqslant n$, $i \in \mathbb{Z}$。协议查找和存储搜索结果的具体步骤如下:

(1)构造指针向量 $\boldsymbol{G}$,将其最后一位元素置 1,其他元素置 0;构造缓存向量 $\boldsymbol{B}$,将其所有元素均置 0。需要注意的是,这些元素值均经过同态加密方案加密后以密态存储。向量 $\boldsymbol{G}$ 用来指示当前输出的匹配结果序号及缓存器 $\boldsymbol{B}$ 对应的存储单元,缓存器 $\boldsymbol{B}$ 则用来存储匹配结果。

(2)从匹配的结果向量 $\boldsymbol{r}$ 中逐个将元素取出,记为 $p_i \in \{0,1\}$。

(3)更新向量 $\boldsymbol{G}$,向量 $\boldsymbol{B}$ 的元素值:

$$\boldsymbol{G} = \boldsymbol{G} \boxplus \boldsymbol{G} \cdot p_i \tag{9-1}$$

$$\boldsymbol{B} = \boldsymbol{B} + x_i \cdot \boldsymbol{G} \cdot p_i \tag{9-2}$$

式中:$\boxplus$代表两个向量之间带进位的同态加法,需要考虑低位比特向高位比特的进位,带进位的同态加法器由设计的 m 位多比特加法完成。Yi 协议的指针向量与数据缓存器的更新过程如图 9-2 所示。

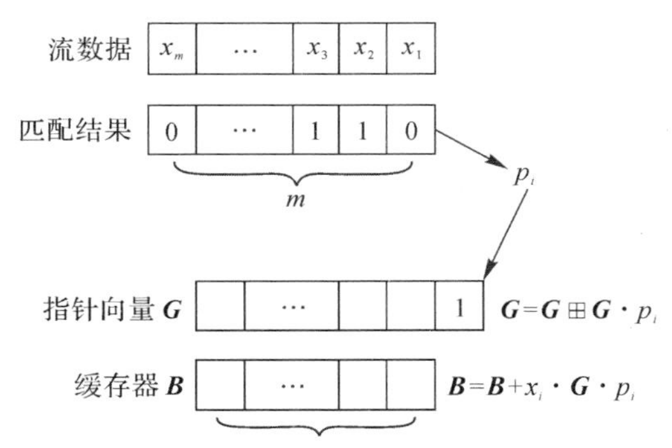

图 9-2　指针向量与数据缓存器的更新过程

下面对该协议的正确性进行分析:

由上述步骤可知,向量 $\boldsymbol{r}$ 中取出的元素 p_i 的取值为 0 或 1。因此,指针向量 $\boldsymbol{G}$ 的更新结果为

$$\boldsymbol{G} \boxplus \boldsymbol{G} \cdot p_i = \begin{cases} \boldsymbol{G} \Rightarrow p_i = 0 \\ 2\boldsymbol{G} \Rightarrow p_i = 1 \end{cases} \tag{9-3}$$

于是,当 $p_i = 1$ 时,向量 $\boldsymbol{G}$ 更新为 $2\boldsymbol{G}$,即缓存器 B 中的元素 1 将向高位移动 1 位,更新后其他位置的元素值仍为 0;而当 $p_i = 0$ 时,$\boldsymbol{G}$ 中的元素保持不变。而缓存器 $\boldsymbol{B}$ 的更新结果为

$$\boldsymbol{B} + x_i \cdot \boldsymbol{G} \cdot p_i = \begin{cases} \boldsymbol{B} \Rightarrow p_i = 0 \\ \boldsymbol{B} + x_i \cdot \boldsymbol{G} \Rightarrow p_i = 1 \end{cases} \tag{9-4}$$

需要注意的是,两个步骤的顺序不能交换,即需要先更新指针向量 $\boldsymbol{G}$ 的元素值,而后在此基础上更新缓存器 $\boldsymbol{B}$ 中的元素值。

当 p_i 的取值为 1 时,代表此处云端存储的流数据与用户提交的搜索规则相符合。因此将 $\varepsilon(x_i)$ 的值存储到缓存器 $\boldsymbol{B}$ 中的第 i 个位置元素处,而其他位置的元素值保持不变;而当

p_i 的取值为 0 时，则说明云端存储的流数据不符合用户的搜索规则，不需要存储到缓存器 $\boldsymbol{B}$ 中。因此缓存器 $\boldsymbol{B}$ 中的元素值不作改变。重复执行上述步骤，直至将前 m 个匹配结果都存储至缓存器 $\boldsymbol{B}$ 中。

9.1.3 优化协议构造

1. 优化的更新算法

由于 Yi 等人的协议在进行指针向量和缓存器中元素的更新时，需要构造同态的全加器，而全加器的构造复杂，这导致协议的效率比较低，因此，针对这一问题，本节设计了一种优化的更新算法，直接对两个向量的元素逐个进行更新，不需要再引入全加器。同时，各个元素之间的运算可以并行，大大提高了算法的更新效率，使得协议的可执行性更高。此外，在某些情况下，用户可能关心输出的符合匹配条件的数据在云端存储的位置。因此在输出数据的基础上，本节也构造了能够输出匹配结果在云端存储的相对位置信息的算法，以此来满足用户的多样化需求。下面对更新算法的具体构造进行介绍。

在 9.1.2 节叙述的基础上，对于从匹配的结果向量 $\boldsymbol{r}$ 中取出的某一个 p_i，本节设计的指针向量与缓存器的更新算法为

$$\boldsymbol{G}'[i]=\begin{cases}(1-p_j)\boldsymbol{G}[1], & i=1\\ p_j\boldsymbol{G}[i-1]+(1-p_j)\boldsymbol{G}[i], & 2\leqslant i\leqslant n,\quad i\in\mathbb{Z}\end{cases}\tag{9-5}$$

$$\boldsymbol{B}'[i]=\boldsymbol{B}[i]+p_j\cdot\boldsymbol{G}'[i]\cdot x_i,\quad 1\leqslant i\leqslant n,\quad i\in\mathbb{Z}\tag{9-6}$$

通过直接对指针向量及缓存器中的元素进行更新，可以不引入带进位的同态加法器，从而减少每一轮更新所进行的乘法操作。而由上述等式也可以看出，针对每一个 p_j 的一轮更新，指针和缓存器各个单元之间的更新不再有依赖性，可以同时进行，因而协议的效率得到明显的提升。优化协议的更新过程如图 9-3 所示。

2. 数据相对位置缓存器的设计

现实生活中，考虑下列的情形：云端存储了部署在不同部门的监视器数据，存储的相对位置与监视器的编号大小相关。当管理人员对云端存储的数据进行特定条件搜索（如某时间段内的人员缺席情况）时，其还想知道有缺席人员的监控数据所处的地点（地点与人员相关联），而地点与存储位置相关。因此，进行流数据的隐私搜索时，有时会对符合匹配结果的数据所在的存储位置感兴趣。本节在存储匹配结果的基础上，设计了能够提取和存储云端数据所在的相对存储位置的算法，构造如下：

$$\boldsymbol{N}[i]=\boldsymbol{N}[i]+\mathrm{bin}(j)\cdot p_j\cdot\boldsymbol{G}[i]$$

式中：$\boldsymbol{N}$ 代表相对存储位置序号存储器；$\mathrm{bin}(j)$ 是当前存储的数据在云端流数据中的相对位置数值的二进制表示。

在实际的应用中，云端存储的信息通常并非同匹配结果向量一样，为单比特数据，若使用按比特加密的同态加密方案，则可能出现冲突。因此，在应用上，还应该考虑对多比特数据的具体处理。假设云端存储数据块大小为 w(bit)（大于 w(bit)的可以进行拆分，不足的部分则用 0 bit 进行填充）。对于云端的数据，设 ISmatch 为用户提交的匹配函数，其具体的匹配与缓存过程如算法 9-1 所示。

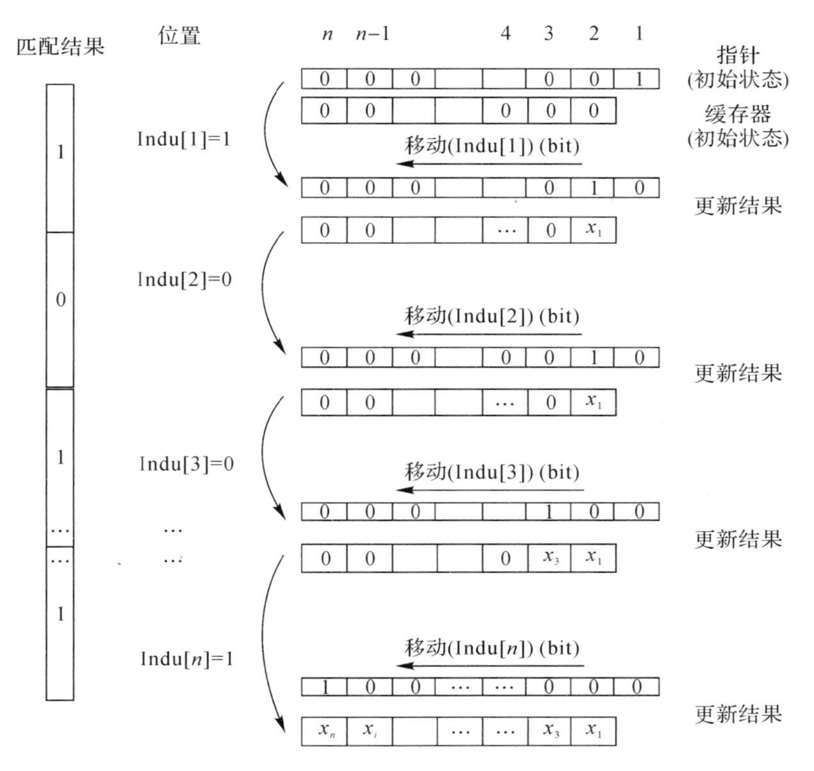

图 9－3　优化协议的更新算法过程

算法 9－1:流数据隐私搜索协议

Input：查询请求 $x_q \in \{0,1\}^w$，云端数据库 $\boldsymbol{x}=\{\boldsymbol{x}[1],\cdots,\boldsymbol{x}[m]\}$，$\boldsymbol{x}[i] \in \{0,1\}^w$ 及匹配函数 Ismatch(• , •)

Output：输出前 m 个匹配结果及其相对位置序号值，即

1：$\boldsymbol{G}=[\varepsilon_{\mathrm{pk}}(0) \quad \varepsilon_{\mathrm{pk}}(0) \quad \cdots \quad \varepsilon_{\mathrm{pk}}(0) \quad \varepsilon_{\mathrm{pk}}(1)]$ $\boldsymbol{B}=[\varepsilon_{\mathrm{pk}}(0) \quad \varepsilon_{\mathrm{pk}}(0) \quad \cdots \quad \varepsilon_{\mathrm{pk}}(0)]$，
　$\boldsymbol{N}=[\varepsilon_{\mathrm{pk}}(0) \quad \varepsilon_{\mathrm{pk}}(0) \quad \cdots \quad \varepsilon_{\mathrm{pk}}(0)]$ //初始化指针向量，数据缓存器及序号缓存器

2：$\boldsymbol{r}=[\mathrm{Ismatch}\{x_q,x[1]\} \quad \cdots \quad \mathrm{Ismatch}\{x_q,x[m]\}]$
　　　　//逐个对流数据进行匹配，生成匹配结果向量 r

3：**for** $j=1,\cdots,m$ **do**{

4：　**for** $i=1,\cdots,n$ **do**{$\boldsymbol{G}[i]=$
　// 更新指针向量

5：　　**for** $k=1,\cdots,w$ **do**{$\boldsymbol{B}[i][k]=\boldsymbol{B}[i][k]+\boldsymbol{x}[i][k] \cdot p_j \cdot \boldsymbol{G}[i]$
　　　　// 更新数据缓存器
　　　$\boldsymbol{N}[i][k]=\boldsymbol{N}[i][k]+\mathrm{bin}(j)[k] \cdot p_j \cdot \boldsymbol{G}[i]$}// 更新序号缓存器

6：　　　**end for**}

7：　　**end for**}

8：**end for**

.9：**output** $\boldsymbol{B},\boldsymbol{N}$.

9.1.4 协议分析

本小节分析协议的正确性、安全性与效率。

1. 正确性分析

以数据存储为例，对于指针向量 $\boldsymbol{G}$，当 $p_j = 0$ 时，即表示此时流数据与用户提交的匹配规则不相符合。因此 $\boldsymbol{G}'[1] = \boldsymbol{G}[1]$，$\boldsymbol{G}'[i] = \boldsymbol{G}[i]$，$i \geqslant 2$，指针向量的元素不发生变化，与之相应的缓存器中的值 $\boldsymbol{B}'[i] = \boldsymbol{B}[i]$ 保持不变；当 $p_j = 1$ 时即表示此时流数据与匹配规则相符。在这种情况下，当 $\boldsymbol{G}'[1] = 0$，$\boldsymbol{G}'[i] = \boldsymbol{G}[i-1]$，$i \geqslant 2$ 时，指针向量中的元素值左移一位，右端补 0，而 $\boldsymbol{B}'[i] = \boldsymbol{B}[i] + \boldsymbol{G}'[i] \cdot x_i$，因而缓存器 $\boldsymbol{B}$ 中的值与更新后的指针向量 $\boldsymbol{G}$ 中的相对应的元素值相关。而当 $\boldsymbol{G}'[i] = 1$ 时，$\boldsymbol{B}'[i] = \boldsymbol{B}[i] + x_i$，即在相应位置将流数据进行存储；当 $\boldsymbol{G}'[i] = 0$ 时，$\boldsymbol{B}'[i] = \boldsymbol{B}[i]$ 不做改变。相似地，在进行数据相对位置序号的存储时，对不符合规则的数据相对位置序号不进行存储，仅对存入数据缓存器中的数据相对位置序号进行了存储，如图 9 - 4 所示。

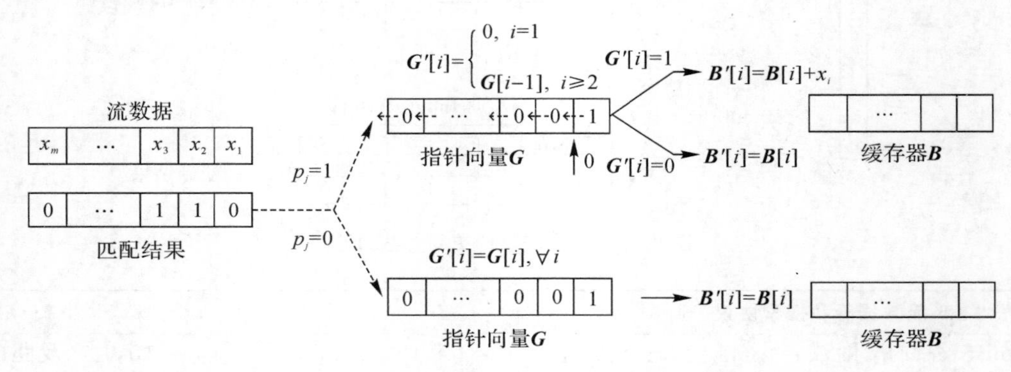

图 9 - 4　隐私搜索协议正确性分析

由上述分析可知，当流数据符合用户的匹配规则时，指针向量首先进行更新，元素值为 1 的元素左移至相邻位置，以此指示缓存器的存储位置。而缓存器在存储时，除了将该相应位置的元素值更改为流数据的值（相对位置序号缓存器更改为对应的序号值），其他位置元素均不发生改变，不会影响前面已经存储过流数据的缓存单元与后面未存储过数据的缓存单元。

2. 安全性分析

本节协议与 Yi 等人的协议相比，只对其指针向量与缓存器更新算法进行了优化，并未对协议其他部件的安全性产生影响。可以发现，即使在云端存储的数据不符合用户提供的匹配规则，此时云服务器仍会对缓存器 $\boldsymbol{B}$ 执行一个写的操作。只是此时写入缓存器与其中元素相加的数据为密文 0，实际上不影响缓存器中存储的数据。而这样的操作使云服务器无法区分对相匹配数据的操作及不相匹配数据的操作，从而无法判断相应位置的数据是否符合用户规则，保障了用户的隐私信息安全。

与原有的两个缓存器的分析类似，对于新增的相对位置序号存储器，每次接收到一条数据都会进行一次更新操作，但只会写入符合用户设置的匹配规则的数据位置。这可以抵御恶意第三方通过分析数据缓存器区域的更新频率来获取符合规则的数据的相对位置，针对此发起可以导致数据隐私信息泄露的攻击。另外，本节优化算法均使用同态加密方案。攻击者无法获取任何有关用户提供的查询信息及云端流数据的位置、内容信息。因此，算法安全性依赖于底层同态加密方案的安全性及原有 Yi 协议的安全性。

3. 效率分析

（1）多比特加法器的逻辑电路构造与算术实现。

Yi 协议使用了全加器，因此，本节先对全加器的构造原理进行简单的介绍。下面以 2 bit 加法为例：

首先，利用 AND 与 XOR 门构造半加器（Half adder，HA），其输入 A，B 与输出 S，C 满足 $S = A \oplus B$，$C = A \wedge B$。半加器构造示意图如图 9－5 所示。

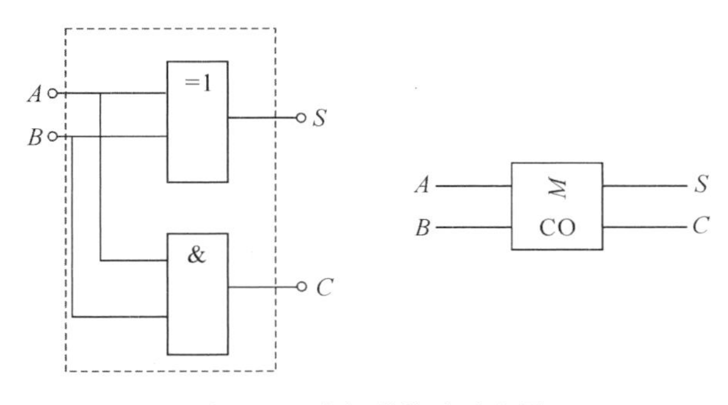

图 9－5　半加器构造示意图

在此基础上再结合 OR 门实现全加器（Full Adder，FA）的构造，其输入 A_i，B_i，C_{i-1} 与输出 S_i，C_i 满足：$S_i = (A_i \oplus B_i) \oplus C_{i-1}$，$C_i = (A_i \wedge B_i) \vee [(A_i \oplus B_i) \wedge C_{i-1}]$。全加器构造示意图如图 9－6 所示。

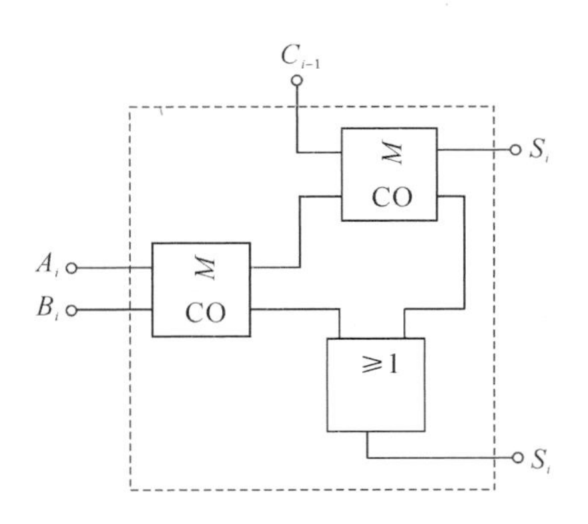

图 9－6　全加器构造示意图

最后，利用全加器构造出多比特加法器，其各层的输入与输出满足其输入 x_i，y_i，c_i 与输出 s_i，c_{i+1} 满足 $s_i = (x_i \oplus y_i) \oplus c_i$，$c_{i+1} = (x_i \wedge y_i) \vee [(x_i \oplus y_i) \wedge c_i]$。多比特加法器构造示意图如图9－7 所示。

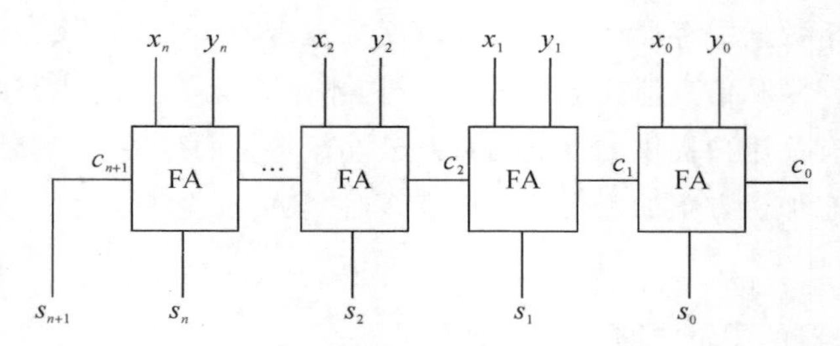

图 9-7　多比特加法器构造示意图

算法中需要对加法器的逻辑电路进行实现。2014 年，Yi 等人提出了同态整数加法器的构造方法，其中，多比特加法器中所需要的各个单比特的基本逻辑门的输入与输出关系，可以通过同态加密方案中的算术运算进行模拟：

1)与门：$\varepsilon(m_1 \wedge m_2)=\varepsilon(m_1)\varepsilon(m_2)$。

2)异或门：$\varepsilon(m_1 \oplus m_2)=\varepsilon(m_1)+\varepsilon(m_2)$。

3)或门：$\varepsilon(m_1 \vee m_2)=\varepsilon(m_1)+\varepsilon(m_2)+\varepsilon(m_1)\varepsilon(m_2)$。

在此基础上，对应的两个二进制整数 $I_1=(x_n x_{n-1}\cdots x_0)_b$ 与 $I_2=(y_n y_{n-1}\cdots y_0)_b$，其加密后的加法运算为 $(\varepsilon(x_n)\varepsilon(x_{n-1})\cdots\varepsilon(x_0))+[\varepsilon(y_n)\varepsilon(y_{n-1})\cdots\varepsilon(y_0)]=[\varepsilon(z_{n+1})\varepsilon(z_n)\varepsilon(z_{n-1})\cdots\varepsilon(z_0)]$，$\varepsilon(z_{n+1})$ 代表进位。结合多比特加法器的逻辑电路构造，可得

$$\begin{aligned}\varepsilon(c_{i+1}) &= \varepsilon(x_i)\varepsilon(y_i) \vee \varepsilon(x_i+y_i)\varepsilon(c_i) \\ &= \varepsilon(x_i)\varepsilon(y_i)+[\varepsilon(x_i)+\varepsilon(y_i)]\varepsilon(c_i)+ \\ &\quad \varepsilon(x_i)\varepsilon(y_i)\varepsilon(c_i)[\varepsilon(x_i)+\varepsilon(y_i)]\end{aligned} \tag{9-7}$$

$$\varepsilon(s_i)=\varepsilon(x_i)+\varepsilon(y_i)+\varepsilon(c_i) \tag{9-8}$$

(2)效率对比。

1)同态乘法次数。

a. Yi 协议在指针与缓存器的更新中运用了同态加法器。结合逻辑电路构造可知：带进位的同态加法器产生和中一个比特的加密结果平均需要进行 5 次同态乘法运算与 3 次同态加法运算。对于每轮更新过程，由 $\boldsymbol{G}=\boldsymbol{G}\boxplus\boldsymbol{G}\cdot p_i$，更新 n(bit)的指针向量的需要执行 $6n$ 次的同态乘法运算；由 $\boldsymbol{B}=\boldsymbol{B}+x_i\cdot\boldsymbol{B}\cdot p_i$，更新缓存器则需要执行 $2nw$ 次的同态乘法运算。因此，Yi 协议整体的同态计算次数为 $2mn(w+3)$。

b. 本节协议在 Yi 协议的基础上优化了缓存器与指针的更新算法，将原协议中对整个向量逐步操作变为直接对向量中的所有元素同时进行更新。而结合指针向量更新 $\boldsymbol{G}'[i]=\begin{cases}(1-p_j)\boldsymbol{G}[1], & i=1\\ p_j\boldsymbol{G}[i-1]+(1-p_j)\boldsymbol{G}[i], & 2\leqslant i\leqslant n,\quad i\in\mathbf{Z}\end{cases}$ 与缓存器更新 $\boldsymbol{B}[i][k]=\boldsymbol{B}[i][k]+\boldsymbol{x}[i][k]\cdot p_j\cdot\boldsymbol{G}[i]$ 算法，n(bit)的指针向量更新时，平均每一个比特需要执行 2 次同态乘法运算。而每一轮更新缓存器，需要进行 $2mw$ 次乘法运算。因此本节协议整体的同态计算次数为 $2mn(w+1)$。

2)乘法电路深度分析。

a. Yi 协议在进行指针向量的更新时，需要先构造带进位的同态加法器对 n(bit)比特的

指针向量进行更新，而后利用缓存器进行存储。同态加法器在进行加法运算时，对高位的运算需要以低位产生的进位作为输入，电路上属于串联结构，导致各个比特位的乘法运算不能并行，协议的效率较低。因此，算法的乘法深度为 n。此外，由缓存器元素的更新算法 $\boldsymbol{B}=\boldsymbol{B}+x_i\cdot\boldsymbol{B}\cdot p_i$ 可知其乘法深度为 2。综上所述，Yi 协议整体的乘法深度为 $n+2$。

b. 本节协议直接对指针向量与缓存器中的元素进行处理，更新过程中指针向量中各个元素的更新值只依赖于更新前相应向量元素的取值，从而各个元素值的更新可以并行计算。因此，本节协议的乘法电路深度为 2。

综上所述，协议的参数对比见表 9－1。

表 9－1　本节协议与 Yi 协议的对比

协议	同态乘法次数	一轮更新的乘法深度	并行处理	相对位置序号缓存器
Yi 协议	$6mn+2mnw$	$n+2$	×	×
本节协议	$2mn+2mnw$	2	√	√

由表 9－1 可知，当数据集大小为 m、缓存器尺寸为 n 时，与 Yi 协议相比，本节设计的协议将同态乘法运算的次数由 $6mn+2mnw$ 降低至 $2mn+2mnw$，同态乘法电路深度由 $n+2$ 减小至 2。此外，本节设计的协议支持数据的并行处理，同时构造了一个可以输出数据相对位置的算法，提升了协议对实际应用场景的适用性。

9.1.5　小结

流数据上的私有信息搜索在云计算中占有重要地位，其效率的提高可以使用户与云服务器之间的交互更加及时方便。本节通过去除协议中带进位的同态加法，设计了一种有效的算法，独立地更新指针向量和数据缓存器中的元素。它减少了协议的同态乘法次数和乘法电路的深度，提高了协议的运算效率。此外，本节还设计了能够提取和存储匹配数据相对位置序号的算法，使得协议的应用场景更加多样化，对保护用户隐私信息的安全性和促进加密信息的搜索具有一定的现实意义。

9.2　基于 TFHE 型 MKFHE 方案的致病基因安全定位方案

定位致病基因对于一些疾病的预防和治疗有着重大意义，如癌症、白化病等。这些疾病通常由某（几）个基因位置发生恶性突变所造成，在保护患者基因数据隐私的前提下，对不同患者的基因数据进行统计与分析，从而定位致病基因的位置，是对这些疾病开展针对性治疗的重要前提。多密钥全同态加密能够实现不同用户（密钥）的密文之间的同态运算，且运算后的结果需要所有参与用户的密钥联合解密，从而能够更加有效地保护不同用户的数据隐私，具有非常广阔的应用前景。本节结合 TFHE 型 MKFHE 方案和基于频率的临床遗传学相关内容，设计了一个基于 MKFHE 方案的致病基因安全定位方案。该方案在有效保护患者基因数据隐私的前提下，支持对不同患者基因数据的密文进行致病基因定位，解决了基因数据的共享和个人隐私保护的矛盾,为安全定位致病基因提供了行之有效的备选解决方案。

9.2.1 引言

基因是指导人类活动的密码,人类的一切生命活动和生理现象都几乎与基因直接相关。基因数据可以被广泛应用于医疗保健、生物医学研究及身份鉴定等领域,具备很高的研究价值。随着生物医学的不断发展,以及基因组测序的成本不断下降,越来越多的人有能力获取自己的基因数据。个体的基因数据带有浓厚的个人隐私特征,如果保护不当,可能会引发基因歧视、司法犯罪等问题。同态加密能够对基因数据进行加密保护,且大部分的同态加密方案都基于格上的困难问题构造,具备较好的安全性,因此,利用同态加密开展对基因数据的保护和安全分析,近些年逐渐引起了学者们的关注。

2014 年,Lauter 等人利用同态加密对基因数据进行保护,并研究了如何利用一些常用的基因分析算法对密态的基因数据进行分析。同年,Bos 等人研究了同态加密在处理敏感的私人医疗数据和基因数据方面的应用,并利用同态加密对密态数据进行预测分析,从而预测一些疾病的发病概率。2015 年,Lu 等人利用基于 RLWE 问题的同态加密来开展全基因组关联研究(Genome-Wide Association Studies,GWAS)上的安全外包计算。同年,Kim 等人在 KL15 中利用 BGV12 方案和 YASHE 方案对基因数据进行保护,并对密态的基因数据进行 GWAS 上的最小等位基因频率计算,以及 DNA 序列间的汉明距离和近似编辑距离计算。2016 年,Wang 等人利用同态加密对基因数据进行保护,并对密态的基因数据进行逻辑回归分析,并提出了一个治疗框架,利用小的样本数量来进行安全的罕见变异分析。2017 年,Kim 等人利用多项式环上的同态加密对基因数据库进行加密,并研究了如何对基因数据库进行密态的查询和匹配。

2017 年,Jagadeesh 等人在 *Science* 上发表了 JWB+17 方案。该方案利用现代密码学中的安全多方计算技术:Yao 混淆电路+不经意传输,以及基于频率的临床遗传学相关内容,利用对称加密对患者的基因数据进行保护,并利用两云模型将两方参与的安全计算扩展到多方参与的安全多方计算,从而在不泄露患者基因隐私的前提下,实现了对单基因疾病患者的致病基因定位。能否定位致病基因,对于一些基因疾病的预防和治疗具有重大意义。JWB+17 方案中用来对致病基因定位的电路有 3 个:Intersection 电路、MAX 电路和 SET DIFF 电路,并通过两云模型将两方参与的安全计算扩展到多方参与的安全计算。经过对该方案进行分析,发现其存在以下两个缺陷:

(1)致病基因定位电路方面:原方案中的 3 种电路仅适用于单基因疾病致病基因定位,应用范围较窄。SET DIFF 电路虽然实现了相应的功能,但是不够精简,影响方案效率。

(2)为了避免 Yao 协议的运行过程中参与方需实时在线,通信量大的问题,JWB17 方案使用了两云模型。一方面,两云模型中需要一个比较强的假设,即两个云之间不会合谋,这个假设对于实际情况而言较强,安全隐患较大。另一方面,两云模型的引入,需要使用比平凡 Yao 协议更加复杂的 gabled 电路,降低了方案效率。此外,两云模型在执行 Yao 协议的过程中,gabled 电路不能重复使用,这会造成较大的通信量。

基于以上分析,本节结合可对多用户的密文数据进行同态计算的多密钥全同态加密和基于频率的临床遗传学相关内容，在有效保护参与方基因数据隐私的前提下，实现对于致病基因位置的定位。主要内容包括：

(1)根据多密钥全同态加密支持对多个参与方的密态数据进行计算的特点，以及定位算法输入的基因数据为二元类型，本节方案引入能够高效地同态运行逻辑电路的 TFHE 型 MKFHE 方案——CCS19 方案。该方案是单密钥全同态加密方案 CGGI17 方案的多密钥版本，支持快速的自举运算，能够更加高效地实现对比特类型数据的操作。

(2)设计了针对多基因疾病的定位电路 TH－intersection，Top－k。JWB＋17 方案中的 3 个电路仅适用于单基因疾病的致病基因定位，本节新设计的 TH－intersection，Top－k 电路能够对所有参与者中变异次数较多的多个基因位置进行输出，使其具备定位多基因疾病的能力。TH－ntersection 电路支持通过设置某个固定阈值的方式，输出变异次数大于该阈值的所有基因位置；Top－k 电路支持通过设置相关参数 k，输出所有参与者中变异次数最高的前 k 个基因位置。此外，本节还对原有的 SET DIFF 电路进行了优化，大大简化了原电路的复杂性，提高了算法的实现效率。

(3)设计了能够使指定的合法用户来获得最终解密结果的定向解密协议。现阶段的大多数 MKFHE 方案的解密过程允许所有参与同态运算的用户获得最终的解密结果，而对于希望指定的用户来解密这一现实场景并不适用。定向解密协议允许参与者指定某(几)个合法用户来最终解密，从而增强基因数据拥有者对于解密结果的控制能力，扩展了原方案的适用场景。

实验结果表明，相比较于 JWB＋17 方案，本节方案中参与方只需要将各自的基因数据加密后上传一次即可，基因数据的密文可以重用，因此无须参与用户实时在线。通信量方面，本节方案的通信量相对于 JWB＋17 方案大幅度降低，对于带宽受限的系统具有更强的适用性。

9.2.2　方案基本部件

本小节介绍方案的一些基本部件。

1. 基因数据预处理

将参与者的基因数据转化为多密钥全同态加密方案所能处理的数据类型，是执行本节方案的前提，这里介绍如何对参与者的基因数据进行预处理。

基因数据预处理：研究对象首先到医疗机构进行基因测序，获取各自的基因数据。医疗机构根据当前已研究发现的所有的基因变异数据库(数据库中包含了基因变异的位置信息和变异信息)，将研究对象的基因数据与其进行比对，若其在相应的位置发生变异，则将该位置的值设定为“1”，反之则设定为“0”，由此每个研究对象可以得到一个关于自身基因变异信息的比特串。基因数据预处理示意图如图 9－8 所示。

2. 底层 MKFHE 方案

本节方案底层 MKFHE 方案为 TFHE 型 CCS19 方案。该方案基于底层的 LWE 方案和 RGSW 方案。本节只介绍其框架，具体细节见 CCS19 方案。

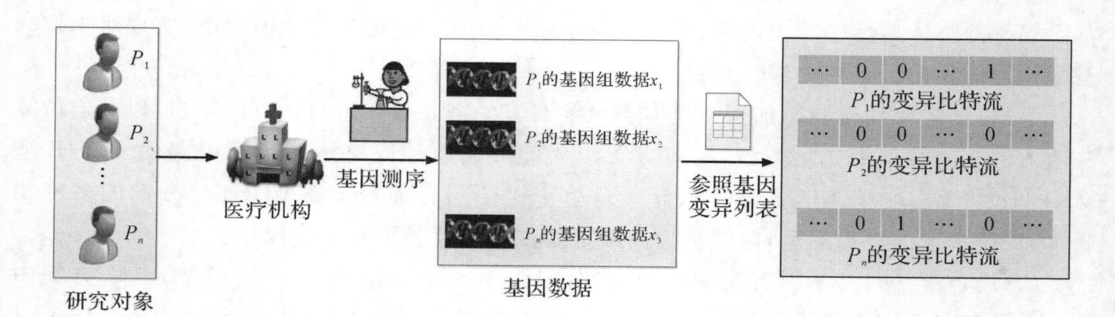

图 9-8 基因数据预处理示意图

令 λ 为安全参数，$\langle\cdot,\cdot\rangle$ 表示两个向量的点积(dot product)。对于实数 r,$\lfloor r\rceil$ 表示距离 r 最近的整数。定义 $\mathbb{B}\triangleq\{0,1\}$，Torus $\mathbb{T}\triangleq\mathbb{R}\bmod 1$ 为实数模 1 的实环，定义 $R=\mathbb{Z}[X]/(X^N+1)$ 和 $R=\mathbb{T}[X]/(X^N+1)$ 为整数和 Torus 上的分圆多项式环，其中 X^N+1 是 $2N$ 次分圆多项式，N 为 2 的幂次。

定义 9-3(TLWE)：令 $n\geqslant 1$ 为整数，定义 χ_Z 为 $\mathbb{Z}$ 上标准差 $\alpha>0$ 的高斯分布，一个 TLWE 样本为 $(b=\langle\boldsymbol{a},\boldsymbol{s}\rangle+e,\boldsymbol{a})\in\mathbb{T}^{n+1}$，其中 $\boldsymbol{a}\xleftarrow{\$}\mathbb{T}^n,\boldsymbol{s}\leftarrow\chi_{\mathbb{Z}}^n,e\leftarrow\chi_{\mathbb{Z}}$。

判定性 TLWE 问题：对于确定的 TLWE 私钥 $\boldsymbol{s}\leftarrow\chi_{\mathbb{Z}}^n$，区分 TLWE 样本和 $\mathbb{T}^{n+1}$ 上均匀分布的样本。

计算性 TLWE 问题：给定任意多的 TLWE 样本，求解私钥 $\boldsymbol{s}$。

定义 9-4(TRLWE)：定义 χ_T 为 T 上标准差为 β 的高斯分布，一个 TRLWE 样本为一对多项式 $(b,a)\in T^2$，其中 $b=a\cdot z+e\bmod 1,a\xleftarrow{\$}T,z\leftarrow R,e\leftarrow\chi_T$。

判定性 TRLWE 问题：对于确定的 TRLWE 私钥 z，区分 TRLWE 样本和 T^2 上均匀分布的样本。

计算性 TRLWE 问题：给定任意多的 TRLWE 样本，求解私钥 $\boldsymbol{z}$。

(1)LWE 方案。

1)初始化 LWE. Setup(1^λ)：输入安全参数 λ，定义 LWE 维度 n，密钥分布 χ，高斯分布相关参数 α，分解基 B'，阶 d'，$\boldsymbol{g}'=[B'^{-1}\quad\cdots\quad B'^{-d'}]$，输出系统参数 $\mathrm{pp}^{LWE}=(n,\chi,\alpha,B',d')$。

2)密钥生成 LWE. KeyGen(pp^{LWE})：采样选取 LWE 私钥 $\boldsymbol{s}\leftarrow\chi^n$。

3)加密算法 LWE. Enc($m,\boldsymbol{s}$)：这里采用标准的 LWE 加密方式，输入待加密的明文 $m\in\{0,1\}$，私钥 $\boldsymbol{s}$，均匀选取 $\boldsymbol{a}\leftarrow\mathbb{T}^n,e\leftarrow\chi$，输出密文 $\mathbf{ct}=(b,\boldsymbol{a})\in\mathbb{T}^{n+1}$，其中 $b+\langle\boldsymbol{a},\boldsymbol{s}\rangle=m/4+e\bmod 1$。

这里的加密方式可以被替换为其他基于 LWE 的加密方案，但是需要输出的密文满足条件 $b+\langle\boldsymbol{a},\boldsymbol{s}\rangle\approx\dfrac{1}{4}m\bmod 1$。

1)转换密钥生成 LWE. KSGen($\boldsymbol{t},\boldsymbol{s}$)：输入待转换密钥 $\boldsymbol{t}\in\mathbb{Z}^N$，转换后密钥 $\boldsymbol{s}\in\mathbb{Z}^N$，均匀选取 $\boldsymbol{A}_j\leftarrow\mathbb{T}^{d'\times n},\boldsymbol{e}_j\leftarrow\chi^{d'}$，定义

$$\boldsymbol{K}_j=[b_j\mid\boldsymbol{A}_j],b_j=-\boldsymbol{A}_j\boldsymbol{s}+\boldsymbol{e}_j+t_j\cdot\boldsymbol{g}'\bmod 1$$

输出转换密钥 $\mathbf{KS}=\{\boldsymbol{K}_j\}_{j\in[N]}\in(\mathbb{T}^{d'\times(n+1)})^N$。

2)密钥交换 LWE. MKSwitch($\overline{\mathbf{ct}}$,$\{\mathbf{KS}_i\}_{i\in[k]}$):输入密文 $\overline{\mathbf{ct}}=[b\quad \boldsymbol{a}_1\quad\cdots\quad \boldsymbol{a}_k]\in\mathbb{T}^{kN+1}$ 和转换密钥 $\mathbf{KS}_i=\{\boldsymbol{K}_{i,j}\}_{j\in[N]}$,计算

$$(b'_i,\boldsymbol{a}'_i)=\sum_{j=1}^{N}\boldsymbol{g}'^{-1}(a_{i,j})\cdot\boldsymbol{K}_{i,j}\bmod 1,i\in[k]$$

令 $b'=b+\sum_{i=1}^{k}b'_i\bmod 1$,输出密文 $\overline{\mathbf{ct}}'=(b',\boldsymbol{a}'_1,\cdots,\boldsymbol{a}'_k)\in\mathbb{T}^{kn+1}$。

密钥交换算法输入 $m\in\{0,1\}$ 对应的扩展密文 $\overline{\mathbf{ct}}\in T^{kN+1}$(对应私钥为 $\bar{t}=[\boldsymbol{t}_1\quad\cdots\quad\boldsymbol{t}_k)]$,以及从$\boldsymbol{t}_i$ 到 $\boldsymbol{s}_i$ 的转换密钥,输出 $m\in\{0,1\}$ 的新密文,其对应的私钥为 $\bar{s}=[\boldsymbol{s}_1\quad\cdots\quad\boldsymbol{s}_k]$。

(2)RLWE 方案。

1)初始化 RLWE. Setup(1^λ):输入安全参数 λ,RLWE 维度 N(N 为 2 的幂次),R 上的密钥分布 ψ,高斯分布相关参数 α,分解基 $B\geqslant 2$,阶 d,定义 $\boldsymbol{g}=[B^{-1}\quad\cdots\quad B^{-d}]$,生成随机向量 $\boldsymbol{a}\leftarrow T^d$,输出系统参数:$\mathrm{pp}^{\mathrm{RLWE}}=(N,\psi,\alpha,B,d,\boldsymbol{a})$。

2)密钥生成 RLWE. KeyGen($\mathrm{pp}^{\mathrm{RLWE}}$):输入系统参数 $\mathrm{pp}^{\mathrm{RLWE}}$,选取 $z\leftarrow\psi$,定义私钥 $\boldsymbol{z}=(1,z)$;选取 $\boldsymbol{e}\leftarrow\chi^d$,定义公钥 $\boldsymbol{b}=-z\cdot\boldsymbol{a}+e\bmod 1$,输出密钥对 $(\boldsymbol{z},\boldsymbol{b})\in R\times T^d$。

3)加密 RLWE. UniEnc(μ,z):输入明文 $\mu\in R$,私钥 $\boldsymbol{z}$,公钥 $\boldsymbol{P}\in T^{d\times 2}$。

a. 选取 $r\leftarrow\psi,\boldsymbol{e}_1\leftarrow\chi^d$,输出 $d=r\cdot\boldsymbol{a}+\mu\cdot\boldsymbol{g}+\boldsymbol{e}_1\in T^d$;

b. 均匀选取 $\boldsymbol{f}_1\leftarrow T^d,\boldsymbol{e}_2\leftarrow\chi^d$,输出 $\boldsymbol{F}=[\boldsymbol{f}_0\mid\boldsymbol{f}_1]\in T^{d\times 2},\boldsymbol{f}_0=-z\cdot\boldsymbol{f}_1+r\cdot\boldsymbol{g}+\boldsymbol{e}_2$。

输出密文组$(\boldsymbol{d},\boldsymbol{F})\in T^d\times T^{d\times 2}$。

1)密文扩展 RLWE. Extend($(\boldsymbol{d}_i,\boldsymbol{F}_i)$,$\{\boldsymbol{b}_j\}_{j\in[k]}$):输入密文组 $(\boldsymbol{d}_i,\boldsymbol{F}_i)$,以及参与计算用户的公钥 $\{\boldsymbol{P}_j\}_{j\in[k]}$,输出 RGSW 扩展密文 $\overline{\boldsymbol{D}}_i$,其对应的私钥为 $\bar{\boldsymbol{z}}=[(1\quad z_1\quad\cdots\quad z_k]\in R^{k+1}$。

2)密文外积 RLWE. Prod($\bar{c}(\boldsymbol{d}_i,\boldsymbol{F}_i)$,$\{\boldsymbol{b}_j\}_{j\in[k]}$):输入扩展 RLWE 密文 $\bar{c}\in T^{k+1}$ 和其对应的 k 个参与方的公钥 $\{\boldsymbol{b}_j\}_{j\in[k]}$,以及扩展 RGSW 密文 $\overline{\boldsymbol{D}}_i$,输出密文 $\bar{c}'=\boldsymbol{G}_{k+1}^{-1}(\bar{\boldsymbol{c}})\cdot\overline{\boldsymbol{D}}_i\bmod 1$。

(3)CCS19 方案。

1)初始化 MKFHE. Setup(1^λ):生成参数 $\mathrm{pp}^{\mathrm{LWE}}\leftarrow$ LWE. Setup(1^λ);生成参数 $\mathrm{pp}^{\mathrm{RLWE}}\leftarrow$ RLWE. Setup(1^λ);输出公共参数 $\mathrm{pp}^{\mathrm{MKFHE}}=(\mathrm{pp}^{\mathrm{LWE}},\mathrm{pp}^{\mathrm{RLWE}})$。

2)密钥生成 MKFHE. KeyGen(pp):采样选取 $\boldsymbol{s}_i\leftarrow$ LWE. KeyGen($\mathrm{pp}^{\mathrm{LWE}}$);生成 $(z_i,\boldsymbol{b}_i)\leftarrow$ RLWE. KeyGen($\mathrm{pp}^{\mathrm{RLWE}}$),令公钥 $\mathbf{PK}_i=\boldsymbol{b}_i$,定义 $z_i^*=[z_{i,0}\quad z_{i,N-1}\quad\cdots\quad z_{i,1}]\in R^N$;生成 $(\boldsymbol{d}_{i,j},\boldsymbol{F}_{i,j})\leftarrow$ RLWE. UniEnc$(s_{i,j},z_i)_{j\in[n]}$,定义计算密钥 $\mathbf{BK}_i=\{(\boldsymbol{d}_{i,j},\boldsymbol{F}_{i,j})\}_{j\in[n]}$;生成转换密钥 $\mathbf{KS}\leftarrow$ LWE. KSGen($z_i^*,\boldsymbol{s}_i$);输出私钥 $\boldsymbol{s}_i$,密钥对 $(\mathbf{PK}_i,\mathbf{BK}_i,\mathbf{KS}_i)$。

3)加密算法 MKFHE. Enc(m):输入待加密的明文 $m\in\{0,1\}$,运行 LWE. Enc($m,\boldsymbol{s}$),输出 $\mathbf{ct}=(b,\boldsymbol{a})\in\mathbb{T}^{n+1}$,满足 $b+\langle\boldsymbol{a},\boldsymbol{s}\rangle\approx\frac{1}{4}m\bmod 1$。

4)解密算法 MKFHE. Dec($\overline{\mathbf{ct}}$,$\{\boldsymbol{s}_i\}_{i\in[k]}$):输入密文 $\overline{\mathbf{ct}}=(b,\boldsymbol{a}_1,\cdots,\boldsymbol{a}_k)\in\mathbb{T}^{kn+1}$,以及密文涉及用户的私钥集合 $(\boldsymbol{s}_1,\cdots,\boldsymbol{s}_k)$,输出 $m\in\{0,1\}$,使得 $\left|b+\sum_{i=1}^{k}\langle\boldsymbol{a}_i,\boldsymbol{s}_i\rangle-\frac{1}{4}m\bmod 1\right|$

最小。

5)同态运算 MKFHE. NAND($\overline{\mathbf{ct}}_1,\overline{\mathbf{ct}}_2,\{(\mathbf{PK}_i,\mathbf{BK}_i,\mathbf{KS}_i)\}_{i\in[k]}$)：输入两个 LWE 密文 $\overline{\mathbf{ct}}_1\in\mathbb{T}^{k_1n+1},\overline{\mathbf{ct}}_2\in\mathbb{T}^{k_2n+1}$，$[k]$ 为密文涉及的用户集合；输入公钥 $\mathbf{PK}_i=\boldsymbol{b}_i$、自举密钥 $\mathbf{BK}_i=\{(\boldsymbol{d}_{i,j},\boldsymbol{F}_{i,j})\}_{j\in[n]}$、转换密钥 $\mathbf{KS}_i$。以同态运算 NAND 门电路为例：

a. 将输入的密文 $\overline{\mathbf{ct}}_1$ 和 $\overline{\mathbf{ct}}_2$ 扩展为 $\overline{\mathbf{ct}}_1',\overline{\mathbf{ct}}_2'\in\mathbb{T}^{kn+1}$，使其对应相同的用户集和私钥 $\bar{\boldsymbol{s}}=[\boldsymbol{s}_1\quad\cdots\quad\boldsymbol{s}_k]\in\mathbb{Z}^{kn}$；计算 $\overline{\mathbf{ct}}'=[\frac{5}{8}\quad\mathbf{0}\quad\cdots\quad\mathbf{0}]-\overline{\mathbf{ct}}_1'-\overline{\mathbf{ct}}_2'\bmod 1$。

若输入的密文 $\overline{\mathbf{ct}}_i=[b_i\quad\boldsymbol{a}_{i,1}\quad\cdots\quad\boldsymbol{a}_{i,k_i}]\in\mathbb{T}^{kn+1}$ 对应用户集 $(j_1,\cdots,j_{k_i})\in[k]^{k_1}$，则步骤 a 将输出密文 $\overline{\mathbf{ct}}_i'=[b_i\quad\boldsymbol{a}'_{i,1}\quad\cdots\quad\boldsymbol{a}'_{i,k_i}]\in\mathbb{T}^{kn+1}$，其中 $\boldsymbol{a}'_{i,j}=\begin{cases}\boldsymbol{a}_{i,l}, & j=j_l,l\in[k_i]\\ \mathbf{0}, & \text{其他}\end{cases}$。容易验证 $\langle\overline{\mathbf{ct}}_i,(1,\mathbf{s}_{j_1},\cdots,\mathbf{s}_{j_{k_i}})\rangle=\langle\overline{\mathbf{ct}}_i',(1,\bar{\mathbf{s}})\rangle,\bar{\boldsymbol{s}}=[\boldsymbol{s}_1\quad\cdots\quad\boldsymbol{s}_k]$。

b. 令 $\overline{\mathbf{ct}}'=[b'\quad\boldsymbol{a}'_1\quad\cdots\quad\boldsymbol{a}'_k]\in\mathbb{T}^{kn+1}$，计算 $\tilde{b}=\lfloor 2N\cdot b'\rceil,\tilde{\boldsymbol{a}}_i=\lfloor 2N\cdot\boldsymbol{a}_i'\rceil$，令 $\bar{\boldsymbol{c}}=[-\frac{1}{8}\cdot(X)\cdot X^{\tilde{b}}\quad\mathbf{0}]\in\mathbb{T}^{k+1},h(X)=\sum_{-\frac{N}{2}<j<\frac{N}{2}}X^j=1+X+\cdots+X^{\frac{N}{2}-1}-X^{\frac{N}{2}+1}-\cdots-X^{N-1}$；令 $\tilde{\boldsymbol{a}}_i=(\tilde{a}_{i,j})_{i\in[k],j\in[n]}$，递归计算

$$\bar{\boldsymbol{c}}\leftarrow \text{RLWE. Prod}(\bar{\boldsymbol{c}},X^{\tilde{a}_{i,j}}\cdot\bar{\boldsymbol{c}},(\boldsymbol{d}_{i,j},\boldsymbol{F}_{i,j}),\{\boldsymbol{b}_l\}_{l\in[k]}),i\in[k],j\in[n]$$

输出 $\bar{\boldsymbol{c}}\leftarrow(\frac{1}{8},\mathbf{0})+\bar{\boldsymbol{c}}\bmod 1$。

c. 对于 $\bar{\boldsymbol{c}}=[c_0\quad c_1\quad\cdots\quad c_k]\in\mathbb{T}^{k+1}$，令 b'' 为 c_0 中的常量，$\boldsymbol{a}''_i$ 为 $c_i(i\in[k])$ 组成的系数向量，构造 LWE 密文 $\overline{\mathbf{ct}}^*=[b^*\quad\boldsymbol{a}_1^*\quad\cdots\quad\boldsymbol{a}_k^*]\in\mathbb{T}^{kN+1}$；令 $\overline{\mathbf{KS}}=\{\mathbf{KS}_i\}_{i\in[k]}$，运行密钥转换过程，输出转换后的密文 $\overline{\mathbf{ct}}''\leftarrow$ LWE. MKSwitch($\overline{\mathbf{ct}}^*,\overline{\mathbf{KS}}$)。

3. 致病基因定位函数

这里对 JWB+17 方案中的 3 种致病基因定位函数进行介绍。

(1)MAX 函数。

MAX 函数用来定位所有的患者中发生变异次数最多的突变基因。该函数对所有患者(预处理之后)的基因数据进行求和，求和结果中最大的数值所对应的基因位置标为 1，其余标为 0。其示意图如图 9-9 所示。

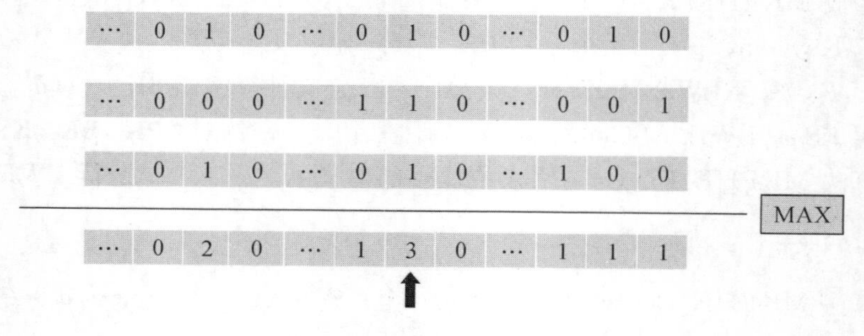

图 9-9 MAX 函数示意图

以两位患者为例，分别输入各自的 n 比特的基因数据 $\boldsymbol{x}=[x_1 \quad \cdots \quad x_n]$ 和 $\boldsymbol{y}=[y_1 \quad \cdots \quad y_n]$，MAX 函数输出 $\boldsymbol{b}=[b_1 \quad \cdots \quad b_n]$，其中：

$$b_i=\mathrm{EQ}\{\mathrm{MAX}[\mathrm{ADD}(x_1,y_1),\cdots,\mathrm{ADD}(x_n,y_n)],\mathrm{ADD}(x_i,y_i)\}$$

ADD(·)函数对输入的基因数据进行算术求和，MAX(·)函数输出所有输入数据中的最大值，EQ(·)函数对输入的两个数据进行比较相等操作(若相等，输出 1；反之，输出 0)。

MAX 函数可以通过加法器、求最大值电路以及比较相等电路实现。其电路结构示意图如图 9-10 所示。

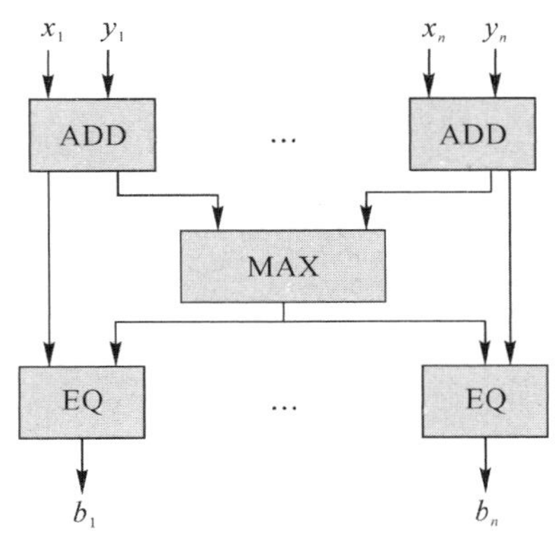

图 9-10　MAX 函数电路结构示意图

(2)Intersection 函数。

Intersection 函数用来定位患者中共同发生的突变基因，即只有在某个基因位置所有的患者都发生变异，则该位置被标记为 1，反之，标记为 0。其示意图如图 9-11 所示。

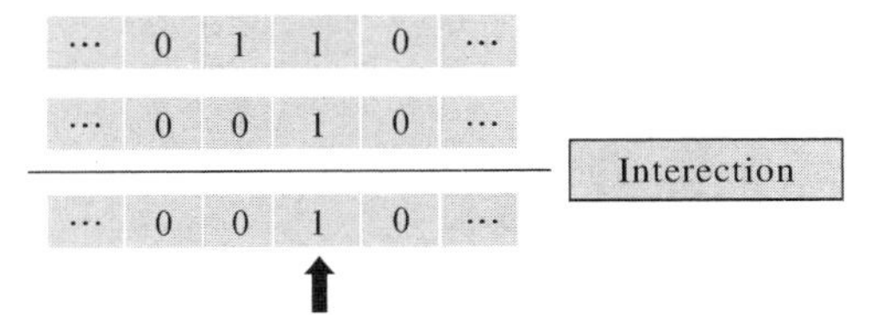

图 9-11　Intersection 函数示意图

以两位患者为例，分别输入各自的 n 比特的基因数据 $\boldsymbol{x}=[x_1 \quad \cdots \quad x_n]$ 和 $\boldsymbol{y}=[y_1 \quad \cdots \quad y_n]$，Intersection 函数输出 $\boldsymbol{b}=[b_1 \quad \cdots \quad b_n]$，其中 $b_i=\mathrm{AND}(x_i,y_i)$，AND(·)函数表示对输入的基因数据进行“与”运算。

Intersection 函数可以利用简单的“与”门电路实现，其电路结构示意图如图 9-12 所示。

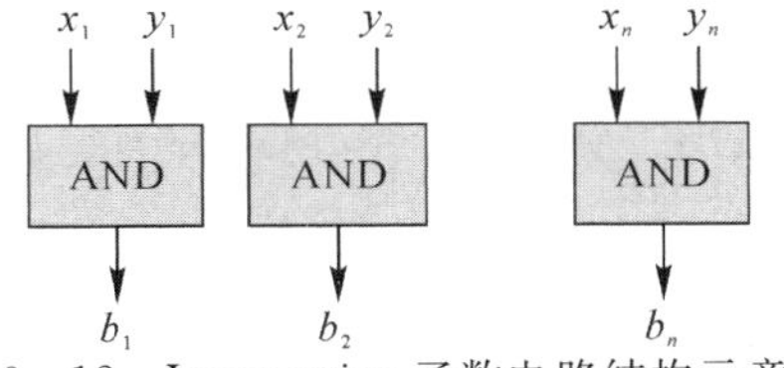

图 9-12　Intersection 函数电路结构示意图

(3)SET DIFF 函数。

SET DIFF 函数研究对象为父母正常,子代患病的家庭,用来定位父母未发生而子代发生的突变基因,即只有父母均发生变异,而孩子发生变异的位置,才会输出 1。其示意图如图 9-13 所示。

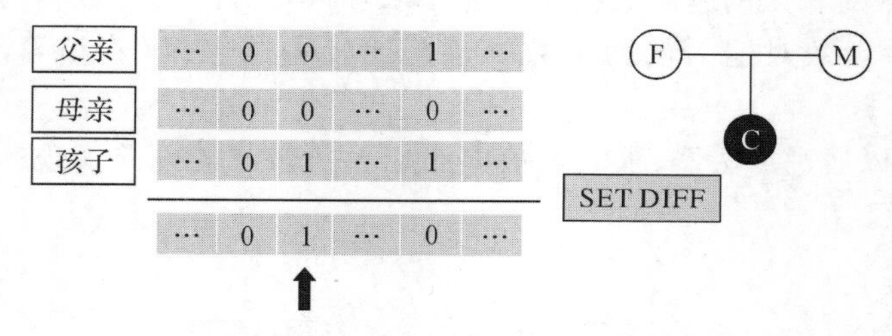

图 9-13　SET DIFF 函数示意图

以三口之家为例(父母和一个孩子),分别输入父母的基因数据 $\boldsymbol{x}=[x_1 \quad \cdots \quad x_n]$ 和 $\boldsymbol{y}=[y_1 \quad \cdots \quad y_n]$,以及孩子的数据 $\boldsymbol{z}=[z_1 \quad \cdots \quad z_n]$,SET DIFF 函数输出 $\boldsymbol{b}=[b_1 \quad \cdots \quad b_n]$,其中 $b_i=\text{AND}\{z_i,\text{EQ}[0,\text{ADD}(x_i,y_i)]\}$。

SET DIFF 函数可以通过加法器、比较相等电路以及与门电路实现。其电路结构示意图如图 9-14 所示。

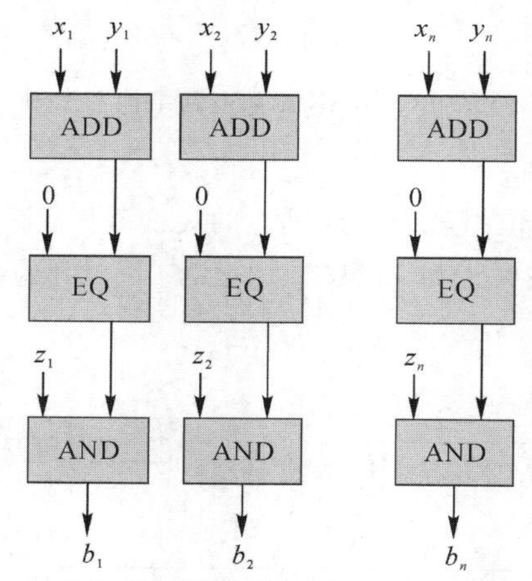

图 9-14　SET DIFF 函数电路结构示意图

9.2.3　本节方案

本小节介绍电路优化与创新、基于 MKFHE 方案的定向解密协议与基于 MKFHE 方案的致病基因定位方案。

1. 电路优化与创新

(1)SET DIFF 函数电路实现形式优化。

在 9.2.2 节中,可知 SET DIFF 函数可以由相对较为复杂的加法门电路、与门电路以及比较相等电路来实现,为了提高 SET DIFF 函数的门电路实现效率,本节方案对该函数的电路实现结构进行了简化,通过利用相对简单的"与"门电路和"非"门电路,即可实现原有函数的功能,从而较大程度地降低了电路的复杂度,提高了电路的实现效率。经过优化后的

SET DIFF 函数如下：

以三口之家为例（父母和一个孩子），SET DIFF 函数分别输入父母的基因数据 $\boldsymbol{x}=[x_1 \quad \cdots \quad x_n]$ 和 $\boldsymbol{y}=[y_1 \quad \cdots \quad y_n]$，以及孩子的数据 $\boldsymbol{z}=[z_1 \quad \cdots \quad z_n]$，输出 $\boldsymbol{b}=[b_1 \quad \cdots \quad b_n]$，其中 $b_i=\text{AND}[\text{AND}(-x_i,-y_i),z_i]$。优化后的 SET DIFF 函数电路结构图如图 9-15 所示。

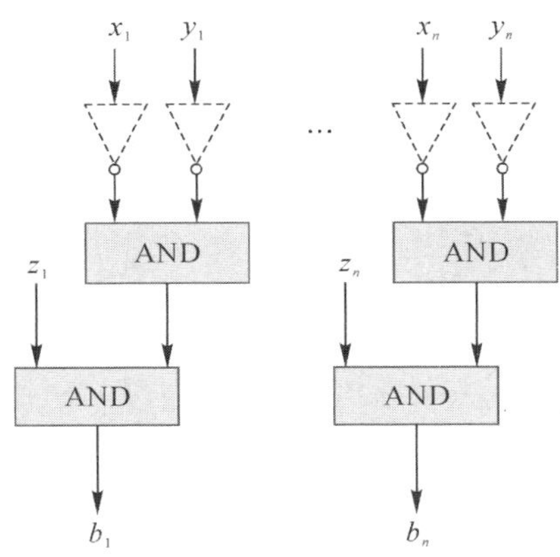

图 9-15　优化后的 SET DIFF 函数电路结构示意图

（2）TH-intersection（门限定位）函数。

基因中的一个或者多个位置的恶性变异，都有可能会引发基因疾病，以帕金森病为例，该疾病可能由 135 个基因位置的恶性变异引起，任何几个基因位置的突变都可能会引发疾病。原 JWB+17 方案中所使用的 3 种致病基因定位函数，只能针对单基因疾病进行定位诊断，适用范围较窄。为了能够针对多基因疾病进行分析研究，本节设计了 TH-intersection 函数（门限定位函数），该函数的研究对象为患同一种基因疾病的患者，通过设置合适的阈值，能够对可能导致患病的多个基因数据进行输出，扩展了致病基因定位的适用范围。

输入 p 个患者的基因数据 $\boldsymbol{y}_j=[y_{j,1} \quad \cdots \quad y_{j,n}]$，其中 $i\in\{1,\cdots,h\}$，$j\in\{1,\cdots,p\}$。输出 $\boldsymbol{z}=[z_1 \quad \cdots \quad z_n]$，其中 $z_i=\text{LT}[l,\text{ADD}(y_{1,i},\cdots,y_{m,i})]$，LT(•) 函数表示当左侧的输入小于右侧输入时，输出 1，否则输出 0。其电路结构示意图如图 9-16 所示。

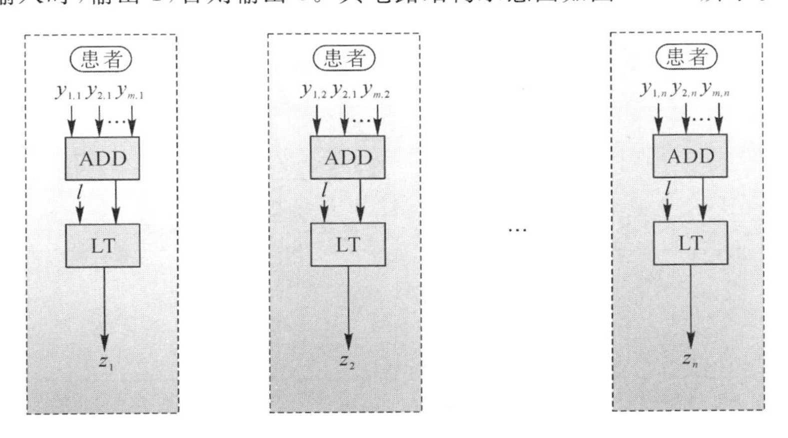

图 9-16　TH-intersection（门限定位）函数电路结构示意图

(3)Top－k 函数。

除了门限定位函数，本节还设计了“Top－k”函数，该函数能够输出所有患者中变异次数最多的前 k 个基因位置，因此可以用于多基因疾病的致病基因定位。

输入 h 个患者的基因数据 $\boldsymbol{x}_j = [x_{j,1} \quad \cdots \quad x_{j,n}], j \in \{1,\cdots,h\}$，输出 $\boldsymbol{b} = [b_{\text{top}-k,1} \quad \cdots \quad b_{\text{top}-k,n}]$。Top－$k$ 函数的具体过程见算法 9－2。其电路结构示意图如图 9－17 所示。

算法 9－2：Top－k 电路

Input：输入 h 个用户的比特串 $\boldsymbol{x}_j = [x_{j,1} \quad \cdots \quad x_{j,n}], j \in \{1,\cdots,h\}$。

Output：$\boldsymbol{b} = [b_{\text{top}-k,1} \quad \cdots \quad b_{\text{top}-k,n}]$。

1：$\bar{x}_{\text{top}-1,i} = \text{ADD}(\boldsymbol{x}_{1,i},\ldots,\boldsymbol{x}_{h,i}), 1 \leqslant i \leqslant n$

2：**for** $r = 1,\cdots,k-1$, **do**

$$\bar{b}_{\text{top}-r,i} = \text{EQ}[\text{MAX}(\bar{x}_{\text{top}-r,1},\cdots,\bar{x}_{\text{top}-r,n}),\bar{x}_{\text{top}-r,i}], 1 \leqslant i \leqslant n$$

$$\bar{x}_{\text{top}-(r+1),i} = \prod_{j=1}^{r}(1-\bar{b}_{\text{top}-j,i})\,\bar{x}_{\text{top}-r,i}, 1 \leqslant i \leqslant n$$

3：**end for**

4：$\bar{b}_{\text{top}-k,i} = \text{EQ}[\text{MAX}(\bar{x}_{\text{top}-k,1},\cdots,\bar{x}_{\text{top}-k,n}),\bar{x}_{\text{top}-k,i}], 1 \leqslant i \leqslant n$

5：$b_{\text{top}-k,i} = 1 - \prod_{j=1}^{k}(1-\bar{b}_{\text{top}-j,i}), 1 \leqslant i \leqslant n$

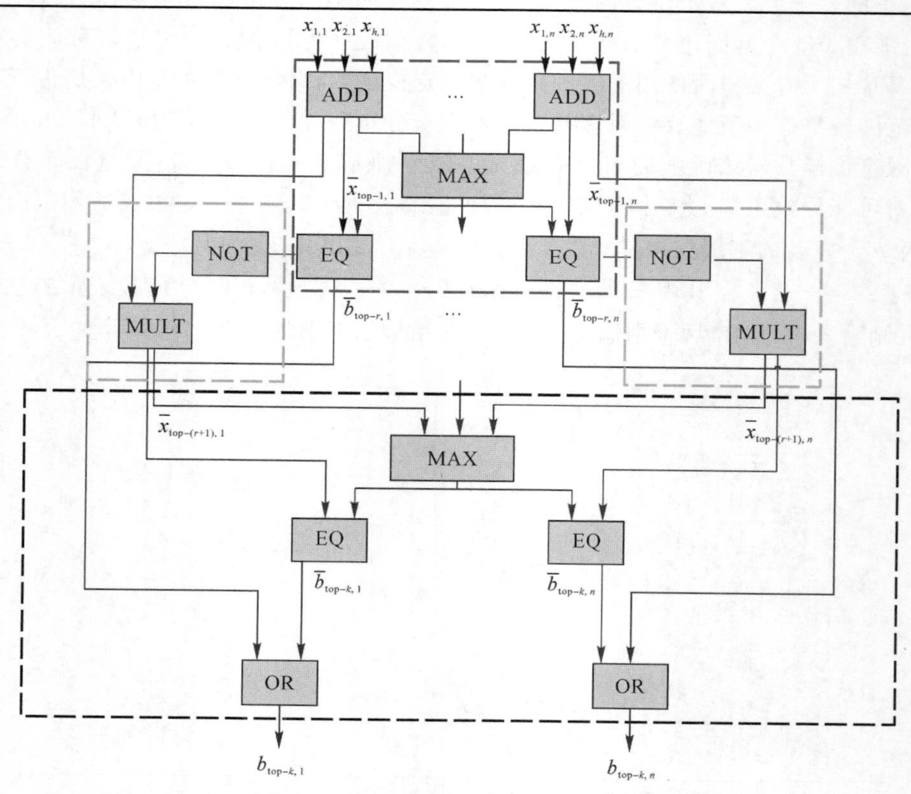

图 9－17　Top－k 函数电路结构示意图

2. 基于 MKTFHE 的定向解密协议

本节基于底层的 MKTFHE 方案构造了能够指定用户解密的定向解密协议。定向解密协议整体流程图如图 9-18 所示。协议的过程如下：

MKFHE. Dec($\{\boldsymbol{s}_i\}_{i\in[k]}$, $\bar{c}$)：

(1)部分解密。

MKFHE. SemiDec($\bar{c}$, $\boldsymbol{s}_i$)：以用户 i 为例，其对应用户的私钥为 $\boldsymbol{s}_i$，$1\leqslant i\leqslant k$，输入经过同态运算后的密文 $\bar{\boldsymbol{c}}=[b\quad \boldsymbol{a}_1\quad \boldsymbol{a}_2\quad \cdots\quad \boldsymbol{a}_k]\in\mathbb{T}^{kn+1}$，这 k 个用户执行如下操作：

1)生成目标用户 i^* 的“0”的密文：输入目标解密用户 i^* 的公钥，计算密文

$$\boldsymbol{c}_{i^*}=\text{MKTFHE. Enc}(\mathbf{pk}_{i^*},0)=(b_{i^*},\boldsymbol{a}_{i^*})\in\mathbb{T}^{k+1}$$

其中 $b_{i^*}=\boldsymbol{a}_{i^*}\boldsymbol{s}_{i^*}+e$，$e$ 为小的错误分量。

2)输出中间密文 $\boldsymbol{c}'_i=(b'_i,\boldsymbol{a}'_i):=(b_{i^*}-<\boldsymbol{a}_i,\boldsymbol{s}_i>,\boldsymbol{a}_{i^*})\in\mathbb{T}^{k+1}$，并将中间密文 $\boldsymbol{c}'_i$ 发送给目标用户 i^*。

(2)最终解密。

MKHE. FinalDec(b, $\{\boldsymbol{c}'_j\}_{j\in[k]}$)：目标用户 i^* 接收到 $\bar{\boldsymbol{c}}=[b\quad \boldsymbol{a}_1\quad \boldsymbol{a}_2\quad \cdots\quad \boldsymbol{a}_k]\in\boldsymbol{T}^{kn+1}$ 以及所有的中间密文 $\{\boldsymbol{c}'_i\}_{i\in[k]}$ 之后，利用自己的私钥 $\boldsymbol{s}_{i^*}$，输出能够使得下面的式子值最小的明文 $m\in\{0,1\}$：

$$\left|\,(b+\sum_{i=1}^{k}b'_i)-\langle\sum\nolimits_{i=1}^{k}\boldsymbol{a}'_i\boldsymbol{s}_{i^*}\rangle-\frac{1}{4}m\,\right|$$

引理 9-1：令 B 为新鲜 LWE 密文中错误 e_{i^*} 绝对值的上界，$\bar{B}$ 为同态运算后的密文 $\bar{c}$ 中错误 $\bar{e}$ 绝对值的上界，则当以下条件成立时，定向解密过程保持正确，即

$$|\,\bar{e}+e_{1^*}+\cdots+e_{k^*}\,|\leqslant\bar{B}+kB<q/4$$

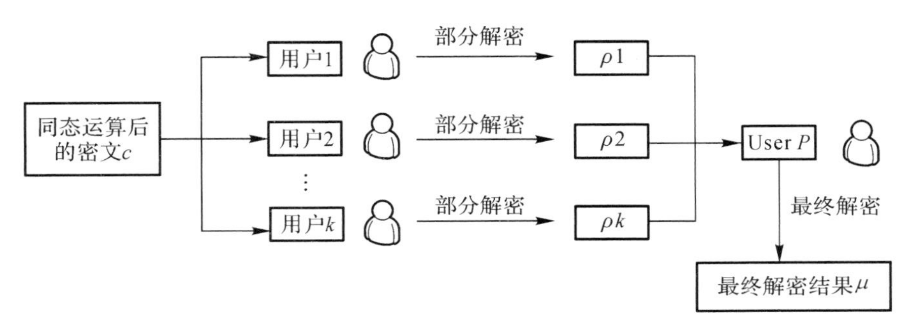

图 9-18　定向解密协议整体流程图

需要注意的是，现有基于 TFHE 型 MKFHE 方案的同态计算结果只能由参与计算的用户最终解密，而本节设计的定向解密过程可以实现任意用户进行最终解密，且定向解密过程中没有涉及同态乘法运算，因此不需要对解密过程中的错误进行额外的控制。

3. 基于 MKFHE 方案的致病基因定位

(1)初始化。

研究对象 i ($i=1,2,\cdots,N$)首先到医疗机构进行基因测序，获取包含自身基因变异相

关信息的基因数据 $\boldsymbol{x}_i = [x_{i,1} \quad x_{i,2} \quad \cdots \quad x_{i,n}] \in \mathbb{Z}_2^n$，基因数据预处理的过程见 9.2.2 节 1. 中相关内容。根据事先设定的一些公共参数，生成研究对象 i 各自的密钥信息（包括公钥 $\mathbf{pk}_i$、私钥 $\mathbf{sk}_i$、扩展密钥 $\mathbf{ek}_i$ 和计算密钥 $\mathbf{evk}_i$）。

（2）基因数据加密。

研究对象 i 利用公钥 $\mathbf{pk}_i$ 对基因数据 $\boldsymbol{x}_i$ 进行逐比特同态加密，得到密文序列 $\{c_{i,j} \leftarrow \text{MKFHE. Enc}(x_{i,j})\}_{j=1,\cdots,N}$，并将密文数据上传到云端。

（3）云端同态运算。

云端接收到研究对象基因变异信息的密文数据 $\{c_{i,j}\}_{i\in[N],j\in[n]}$ 后，对密文数据进行扩展 $\{\bar{c}_{i,j} \leftarrow \text{MKFHE. Extend}(c_{i,j},(\mathbf{pk}_1,\cdots,\mathbf{pk}_N),\mathbf{ek}_i)\}_{i\in[N],j\in[n]}$，使其对应相同的私钥 $\mathbf{sk}$。云端根据所需实现的致病基因定位函数所对应的电路 C，并行地对相应基因位置上的基因数据 $\{\bar{c}_{1,j},\bar{c}_{2,j},\cdots,\bar{c}_{N,j}\}_{j\in[n]}$ 进行同态运算，得到最终的密态分析结果 $\{c'_j \leftarrow \text{MKFHE. Eval}[C,(\bar{c}_{1,j},\mathbf{pk}_1,\mathbf{evk}_1),\cdots,(\bar{c}_{N,j},\mathbf{pk}_N,\mathbf{evk}_N)]\}_{j=1,\cdots,N}$，并将结果密文发送给所有参与计算的研究对象。

（4）密态基因数据解密。

研究对象接收到同态运算后的密文数据 $\{c'_j\}_{j=1,\cdots,N}$ 后，通过执行联合解密协议，对最终的分析结果进行解密，得到有关致病基因变异位置的信息 $\{\boldsymbol{x}_j \leftarrow \text{MKFHE. Dec}((\mathbf{sk}_1,\mathbf{sk}_2,\cdots,\mathbf{sk}_N),\boldsymbol{c}'_j)\}_{j=1,\cdots,N}$。

云环境下致病基因定位整体流程图见图 9－19，伪代码见算法 9－3。

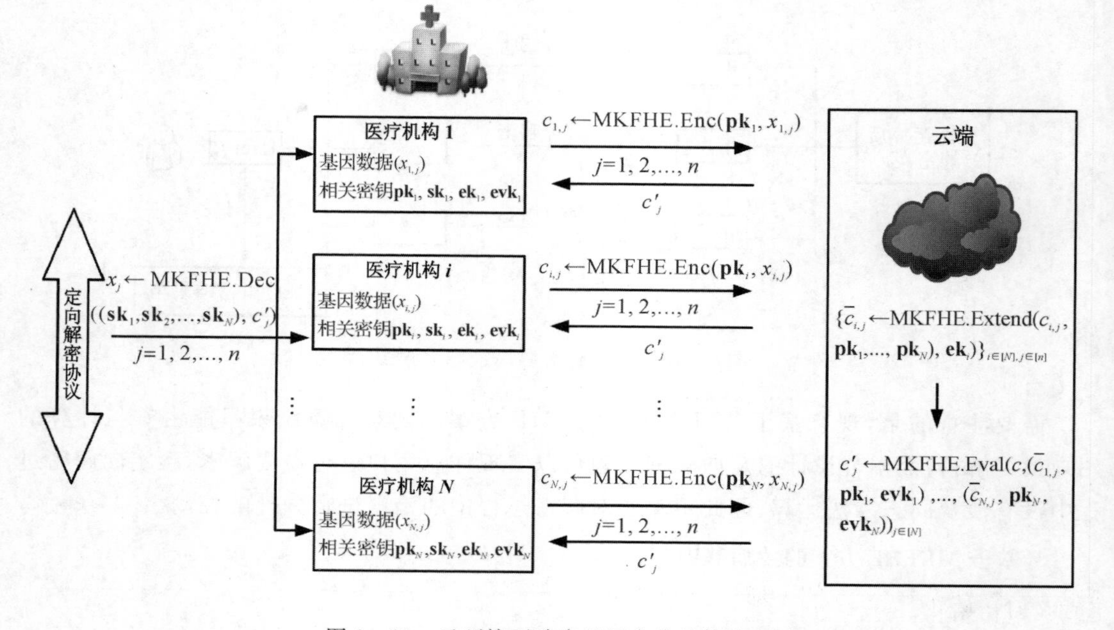

图 9－19　云环境下致病基因定位整体流程图

算法 9-3:基于 MKFHE 的致病基因定位算法

Input: $x_i = \{x_{i,j}\}$, $\mathbf{pk}_i$, $\mathbf{ek}_i$, $\mathbf{evk}_i$, $i \in [N]$, $j \in [n]$。

Output: $\{c'_j\}_{j=1,\cdots,N}$。

1: **for** $i = 1,2,\cdots,N$, $j = 1,2,\cdots,n$, **do**

$$c_{i,j} \leftarrow \text{MKFHE. Enc}(x_{i,j})$$

2: **for** $i = 1,2,\cdots,N$, $j = 1,2,\cdots,n$

$$\bar{c}_{i,j} \leftarrow \text{MKFHE. Extend}[c_{i,j}, (\mathbf{pk}_1, \cdots, \mathbf{pk}_N), \mathbf{ek}_i]$$

3: **for** $j = 1,2,\cdots,n$

$$c'_j \leftarrow \text{MKFHE. Eval}[C, (\bar{c}_{1,j}, \mathbf{pk}_1, \mathbf{evk}_1), \cdots, (\bar{c}_{N,j}, \mathbf{pk}_N, \mathbf{evk}_N)].$$

9.2.4 实验分析

本节对两方参与的 Intersection 电路、SET DIFF 电路,每个用户输入 48 bit 的信息进行了测试;对三方参与的 TH-intersection 电路,每个用户输入 48 bit 的信息进行了测试。主要测量了计算的时间,以及通信量。

实验环境如下:

(1)笔记本:DELL precision 7530。

(2)系统:Ubuntu 18.04 STL。

(3)CPU:Intel(R) Core(TM) i7-8750H 2.20 GHz。

(4)内存:16 GB。

实验结果见表 9-2,本节方案与 JWB+17 方案整体的对比见表 9-3。

表 9-2 本节方案与 JWB+17 方案在通信量、运行时间方面的对比

方案	预处理时间/s	预处理通信量/KB	Intersection		SET DIFF		Th-intersection	
			通信量/KB	运算时间/s	通信量/KB	运算时间/s	通信量/KB	运算时间/s
JWB+17 方案	0	0	144.22	0.000 002 6	1 360.77	0.000 007 5	不支持	不支持
本书方案	2.03(两方) 3.1(三方)	2	7.9	0.047	7.9	0.097	17.9	1.03

表 9-3 本节方案与 JWB+17 方案整体对比

方案	合谋攻击	密文重用	离线操作
JWB+17 方案	不抵抗	不支持	不支持
本书方案	抵抗	支持	支持

测试结果显示，本节方案的通信量相比 JWB+17 方案大幅度降低，但是运行的时间更长。因此，本节方案更加适用于带宽受限的系统。虽然 JWB+17 方案也尝试通过两云模型的方式降低带宽，但是这种模式无法抵抗两云的合谋攻击，安全性假设太强。此外，JWB+17 方案中的混淆电路无法重复使用，每次进行新的运算时需要重新构造混淆电路。而在本节方案中，用户密文可以重复使用，只需要上传一次密文即可。因此，相比于 JWB+17 方案中各个机构需要实时在线运行协议，本节方案可以支持离线操作，操作更加便利。

9.2.5 小结

本节结合 TFHE 型 MKFHE 方案和基于频率的致病基因定位函数，设计了一个基于 TFHE 型 MKFHE 方案的致病基因安全定位方案。方案在有效保护基因数据隐私的前提下，支持对不同机构基因数据的密文进行致病基因定位，且设计了针对多基因疾病的致病基因定位电路，扩展了算法的适用范围。此外，本节还设计了针对指定用户解密的定向解密协议，增强了基因数据拥有者对于解密结果的可控性。与 JWB+17 方案相比，本节方案能够抵抗云合谋攻击，安全性更高，并且支持对多基因疾病进行治病基因定位。此外，本节方案中参与者加密后的基因数据能够重用，因此参与者只需要将各自的基因数据加密和上传一次即可，通信量大幅度降低，且不需要参与者实时在线，更适用于带宽受限的场合。

9.3 本章小结

本章对同态加密方案的具体应用进行了分析。目前经过十几年的发展，同态加密在效率层面有了大幅度的提升，但目前的效率还无法平凡地将同态加密应用到实际场景中。因此，在具体应用时应该把握两个方面的问题：

(1)根据场景需要选择合适的同态加密方案。同态加密领域有大量的方案可供选择：类同态加密、全同态加密、多密钥全同态加密。全同态加密与多密钥全同态加密中，还可以根据支持高效计算的函数不同分为 NTRU 方案、GSW 方案、BGV 方案、CKKS 方案等。根据场景需要合适地选择加密算法至关重要。

(2)针对具体的同态加密方案，对场景中的算法进行优化。通常直接将选定同态加密方案应用到具体场景效率较低。在具体应用时应根据同态加密方案的特点优化场景中的算法，使算法更加容易进行同态实现。

参考文献

[1] RIVEST R L, SHAMIR A, ADLEMAN L. A method for obtaining digital signatures and public - key cryptosystems[J]. Communications of the ACM, 1978, 21(2): 120 - 126.

[2] ELGAMAL T. A public key cryptosystem and a signature scheme based on discrete logarithms[J]. IEEE Transactions on Information Theory, 1985, 31(4): 469 - 472.

[3] BONEH D, GOH E J, NISSIM K. Evaluating 2-DNF formulas on ciphertexts[C] //KILIAN J. Theory of Cryptography: Second Theory of Cryptography Conference. Berlin: Springer, 2005: 325 - 341.

[4] GENTRY C, HALEVI S, SMART N P. Better bootstrapping in fully homomorphic encryption[C] // FISCHLIN M, BUCHMANN J, MANULIS M. International Workshop on Public Key Cryptography. Berlin: Springer, 2012: 1 - 16.

[5] VAN DIJK M, GENTRY C, HALEVI S, et al. Fully homomorphic encryption over the integers[C] // GILBERT H. Advances in Cryptology: EUROCRYPT 2010. Berlin: Springer, 2010: 24 - 43.

[6] CORON J S, MANDAL A, NACCACHED, et al. Fully homomorphic encryption over the integers with shorter public keys[C] // ROGAWAY P. Advances in Cryptology: CRYPTO 2011. Berlin: Springer, 2011: 487 - 504.

[7] CORON J S, NACCACHE D, TIBOUCHIM. Public key compression and modulus switching for fully homomorphic encryption over the integers [C] // POINTCHEVAL D. Advances in Cryptology: EUROCRYPT 2012. Berlin: Springer, 2012: 446 - 464.

[8] CHEON J H, CORON J S, KIM J,et al. Batch fully homomorphic encryption over the integers[C] // JOHANSSON T. Advances in Cryptology: EUROCRYPT 2013. Berlin: Springer, 2013: 315 - 335.

[9] NUIDA K, KUROSAWA K. (Batch) fully homomorphic encryption over integers for non-binary message spaces[C] // OSWALD E, FISCHLIN M. Advances in Cryptology: EUROCRYPT 2015. Berlin: Springer, 2015: 537 - 555.

[10] BENARROCH D, BRAKERSKI Z, LEPOINT T. FHE over the integers: decomposed and batched in the post-quantum regime[C] // FEHR S. Public-Key Cryptography: PKC 2017. Berlin: Springer, 2017: 271 - 301.

[11] BRAKERSKI Z, VAIKUNTANATHAN V. Fully homomorphic encryption from ring-LWE and security for key dependent messages [C] // ROGAWAY P. Advances in Cryptology: CRYPTO 2011. Berlin: Springer, 2011: 505 - 524.

[12] BRAKERSKI Z, VAIKUNTANATHAN V. Efficient fully homomorphic encryption from (standard) LWE[J]. SIAM Journal on Computing, 2014, 43(2): 831 - 871.

[13] BRAKERSKI Z, GENTRY C, VAIKUNTANATHAN V. (Leveled) fully homomorphic encryption without bootstrapping [J]. ACM Transactions on Computation Theory (TOCT), 2014, 6(3): 1 - 36.

[14] BRAKERSKI Z. Fully homomorphic encryption without modulus switching from classical GapSVP [C] // SAFAVI-NAINI R, CANETTI R. Advances in Cryptology: CRYPTO 2012. Berlin: Springer, 2012: 868 - 886.

[15] GENTRY C, HALEVI S, SMART N P. Fully homomorphic encryption with polylog overhead [C] // POINTCHEVAL D, JOHANSSON T. Advances in Cryptology: EUROCRYPT 2012. Berlin: Springer, 2012: 465 - 482.

[16] HALEVI S, SHOUP V. Design and implementation of a homomorphic - encryption library[J]. IBM Research, 2013, 6(12/13/14/15): 8 - 36.

[17] HALEVI S, SHOUP V. Bootstrapping for helib[J]. Journal of Cryptology, 2021, 34(1): 7.

[18] HALEVI S, SHOUP V. Faster homomorphic linear transformations in HElib[C] // SHACHAM H, BOLDYREVA A. Advances in Cryptology: CRYPTO 2018. Cham: Springer, 2018: 93 - 120.

[19] GENTRY C, SAHAI A, WATERS B. Homomorphic encryption from learning with errors: conceptually-simpler, asymptotically-faster, attribute-based [C] // CANETTI R, GARAY J A. Advances in Cryptology: CRYPTO 2013. Berlin: Springer, 2013: 75 - 92.

[20] ALPERIN - SHERIFF J, PEIKERT C. Faster bootstrapping with polynomial error [C] // GARAY J A, GENNARO R. Advances in Cryptology: CRYPTO 2014. Berlin: Springer, 2014: 297 - 314.

[21] DUCAS L, MICCIANCIO D. FHEW: bootstrapping homomorphic encryption in less than a second[C] // OSWALD E, FISCHLIN M. Advances in Cryptology: EUROCRYPT 2015. Berlin: Springer, 2015: 617 - 640.

[22] BIASSE J F, RUIZ L. FHEW with efficient multibit bootstrapping [C] // LAUTER K, RODRÍGUEZ-HENRÍQUEZ F. Progress in Cryptology: LATINCRYPT 2015. Cham: Springer, 2015: 119 - 135.

[23] CHILLOTTI I, GAMA N, GEORGIEVA M, et al. Faster fully homomorphic encryption: Bootstrapping in less than 0.1 seconds[C] // CHEON J, TAKAGI T. Advances in Cryptology: ASIACRYPT 2016. Berlin: Springer, 2016: 3 - 33.

[24] CHILLOTTI I, GAMA N, GEORGIEVA M, et al. Faster packed homomorphic operations and efficient circuit bootstrapping for TFHE[C] // TAKAGI T, PEYRIN T. Advances in Cryptology: ASIACRYPT 2017. Cham: Springer, 2017: 377 - 408.

[25] ZHOU T P, YANG X Y, LIU L F, et al. Faster bootstrapping with multiple addends[J]. IEEE Access, 2018(6): 49868 - 49876.

[26] BOURSE F, MINELLI M, MINIHOLD M, et al. Fast homomorphic evaluation of deep discretized neural networks[C] // SHACHAM H, BOLDYREVA A. Advances in Cryptology: CRYPTO 2018. Cham: Springer, 2018: 483 - 512.

[27] CHEON J H, KIM A, KIM M, et al. Homomorphic encryption for arithmetic of approximate numbers[C] // TAKAGI T, PEYRIN T. Advances in Cryptology: ASIACRYPT 2017. Cham: Springer, 2017: 409 - 437.

[28] LI B Y, MICCIANCIO D. On the security of homomorphic encryption on approximate numbers[C] // CANTEAUT A, STANDAERT F X. Advances in Cryptology: EUROCRYPT 2021. Cham: Springer, 2021: 648 - 677.

[29] FAN J F, VERCAUTEREN F. Somewhat Practical Fully Homomorphic Encryption [EB/OL]. [2012 - 03 - 22]. https://www.researchgate.net/publication/267862690_Somewhat_Practical_Fully_Homomorphic_Encryption.

[30] HOFFSTEIN J, PIPHER J, SILVERMAN J H. NTRU: A ring-based public key cryptosystem[C] // BUHLER J P. International Algorithmic Number Theory Symposium (ANTS 1998). Berlin: Springer, 1998: 267 - 288.

[31] HÜLSING A, RIJNEVELD J, SCHANCK J M, et al. NTRU-HRSS-KEM: algorithm specifications and supporting documentation[EB/OL]. [2017 - 12 - 30]. http://www.tpoeppelmann.de/documents/newhope_11_12_2017.pdf.

[32] BERNSTEIN D J, CHUENGSATIANSUP C, LANGE T, et al. NTRU prime: reducing attack surface at low cost[C] // ADAMS C, CAMENISCH J. Selected Areas in Cryptography: SAC 2017: 24th International Conference. Cham: Springer, 2017: 235 - 260.

[33] STEHLÉ D, STEINFELD R. Making NTRU as secure as worst-case problems over ideal lattices[C] // PATERSON K G. Advances in Cryptology: EUROCRYPT 2011. Berlin: Springer, 2011: 27 - 47.

[34] ALBRECHT M, BAI S, DUCAS L. A subfield lattice attack on overstretched NTRU assumptions[C]//Advances in Cryptology: CRYPTO 2016. Berlin: Springer, 2016: 153 - 178.

[35] YU Y, XU G W, WANG X Y. Provably secure NTRU instances over prime cyclotomic rings[C] // FEHR S. Public-Key Cryptography: PKC 2017. Berlin: Springer, 2017: 409 - 434.

[36] LÓPEZ-ALT A, TROMER E, VAIKUNTANATHAN V. On-the-fly multiparty

computation on the cloud via multikey fully homomorphic encryption [C] // KARLOFF H. STOC'12: Proceedings of the Forty-fourth Annual ACM Symposium on Theory of computing. New York: ACM, 2012: 1219 - 1234.

[37] BOS J, LAUTER K E, LOFTUS J, et al. Improved security for a ring-based fully homomorphic encryption scheme[C] // STAM M. Cryptography and Coding: 14th IMA International Conference. Berlin: Springer, 2013: 45 - 64.

[38] DORÖZ Y, HU Y, SUNAR B. Homomorphic AES evaluation using the modified LTV scheme[J]. Designs, Codes and Cryptography, 2016, 80(2): 333 - 358.

[39] CHONGCHITMATE W, OSTROVSKY R. Circuit-private Multi-Key fhe[C] // FEHR S. Public-Key Cryptography:PKC 2017. Berlin: Springer, 2017: 241 - 270.

[40] CHE X L, ZHOU T P, LI N B, et al. Modified Multi-Key fully homomorphic encryption based on NTRU cryptosystem without key-switching [J]. Tsinghua Science and Technology, 2020,25(5):564 - 578.

[41] ANANTH P, JAIN A, JIN Z Z, et al. Multi-key Fully-Homomorphic Encryption in the Plain Model[C] // PASS R, PIETRZAK K. Theory of Cryptography: TCC 2020. Cham: Springer, 2020: 28 - 57.

[42] CLEAR M, MCGOLDRICK C. Multi-identity and Multi-Key leveled FHE from learning with errors [C] // GENNARO R, ROBSHAW M. Advances in Cryptology: CRYPTO 2015. Berlin: Springer, 2015: 630 - 656.

[43] MUKHERJEE P, WICHS D. Two round multiparty computation via Multi-Key FHE[C] // FISCHLIN M, CORON J S. Advances in Cryptology: EUROCRYPT 2016. Berlin: Springer, 2016: 735 - 763.

[44] PEIKERT C, SHIEHIAN S. Multi-Key FHE from LWE, revisited[C] // HIRT M, SMITH A. Theory of Cryptography: TCC 2016. Berlin: Springer, 2016: 217 - 238.

[45] BRAKERSKI Z, PERLMAN R. Lattice-based fully dynamic Multi-Key FHE with short ciphertexts [C] // ROBSHAW M, KATZ J. Advances in Cryptology: CRYPTO 2016. Berlin: Springer, 2016: 190 - 213.

[46] CHEN L, ZHANG Z F, WANG X Q. Batched multi-hop Multi-Key FHE from ring-lwe with compact ciphertext extension[C] // KALAI Y, REYZIN L. Theory of Cryptography: TCC 2017. Cham: Springer, 2017: 597 - 627.

[47] LI N B, ZHOU T P, YANG X Y, et al. Efficient Multi-Key FHE with short extended ciphertexts and directed decryption protocol[J]. IEEE Access, 2019(7): 56724 - 56732.

[48] CHEN H, DAI W, KIM M, et al. Efficient Multi-Key homomorphic encryption with packed ciphertexts with application to oblivious neural network inference [C] // CAVALLARO L, KINDER J. Proceedings of the 2019 ACM SIGSAC Conference on Computer and Communications Security. New York: ACM, 2019:

395－412.
[49] CHEN H, CHILLOTTI I, SONG Y. Multi-Key homomorphic encryption from TFHE [C] // GALBRAITH S, MORIAI S. Advances in Cryptology: ASIACRYPT 2019. Cham: Springer, 2019: 446－472.
[50] ASHAROV G, JAIN A, LÓPEZ－ALT A, et al. Multiparty computation with low communication, computation and interaction via threshold FHE [C] // POINTCHEVAL D, JOHANSSON T. Advances in Cryptology: EUROCRYPT 2012. Berlin: Springer, 2012: 483－501.
[51] DOV G S, LIU F H, SHIE. Constant-round MPC with fairness and guarantee of output delivery[C] // GENNARO R, ROBSHAW M. Advances in Cryptology: CRYPTO 2015. Berlin: Springer, 2015: 63－82.
[52] BONEH D, GENNARO R, GOLDFEDER S, et al. Threshold cryptosystems from threshold fully homomorphic encryption[C] // SHACHAM H, BOLDYREVA A. Advances in Cryptology: CRYPTO 2018, Cham: Springer, 2018: 565－596.
[53] KIM E, JEONG J, YOON H, et al. How to securely collaborate on data: decentralized threshold he and secure key update[J]. IEEE Access, 2020(8): 191319－191329.
[54] BADRINARAYANAN S, JAIN A, MANOHAR N, et al. Secure MPC: laziness leads to GOD [C] // MORIAI S, WANG H. Advances in Cryptology: ASIACRYPT 2020. Cham: Springer, 2020: 120－150.
[55] LEE Y, MICCIANCIO D, KIM A, et al. Efficient FHEW bootstrapping with small evaluation keys, and applications to threshold homomorphic encryption[C] // HAZAY C, STAM M. Advances in Cryptology: EUROCRYPT 2023. Cham: Springer, 2023: 227－256.
[56] MA C G, LI J Y, OUYANG W P. A homomorphic proxy re-encryption from lattices[C] // CHEN L Q, HAN J H. Provable Security: 10th International Conference, ProvSec 2016. Cham: Springer, 2016: 353－372.
[57] CANETTI R, RAGHURAMAN S, RICHELSON S, et al. Chosen-ciphertext secure fully homomorphic encryption[C] // FEHR S. Public-Key Cryptography: PKC 2017. Berlin: Springer, 2017: 213－240.
[58] BONEH D, HALEVI S, HAMBURG M, et al. Circular-secure encryption from decision diffie-hellman[C] // WAGNER D. Advances in Cryptology: CRYPTO 2008. Berlin, Heidelberg: Springer, 2008: 108－125.
[59] OKAMOTO T, UCHIYAMA S. A new public-key cryptosystem as secure as factoring[C] // NYBERG K. Advances in Cryptology: EUROCRYPT'98. Berlin: Springer, 1998: 308－318.
[60] PAILLIER P. Public－key cryptosystems based on composite degree residuosity classes[C] // STERN J. Advances in Cryptology: EUROCRYPT'99. Berlin:

Springer，1999：223 - 238.

[61] 郑学欣. 密码算法 TWINE 和 NTRU 的安全性分析[D]. 济南：山东大学，2014.

[62] COPPERSMITH D，SHAMIR A. Lattice attacks on NTRU[C] // FUMY W. Advances in Cryptology：EUROCRYPT'97. Berlin：Springer，1997：52 - 61.

[63] CHEON J H，JEONG J，LEE C. An algorithm for NTRU problems and cryptanalysis of the GGH multilinear map without a low-level encoding of zero [J]. LMS Journal of Computation and Mathematics，2016，19(A)：255 - 266.

[64] KIRCHNER P，FOUQUE P A. Revisiting lattice attacks on overstretched NTRU parameters[C] // CORON J S，NIELSEN J. Annual International Conference on the Theory and Applications of Cryptographic Techniques. Cham：Springer，2017：3 - 26.

[65] YU Y，XU G W，WANG X Y. Provably Secure NTRUEncrypt over More General Cyclotomic Rings[C] // CID C，JACOBSON JR M. 25th International Conference on Selected Areas in Cryptography. Cham：Springer，2019：391 - 471.

[66] WANG Y，WANGM Q. Provably secure NTRUEncrypt over any cyclotomic field [C] // CID C，JACOBSON Jr M. International Conference on Selected Areas in Cryptography. Cham：Springer，2018：391 - 417.

[67] STEHLE D，STEINFELD R. Making NTRUEnrypt and NTRUSign as secure as standard worst-case problems over ideal lattices[J]. Cryptology ePrint Archive，2013(1)：1 - 4.

[68] STEINFELD R，LING S，PIEPRZYK J，et al. NTRUCCA：How to strengthen NTRUEncrypt to chosen-ciphertext security in the standard model [C] // FISCHLIN M，BUCHMANN J，MANULIS M. Public Key Cryptography：PKC 2012. Berlin：Springer，2012：353 - 371.

[69] MICCIANCIO D，REGEVO. Worst-case to average-case reductions based on Gaussian measures[J]. SIAM Journal on Computing，2007，37(1)：267 - 302.

[70] SMART N P，VERCAUTEREN F. Fully homomorphic SIMD operations [J]. Designs Codes & Cryptography，2014，71(1)：57 - 81.

[71] PEIKERT C，REGEV O，STEPHENS - DAVIDOWITZN. Pseudorandomness of ring-LWE for any ring and modulus[C] // HAMED H. Proceedings of the 49th Annual ACM SIGACT Symposium on Theory of Computing. New York：ACM，2017：461 - 473.

[72] REGEV O. Lattice-Based Cryptography [C] // DWORK C. Advances in Cryptology：CRYPTO 2006. Berlin：Springer，2006：131 - 141.

[73] REGEV O. On lattices，learning with errors，random linear codes and cryptography [J]. Journal of the ACM，2009，56(6)：1 - 40.

[74] PEIKERT C. Public-key cryptosystems from the worst-case shortest vector problem [C] // MICHAEL M. Proceedings of the Forty-first Annual ACM

Symposium on Theory of Computing-STOC 2009. New York: ACM, 2009: 333 - 342.

[75] BRAKERSKI Z, LANGLOIS A, PEIKERT C, et al. Classical hardness of learning with errors[C] // DAN B, TIM R, JOAN F. Proceedings of the Forty-fifth Annual ACM Symposium on Theory of Computing. New York: ACM, 2013: 575 - 584.

[76] LYUBASHEVSKY V, PEIKERT C, REGEV O. On ideal lattices and learning with errors over rings [C] // GILBERT H. Advances in Cryptology: EUROCRYPT 2010. Berlin: Springer, 2010: 1 - 23.

[77] LYUBASHEVSKY V, PEIKERT C, REGEV O. A Toolkit for Ring-LWE Cryptography[C] // JOHANSSON T, NGUYEN P Q. Advances in Cryptology: EUROCRYPT 2013. Berlin: Springer, 2013: 35 - 54.

[78] IMPAGLIAZZO R, LEVIN L A, LUBY M. Pseudo-random generation from one-way functions[C] // JOHNSON D S. Proceedings of the Twenty-first Annual ACM Symposium on Theory of Computing. New York: ACM, 1989: 12 - 24.

[79] HIROMASA R, ABE M, OKAMOTO T. Packing Messages and Optimizing Bootstrapping in GSW-FHE[C] // KATZ J. Public-Key Cryptography: PKC 2015. Berlin: Springer, 2015: 73 - 82.

[80] MICCIANCIO D, PEIKERTC. Trapdoors for lattices: simpler, tighter, faster, smaller[C] // POINTCHEVAL D, JOHANSSON T. Advances in Cryptology: EUROCRYPT 2012. Berlin: Springer, 2012: 700 - 718.

[81] BRAKERSKI Z, VAIKUNTANATHANV. Lattice-based FHE as secure as PKE [C] // MONI N. Proceedings of the 5th Conference on Innovations in Theoretical Computer Science. New York: ACM, 2014: 1 - 12.

[82] CHEN Y M, NGUYEN P Q. BKZ 2.0: better lattice security estimates[C] // LEE D H, WANG X. Advances in Cryptology: ASIACRYPT 2011. Berlin: Springer,2011: 1 - 20.

[83] KARP R M. A survey of parallel algorithms for shared-memory machines[M]. Berkeley: University of California at Berkeley, 1988.

[84] AL B A, POLYAKOV Y, AUNG K M M, et al. Implementation and performance evaluation of RNS variants of the BFV homomorphic encryption scheme[J]. IEEE Transactions on Emerging Topics in Computing, 2019, 9(2): 941 - 956.

[85] OSTROVSKY R, SKEITH W E. Private searching on streaming data[C] // SHOUP V. Advances in Cryptology: CRYPTO 2005. Berlin: Springer, 2005: 223 - 240.

[86] OSTROVSKY R, SKEITH W E. Private searching on streaming data[J]. Journal of Cryptology, 2007, 20(4): 397 - 430.

[87] BETHENCOURT J, SONG D, WATERS B. New techniques for private stream

searching[J]. ACM Transactions on Information and System Security, 2009, 12(3): 1-16.

[88] YI X, BERTINO E, VAIDYA J, et al. Private searching on streaming data based on keyword frequency [J]. IEEE Transactions on Dependable and Secure Computing, 2014, 11(2): 155-167.

[89] VORA A V, HEGDE S. Keyword-based private searching on cloud data along with keyword association and dissociation using cuckoo filter[J]. International Journal of Information Security, 2019, 18(3): 305-319.

[90] LAUTER K, ADRIANA L, NAEHRIGM. Private computation on encrypted genomic data[C] // ARANHA D, MENEZES A. International Conference on Cryptology and Information Security in Latin America. Cham: Springer, 2014: 3-27.

[91] BOS J W, LAUTER K, NAEHRIG M. Private predictive analysis on encrypted medical data[J]. Journal of Biomedical Informatics, 2014, 50(8): 234-243.

[92] WANG S, ZHANG Y C, DAI W R, et al. HEALER: homomorphic computation of ExAct Logistic rEgRession for secure rare disease variants analysis in GWAS [J]. Bioinformatics, 2016, 32(2): 211-218.

[93] KIM M, SONG Y, CHEON J H. Secure searching of biomarkers through hybrid homomorphic encryption scheme[J]. Bmc Medical Genomics, 2017, 10(2): 69-76.

[94] JAGADEESH K A, WU D J, BIRGMEIER J A, et al. Deriving genomic diagnoses without revealing patient genomes[J]. Science, 2017, 357(6352): 692-695.